高等职业教育规划系列教材

垂直电梯安装维护与保养

王 应 熊言福 著

中国轻工业出版社

图书在版编目(CIP)数据

垂直电梯安装维护与保养/王应,熊言福著. —北京:
中国轻工业出版社,2017.1
高等职业教育规划系列教材
ISBN 978-7-5184-1118-4

Ⅰ.①垂…　Ⅱ.①王…②熊…　Ⅲ.①电梯—安装—
高等职业教育—教材②电梯—维修—高等职业教育—教材
Ⅳ.①TU857

中国版本图书馆CIP数据核字(2016)第227773号

内容简介

本书结合作者多年的垂直电梯研发设计和安装工程管理经验,根据电梯行业相关国家标准的要求,从技术角度系统地阐述了垂直电梯各零部件的工作原理和安装工艺,从管理角度全面地介绍了电梯安装维护保养管理的方法和流程。书中通过三维仿真模拟装配技术和大量的实际案例图解分析了垂直电梯在安装过程中所遇到的问题及解决方法,通俗易懂,是一本理论与实践相结合的应用型教材。

本书可作为大专院校电梯工程专业方向的教材,也可以作为从事垂直电梯销售、土建、设计、安装、维保等相关技术及管理人员的培训教材和参考资料。

责任编辑:杨晓洁
策划编辑:王　淳　　责任终审:孟寿萱　　封面设计:锋尚设计
版式设计:宋振全　　责任校对:吴大鹏　　责任监印:马金路

出版发行:中国轻工业出版社(北京东长安街6号,邮编:100740)
印　　刷:三河市万龙印装有限公司
经　　销:各地新华书店
版　　次:2017年1月第1版第1次印刷
开　　本:710×1000　1/16　印张:16.75
字　　数:330千字
书　　号:ISBN 978-7-5184-1118-4　定价:34.00元
邮购电话:010-65241695　传真:65128352
发行电话:010-85119835　85119793　传真:85113293
网　　址:http://www.chlip.com.cn
Email:club@chlip.com.cn
如发现图书残缺请直接与我社邮购联系调换
160739J1X101HBW

前　　言

李克强总理在十二届全国人大四次会议的政府工作报告中提到，鼓励企业开展个性化定制、柔性化生产，培育精益求精的工匠精神，增品种、提品质、创品牌。“工匠精神”首次出现在政府工作报告中，足以说明发扬工匠精神，培养高技能的人才已经上升到国家战略。

中国电梯协会李守林理事长在行业工作会议中指出，中国电梯业正由快速发展期进入调整期，以市场增量驱动为要素的发展阶段已经结束，取而代之的是以创新为驱动力的新时代的到来。电梯行业正面临着两个重大的调整：一是产业结构的调整，由制造业向服务业转变；二是产品结构的调整，个性化订单式生产成为未来发展的主流，安装、改造、维修、保养将成为重要的市场需求，同时促使行业产品结构向智能化、信息化转变。根据科学的测算，未来电梯行业每年总体需求的增长率不会降低到10%以下，但是制造业和服务业的比例会不断调整，制造业的比例相对减少，服务业的比例将不断提升。根据电梯行业的发展趋势我们可以看到，制造业比例在减少的同时，也在不断地智能化，机器代替人已是大势所趋。但服务业比例在增长的同时，对安装、维保的高技能人才需求将愈发迫切。

结合国家的发展战略和电梯行业的市场需求，全国各地的大专院校掀起了开办电梯工程技术专业的热潮，为社会培养输送电梯专业人才在不断努力着。作为资深的电梯从业人员，我们也在为编写优秀的电梯专业教材不断努力着。经过两年的筹备，《垂直电梯安装维护与保养》终于和大家见面了。本书结合作者多年的垂直电梯研发设计和安装工程管理经验，根据电梯行业相关国家标准的要求，从技术角度系统地阐述了垂直电梯各零部件的工作原理和安装工艺，从管理角度全面地介绍了电梯安装维保管理的方法和流程。书中通过三维仿真模拟装配技术和大量的实际案例图解分析了垂直电梯在安装过程中所遇到的问题及解决方法，通俗易懂，是一本理论与实践相结合的应用型教材。

本书由苏州德奥电梯有限公司王应、熊言福合著。苏州信息职业技术学院徐兵、苏州德奥电梯有限公司沈华、苏州远志电梯培训有限公司顾德仁对本书的写作提供了大力支持。苏州信息职业技术学院戴茂良、钱伟红，苏州德奥电梯有限公司于丽勇、葛晓东、宋艾峰、丁卫江、王建国、李勤勇、项风中、钱建平、杨健强等专业老师和工程师对本书提出了诸多的宝贵建议，在此深表感谢！

著者

2016年8月

目　　录

第一章　垂直电梯安装基础知识

在日常生活中，我们讲的交通工具一般指水平运输交通工具，比如汽车、火车等。但随着城市楼宇逐步发展，一种垂直运输交通工具应运而生，这就是我们所讲的电梯。由于现代楼宇越建越高，所以电梯已经成为人们日常生活中一个必不可少的交通工具。广义上说的电梯包含垂直升降电梯和倾斜式电梯，其中倾斜式电梯就是我们经常见到的自动扶梯和自动人行道。由于商场、公共交通等场所的人流量很大，所以一般情况下都配置自动扶梯或自动人行道。人们乘坐电梯除了感官上能感受到电梯的舒适性以外，对电梯的安全性更加关注，特别是近几年媒体报道的电梯安全事故也在增多，引起人们对电梯安全的一些担忧。

电梯到底安不安全？这可能也是大家经常在思考和关心的问题。从电梯设计的角度来说，电梯是非常安全的。由于电梯是属于一种公共交通型的特种设备，必须保证使用人的人身安全，针对电梯在使用和检修过程中，任何可能对人身安全构成伤害的因素，国家制定了相关的一系列电梯行业标准。比如GB7588—2003《电梯制造与安装安全规范》等。同时为了保证这些标准的严格实施，国家制定了《特种设备安全法》。因此电梯产品设计必须严格依据相关的电梯标准。这样就保证了电梯出现因设计缺陷造成事故的概率非常小。同时，新研发的产品必须安装到试验塔，还必须经过国家专业的型式试验机构严格检验，并出具合格报告后方可生产、销售。另外每个项目的电梯安装后还必须经过当地质检局验收并颁发合格证后方可交付用户使用。理论上来讲，电梯是很安全的交通工具。那么电梯为什么还会出现那么多安全事故呢？其关键就在电梯的安装和后期的维护保养。在电梯行业内有句俗语："电梯三分在制造七分靠安装"，可见电梯的安装和维保是至关重要的。

本章将从电梯的基本结构及类型开始，介绍电梯与建筑物的关系、电梯井道、电梯土建布置图及土建勘测、电梯安装的基本流程及工艺、常用术语等，希望能为读者建立一个系统的电梯安装理论知识的概念。

第一节　垂直电梯的结构原理及类型

一、电梯的分类及特点

1. 按电梯井道结构分类

（1）有机房电梯　在建筑物的楼顶上面有一个独立的机房，用于安装曳引机、控制柜、限速器等部件，如图 1 - 1（a）所示。

（2）无机房电梯　电梯井道没有独立机房，一般情况下，曳引机安装在建筑物的最顶层井道侧边，控制柜安装在最顶层厅门的边上，如图 1 - 1（b）~（f）所示。

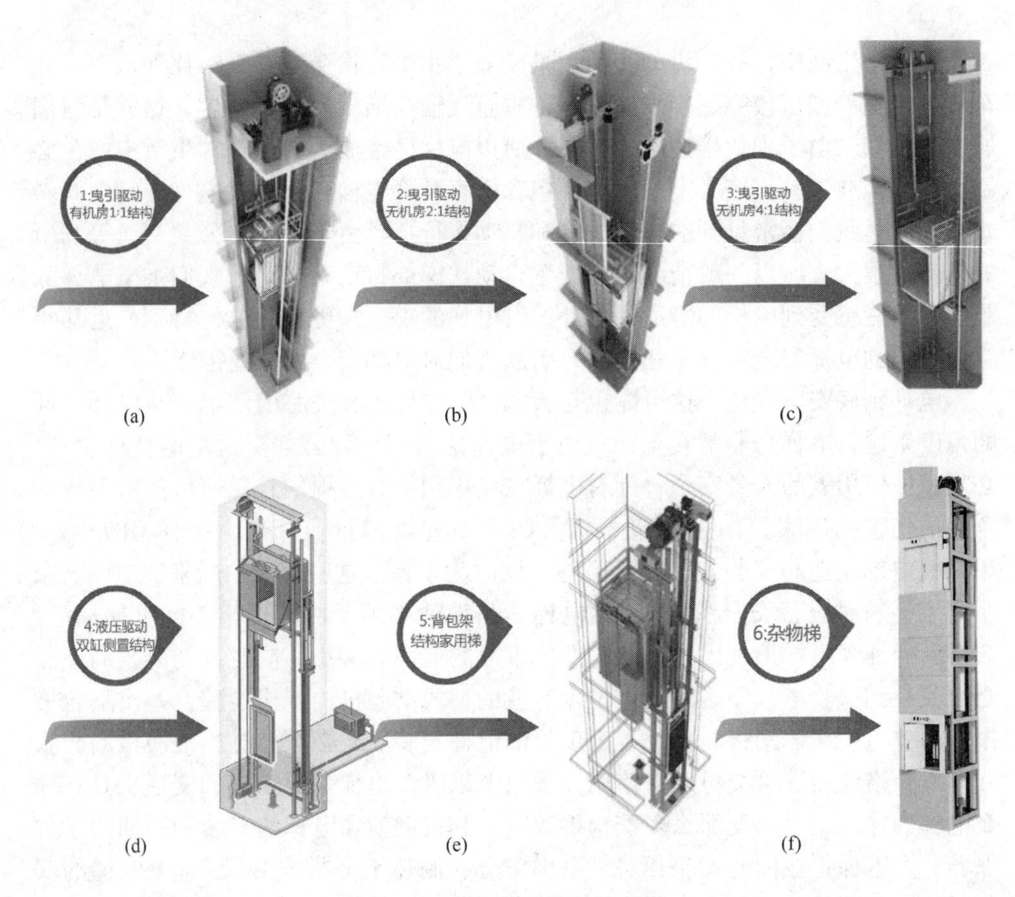

图 1 - 1　按电梯井道结构分类

2. 按驱动方式分类

（1）曳引式驱动电梯　曳引式驱动是采用曳引轮作为驱动部件。钢丝绳悬挂在曳引轮上，一端吊轿厢，另一端悬吊对重装置，由钢丝绳和曳引轮之间的摩擦产生曳引力驱动轿厢作上下运动，它是目前最常用的电梯驱动方式。而钢丝绳绕法有多种方式，钢丝绳的绕绳比一般叫曳引比，实际上就是一滑轮组原理，电梯的额定载重和速度就是由此决定的。一般情况下，曳引驱动根据电梯的曳引比来分，最常用的有如下几种：①曳引比 1:1 结构；②曳引比 2:1 结构；③曳引比 4:1 结构。其原理如图 1 - 2，图 1 - 3 所示，后面会做重点详细介绍。随着现代新技术、新材料的发展，目前出现采用钢带、碳纤维材料来替代钢丝绳。

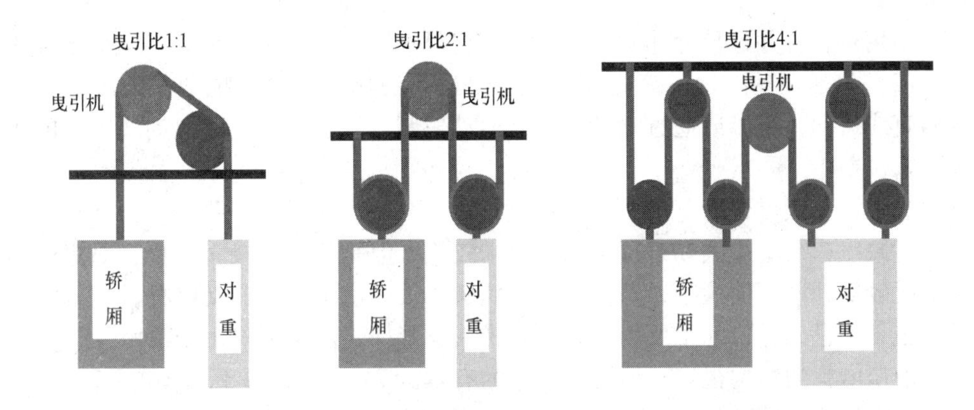

图 1－2　钢丝绳绕绳比原理图

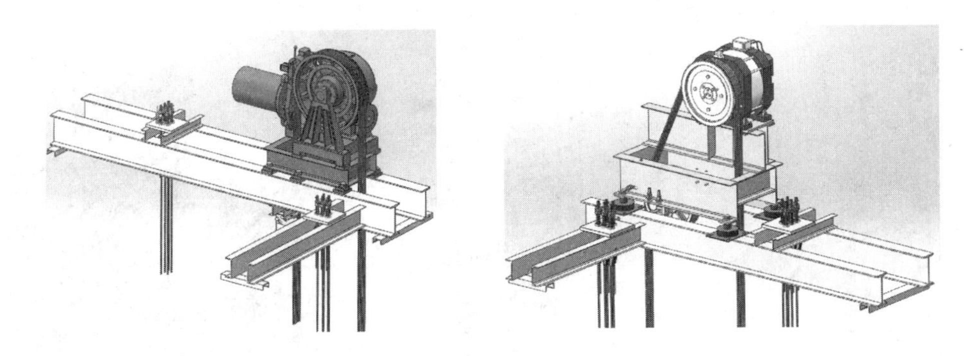

图 1－3　曳引式驱动原理图

（2）卷筒式驱动电梯　卷筒式驱动电梯也叫强制驱动电梯，常用两悬挂的钢丝绳，一正一反缠绕在卷筒上，分别与轿厢和对重相连（可以没有对重），通过卷筒的转动带动轿厢上下运动，见图 1－4 所示，原理就如同中国古代提水用的辘轳，见图 1－5 所示。与曳引式电梯相比较，其最明显的缺点是提升高度受限、能耗高、速度慢，所以在实际应用中很少使用。

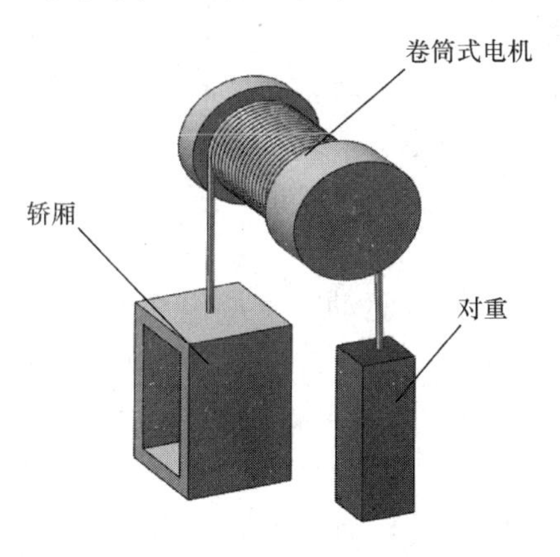

图 1－4　卷筒式驱动电梯原理

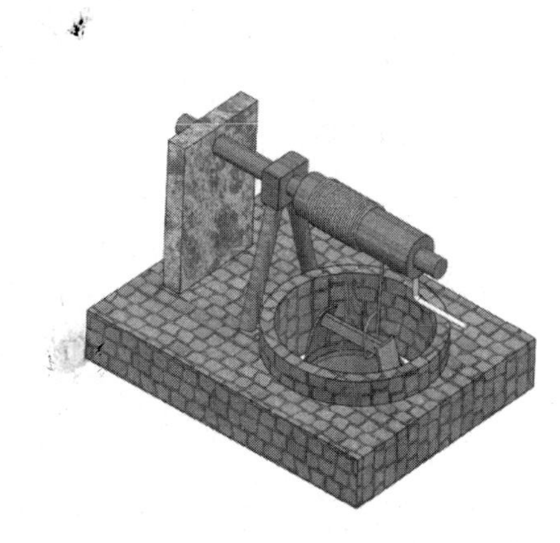

图 1－5　中国古代提水用的辘轳

适用场合：井道尺寸非常小，无法布置对重。

（3）液压驱动电梯　液压驱动电梯是通过液压动力源，把油压入油缸使柱塞做直线运动，直接或通过钢丝绳间接驱动轿厢上下运动。液压驱动式电梯的历史较长。

分类：一般可分为直顶式和柱塞式。

优缺点：载重量大和对顶层高度要求较低，但是其缺点较多：价格昂贵、提升高度较低、液压油污染、保养成本高，所以很少使用液压驱动电梯，在日常生活中也很难见到，目前主要用于一些货梯或别墅梯，但是国外比较常用。

液压电梯的结构很多，但是最常用的有双缸 2:1、单缸 2:1，单缸 4:2，直顶式。基本结构及原理如图 1－6，图 1－7，图 1－8 所示。

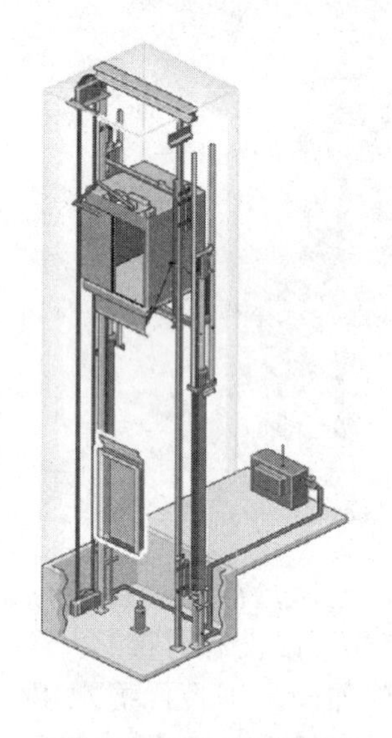

图 1－6　双缸液压电梯

图 1－7　单缸液压电梯

图 1－8　直顶式液压电梯

（4）齿轮齿条驱动电梯　齿轮、齿条驱动电梯的原理是通过安装在轿厢上的电机驱动齿轮，然后与桁架上的齿条啮合来运动，从而驱动轿厢上下运动，由于运行时振动、噪声较大，舒适感很差等缺点，无法用于乘客。所以目前已划入建筑升降机类，这种电梯在建筑工地上可以经常看到，所以也叫工程电梯，见图 1－9 所示。在这里也不做详细介绍。

（5）其他驱动方式　电梯还有链条链轮、气压驱动、直线电机直接驱动、螺旋驱动等。由于在电梯的设计和研发中很少应用，在日常生活中很少见，所以在这里不做介绍。

3. 按速度分类

电梯按速度进行分类并没有统一的标准和规定，目前通常划分如下：

图1-9　齿轮齿条电梯

类别	低速电梯	中速电梯	高速电梯	超高速电梯
额定速度/（m/s）	$v \leq 1.0$	$1.0 < v \leq 2.0$	$2.0 < v \leq 5.0$	$v > 5.0$

4. 按用途分类

（1）乘客电梯　乘客电梯是指为运送乘客而设计的电梯，以运送乘客为主，对舒适性和安全性要求较高。它被运用于高层住宅或商场、酒店等一些人流量较大的公共场合。载重一般在2000kg以下，GB7588—2003规定按每人75kg计算载人数量。代表其技术水平的主要性能指标是电梯的速度。速度越高，设计难度及安装难度就越大。

（2）载货电梯　载货电梯是指为运送货物的电梯，一般是重量比较重的货物，有时需要将叉车开进轿厢里，它广泛适用于工厂，所以在轿厢结构上与乘客电梯也有些区别。代表其技术水平的主要性能指标是电梯的额定载重。载重越高，设计难度及安装难度就越大。

（3）观光电梯　观光电梯是指乘客在乘坐电梯时可以观看外面景色的电梯，轿厢的材质采用安全夹胶玻璃，实际上也就是在乘客电梯的基础上更换一个玻璃轿厢（图1-10）。

（4）医用电梯（病床电梯）　医用电梯是指运送病床及相关医疗设备的电梯。除电梯的轿厢尺寸比较特殊外，在结构上和乘客电梯没有什么区别。根据使用需求，可能会增加一些残障功能（包含残疾人操纵箱、盲文按钮、语音报站、扶手、后壁镜）。

（5）家用电梯　家用电梯是指安装在私人住宅中，仅供单一家庭成员使用

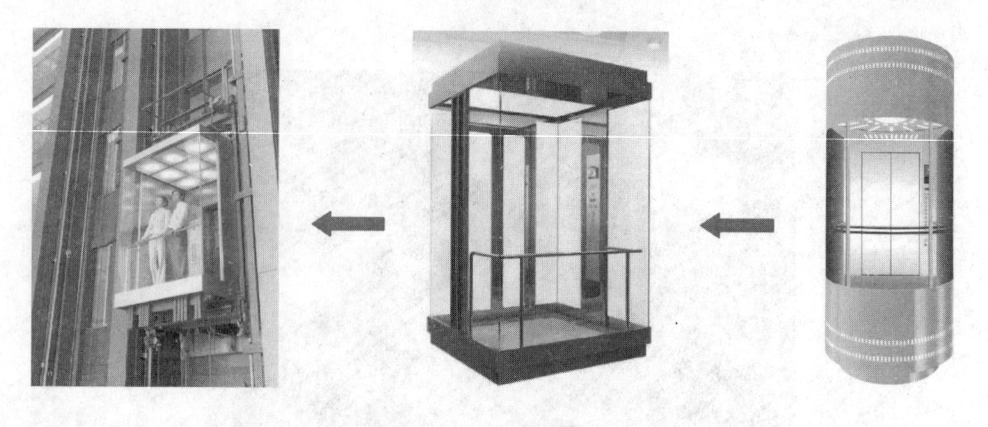

图 1-10 观光电梯

的电梯，其特点是井道空间、载重、速度、轿厢尺寸都很小，目前还没有国家强制标准。

（6）汽车电梯　汽车电梯主要是运送汽车的电梯，其特点是轿厢很大，常用于立体停车场、汽车 4S 店等场合。

（7）杂物电梯　杂物电梯是指服务于规定层站的固定式提升装置，主要运送重量很轻的货物（质量在 300kg 之内），轿厢内不能进人。适用于酒店运菜、电子类工厂等场合，故名又叫餐梯。

（8）特种电梯　特种电梯是指在一些特殊场合使用的电梯，比如船用电梯（要求能在摇晃中运行）、防爆电梯（运送特殊化学危险品）等，对电梯的设计及材料都有特殊的要求。

思考题：

1. 电梯常用哪些分类方式、每种类型下又有哪些分类方法？
2. 电梯按驱动方式分，最常用的是哪种驱动方式及原理？
3. 乘客电梯的载重为 1600kg，操纵箱铭牌上对应的人数是多少？

第二节　电梯井道知识及土建勘测

电梯的井道与建筑物有着非常密切的关系，它是建筑物的一部分。在本系列教材《垂直电梯构造及原理》一书第五章导向系统中讲到，电梯的轿厢和对重是沿着导轨做上下运动的，导向系统包括导轨、导轨支架、导靴。由于电梯的导轨是通过导轨支架固定在井道里，通常情况下是打膨胀螺栓固定。电梯导向系统，门系统、曳引系统都与井道有直接的关联，所以电梯对建筑中电梯井道结构有很高要求。

一般情况下，建筑设计院设计图纸时，电梯的品牌并没有确定，主要参考一些大公司的电梯土建布置图，所以电梯井道在设计建筑蓝图时基本已经确定。由于每家公司电梯结构有所不同；同时建筑设计单位对各种电梯的结构也不是非常了解。所以就导致了最终建好的电梯井道不能完全符合电梯的安装要求。因此，后续就会涉及电梯井道的改造。本章节将结合国标 GB7588—2003、电梯的井道结构以及日常工作遇到的井道问题，对电梯井道的基本知识和井道整改方案做一个详细的介绍。

一、电梯井道的基本要求

1）井道应该是全封闭的，除 GB7588—2003 的 5. 2. 1. 1 规定允许的开孔外；

2）电梯对重应与轿厢在同一井道内（观光电梯可除外）；

3）井道的圈梁间距必须要满足电梯土建布置图和 GB/T 10060 的 4. 2. 1 要求；

4）底坑地面、机房承重点、机房吊钩、圈梁的承受力需满足电梯的土建要求；

5）如果井道相邻层站间距大于 11m 时，应设置井道安全门；

6）电梯井道内不能存在有与电梯不相关的其他建筑设备设施。

二、电梯井道的种类及特点

1. 全混凝土结构井道

整个井道都是混凝土浇筑的，这种结构对电梯的安装最有利，如图 1 – 11（a）所示。

2. 圈梁结构井道

就是采用混凝土圈梁浇注井道的框架，然后用砖头填充。目前建筑公司为了减少建筑成本，所以土建设计上采用这种结构的很多，由于电梯的国标对导轨支架间距有明确要求，间距不能大于 2500mm，而每家电梯公司在设计时也会有公司自己的标准，一般情况下圈梁间距是 2000mm。一些大吨位载货电梯是 1500mm，在电梯公司的土建布置上都会有明确标注。所以建筑设计单位一般都根据电梯公司的图纸设计圈梁间距和位置，同时还必须浇注门头梁来固定层门装置如图 1 – 11（b）所示。在实际工作中经常会遇到圈梁间距不符合要求需整改的情况。

3. 砖墙结构井道

电梯井道除了建筑物的每层楼板外，都是砖墙；这种井道给安装会带来很大麻烦。只有楼板的地方可以打膨胀螺栓来固定导轨支架，而层间距一般都在 3000mm 左右，甚至更大，这就无法满足国标要求和电梯公司的设计要求，这种情况在电梯实际安装中会经常遇到。所以，这种电梯井道必须经过整改才能满足安装条件。目前常用的方案：其一，在井道的内表面用槽钢将其与楼板等建筑可以承载力的地方相连接，从而将没有圈梁的那档导轨支架所受的力传到建筑物能承载力的地方。其二，将没有圈梁的那档导轨支架采用穿墙螺栓来固定，即通过两块钢板放在井道内外表面，再通过穿过墙体的螺栓将两块钢板夹紧固定，所有导轨支架固定好后，再用角钢通过焊接将所有导轨支架连接在一起，但是这个方案在很多地方，质检局是不认可的，如图1－11（c）所示。

4. 钢结构井道

钢结构井道就是通过方管等钢材焊接的钢结构井道。一般情况下，观光电梯会使用这种钢结构井道；或者建筑物在设计时未考虑安装电梯，后来通过外挂式加装的电梯。由于电梯钢结构井道比较特殊，对受力要求很高。一般情况下，电梯公司是没有钢结构设计资质的，所以钢结构电梯井道必须由具有建筑设计资质的公司设计，并且具有资质的施工单位方可施工，如图1－11（d）所示。

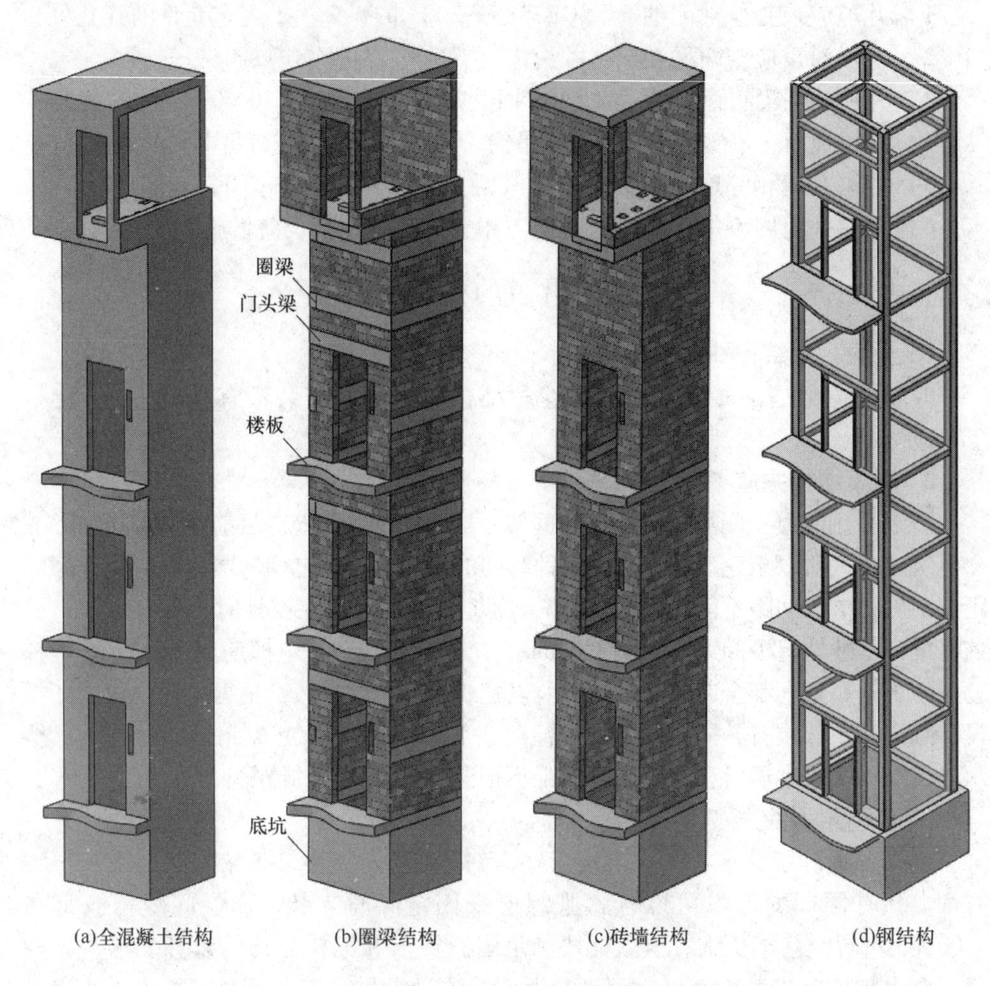

图1－11　钢结构电梯井道结构

三、电梯井道的基本参数

电梯的井道结构对电梯的现场装配起到决定性作用，井道中多一条梁或少一条梁、尺寸大小、垂直度多少等都会影响电梯的安装，如不合适会导致电梯无法安装。因此，学习电梯安装前，首先要学会电梯井道的基本参数和测量，这一步至关重要，电梯井道的基本构造如图 1－11 所示。

1. 电梯井道的基本参数

井道宽度 HW、井道深度 HD、顶层高度、底坑深度、层高、提升高度、门洞宽、门洞高，详见图 1－12 所示。

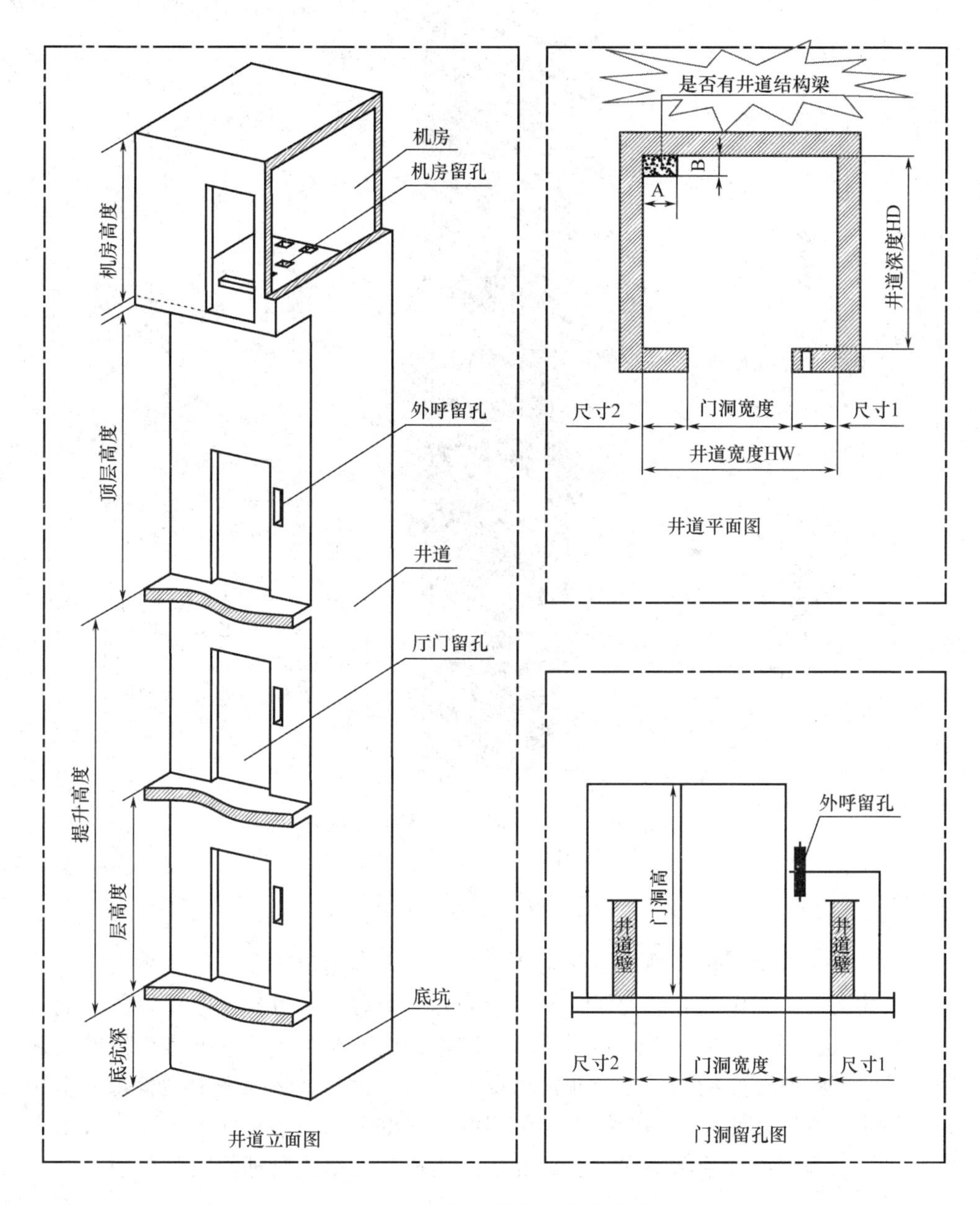

图 1－12　电梯井道的主要技术参数

2. 需要注意的地方

井道的结构、圈梁间距、门头梁、井道是否有结构梁凸出梁、机房是否有高台、机房是否有吊钩等，详见图 1－13 所示。

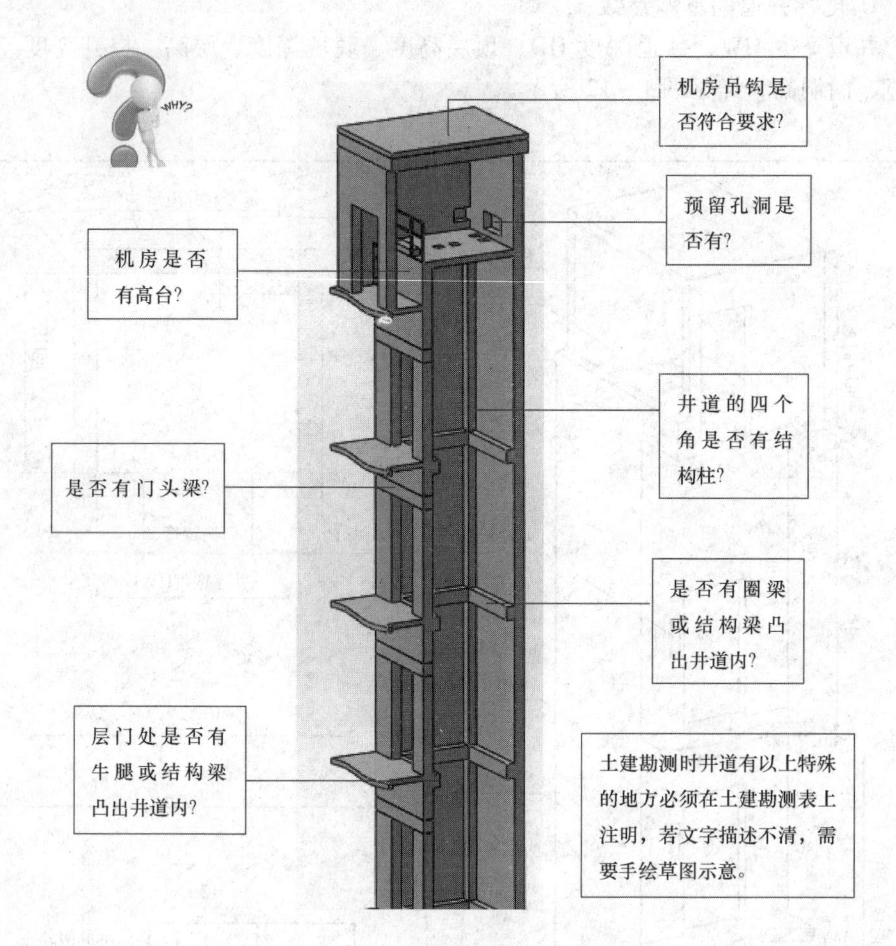

图 1－13　电梯井道勘测需注意的地方

四、电梯井道的土建勘测

电梯是一种定制化产品，电梯制造公司需要根据用户的井道尺寸来设计电梯规格尺寸，为了约定双方的责任，签订合同时需要有一张电梯土建布置图，而且电梯在验收也必须有这张土建布置图。绘制电梯土建布置图的依据是现场的土建勘测尺寸，因此土建勘测是一项非常重要的工作，勘测时必须仔细测量每一个所需的尺寸，具体勘测尺寸一般按电梯公司的土建勘测表要求，此项工作一般由电梯公司的工程部或安装队来完成。最好是由用户建设单位监理及安装单位共同参与勘测。电梯井道勘测需注意的地方见图 1－13。

1. 勘测工具

勘测工具见表 1－1，所使用的量具必须处于计量检测合格周期内。

表 1－1　　勘测工具

序号	工具名称	规格	图片	用途
1	钢卷尺	5m		测量井道、机房宽、深、高
2	红外线测距仪	—		测量层高、顶层及底坑深度
3	钢丝	ϕ1mm		测井道垂直误差
4	吊锤	3～5kg		测井道垂直误差时绷直钢丝用
5	油桶注水	10L		阻尼钢丝吊锤晃动
6	强光手电	—		勘测照明用

2. 井道的垂直偏差测量方法

在井道顶端放下一根钢丝铅垂线，使吊锤下至底坑（不触地），吊锤可浸没在水桶内，待吊锤基本静止后测量井道顶部的垂线距离井道壁与底坑部位垂线距同侧井道壁水平距离，测出垂直偏差。根据国家 GB/T 7025.1—2008《电梯主要参数及轿厢、井道、机房的型式与尺寸》的规定，井道垂直偏差值为：

$$井道深度垂直偏差量：A-B=C$$

$$井道宽度垂直偏差量：X-Y=Z$$

C 或 Z 的单侧允许偏差值为：①高度≤30m 的井道 0～＋25mm；②30m＜高度≤60m的井道 0～＋35mm；③60m＜高度≤90m 的井道 0～＋50mm（图 1－14）。

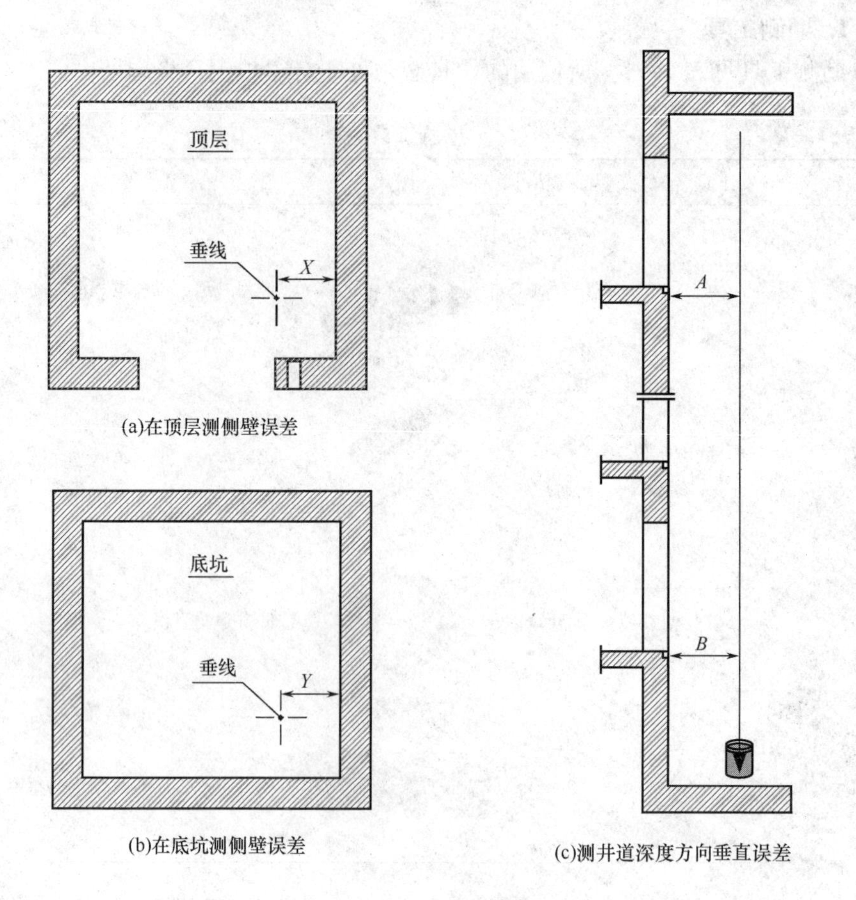

(a)在顶层测侧壁误差

(b)在底坑测侧壁误差

(c)测井道深度方向垂直误差

图 1－14　井道垂直偏差量

五、电梯井道的具体要求及常见问题的整改方案

1. 底坑

电梯井道下部应设置底坑，底坑应有足够的深度，以便保证电梯的安全行程和日后的维修保养的人员操作安全，同时底坑必须做防水处理。每家电梯公司各型号的电梯所需的标准底坑深度在公司样本上土建参数中可以查询。对于底坑深度不足的情况，可以建议用户抬高底层的踏板高度或打凿底坑。但抬高底层踏板高度的同时，必须注意保证底层的层高不可小于该梯型的最小层高要求。

（1）底坑积水、漏水、渗水问题　根据 GB7588—2003 中 5. 7. 3. 1 规定和 TSG T7001—2009 第 3. 13 项规定：底坑底部应当平整，不得漏水和渗水，且底坑不得作为积水坑使用。但是在目前的工程施工和使用中经常会遇到如下两种情况：

1）建筑设计院在设计电梯井道时，将消防电梯底坑下面的空间作为临时消防集水坑使用；此情况对建筑设计有几点要求；其一，底坑的地面楼板厚度比较厚，必须保证足够的强度。其二，底坑下面的空间如有人员可以通过，那么必须做防护设置。其三，集水坑必须有排水设施，如图 1－15（a）所示。

2）电梯的底坑防水没有做好，导致电梯安装时或后期使用时出现底坑积水的情况。由于底坑里有电气设备，一旦出现积水情况，就会造成电气短路，导致电梯突然停梯或更严重的后果；同时，还会导致底坑里的电梯安全装置损坏。如图 1－15（b）所示。

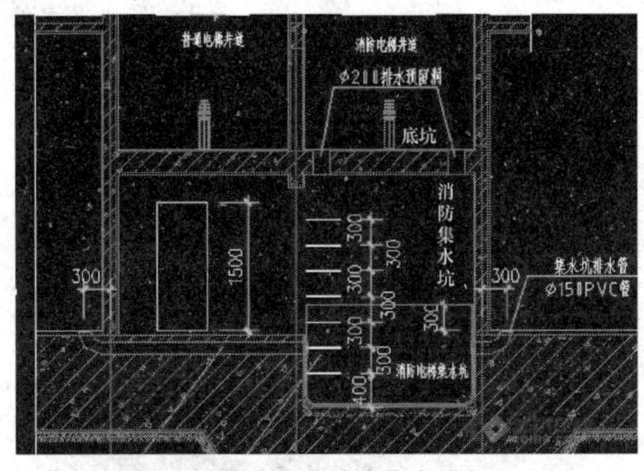

(a)底坑下有消防集水坑

(b)底坑里有积水

图 1－15　底坑积水

（2）底坑悬空问题　为了防止电梯的对重发生意外墩底时，不至于撞破底坑底面而造成底坑下人员的伤亡，根据 GB7588—2003 中第 5.5 的规定，底坑底面至少应按 5000N/m^2 载荷设计。我们可以总结出电梯底坑最好不要悬空，当底坑悬空时解决方法有如下三种：

1）将底坑投影下面的所有空间封闭起来（包括底坑下的所有楼层），由建筑施工单位或用户负责完成，如图 1－16（a）所示。

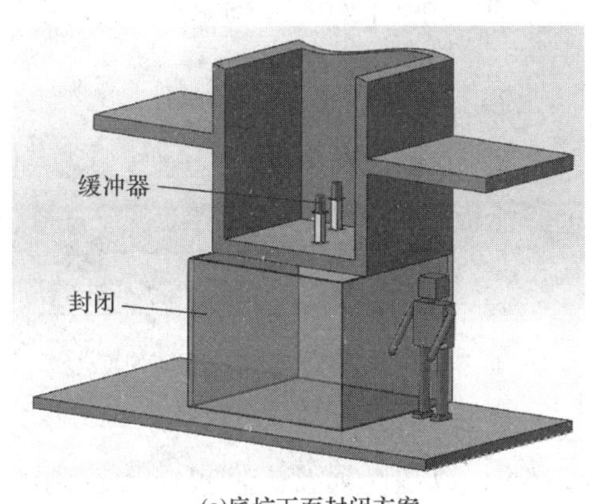

(a)底坑下面封闭方案

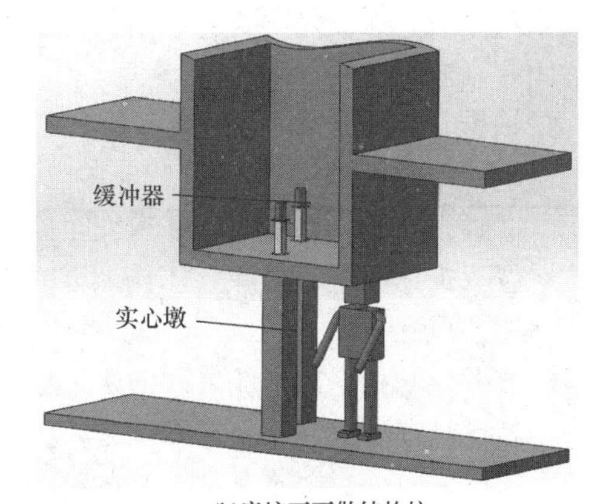

(b)底坑下面做结构柱

图 1－16　底坑悬空

2）对重加装安全钳，相对比较复杂，成本也会比较高，由电梯公司负责，此情况下：对重导轨必须采用实心导轨，对重架上装安全钳及联动装置，同时对重侧还需增加限速器。

3）将对重缓冲器安装在一直延伸到坚固地面上的实心墩上。即实心墩必须伸至大楼的最底层的坚固基础上，如图1－16（b）所示。

（3）底坑的间隙问题　对于装有多台电梯的井道（即通常所说的“通井”），为了防止发生剪切、挤压事故的发生，根据GB7588—2003第5.6.1规定：“在不同电梯的运动部件（轿厢与对重）之间应设置隔障。这种隔障应至少从轿厢和对重行程最低点延伸到底坑地面以上2.5m的高度”，如图1－17所示。

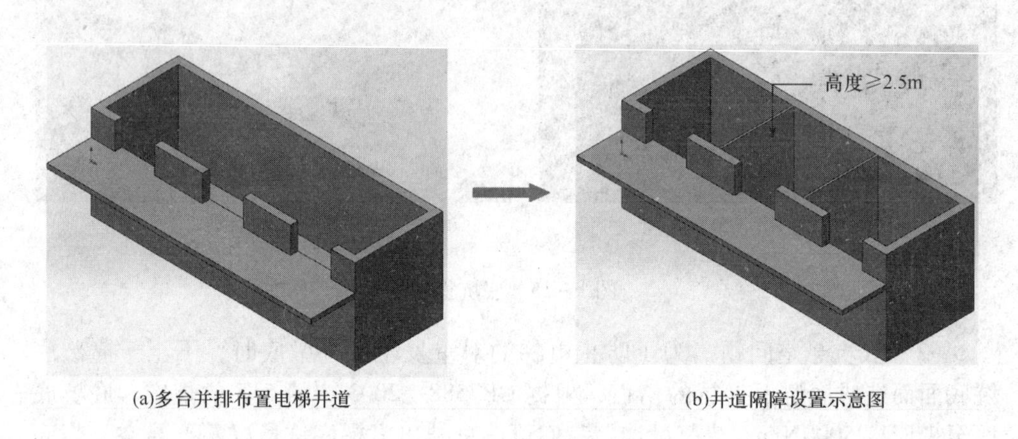

(a)多台并排布置电梯井道　　(b)井道隔障设置示意图

图1－17　底坑布置

2. 井道中部

（1）井道的封闭　井道通常分为钢结构井道、全混凝土井道、圈梁结构和砖结构井道，无论是哪种井道结构，电梯井道都应由无孔的墙、地板和顶板完全封闭起来。

根据GB7588—2003中第5.2.1规定：“电梯井道只允许下述开口：

①层门开口；

②通往井道的检修门、井道安全门及检修活板门的开口；

③火灾情况下，排除气体与烟雾的气孔；

④通风孔；

⑤井道与机房或滑轮之间的永久性开孔。

特殊情况下，在不要求井道起防止火灾蔓延的建筑物，允许：

①除入口外，限定其他各墙的高度为2.5m，以超越通常人们可能接触到的高度；

②井道入口面，从距离层站地面2.5m高度以上，可以使用网格或穿孔。网格或穿孔板的尺寸，无论水平或垂直方向测量，均不得大于75mm。”对于观光

电梯而言，由于井道后方可以外露，所以必须确保人不能由后方接近电梯，在人们可能接触电梯的层楼必须构筑2.5m以上高度的墙，为了保证观光效果，通常构筑的是玻璃墙。

（2）井道预埋件

1）井道的预埋件包括：主副轨导轨支架的预埋件（目前这种预埋件基本上不用了），以及机房承重梁的留孔下面预埋钢板（方便承重梁的水平放置），混凝土墙和以前常用的红砖都可以捣制预埋件，但目前较流行的灰质空心砖墙就不能用来捣制预埋件。而对于灰质实心砖，其实际强度和红砖相仿，同样分为MU7.5至MU30等若干等级，等级相同的实心砖的强度相同。因此灰质实心砖也是可以预埋件的，详见土建布置图，如图1－18所示。

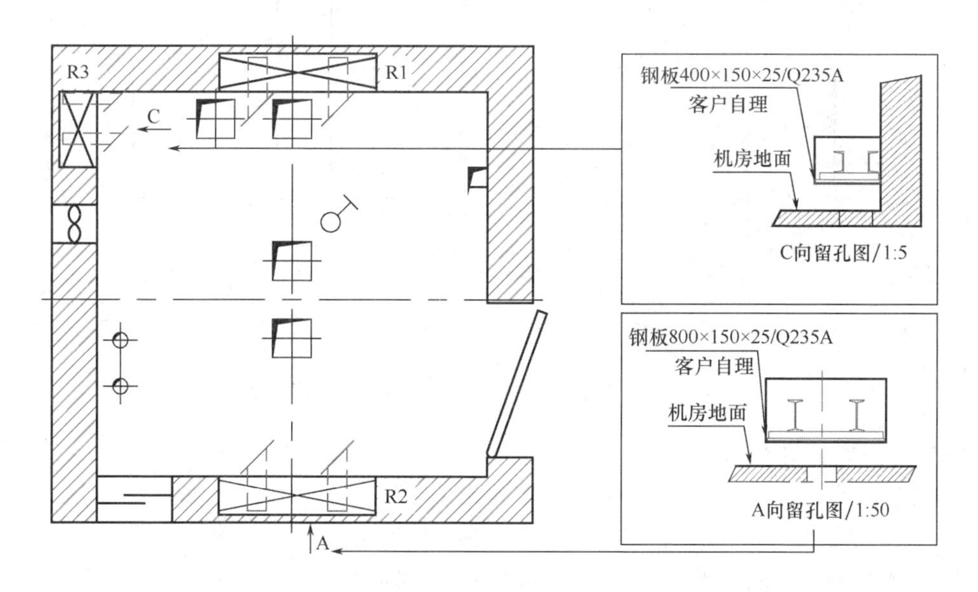

图1－18　机房承重梁预埋钢板示意图

2）导轨支架采用预埋件方式，如图1－19所示，一般情况下：

①主导轨的支架预埋件是600mm×200mm×12mm规格的钢板。

②副导轨支架预埋件是250mm×200mm×12mm规格的钢板。

③层门装置预埋件是1000mm×100mm×12 mm规格的钢板。

导轨支架预埋件的档距不得大于2.5m，要保证每条导轨上至少有两档支架，这在GB/T 10060—2011中第4.2.1中有明确规定。由于与导轨的强度和导轨的型号、电梯的额定载重有关，所以每家电梯公司的要求不一样，比如额定载重3000kg以下的电梯，支架间距每档为2m，3000kg以上的货梯采用每档1.5m。注意：当砖墙砌好后，再埋预埋件，所打的孔必须是内“八”字孔。

（3）当井道无预埋件时，有以下解决方式

1）对于混凝土井道，可以采用撞拉式膨胀螺栓代替。该方式是目前广泛使

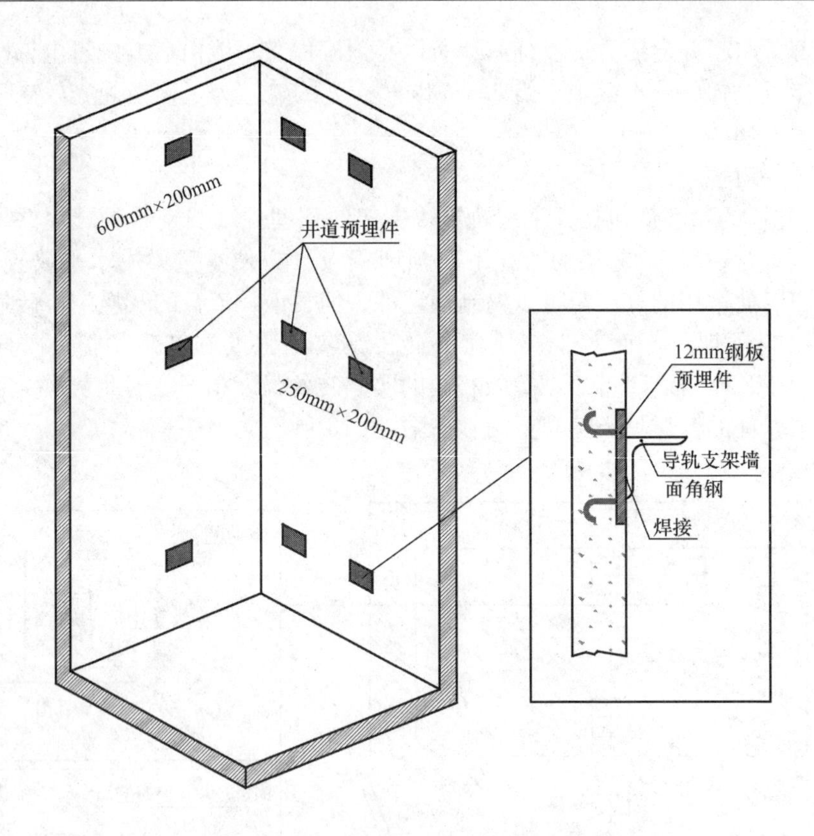

图 1－19　导轨支架固定埋钢板示意图

用的，因为其对安装人员而言操作最为简单，也简化了操作工具，同时用户的施工成本也降低了。需注意：

①如果膨胀螺栓固定在圈梁上时，应确定圈梁的宽度是否足够。根据安装工艺指引：M16 膨胀螺栓的最小间距为 120mm，M12 膨胀螺栓的最小间距为 100mm。

②当混凝土墙的厚度小于 120mm 时，由于不能使用撞拉式膨胀螺栓，故可以采用穿墙螺栓修井，如图 1－20（a）所示。根据著名电梯专家上海交大的朱昌明教授主编的《电梯与自动扶梯原理、结构、安装、测试》所述，采用穿墙螺栓固定导轨支架也是可以的，但这种方式只限应用于混凝土墙体中。

2）采用槽钢修井。这种方法适用井道为砖墙且厚度不足，又没有预埋件的情况，修井槽钢的材料选取可以参考电梯公司土建图标注，槽钢的端部固定可以采用膨胀螺栓固定和预埋固定两种方式。预埋件的深度应大于 150mm。用膨胀螺栓固定时应注意槽钢的架设形式，如图 1－20（b）所示，其将影响井道的平面尺寸，一般在签订合同前应确定清楚，另外，土建结构是否允许使用膨胀螺栓固定修井也要考虑清楚，根据电梯安装工艺要求，M16 膨胀螺栓的最小间距为 120mm，如果供修井槽钢使用的水泥柱宽度小于 360mm 时，将不能固定槽钢。

（4）井道平面尺寸　井道尺寸除了有宽、深以外，还有垂直度偏差要求。

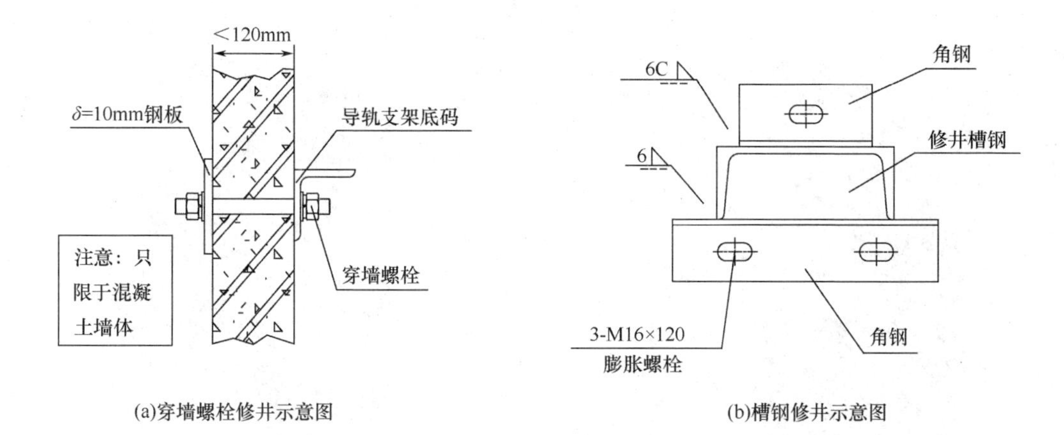

图 1－20　井道安装固定件

根据电梯井道设计要求，电梯井道允许的偏差：当井道高度≤30m，0 ~ +25mm；30m≤井道高度 <60m，0 ~ +35mm；60m≤井道高度 <90m，0 ~ +50mm。

1）层门、安全门、检修门和牛腿　根据 GB7588 中第 7. 3. 1 明确规定层门的净高度不得小于 2m，电梯层门高一般为 2. 1m，当用户为了维持原装修面而要求降低层门高度时，最低高度绝对不能低于 2m，因为家用电梯不用国家质检局验收，所以家用电梯的层门最小可以做到 1. 8m。

根据 GB7588—2003 中第 5. 2. 2. 1. 1 规定“检修门的高度不得小于 1. 4m，宽度不得小于 0. 6m；井道安全门的高度不得小于 1. 8m，宽度不得小于 0. 35m；检修活板门的高度不得大于 0. 5m，宽度不得大于 0. 5m。”

2）井道安全门的设置　根据 GB7588—2003 中第 5. 2. 2. 1. 2 规定“当相邻两层门地坎间的间距大于 11m 时，其间应设置井道安全门。”一般情况下，安全门都是用户自理的，因此，用户必须按电梯公司对井道安全门要求进行制作和安装。

3）牛腿（图 1－21）　层门踏板下应有可以支撑它的牛腿，由于目前因为混凝土牛腿施工比较麻烦，所以，电梯公司采用金属牛腿代替。金属牛腿使用撞拉式膨胀螺栓固定，因此，在电梯签订合同前就必须确定是否有混凝土牛腿。

图 1－21　牛腿示意图

（5）案例分析　如图 1－22（a）所示，现场只在楼板位置预留了电梯井道的开孔，圈梁间距不符合安装及验收要求、机房没有制作、顶层高度较小、井道封闭没有做。类似的情况在实际工作中经常遇到。如何来整改呢？整改方案见图 1－22（b）所示。

3. 顶层

顶层高度是井道中一个相当重要的参数，它直接影响了电梯的安全上抛行程

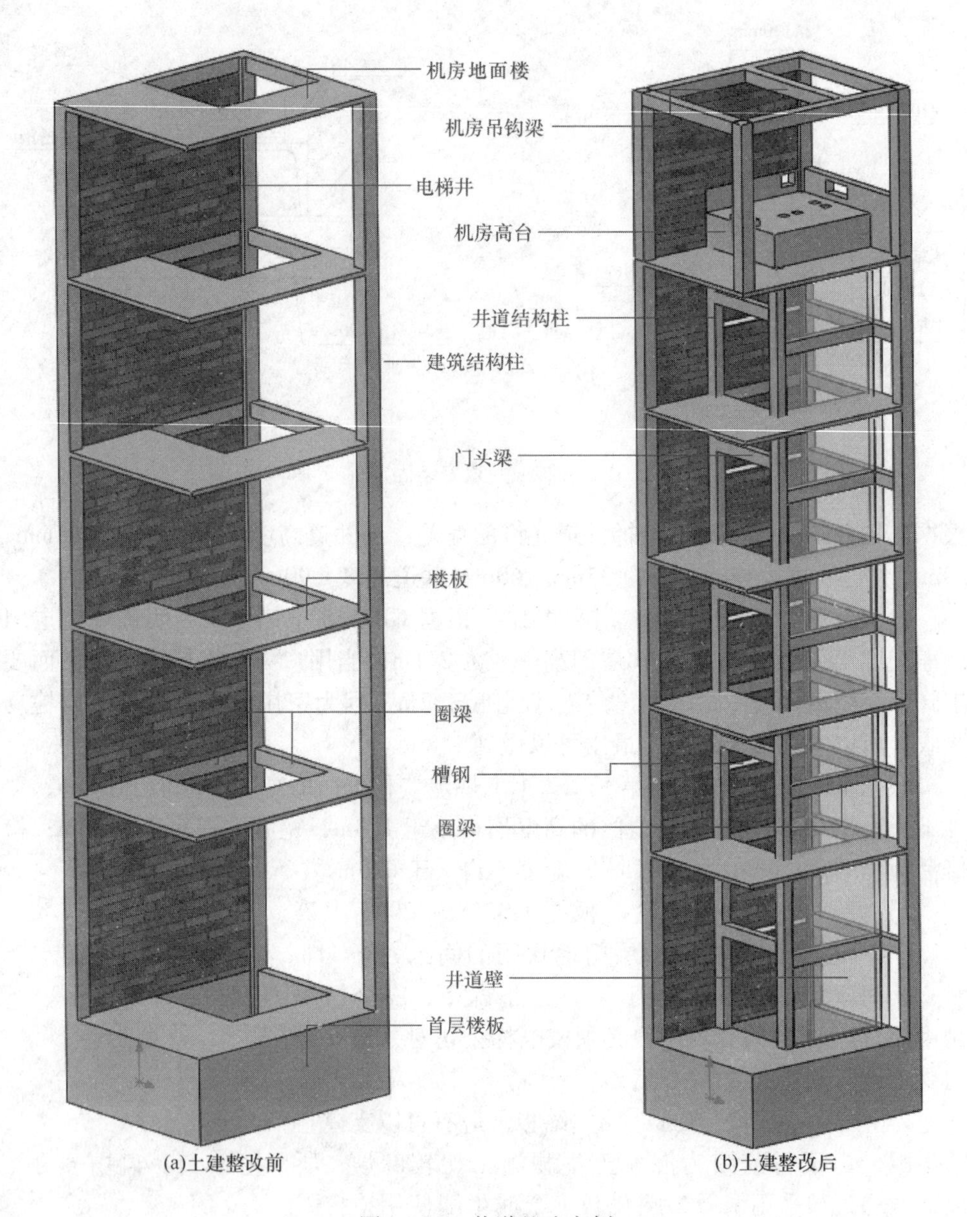

图 1－22　井道整改实例

以及检修人员的工作空间。电梯最小顶层计算颇为繁复，各梯种的轿架结构不同，额定速度不同，所需的最小顶层高度不尽相同。因此，签梯时应该严格按电梯公司土建图中所列的最小顶层高度执行。如确实要更改最小顶层高度，应得到设计部门的同意。对客户提出的加高轿厢等要求，应尤为小心。

4. 其他

除了上述情况外，还应注意：根据 GB7588—2003 中第 5.8 规定“电梯井道应为电梯专用，井道内不得装设与电梯无关的设备、电缆等。井道内允许装设采暖设备，但不能用热水或蒸汽作热源，采暖设备的控制与调节装置应装在井道外面。”即井道内不应有其他设备，尤其是水管一类的设备，以免由于渗漏造成电气绝缘降低。当然，供电梯使用的动力电源是可以从电梯井道内敷设的，这类个案是有的，但应该注意必须尽量远离井道内的电梯通讯电缆，以免造成干涉。

5. 机房

电梯根据机房的位置大致可分为：机房上置形、机房侧置形和小机房电梯、无机房电梯。其中机房侧置又可以分为机房上侧置和机房下侧置两种，普遍的形式是采用机房上置形。

机房有三方面考虑：空间、吊钩、承重梁。

（1）空间　这里说的空间包括了机房电梯安装件的安装空间、吊运空间、维修空间等，在设计电梯土建布置图时，工程师会根据机房的宽度、深度、高度来计算。

（2）通道和门的尺寸　根据 GB7588—2003 中第 6.3.2.1（b）规定“通往那些净空场地的通道宽度应不小于 0.5m。对没有运动件的地方，此值可减少到 0.4m。”以及第 6.3.3.1 规定“通道门的宽度应不小于 0.6m，高度应不小于 1.8m。这些门不能向内开启。”

（3）机房内部高度　根据 GB7588—2003 中第 6.3.2.2 规定“供活动和工作的净高度不应小于 1.8m……”。该条例限制了机房最小高度为 1.8m。

（4）维修空间　在 GB7588—2003 和 GB/T 10060—2011 中都对控制柜的检修空间作了明确规定：

① 控制柜屏正面距门、窗不小于 600mm；

② 控制柜屏的维修侧距墙不小于 600mm；

③ 控制柜屏距机械设备不小于 500mm；

考虑对讲机的安装侧，各运动部件前应有一块 0.5m 和 0.6m 的水平净空面积用以检修和检查。

（5）平台或凹坑　当机房存在高度差时，必须考虑：

1）如平台的高度大于 500mm 时，则按 GB7588—2003 中规定应设置楼梯或台阶并设置护栏。如图 1－23 所示。

2）如有凹坑，按 GB7588—2003 中第 6.3.2.5 规定“机房地面有任何深度大于 0.5m，宽度小于 0.5m 的凹坑或任何凹槽时，均应盖住”。

（6）吊钩　吊钩主要是用于主机的安装和维修。因此，它必须有正确的位置、高度和形状大小，以及能承重要求的重量。（吊钩的形状大小可参见井道图纸）。吊钩的水平位置也很重要，位置偏差过大的吊钩形同虚设。吊钩应正对曳引机上方，偏差保证在 ±50mm 为宜。详见电梯公司的电梯土建布置图。

（7）承重梁　承重梁主要用于支承主机、轿厢、对重和轿厢内载荷的重量。

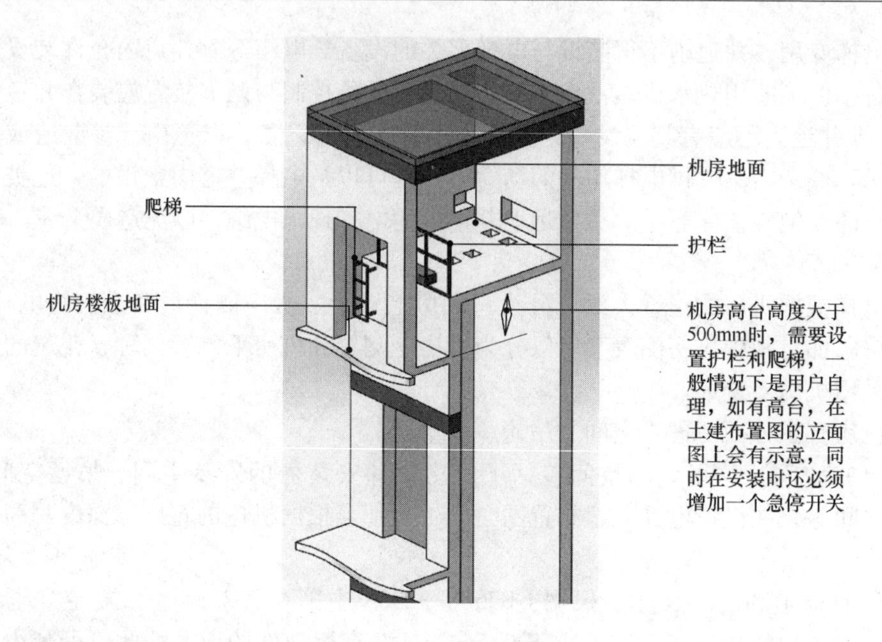

图 1－23　机房高台示意图

如机房中电梯的搁机梁支承点下没有承重梁，解决方法有二：

1）如井道两侧有梁，则可在机房架设工字钢反梁；反梁的选材可以根据支反力和跨度，运用简单的抗弯强度计算公式求得。

2）或者在搁机梁支承点下方的建筑物承重梁上竖工字钢顶住楼板，如图 1－24所示。

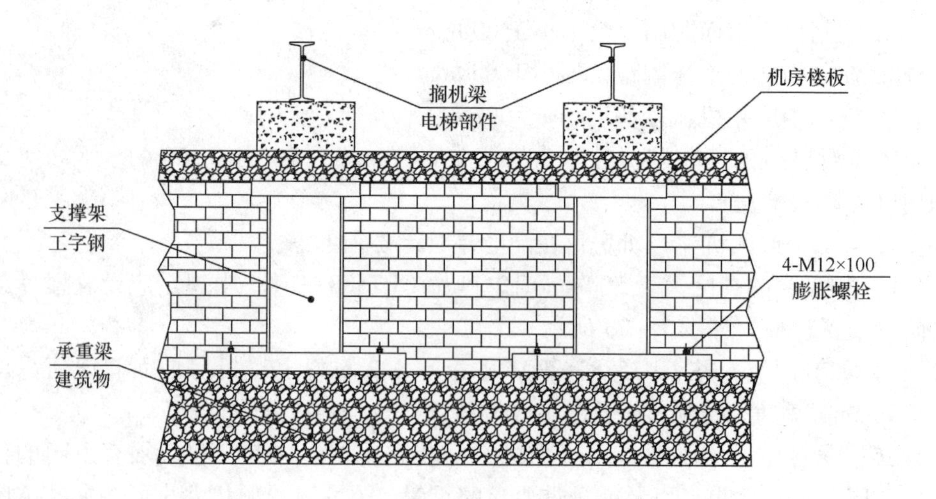

图 1－24　加支撑架图

（8）其他

1）机房环境　机房应保持通风，以保护电机、设备以及电缆等，使它们尽可能的不受灰土有害气体和潮气的损害。机房内的环境温度应保持在 5～40℃。通常，控制机房温升的方法是采用排气扇，但排气扇所带来的粉尘相对较大，在经济条件允许的情况下，建议使用空调机。

2）电源　引入机房的动力电源需是三相五线制，50Hz，AC380V，电压波动在 ±7% 以内，电源的容量应严格按各梯种的产品介绍中所要求的数量提供。应在调试前提供永久电源，否则会由于日后用户自行将临时电源更换为永久电源时接错线而造成设备的损坏。

思考题：

1. 简述电梯井道的种类及特点。
2. 电梯井道的基本参数有哪些？
3. 当电梯底坑悬空，下面有过人空间时，需要如何做？
4. 在什么情况下需要设置井道安全门？
5. 对于有机房电梯井道，如果机房有高台，需要如何做？
6. 在电梯井道的土建勘测时，除测量一些常规尺寸外，还要注意哪些地方？

第三节　垂直电梯土建布置图

对于大部分产品来说，产品在出厂前基本上都是组装好出厂的。由于电梯产品结构的特殊性，无法在工厂内组装好出厂，大部分部件都必须在现场安装。由于每台电梯的井道尺寸、轿厢尺寸、开门尺寸、楼层高度、配置等基本上都不一样，所以在签订合同时，每台设备都需要电梯公司根据每个项目的实际井道参数设计一份电梯土建布置图。电梯在生产前，技术部门会根据这份电梯土建布置图进行设计电梯的生产图纸和生产技术文件。现场安装工人在安装时也需要一张安装总图，或者称为现场施工图，也就是这里所说的电梯土建布置图。同时电梯土建布置图也是建筑设计院的设计依据，所以电梯土建布置图是一张非常重要的图纸。在学习电梯安装之前先来了解一下电梯土建布置图。

电梯土建布置图的组成：

一、有机房电梯土建布置图主要内容

1. 井道平面布置图

主要是反映电梯的轿厢、对重、井道之间的相对关系，是电梯土建布置图最关键的一部分。标注的技术参数非常多，主要有：井道的宽度、井道深度、轿厢宽度、轿厢深度、开门宽度、导轨安装面距、以及门地坎等各部件之间安装位置的相对尺寸；同时还反映爬梯、随形电缆、限速器、平层插板等部件的安装位置，如图 1－25 所示。

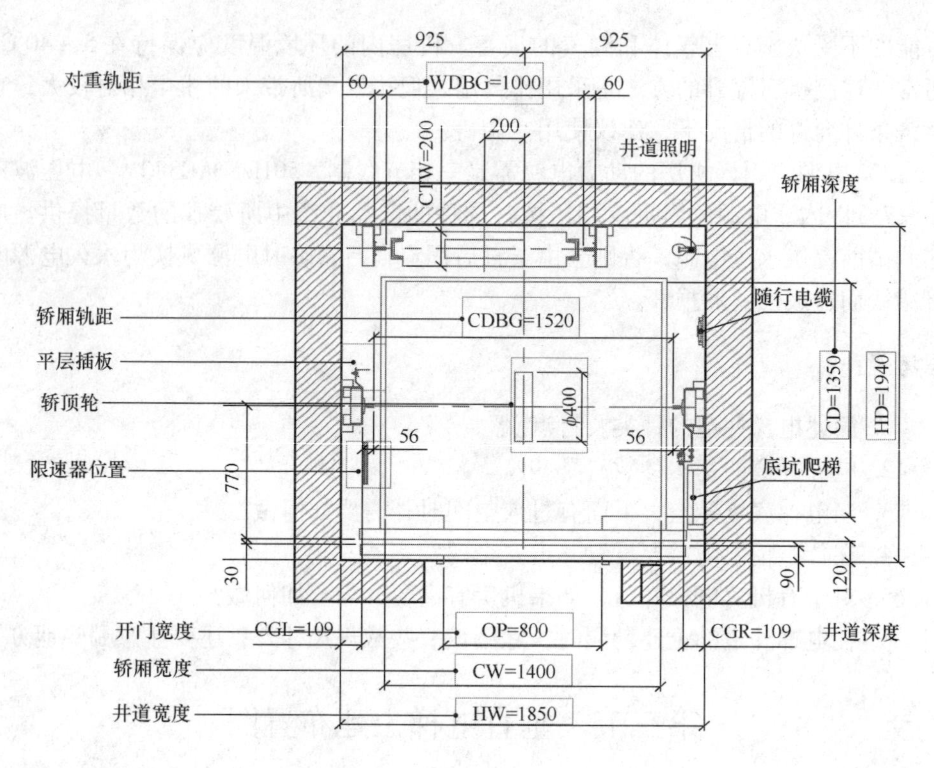

图 1－25　井道平面布置图

2. 机房平面布置图

主要反映电梯的机房宽度、机房深度、钢丝绳留孔尺寸及位置、控制柜、电源箱的安装位置、搁机梁的安装位置及受力支承点，以及机房吊钩的平面位置尺寸，如图 1－26 所示。

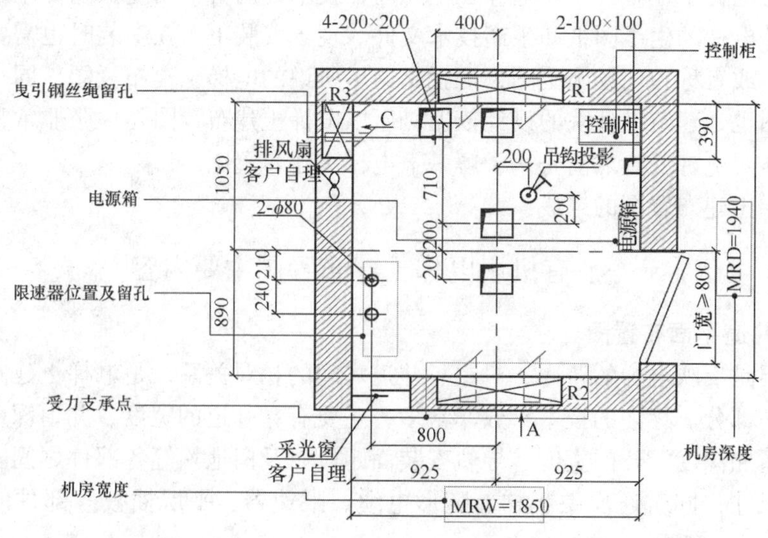

图 1－26　机房平面布置图

3. 底坑平面布置图

主要是反映底坑缓冲器的安装位置及缓冲器墩的制作要求，如图 1－27 所示。

4. 门洞留孔图

主要反映电梯的门洞宽度、门洞高、门头梁尺寸、外呼留孔尺寸等及它们的位置。对于挂壁式外呼，只需留个穿线孔即可，如图 1－28 所示。

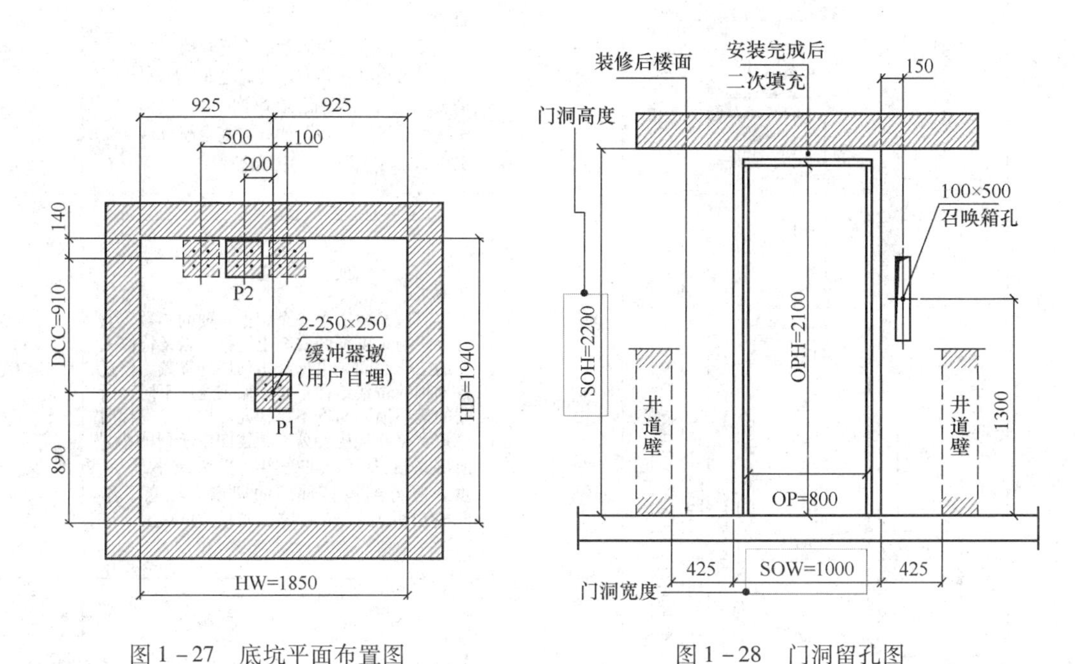

图 1－27　底坑平面布置图　　图 1－28　门洞留孔图

5. 承重梁安装预留孔

主要反映承重梁安装预留孔的尺寸及位置尺寸，如图 1－29。

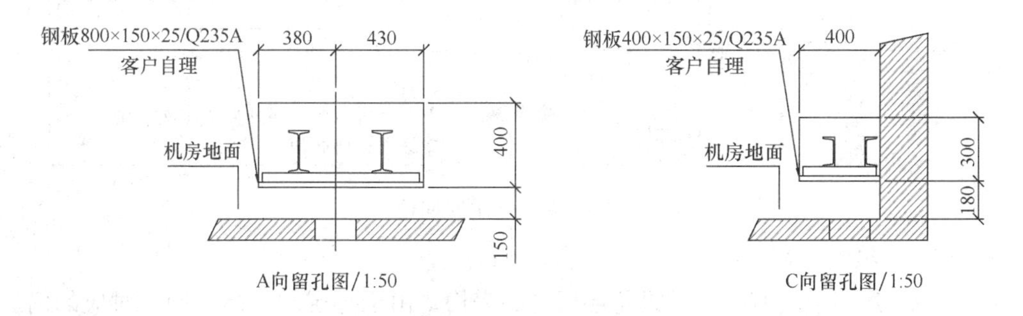

图 1－29　机房承重留孔图

6. 井道立面图

主要标注电梯的顶层高度、提升高度、底坑深度、缓冲器的安装高度、导轨支架的安装位置、井道照明的安装位置等技术参数；同时也反映电梯的机房的高度、吊钩等技术参数要求，如图1－30。

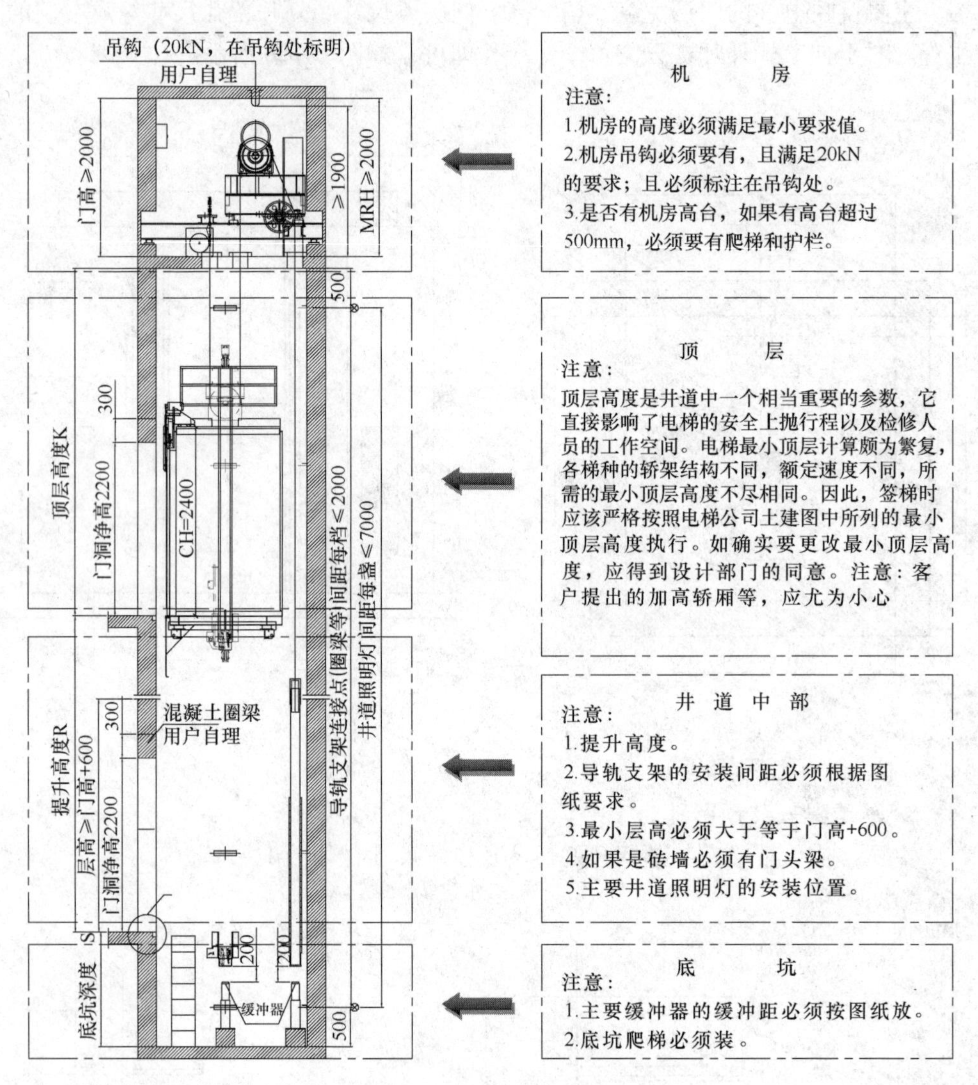

图1－30　井道立面图

7. 电梯的层高

在土建图上会有一个记录每层层高的表格，由于每层的层高不同，对应的门锁、外呼通讯电缆的长度不同；所以层高必须有。

8. 电梯的明细栏及技术要求

主要反映电梯的载重、速度，主要告知业主，电梯公司与土建方之间其他的一些相关技术要求，并约定电梯公司和业主之间的相关技术问题的责任关系。具体要求如下：

（1）电源要求　需方应将电源送到机房门旁或控制屏预留孔旁墙上，高度约1.5m。电源箱应能用锁或其他等效装置锁住，以确保不会发生误操作。电源为三相五线制、380V、50Hz交流电，允许电压波动为±7%，输入总功率需大于主电机总功率50%以上。并配置与电源容量相应的空气开关。允许附带漏电保护器/功能，但变频调速时需用专用漏电保护开关。接地线的电阻值$<4\Omega$，从地面至机房部分用绝缘导体，零线和接地线应始终分开。

（2）机房要求（无机房电梯不适用）　应考虑适于主机运输的通道，门口处必须畅通，门应向外开启，并且能上锁。机房内的通风窗、排风扇等需安装完毕，保持机房内相对湿度≤85%，温度5～40℃。楼板预留孔四周需浇制50mm高翻口。地面应平整，并能承受700kg/m^{2}的安装载荷（集中载荷另加）。电梯主机的承重梁（钢梁）必须支承在混凝土座上，该座应一直延伸到建筑物结构的承重梁或承重墙上，承重面应预埋相同尺寸的钢板，厚度≥12mm，承重面的入墙深度应越过墙厚中心20mm，且总深度不应小于75mm。标准240mm的墙，推荐承重面的入墙深度应≥200mm。机房内吊钩应标明最大承重力。机房有台阶时的爬梯及防护栅栏等均须安装完毕。

（3）其他　用户如选择五地通话功能时，从机房到第五通话地的布线工作及电缆材料（6×0.5芯的PVC圆形电缆）由用户自理。该功能的布线长度不得大于200m。图中相关尺寸均为净空尺寸，门口留洞高以装修后的地面为基准。未注墙厚默认为240mm。厅门口待电梯安装完工后由需方粉刷或装修。

完整的电梯土建布置图如图1－32（有机房乘客电梯），图1－34（无机房乘客电梯）。

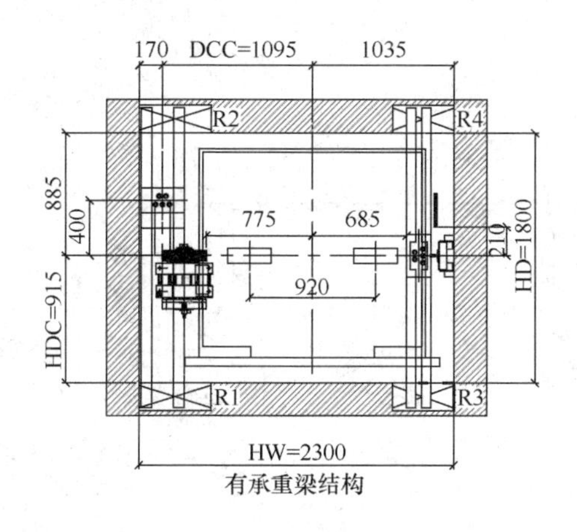

有承重梁结构

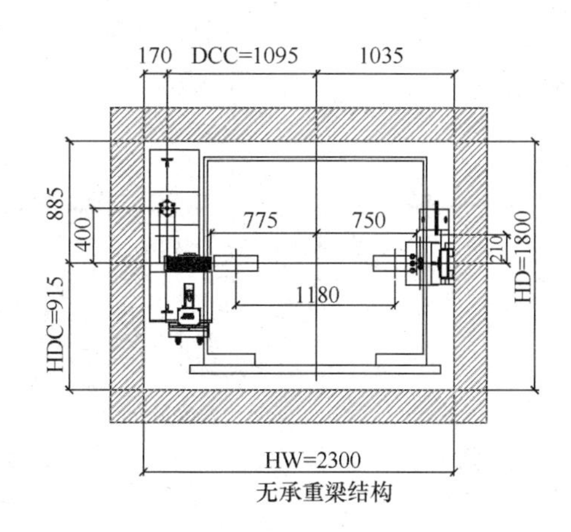

无承重梁结构

图1－31　无机房顶层平面布置图

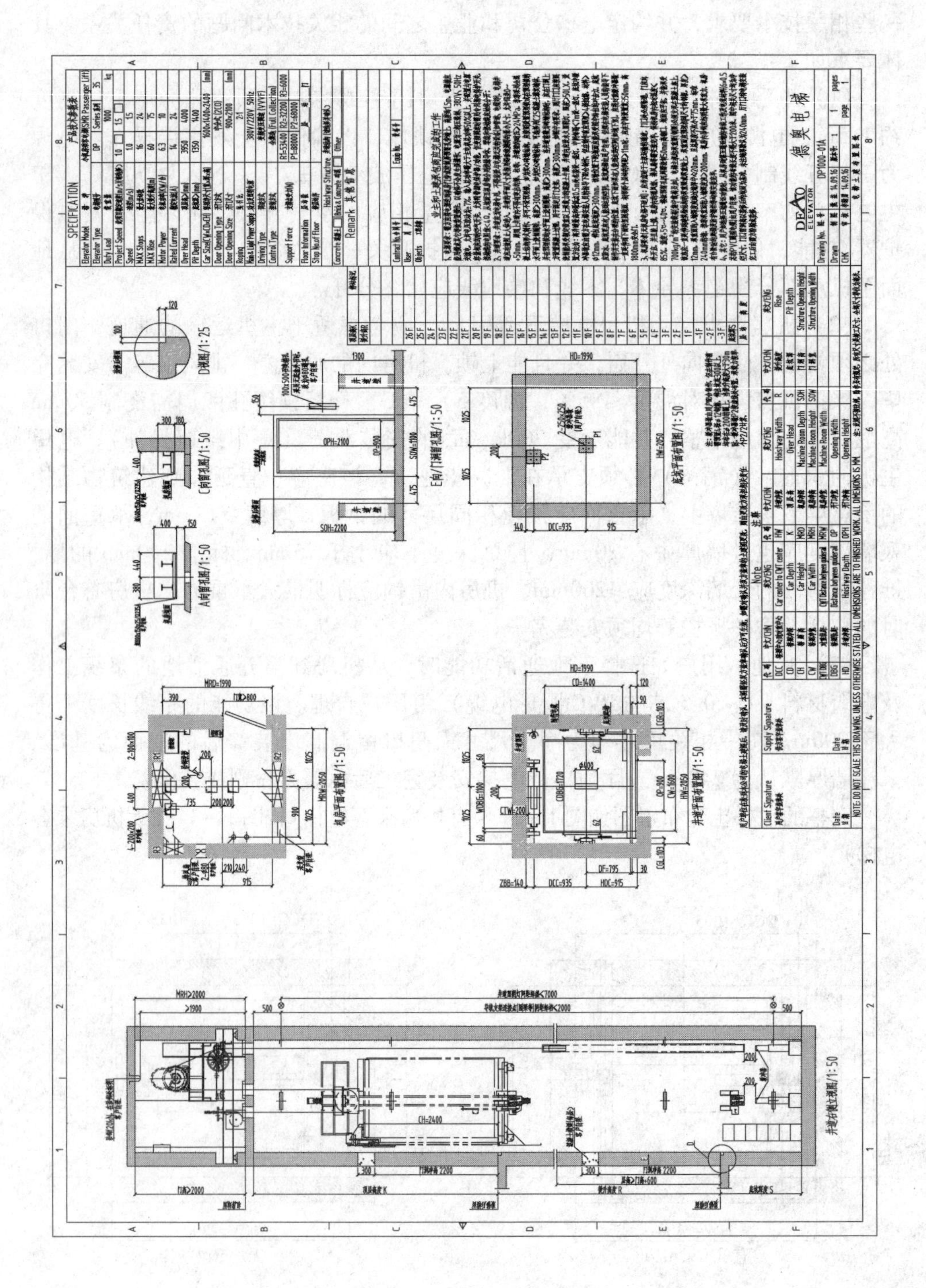

图 1－32　有机房电梯土建图

二、无机房电梯土建布置图主要内容

1. 井道立面图

井道平面布置图；底坑平面布置图；门洞留孔图；电梯的技术要求。以上基本内容与有机房电梯土建布置图相同，由于是无机房，所以没有机房平面布置图。

2. 顶层平面布置图

主要反映顶层电梯曳引机的搁机梁的安装位置及受力支承点位置。无机房电梯的结构比较多，有些结构取消了搁机梁，曳引机直接坐在电梯的对重导轨上，很多公司1000kg以下的无机房乘客电梯采用的就是这种结构。其特点是取消了顶部的搁机梁预留孔，安装比较方便，如图1－31所示。

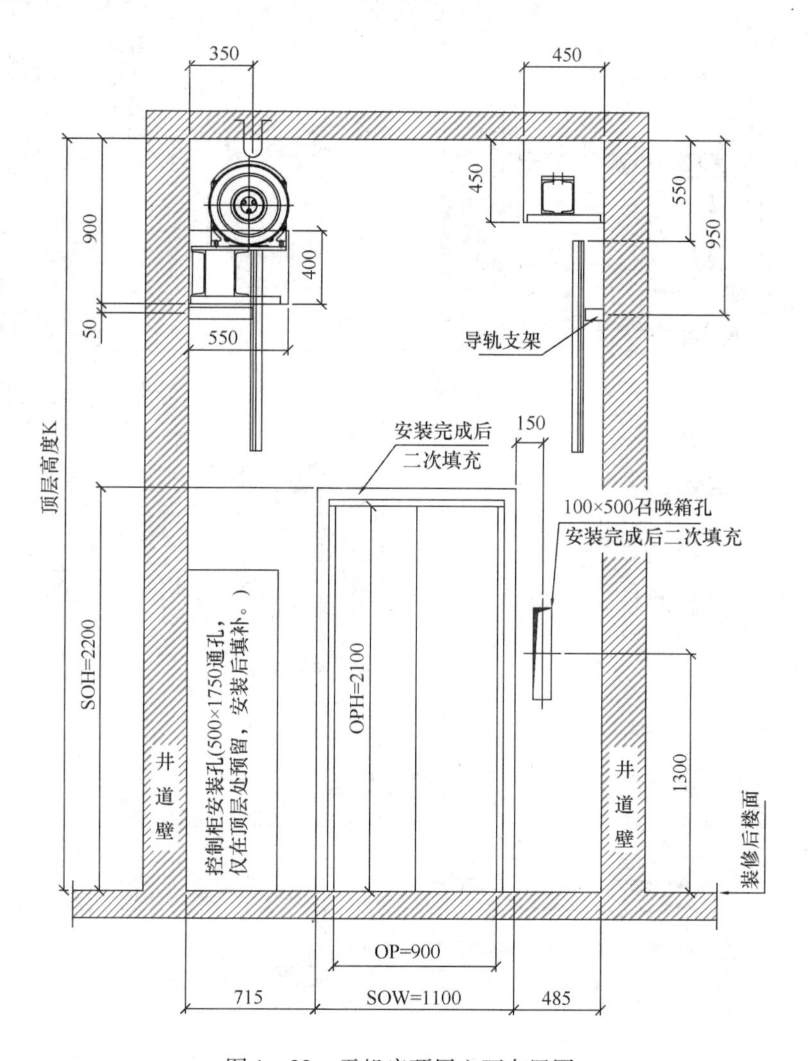

图1－33　无机房顶层立面布置图

3. 顶层立面布置图

主要反映主机搁机梁的及绳头梁的安装高度和控制柜的安装位置，导轨顶端导轨支架安装位置，如图 1－33 所示。

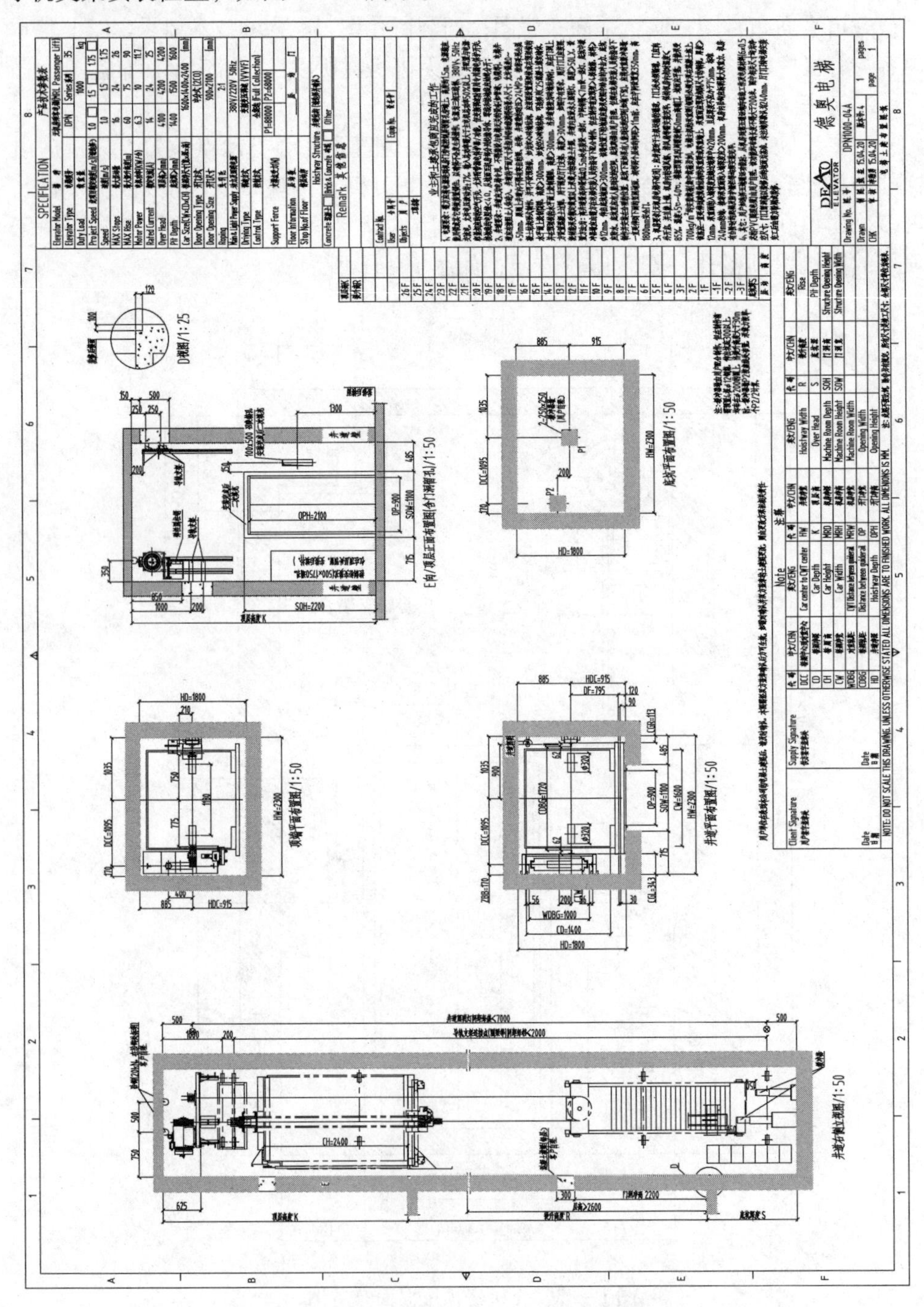

图 1－34 无机房电梯土建布置图

思考题：

1. 简述有机房电梯土建布置图的构成。
2. 无机房电梯土建布置与有机房土建布置图有何区别？
3. 井道立面图反映电梯的哪些参数？
4. 井道平面图反映电梯的哪些参数？
5. 电梯的轿厢导轨轨距和对重导轨轨距在土建图哪些地方可以找到？
6. 机房的预留孔有哪些，在土建图上哪些地方可以反映出来？

第四节　垂直电梯的总体结构及专业术语

垂直电梯有机房乘客电梯结构及专业术语，如图 1－35 所示。

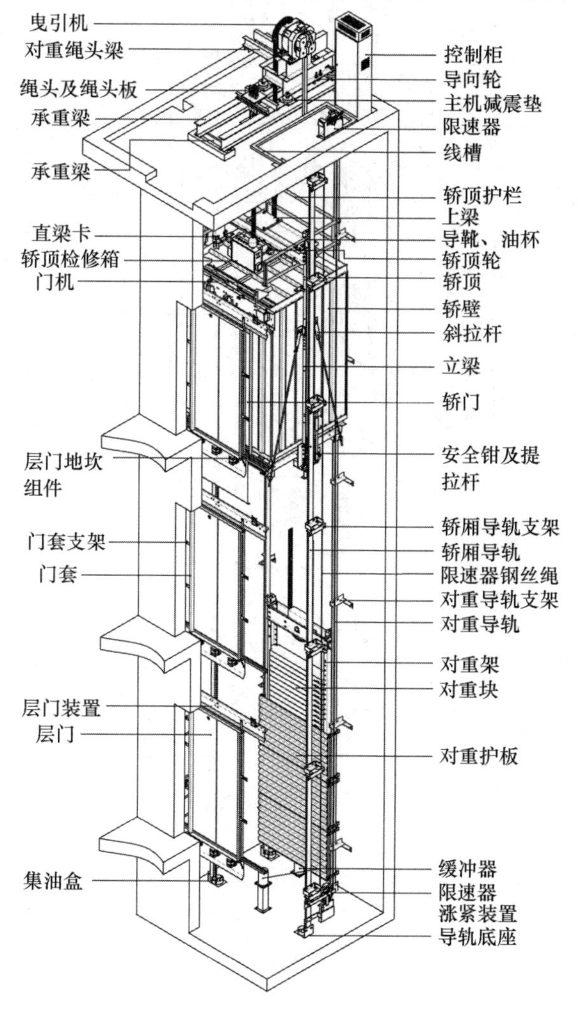

图 1－35　有机房乘客电梯总装图

垂直电梯无机房乘客电梯结构及专业术语，如图 1－36 所示。

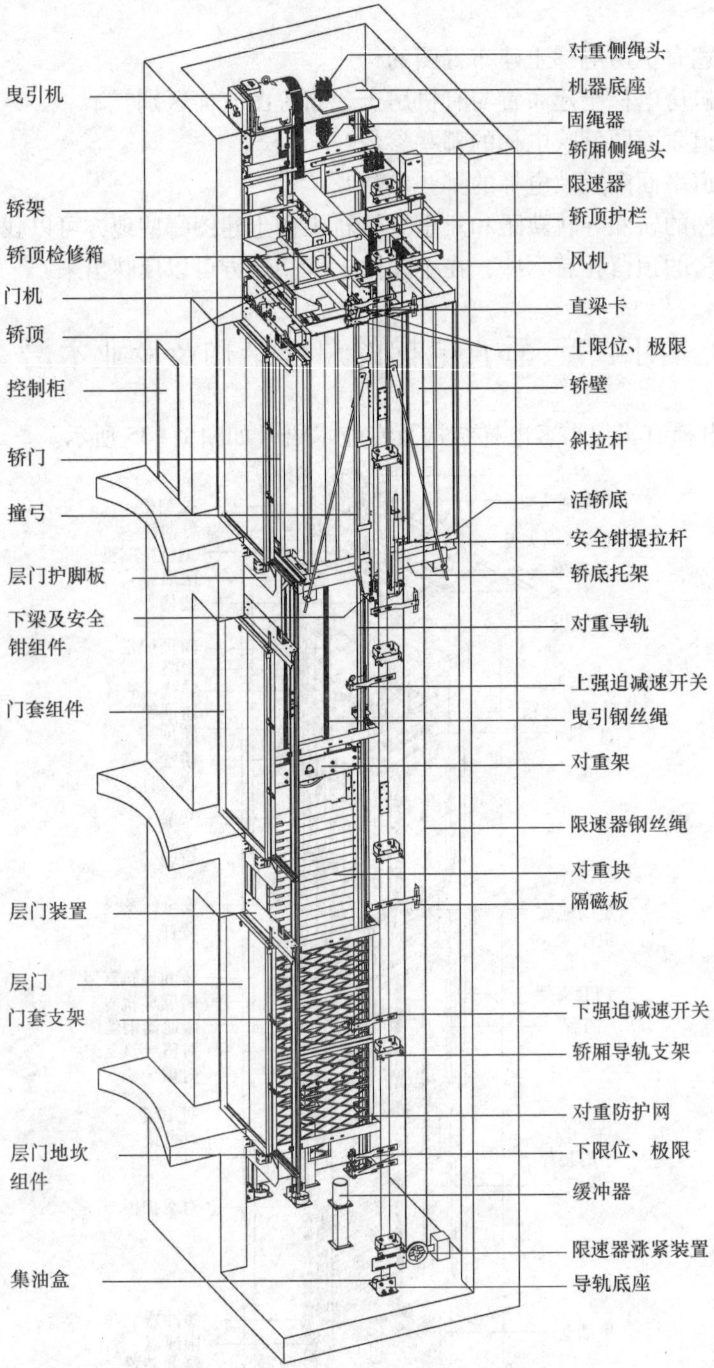

图 1－36　无机房乘客电梯总装配图

第二章　垂直电梯安装的基本工艺及流程

电梯属于特种设备，我们国家对特种设备的制造、安装有非常严格的要求和规定。同时电梯由于其结构的特殊性，无法在工厂内全部组装，对整梯的质量控制也只能在现场完成，所以电梯现场安装的质量也决定了电梯最终的质量。每台电梯发到现场的部件大概有两三百个，这么多的零部件到现场后需要合理的管理，部件的安装顺序需要遵循相应的步骤或工艺。由于电梯从安装开始就涉及公共安全问题，所以现场安装必须遵守相应的规程。

电梯从签订合同开始，一直到移交用户使用，整个项目的实施时间比较长，少则一两个月，多则几年。总之，电梯的安装比较特殊、复杂，而且现场的物料、人员、施工安全等都需要进行监督管理。

本章主要介绍电梯安装的基本工艺及流程、安装管理流程、安装改造监督检验流程。让读者了解电梯的安装方法、步骤、总的安装思路等，对电梯的安装过程有一个深刻的了解。通过本章的学习，大家可以清楚地知道电梯安装应该如何来做，从何处入手，每一步需要做什么。

第一节　垂直电梯安装的基本工艺

由于电梯现场装配的零部件比较多，而且零部件之间的关联比较多，需要制定相应的安装工艺，如图 2－1 所示。电梯的导轨和层门是井道内的部件，安装只能在井道内完成，而且在电梯的部件中占比较多，是安装最费时的部件。经过行业这么多年来的摸索和积累，其安装工艺基本上也形成了固定的模式。目前的安装工艺基本上有两种安装方式：有脚手架安装和无脚手架安装。

一、有脚手架安装

有脚手架安装即电梯安装前在井道内先搭建脚手架，然后安装电梯的导轨、层门等部件，由于脚手架需要租赁和搭设，成本和工时都比较高，所以一般适用于高速梯、载货电梯、层站较低的电梯。具体安装的基本工艺路线和步骤如表2－1所示。电梯安装工艺总图见图2－1。

（1）搭设脚手架的形式可根据井道设备布局和操作距离等做通盘考虑，可遵循电梯载重量≥3000kg 时采用双井字式，电梯载重＜3000kg 时采用单井字式。

（2）搭设脚手架的材料、搭设方式等需符合建筑行业标准和规范。

（3）脚手架搭设完毕，须经安装人员全面仔细的检查，看脚手架是否符合安全要求，对不符合要求的脚手架应进行整改，直至符合安全要求，才能使用。

（4）脚手架拆除的安全要求是按照先绑的后拆，后绑的先拆，按层次由上向下拆除的原则。

表 2－1　　　　有脚手架安装工艺流程图

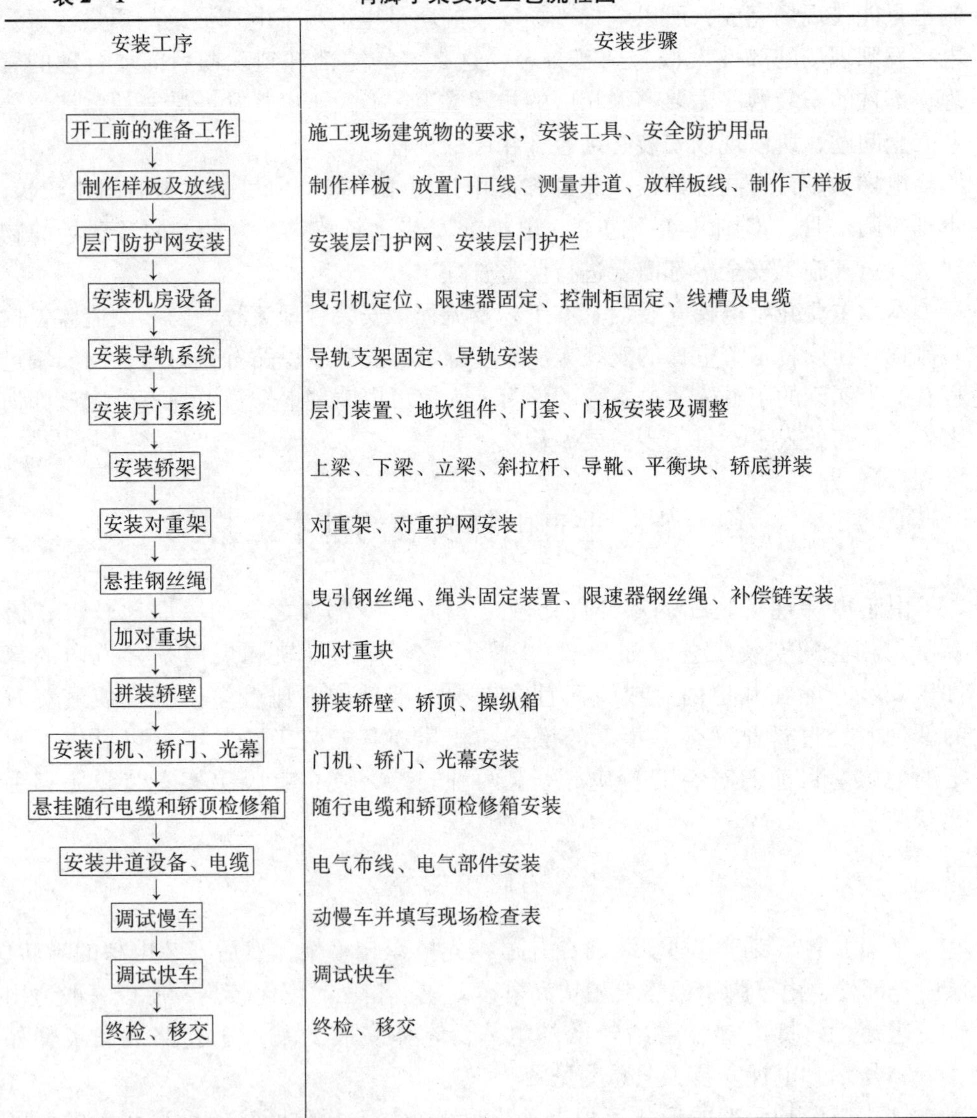

安装工序	安装步骤
开工前的准备工作 ↓	施工现场建筑物的要求，安装工具、安全防护用品
制作样板及放线 ↓	制作样板、放置门口线、测量井道、放样板线、制作下样板
层门防护网安装 ↓	安装层门护网、安装层门护栏
安装机房设备 ↓	曳引机定位、限速器固定、控制柜固定、线槽及电缆
安装导轨系统 ↓	导轨支架固定、导轨安装
安装厅门系统 ↓	层门装置、地坎组件、门套、门板安装及调整
安装轿架 ↓	上梁、下梁、立梁、斜拉杆、导靴、平衡块、轿底拼装
安装对重架 ↓	对重架、对重护网安装
悬挂钢丝绳 ↓	曳引钢丝绳、绳头固定装置、限速器钢丝绳、补偿链安装
加对重块 ↓	加对重块
拼装轿壁 ↓	拼装轿壁、轿顶、操纵箱
安装门机、轿门、光幕 ↓	门机、轿门、光幕安装
悬挂随行电缆和轿顶检修箱 ↓	随行电缆和轿顶检修箱安装
安装井道设备、电缆 ↓	电气布线、电气部件安装
调试慢车 ↓	动慢车并填写现场检查表
调试快车 ↓	调试快车
终检、移交	终检、移交

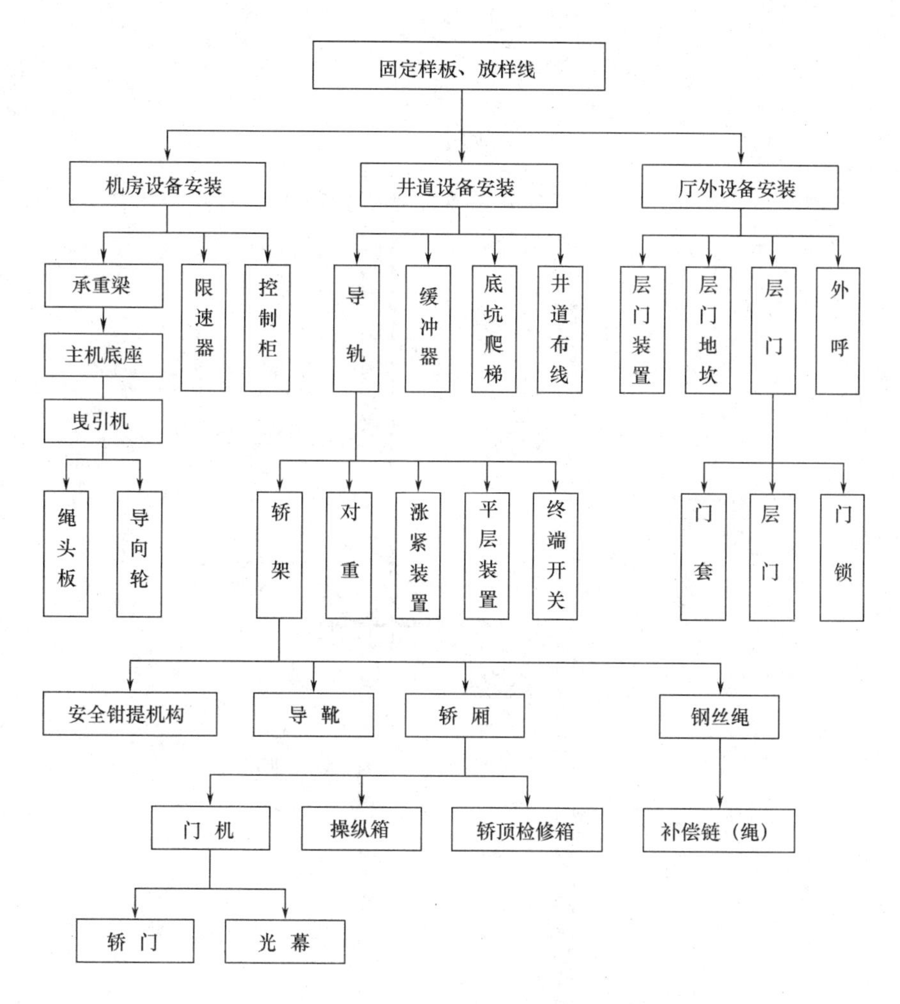

图 2－1　电梯安装工艺总图

二、无脚手架安装

无脚手架安装是利用电梯本身的轿架为升降平台，先安装首层导轨、曳引机、控制柜、轿架、对重、钢丝绳，让其能够动慢车，然后通过检修箱上手动上行或下行按钮使轿架做上下运行，人站在轿底上安装其他导轨、层门系统等井道部件。如图 2－2 所示。此工艺比较简单快捷，目前比较常用，主要适用于速度≤2.0m/s，层站较高的有机房乘客电梯。但是遇到高速电梯安装时，就不能采用这种方式，因为采用无脚手架安装工艺时，轿架的偏载受力会通过导靴作用到导轨上，而高速电梯对电梯导轨的安装精度要求非常高，会导致导轨安装后受应力的影响变形，后期非常难修正，所以必须采用有脚手架安装，具体安装的基本工艺路线和步骤如表 2－2 所示。

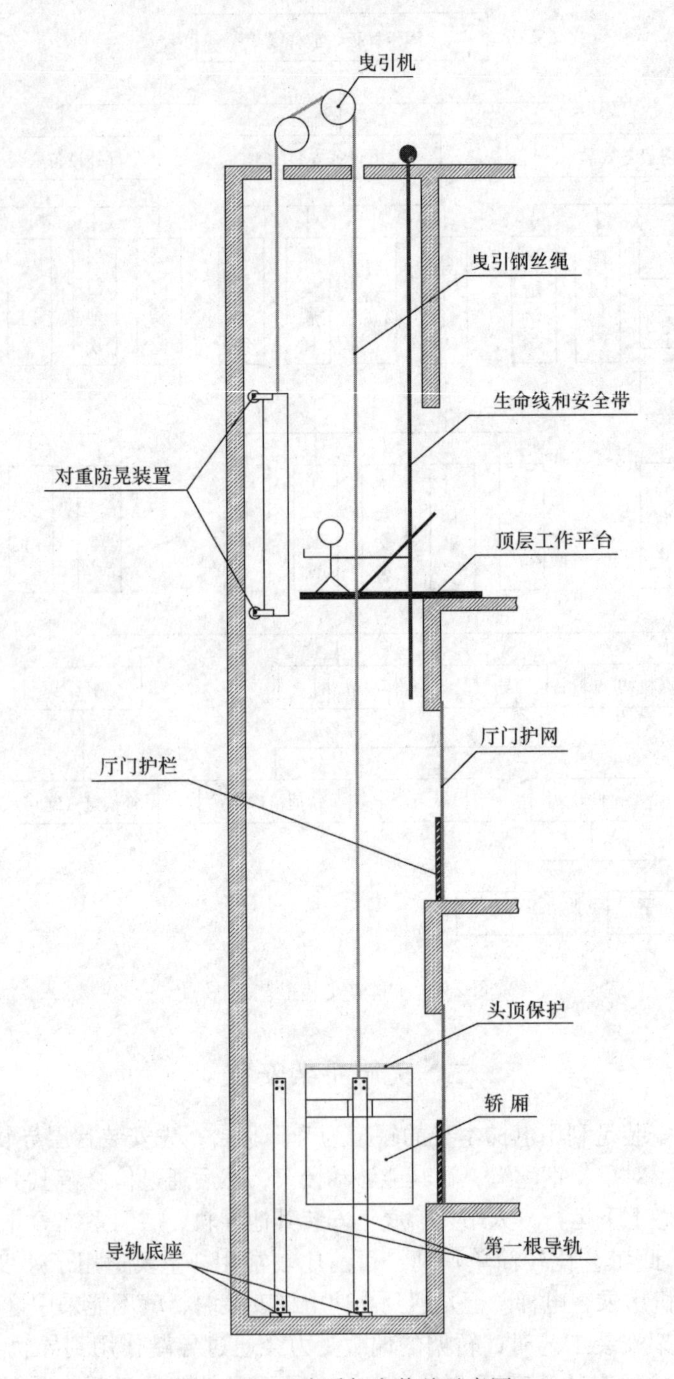

图 2－2　无脚手架安装总示意图

表2-2　　无脚手架安装工艺流程图

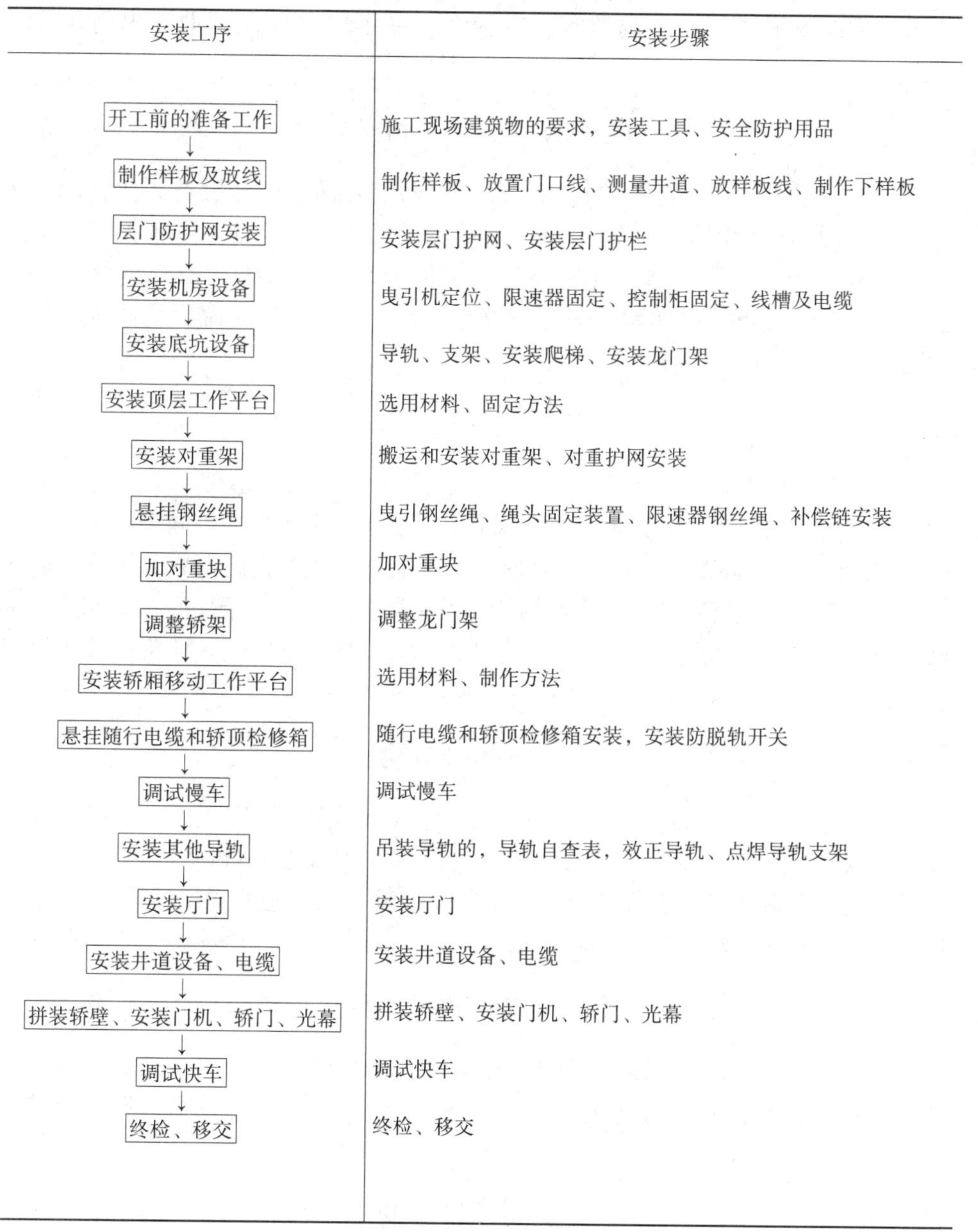

安装工序	安装步骤
开工前的准备工作 ↓	施工现场建筑物的要求，安装工具、安全防护用品
制作样板及放线 ↓	制作样板、放置门口线、测量井道、放样板线、制作下样板
层门防护网安装 ↓	安装层门护网、安装层门护栏
安装机房设备 ↓	曳引机定位、限速器固定、控制柜固定、线槽及电缆
安装底坑设备 ↓	导轨、支架、安装爬梯、安装龙门架
安装顶层工作平台 ↓	选用材料、固定方法
安装对重架 ↓	搬运和安装对重架、对重护网安装
悬挂钢丝绳 ↓	曳引钢丝绳、绳头固定装置、限速器钢丝绳、补偿链安装
加对重块 ↓	加对重块
调整轿架 ↓	调整龙门架
安装轿厢移动工作平台 ↓	选用材料、制作方法
悬挂随行电缆和轿顶检修箱 ↓	随行电缆和轿顶检修箱安装，安装防脱轨开关
调试慢车 ↓	调试慢车
安装其他导轨 ↓	吊装导轨的，导轨自查表，效正导轨、点焊导轨支架
安装厅门 ↓	安装厅门
安装井道设备、电缆 ↓	安装井道设备、电缆
拼装轿壁、安装门机、轿门、光幕 ↓	拼装轿壁、安装门机、轿门、光幕
调试快车 ↓	调试快车
终检、移交	终检、移交

第二节　电梯安装管理基本流程

国家质检总局公布的TSGT7001—2009《电梯监督检验和定期检验规则－曳引与强制驱动电梯》和TSGT5001—2009《电梯使用管理与维护保养规则》

规定了电梯施工单位在进行电梯安装、改造、维修、保养时必须执行该规则的要求，同时也形成了相应的监督检验流程，在了解这些流程前，先阐述几个概念。

一、电梯的买卖合同和安装合同

一般情况下，一个电梯项目销售时会有两个合同，一份设备买卖合同，一份安装合同。电梯销售模式有经销、直销、代销，大部分都是经销模式，很多经销商有自己的安装维修保养资质和安装能力，一般情况下是经销商自己安装，所以此情况下，电梯制造公司是没有安装合同的。后面流程案例按直销模式描述。

二、电梯报开工

因为电梯的安装涉及公共安全问题，是受到国家监管的。所以电梯在正式安装前首先要到当地质监局办理一份电梯安装开工告知书，作用等同于给一个“户口”，否则绝对不可以擅自开工。办理开工登记需要准备相应资料，第三节有详细介绍。带着这些资料到当地质监局特种设备科去报开工登记。开工告知书单的格式每个地方可能会不一样，文件编号为 TSZS003—2003，一般在网址上可以下载。

三、电梯报检验收

安装单位相关人员应做好施工过程记录，电梯安装、调试完成后，安装单位专职授权检验人员（以下简称自检人员）对相关项目进行自检并进行记录；然后准备报检资料到当地质监局报检，现场验收时，对一些关键项目需要做试验，比如电梯的平衡系数、安全钳联动试验等。

四、电梯的安装分包

一般情况下，电梯制造单位会将部分项目的安装，分包给专业的具有安装资质的电梯安装公司，分包的时候需要和安装公司洽谈安装费、签订安装合同等。

五、电梯安装及管理的基本流程

一般情况下，在电梯开始排产时，安装队就需要介入，首先需要对现场的土建进行最后一次复核，发现问题需要及时反馈给公司的技术部和用户，现场是否具备进场条件在发货前也必须确定，货到现场后需要清点。然后还需要报开工和验收等，具体步骤如表 2－3 所示。

表 2－3　　电梯安装管理基本流程

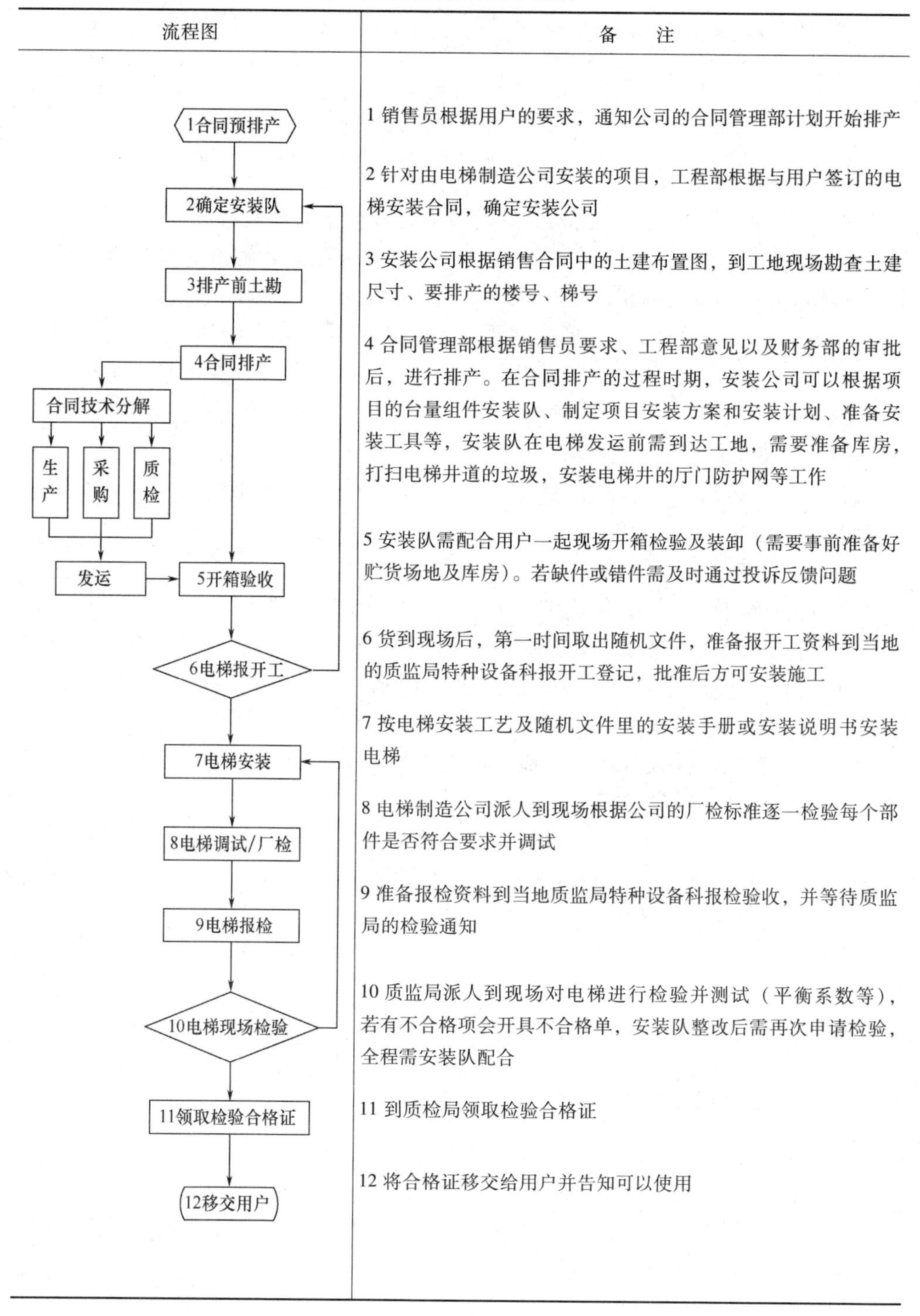

备　注
1 销售员根据用户的要求，通知公司的合同管理部计划开始排产
2 针对由电梯制造公司安装的项目，工程部根据与用户签订的电梯安装合同，确定安装公司
3 安装公司根据销售合同中的土建布置图，到工地现场勘查土建尺寸、要排产的楼号、梯号
4 合同管理部根据销售员要求、工程部意见以及财务部的审批后，进行排产。在合同排产的过程时期，安装公司可以根据项目的台量组件安装队、制定项目安装方案和安装计划、准备安装工具等，安装队在电梯发运前需到达工地，需要准备库房，打扫电梯井道的垃圾，安装电梯井的厅门防护网等工作
5 安装队需配合用户一起现场开箱检验及装卸（需要事前准备好贮货场地及库房）。若缺件或错件需及时通过投诉反馈问题
6 货到现场后，第一时间取出随机文件，准备报开工资料到当地的质监局特种设备科报开工登记，批准后方可安装施工
7 按电梯安装工艺及随机文件里的安装手册或安装说明书安装电梯
8 电梯制造公司派人到现场根据公司的厂检标准逐一检验每个部件是否符合要求并调试
9 准备报检资料到当地质监局特种设备科报检验收，并等待质监局的检验通知
10 质监局派人到现场对电梯进行检验并测试（平衡系数等），若有不合格项会开具不合格单，安装队整改后需再次申请检验，全程需安装队配合
11 到质检局领取检验合格证
12 将合格证移交给用户并告知可以使用

第三节　电梯安装、改造、维修监督检验流程

一、安装监督检验流程

1. 安装施工前准备

1）安装单位将安装工程按相关规定告知特种设备安全监察机构；

2）做好电梯安装施工前的准备工作：安装单位在安装施工前应检查土建图纸并现场检查机房以及机房通道、机房门、控制柜、紧急操作、维修场所的安全空间、顶层高度、底坑深度、楼层间距、井道内防护、安全距离、安全门设置、井道下人可以进入的空间等，其设置必须满足相关安全要求，并出具《电梯土建检查合格报告》（附件一）。如发现土建不符合安装要求，则须土建改建或变更电梯设计直到满足相关安全要求为止。

3）安装施工前应携带表2－4中所示1～16项的资料到检验机构申请安装监督检验。

2. 施工及自检

1）安装单位按图纸及施工方案进行施工。

2）安装单位施工过程中必须做好安全防护。

3）安装单位相关人员应做好施工过程记录，安装单位专职授权检验人员（以下简称自检人员）对相关项目进行自检并进行记录。

4）检验机构监检人员（以下简称监检人员）认为必要时可到现场进行监督检验，安装单位应做好现场配合工作。

5）安装完成后有安装单位自检人员进行自检并出具自检报告。自检报告的检查和试验应项目齐全、内容完整，施工和验收手续齐全，自检报告有合格结论、自检人员签字、安装单位公章或者检验合格章以及竣工日期。

3. 现场检验

1）申报现场检验时受检单位应向检验机构提供表2－4所示17～21项资料。

2）检验人员进行现场检验时，安装和使用单位应做好现场检验配合工作，如事先准备好砝码等。

3）安装人员应随身携带特种设备作业人员证以备查验。

4. 其他

1）检验过程中，如果发现下列情况，监检人员在现场检验结束时，将向受检单位出具《特种设备检验意见通知书》（以下简称《通知书》），提出整改要求；

①安装单位的施工过程记录不完整；

②电梯存在不合格项目；

③要求测试数据项目的检验结果与自检结果存在多处较大偏差，质疑安装单位自检能力时；

④使用单位存在不符合电梯相关法规、规章、安全技术规范的问题。

2）受检单位应当按照《通知书》的要求及时整改，并且在要求的日期内向检验机构提交填写了处理结果的《通知书》、整改报告等见证资料。

3）监检人员根据上述整改后的见证资料对整改情况进行确认，必要时进行现场验证，安装单位应做好现场配合工作。

4）如安装单位无法整改合格的，由检验机构出具不合格报告并通知特种设备安全监察机构。

5）如近期无望完工的，应由使用单位或安装单位向检验机构出具书面说明。

6）在完成检验前必须向监检人员提供表 2－4 所示 22～24 项资料。在检验完成（需整改的，应在提供整改资料后）10 个工作日后，凭缴纳检验费收据向检验机构领取检验报告及安全检验标志。

表 2－4　安装监督检验应提供的资料

序号	时间	出具单位	文件名称	
1	施工前	制造单位	制造许可证明文件	
2			电梯整梯形式试验合格证书或者报告书	
3			产品质量证明文件（合格证）	
4			安全保护装置和主要部件的型式试验合格证	（1）门锁装置，（2）限速器，（3）安全钳，（4）缓冲器，（5）轿厢上行超速保护装置，（6）驱动主机，（7）控制柜，（8）安全提示电子元件的安全电梯（如有）
5			限速器和渐进式安全钳的调试证书	
6			机房或者机器设备间及井道布置图	
7			电气原理图、包括动力电路和连接电气安全装置的电路	
8			安装示意维护说明书	
9		安装单位	安装许可证和安装告知书	
10			施工方案	
11			施工现场作业人员持有的特种设备作业人员证	
12			电梯土建合格报告（附件一）	
13		安装及使用单位	安装备忘录（附件二）	
14			检验申请单及附表	
15		使用单位	轿厢超面积电梯安全使用承诺书（如有）（附件三）	
16			非商用汽车电梯使用场所声明（如有）（附件四）	

续表

序号	时间	出具单位	文件名称
17	现场检验申报时	安装单位	施工过程记录
18			自检报告、安装质量证明文件
19			如果导轨之间间距大于2.5m应当有的计算依据（如有）
20		制造单位	变更设计证明文件（如有）
21		使用单位	电梯紧急报警装置承诺书（如有）（附件五）
22	完成前	使用单位	电梯运行管理规章制度
23			日常维护保养合同或者是制造企业提供免费维修保养的证明文件
24			电梯安全管理和作业人员的特种设备作业人员证
25	登记时		组织机构代码证书或者电梯产权所有者（指个人拥有）身份证（复印件）
26			《特种设备使用注册登记表》（一式两份）

7）检验合格的电梯，使用单位在投入使用前或投入使用后30日内按《电梯使用管理与维护保养规则》的要求向安全监察机构办理使用登记手续。如使用单位尚未确定或者电梯完成安装监督检验后暂不投用而不办理使用登记，应向检验机构书面说明，由检验机构发放未使用登记的安全检验标志。

二、改造或重大维修监督检验流程

1. 施工前准备

1）改造单位按有关规定告知特种设备安全监督机构。

2）当改造项目有要求时，改造单位应核查土建图纸并现场检查，确保机房、机房通道、机房门、控制柜、紧急操作、维修场所的安全空间、顶层高度、底坑深度、楼层间距、井道内防护、安全距离、安全门设置、井道下行人可以进入的空间等，并出具土建检查合格报告，如发现土建不符合改造要求，则须土建改建或变更电梯设计直到满足相关安全要求方可改造。

3）改造前应携表2－5所示1～10项资料到检验机构申请改造监督检验。

2. 施工及自检

1）电梯施工

①通知使用单位施工开始并停止使用电梯。

②改造单位按图纸及施工方案进行施工。

③改造单位施工过程应做好施工过程记录，改造单位专职授权检验人员（以下简称自检人员）对相关项目进行自检并进行记录。

④对缓冲器附近应当设置永久性明显标示，标明当轿厢位于顶层端站平层位

置时，对重装置撞板与其缓冲器顶面间的最大允许垂直距离。

⑤如果载货电梯轿厢面积超标应在层站装卸区域总可看见的位置上设置标志，标明该载货电梯的额定载重量。

⑥监检人员认为必要时可到现场进行监督检验，施工单位应做好现场配合工作。

2）改造完成后由改造单位自检人员进行自检并出具自检报告。自检报告检查和试验应项目齐全、内容完整，施工和验收手续齐全。自检报告有合格结论、自检人员签字、改造单位公章或者检验合格章以及竣工日期。

3）如果电梯轿厢已经装修，电梯轿厢质量变化超过了额定载荷的8%。改造单位应对相关参数进行确认，并出具确认报告或在自检报告中进行确认。

4）如果根据TSGT7001—2009，在电梯自检报告中出现C类应整改项目（不超过5项，含5项），使用单位应对上述整改项目采取相应的安全措施，并由使用单位出具监护使用的承诺（附件六）。

3. 现场检验

1）申报现场检验时改造单位应向检验机构提供表2－5所示11～14项资料。

2）监检人员进行现场检验，改造单位是使用单位应做好现场检验配合工作，如事先准备好砝码等。

3）改造单位人员应随身携带特种设备作业人员证以备查验。

4. 其他

在完成检验前受检单位必须向监检人员提供表2－5所示15～18项资料，其余内容要求和安装监督流程中4. 其他（见38页）所述的内容1）～7）一致。

表2－5　　改造或重大维修监督检验应提供的资料

序号	时间	出具单位	文件名称
1	施工前	改造单位	改造告知书
2			改造许可证明文件
3			改造的清单
4			所更换的安全保护装置或者主要部件产品合格证、型式试验合格证以及限速器和渐进式安全的调试证书（如有）
5			施工现场作业人员持有的特种设备作业人员证
6			施工方案，审批手续齐全
7			根据改造项目必要时提供土建合格报告（如有）
8		改造及使用单位	日常维护保养合同
9			检验申请单及附表

续表

序号	时间	出具单位	文件名称
10	现场检验申报时	改造单位	施工过程记录
11			自检报告、改造质量证明文件
12			改造后的整梯合格证。合格证应包括电梯改造合同编号、改造单位的资质证编号、电梯使用登记编号、主机技术参数等内容，并且有改造单位的公章或者检验合格章以及竣工日期（如有）
13		使用单位	监护使用承诺书（如有）（附件六）
14	完成前	使用单位	电梯运行管理规章制度目录
15			电梯安全技术档案目录
16			电梯安全管理人员证书复印件
17			根据受检电梯的要求电梯司机证复印件（如有）

三、定期检验流程

1. 检验前准备

1）在定期检验前由维修保养单位的专职授权检验人员（以下简称自检人员）进行自检并出具自检报告。检查和试验应项目齐全、内容完整，施工和验收手续齐全。自检报告有合格结论、自检人员签字、维保单位公章或者检验合格章以及检验日期。

2）对缓冲器附近应当设置永久性明显标示，标明当轿厢位于顶层端站平层位置时，对重装置撞板与其缓冲器顶面间的最大允许垂直距离。

3）如果电梯轿厢已经装修，电梯 轿厢质量变化超过了额定载荷的8%。改造单位应对相关参数进行确认，并出具确认报告或在自检报告中进行确认。

4）如果载货电梯轿厢面积超标应在层站装卸区域总可看见的位置上设置标志，标明该载货电梯的额定载重量。

5）如果根据TSGT7001—2009，在电梯自检报告中出现C类应整改项目（不超过5项，含5项），使用单位应对上述整改项目采取相应的安全措施，并由使用单位出具监护使用的承诺。

2. 现场检验

1）现场检验申报时应向检验机构提供表2－6所示资料。

2）检验机构检验人员进行现场检验，维护保养和使用单位应做好现场检验配合工作，如事先准备好砝码等（如需）。

3）维护保养单位人员应随身携带特种设备作业人员证以备查验。

3. 其他

检验过程中，如果发现维护保养单位的日常维护保养记录不完整等情况的，检验机构检验员在现场检验结束时，向受检单位出具《特种设备检验意见通知书》，提出整改要求，其余内容要求和安装监督流程中4. 其他（见38页）所述的内容1）~7）一致。

表2-6　　定期检验应提供的资料

序号	时间	出具单位	文件名称
1	检验申报时	维护保养及使用单位	日常维护保养合同
2			检验申请单
3		维护保养单位	自检报告
4		使用单位	监护使用承诺书（如有）附件六
5			电梯运行管理规章制度目录
6			电梯安全技术档案目录
7			电梯安全管理人员证书复印件
8			根据受检电梯的要求电梯司机证复印件（如有）

注：（1）维护保养单位应提供整个单位所有特种设备作业人员的姓名和有效期的清单并附特种设备作业人员复印件。

（2）每年应提供一次所有特种设备作业人员姓名和有效期的清单并附特种设备作业人员复印件。

（3）作业人员分成两类：一类为有资质的维护保养人员，一类为有资质并经维护保养单位授权批准的自检人员。

（4）复印件则必须加盖公章或者检验合格证章。

附件一

电梯土建检查合格报告

*** 市特种设备监督检验所：

我单位对以下数量及安装位置的电梯土建图纸及实际土建的项目进行检查。检查结论：顶层高度、底坑深度、楼层间距、井道内防护、安全距离、井道下方人可以进入的空间，安全门，通道，盘车，机房及井道通风等项目均符合所安装电梯的相关安全技术规范及标准要求；电梯可以正常安装及安装完成后符合相关要求。

电梯数据及安装位置：____

____

施工单位（盖章）

附件二

安装备忘录

（使用单位名称）：

我单位在贵方的__________________安装__________________台电梯，根据特种设备安全监察条例、特种设备安全技术规范 TSGT7001—2009、TSGT5001—2009 的要求：

一、电梯的使用环境应满足：

1. 机房空气温度应保持在 5～40℃；

2. 电网输入电压应正常，电压波动应在额定电压值 ±7% 范围内；

3. 环境空气中不应含有腐蚀性和易燃性气体及导电尘埃。

二、电梯使用单位应提供以下资料：

1. 组织机构代码证或者电梯产权所有者（指个人拥有）身份证（复印件 1 份）；

2. 《特种设备使用注册登记表》（一式两份）；

3. 安全技术档案；

4. 以岗位责任制为核心的电梯运行管理规章制度；

5. 与取得相应资格单位签订的日常维护保养合同；

6. 按照规定配备拥有特种设备作业人员证的电梯安全管理人员档案；

7. 医院提供患者使用的电梯、直接用于旅游观光的速度大于 2.5m/s 的乘客电梯，以及采用司机操作的电梯，由持证的电梯司机操作；

根据第 7 条的要求，贵方的电梯是否需要司机操作；

□需要司机操作（需提供电梯司机证）

□不需要司机操作

安装单位（盖章）

年　月　日

我单位承诺电梯使用环境符合特种设备安全技术规范 TSGT7001—2009 的要求，同时提供：

□我单位电梯需要投入使用，承诺在电梯监督检验完成前，提供以上全部资料；

□我单位电梯由于以下原因暂不需要使用登记，承诺电梯监督检验完成前，提供以上 3、4、5、6、7 项资料，并承诺如需使用电梯则按《特种设备安全监察条例》完成使用登记。

○使用单位不明确；
○电梯暂不需要投入使用；
○其他原因…………………………………………………………
备注：…………………………………………………………………

单位（盖章）

年　月　日

附件三

轿厢超面积电梯安全使用承诺书

*** 市特种设备监督检验所：

根据国家质监总局 TSGT7001—2009《电梯监督检验和定期检验规则 – 曳引与强制驱动电梯》，轿厢的有效面积应予以限制。

为了满足我单位安装在________________运送轻质物质的要求而购买及安装此轿厢面积超标的载货电梯，为确保使用安全，我单位在使用时郑重做出承诺；

1. 在从层站装卸区域总可看见的位置上设置标志，表明该载货电梯的额定载重量。

2. 该电梯专用于运送________________轻质货物，其体积可保证在装满轿厢情况下，该货物总质量不会超过额定载重量。

3. 该电梯由专职司机操作，并严格限制人员进入。

特此承诺

使用单位（盖章）

年　月　日

附件四

非商用汽车电梯使用场所申明

*** 市特种设备监督检验所：

本单位安装在＿＿＿＿＿＿＿＿＿＿＿＿＿＿＿＿＿＿＿＿＿＿的非商用汽车电梯，承诺：

（1）为专供批准的且受过训练的使用者使用；

（2）专供用于运送非商用汽车电梯。

使用单位（盖章）

年　月　日

附件五

电梯紧急报警装置承诺书

*** 市特种设备监督检验所：

根据国家质监总局 TSGT7001—2009《电梯监督检验和定期检验规则 - 曳引与强制驱动电梯》规定：轿厢内应装有紧急报警装置和应急照明，紧急报警装置采用对讲系统以便与救援服务持续联系。

由于现场工地进度，值班地点，消控中心和紧急报警装置的对讲系统通讯线路正在建设中，但由于施工等需要，需使用电梯，关于紧急报警装置我方现郑重做出以下承诺：

1. 保证轿厢内能通过手机、无线可持续对讲机等两种以上通讯方式能有效与外界联系；

2. 在固定紧急报警对讲系统安装到位前该电梯仅供施工等特定人员有条件乘坐；

3. 特定人员乘坐是配备专门人员操作，操作人员随身携带在轿厢内可有效使用的手机或无线对讲机等通讯装置，保证与外界持续联系；

4. 在轿厢内张贴紧急报警电话号码；

5. 在值班地点、消控中心和紧急报警装置的对讲系统通讯线路安装调试完毕，立即安装紧急报警装置；或在居住人员正式入住、对公众正式开放使用或正式投用前，该电梯的固定紧急报警装置保证已安装到位。

特此承诺

电梯数量及安装位置：______________________________

____

使用单位（盖章）

年　月　日

附件六

监护使用承诺书

*** 市特种设备监督检验所：

我单位安装在以下位置的电梯，存在______________________________缺陷。根据国家质检总局 TSGT7001—2009《电梯监督检验和定期检验规则 - 曳引与强制驱动电梯》为确保安全使用，我单位承诺在使用时采取以下措施______________________________，进行监护使用。

电梯安装位置及注册登记号：______________________________

____

____

使用单位（盖章）

年　月　日

思考题：

1. 国家质检总局颁布的 TSGT7001—2009 和 TSGT5001—2009 对应的名称叫什么？
2. 安装单位在施工前应核查土建图并现场检查井道哪些地方？
3. 电梯的安装施工工艺有哪些？它们的特点、使用场合是什么？
4. 简述有脚架安装电梯的大概步骤。
5. 简述无脚架安装电梯的大概步骤。
6. 电梯安装在什么时候报开工、需要准备哪些资料、到哪个机构申请安装监督检验?

7. 申报现场检验时应准备哪些资料?

8. 在完成检验完成前和使用登记时，使用单位必须提供哪些资料方可领取检验报告及安全检验标志?

第三章　电梯安装项目管理及安全管理

电梯安装是一个系统工程，电梯安装现场管理和建筑施工现场的管理差不多，只是电梯安装的工期相对比较短。一般情况下，电梯在安装的时候，建筑施工是没有完成的，所以电梯安装会涉及安装人员和建筑施工人员的安全问题。还会涉及电梯安装与建筑施工单位的配合、电梯安装的施工进度、现场物料的保管与摆放问题等，所以电梯安装现场的情况是比较复杂的，需要有严格的管理，也就是接下来要讲的项目管理。对于建筑施工管理来说，每个建筑施工现场至少需要一名项目经理，这是硬性规定，而且项目经理必须具有相应的资质，比如国家一级建造师等，相当于现场施工的总指挥。对于电梯安装来说，每个项目现场也会指定至少一名项目经理，电梯安装项目经理需要具备相应的综合能力，主要是现场的安装经验，所以电梯的安装项目经理一般都是由从事电梯安装的老师傅中产生的。本章将简单介绍项目管理的一些基本概念和方法，通过一个案例来阐述电梯安装现场的项目管理，并简单介绍电梯安装的安全管理。

第一节　项目管理的基本知识

一、项目管理的定义

项目管理（简称 PM），是项目的管理者在有限的资源约束下，运用系统的观点、方法和理论，对项目涉及的全部工作进行有效的管理。通过项目各方干系人的合作，把各种资源应用于项目，以实现项目的目标，满足项目干系人的需求。

二、项目管理的基本要素

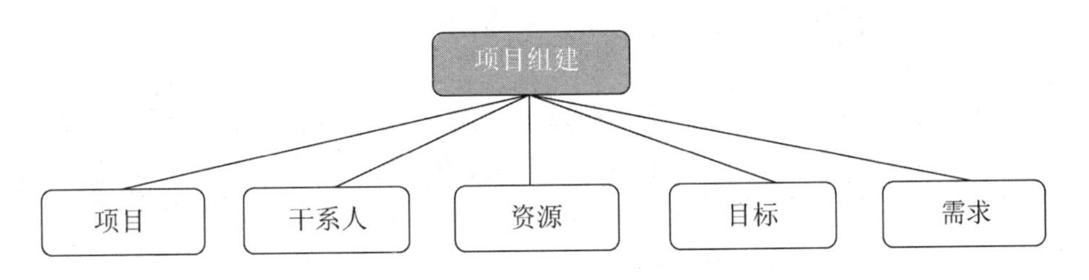

1. 项目

（1）项目的定义　项目是一种临时性的工作，有针对性地创造产品或服务。

项目的定义包含三层含义：第一，项目是一项有待完成的任务，且有特定的环境与要求；第二，在一定的组织机构内，利用有限资源（人力、物力、财力等）在规定的时间内完成任务；第三，任务要满足一定性能、质量、数量、技术指标等要求。这三层含义对应这项目的三重约束——时间、费用和性能。项目的目标就是满足客户、管理层和供应商在时间、费用和性能（质量）上的不同要求。

（2）项目的特征

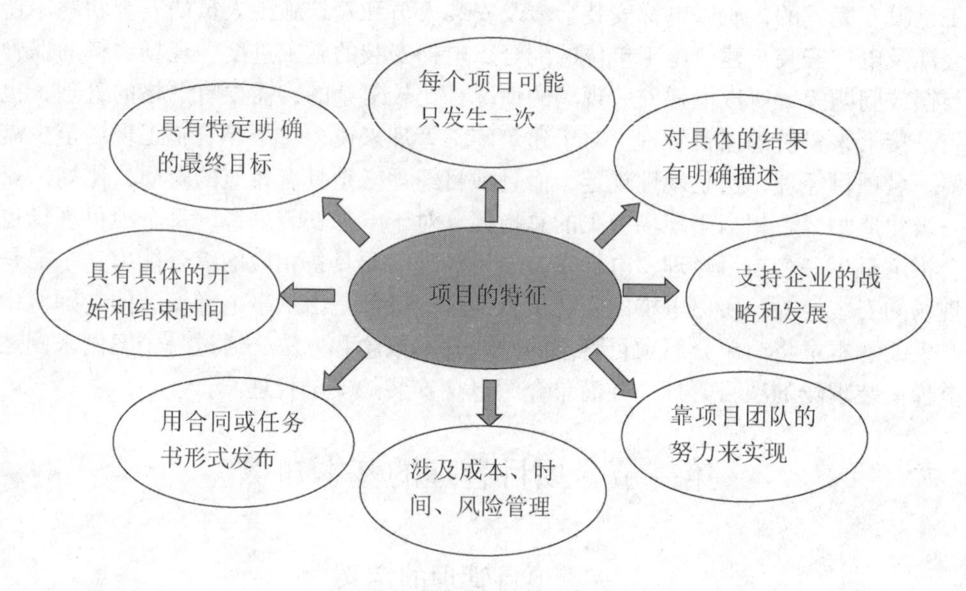

2. 资源

资源的概念内容十分丰富，可以理解为一切具有现实和潜在价值的东西，包括自然资源和人造资源、内部资源和外部资源、有形资源和无形资源。诸如人力和人才、原料和材料、资金和市场、信息和技术等。

项目管理本身作为管理方和手段，也是一种资源。资源的合理、高效的使用对项目管理尤为重要。

3. 目标

项目要求达到的目标可分为两类，必须满足的规定要求和附加获取的期望要求。

（1）规定要求　包括项目实施范围、质量要求、利润或成本目标、时间目标以及必须满足的法规要求等。当选择和考虑项目的范围及规模时，则需要以利润替代成本作为目标。利润 = 收益 − 成本。管理是要寻求使利润最大的项目实施范围或规模，从而确定其相应的成本。

（2）期望要求　常常对开辟市场、争取支持、减少阻力产生重要影响。譬如一种新产品，除了基本性能之外，外形、色彩、使用舒适，建设和生产过程有利于环境保护和改善等，也应当列入项目的目标之内。

4. 需求

项目要求达到的目标是根据需求和可能来确定的。一个项目的各种不同干系人有各种不同的需求，有的相去甚远，甚至互相抵触。这就更要求项目管理者对这些不同的需求加以协调，统筹兼顾，以取得某种平衡，最大限度地调动项目干系人的积极性，减少他们的阻力和消极影响。项目干系人的需求往往是笼统的、含糊的，他们缺乏专门知识，难以将其需求确切、清晰地表达出来。因此需要项目管理人员与干系人充分合作，采取一定的步骤和方法将其确定下来，成为项目要求达到的目标。项目干系人的需求在项目进展过程中往往还会发生变化，项目需求的变化将引起项目目标、计划等一系列相应的变化。因此，需求管理自始至终都是项目管理中极为重要的因素。

三、项目管理的流程

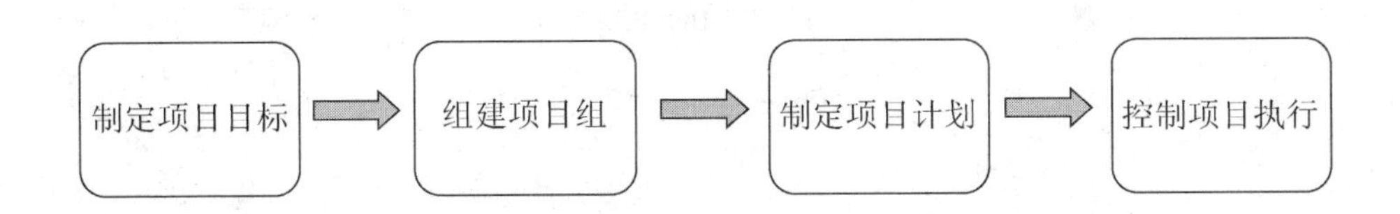

四、项目组建

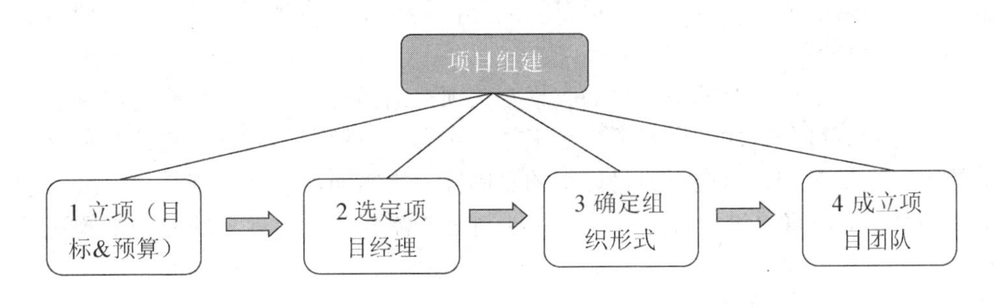

五、项目经理的角色和义务

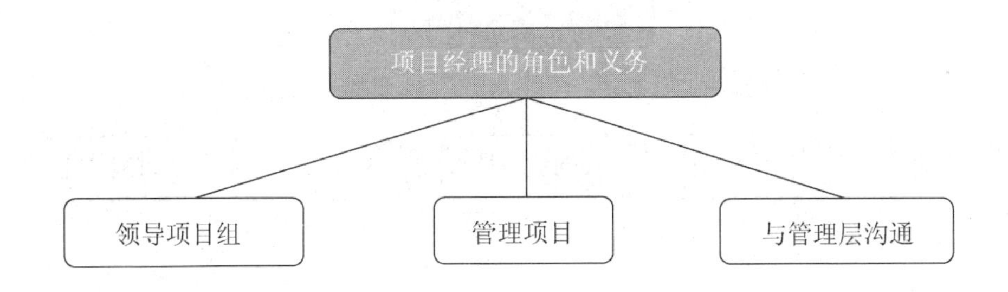

六、项目经理的技能

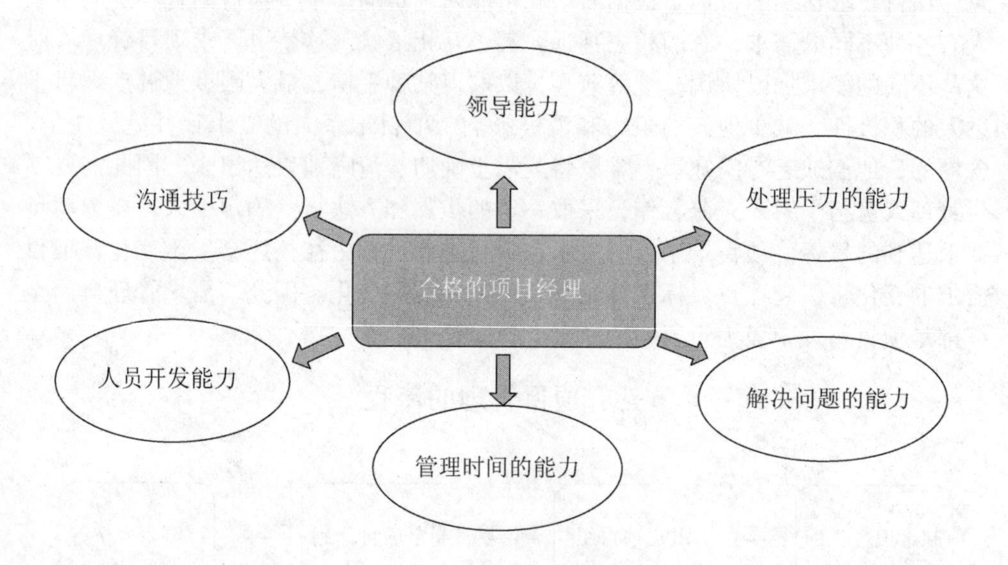

七、项目计划的制定

项目计划包括：项目的目标、项目的任务和工作范围、项目的进度安排和质量要求、项目的成本预算要求、项目的风险控制和变动控制要求与措施、项目的各种应急计划等。

项目计划中最主要的是大量的收集有关项目的信息、数据。只有对准确、实用的信息源进行分析才能做好下一步工作。在做项目计划的时候，邀请与项目相关的干系人员参与，以提高项目计划的实用性，周密而严谨的计划是项目成功的必要条件。下面将通过项目的目标、计划制定的流程、项目计划的方法来阐述项目计划的制定几个关键过程。

1. 项目目标的特性

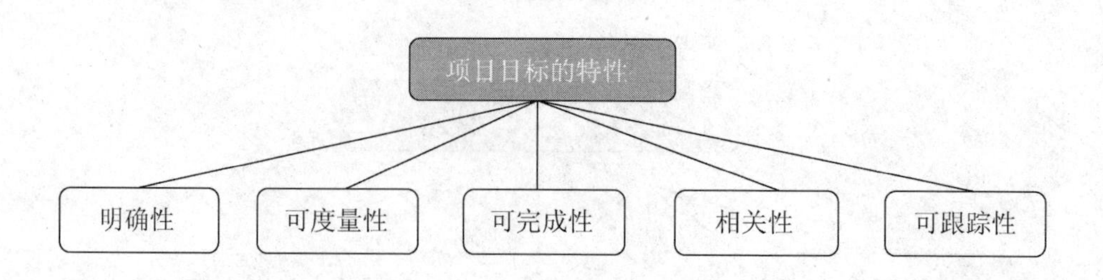

2. 项目计划制定的流程

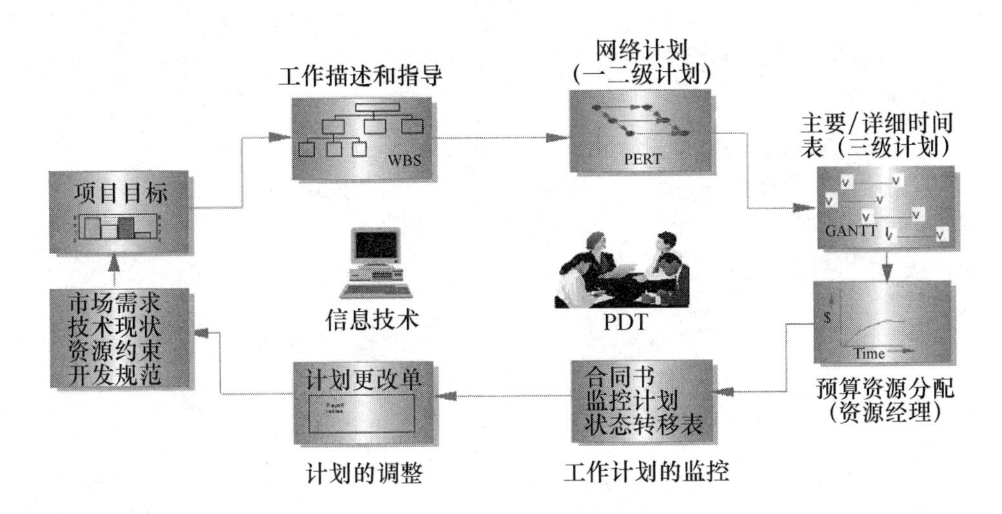

3. 项目计划的方法

（1）计划的方法－WBS　WBS（Work Breakdown Structure 工作分解结构），主要是用在项目计划形成之前，先画 WBS 表。主要原理是：将任务逐级分解直至个人，在矩阵中体现为：先确定横向有多少结点，再将每一结点任务逐渐细化直到个人，工作分解图（WBS）实际上就是将一个复杂的开发系统分层逐步细化为一个个工作任务单元，这样可以使我们将复杂、庞大的、不知如何下手的大系统划分成一个个独立的、我们能预测、计划和控制的单元，从而也就达到了对整个系统进行控制的目的。WBS 示例图如下：

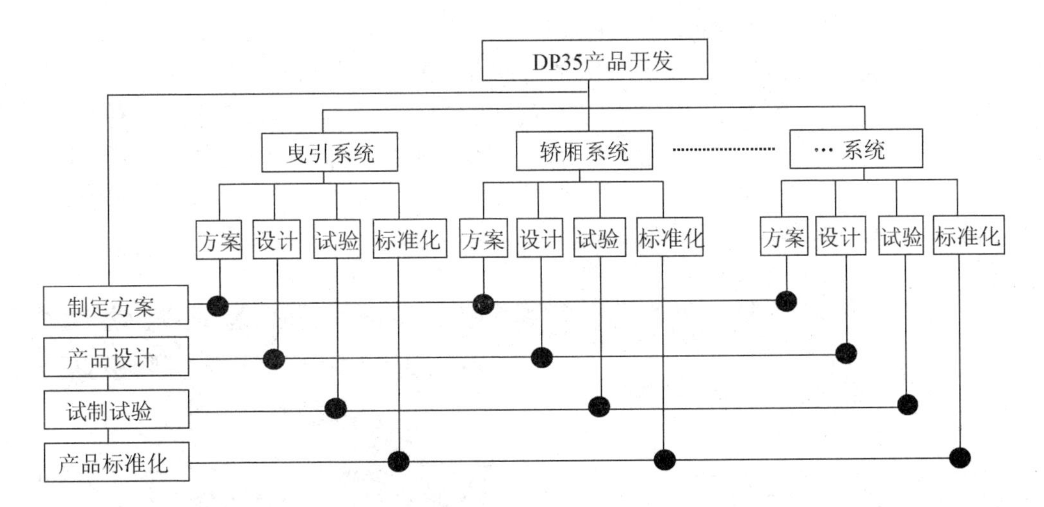

（2）计划的方法－PERT　PERT（Project Evaluation and Review Technique 网络计划评审技术）是以网络图的形式制定计划，求得计划的最优方案，并据以组

织和控制开发进程，达到预定目标的一种科学管理方法。PERT 示例图如图 3－1 所示。

1）用网络图来表达一项计划中各工作（阶段、模块等）的先后顺序和相互关系。

2）通过计划找出计划中关键工序和关键路线。

3）通过不断改善网络计划，选择最优方案并付诸实施。

4）在计划执行的过程中进行有效的控制和监督，保证合理地使用人、财、物，按预定目标完成任务。

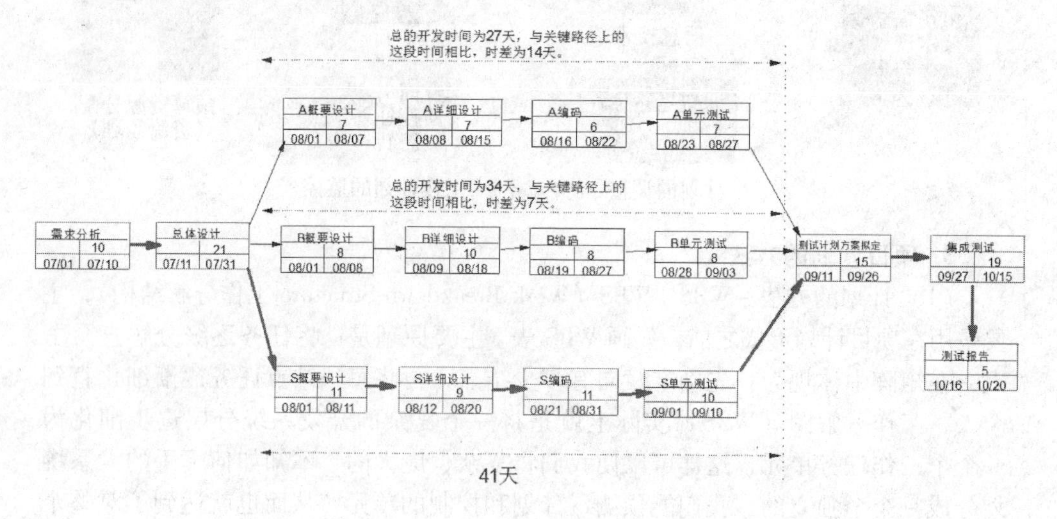

图 3－1　PERT 示例图

（3）计划的方法甘特图

甘特 Gantt 图是在第一次世界大战时期发明的，以亨利·L·甘特先生的名字命名。他制定了一个完整地用条形图表进度的标志系统。是对任务的一种罗列，标明任务名称、开始时间、完成时间、工期、资源名称等。由于甘特图形象简单，在简单、短期的项目中，甘特图都得到了最广泛的运用，比如产品研发、电梯安装的施工进度等，甘特图示例如图 3－2 所示。

产品标准化工作计划	4月				5月				6月			
项目内容	1	2	3	4	1	2	3	4	1	2	3	4
第一阶段：收集现有产品的相关信息												
了解其他公司同类产品的优势												
了解销售员对我们的产品在设计上有哪些要求（配置）												
了解我们现有产品的不足之处												
通过安装服务部了解我们产品在现场验收和安装上的缺陷												
确定各种电梯的规格参数（载重、速度的范围）												
第二阶段：完成主要部件的配置及外购件的选型												
确定标准产品的主要部件配置（主机、门机、安全钳、限速器）												

图 3－2　甘特图示例

思考题：

1. 什么叫项目管理？
2. 项目管理的基本要素有哪些？
3. 项目有哪些特征？
4. 项目管理的基本流程？
5. 如何进行项目组建？
6. 项目经理应具备哪些技能？
7. 项目计划制定的流程如何？
8. 制定项目计划的方法有哪几种，每种方法的特点是什么？

第二节　电梯安装现场的项目管理案例分析

每个电梯安装现场的情况都不太一样，少的只有一台电梯，多的有几十台、几百台，如现代的城市综合体。同一个项目可能会有多种型号的电梯，比如乘客电梯、观光电梯、载货电梯、自动扶梯、自动人行道等。每种型号的电梯安装施工方案、安装工艺、使用的工具、人员的技能要求等都不一样。而且现场的电梯部件种类、数量繁多，所以项目经理必须制定详细的项目计划。电梯的安装主要管理的是人的安全、施工进度、物料管理。本节将通过一个具体的案例来分析和阐述电梯安装项目管理的整个过程。

案例：一个项目有 50 台电梯，全部为有机房乘客电梯，要求工期是 50 天必须完成。

一、了解项目的具体情况

1. 绘制电梯总体平面布置图

对于多台电梯的项目，可能有很多种规格。一般在电梯正式安装前，需要了解每台电梯对应的楼号、梯号，如果能标注设备号、土建图号等主要信息更好。所以需要首先绘制一张整个项目的电梯平面布置简图，或者向建筑施工单位要一张建筑总体平面布置图，在图上标注每栋的楼号、梯号、梯号对应的设备号、土建图号，如图 3－3 所示。这样做可以一目了然地知道每台电梯的位置，便于后期管理，可以快速地定位到想要查看的电梯位置及周边的情况。

2. 编制电梯主要信息汇总表

编制一张电梯主要信息汇总表，主要汇总电梯的土建信息，如果项目的装潢样式多样化，建议将装潢信息也统计进去，信息越详细对后续的管理越有利。信息汇总表如表 3－1 所示，这样我们可以根据设备号或土建图号快速地查到每台梯的基本情况，对后期的管理很有帮助。

表 3-1　电梯主要信息汇总表

顺义区于庄一期回迁(北京新世界)土建参数汇总表

标段	楼号	梯号	设备号	土建图号	梯种	载重	速度	层站	楼层标记	井道尺寸	提升高度	顶层高度	底坑深度	轿厢尺寸	备注
一期	6号楼	L1,L3	201603001-002	GT1201033A-1	DP35	800	1.5	10/10/10	-2F-8F	2020*2020	26.1	4400	1500	1400*1350	消防功能
	6号楼	L2,L4	201603003-004	GT1201033A-2	DP35	800	1.5	10/10/10	-2F-8F	2020*2020	26.1	4400	1500	1400*1350	消防功能
	7号楼	L1,L3	201603005-006	GT1201034A-1	DP35	800	1.5	12/12/12	1F-12F	2020*2020	31.9	4400	1500	1400*1350	消防功能
	7号楼	L2,L4	201603007-008	GT1201034A-2	DP35	800	1.5	12/12/12	1F-12F	2020*2020	31.9	4400	1500	1400*1350	消防功能
	8号楼	L1,L2	201603009-010	GT1201035A-1	DP35	800	1.5	13/13/13	-2F-11F	2020*2020	34.8	4400	1500	1400*1350	消防功能
		L3	201603011	GT1201035A-2	DP35	800	1.5	13/13/13	-2F-11F	2020*2020	34.8	4400	1500	1400*1350	消防功能
	9号楼	L1,L3	201603012-013	GT1201036A-1	DP35	800	1.5	11/11/11	-2F-9F	2020*2020	29	4400	1500	1400*1350	消防功能
		L2,L4	201603014-015	GT1201036A-2	DP35	800	1.5	11/11/11	-2F-9F	2020*2020	29	4400	1500	1400*1350	消防功能
	10号楼	L1,L3	201603016-017	GT1201037A-1	DP35	800	1.5	13/13/13	1F-13F	2020*2020	34.8	4400	1500	1400*1350	消防功能
		L2,L4	201603018-019	GT1201037A-2	DP35	800	1.5	13/13/13	1F-13F	2020*2020	34.8	4400	1500	1400*1350	消防功能
二期	3号、4号楼	L1,L3	201603020-021	GT1201038A-1	DP35	800	1.5	11/11/11	1F-11F	2020*2020	29	4400	1500	1400*1350	消防功能
		L2,L4	201603022-023	GT1201038A-2	DP35	800	1.5	11/11/11	1F-11F	2020*2020	29	4400	1500	1400*1350	消防功能
	11号楼	L1,L3	201603024-025	GT1201039A-2	DP35	800	1.5	13/13/13	1F-13F	2020*2020	34.8	4400	1500	1400*1350	消防功能
		L2,L4	201603026-027	GT1201039A-1	DP35	800	1.5	13/13/13	1F-13F	2020*2020	34.8	4400	1500	1400*1350	消防功能
	12号楼	L1	201603028	GT1201040A-1	DP35	800	1.5	9/9/9	1F-9F	2020*2020	23.2	4400	1500	1400*1350	消防功能
		L2	201603029	GT1201040A-2	DP35	800	1.5	9/9/9	1F-9F	2020*2020	23.2	4400	1500	1400*1350	消防功能
		L3	201603030	GT1201040A-3	DP35	800	1.5	13/13/13	1F-13F	2020*2020	34.3	4400	1500	1400*1350	消防功能
		L4	201603031	GT1201040A-4	DP35	800	1.5	13/13/13	1F-13F	2020*2020	34.8	4400	1500	1400*1350	消防功能
	13号楼	L1	201603032	GT1201042A-2	DP35	800	1.5	12/12/12	1F-12F	2020*2020	31.9	4400	1500	1400*1350	消防功能
		L2	201603033	GT1201040A-1	DP35	800	1.5	12/12/12	1F-12F	2020*2020	31.9	4400	1500	1400*1350	消防功能
		L3	201603034	GT1201041A	DP35	800	1.5	9/9/9	1F-9F	2020*2020	23.2	4400	1500	1400*1350	消防功能
	14、15号楼	L1,L3	201603035-036	GT1201043A-1	DP35	800	1.0	6/6/6	1F-6F	2020*2020	14.5	4300	1500	1400*1350	无障碍功能
		L2,L4	201603037-038	GT1201043A-2	DP35	800	1.0	6/6/6	1F-6F	2020*2020	14.5	4300	1500	1400*1350	无障碍功能
	16号楼	L1,L3	201603039-040	GT1201044A-1	DP35	800	1.0	5/5/5	1F-5F	2020*2020	11.6	4300	1500	1400*1350	无障碍功能
		L2,L4	201603041-042	GT1201044A-2	DP35	800	1.0	5/5/5	1F-5F	2020*2020	11.6	4300	1500	1400*1350	无障碍功能
三期	1、2号楼	L1,L3	201603043-044	GT1201045A-1	DP35	800	1.0	6/6/6	1F-6F	2020*2020	14.5	4300	1500	1400*1350	无障碍功能
		L2,L4	201603045-046	GT1201045A-2	DP35	800	1.0	6/6/6	1F-6F	2020*2020	14.5	4300	1500	1400*1350	无障碍功能
	5号楼	L3	201603047	GT1201045A-3	DP35	800	1.0	6/6/6	1F-6F	2020*2020	14.5	4300	1500	1400*1350	无障碍功能
		L1,L2,L4	201603048-050	GT1201045A-4	DP35	800	1.0	6/6/6	1F-6F	2020*2020	14.5	4300	1500	1400*1350	无障碍功能

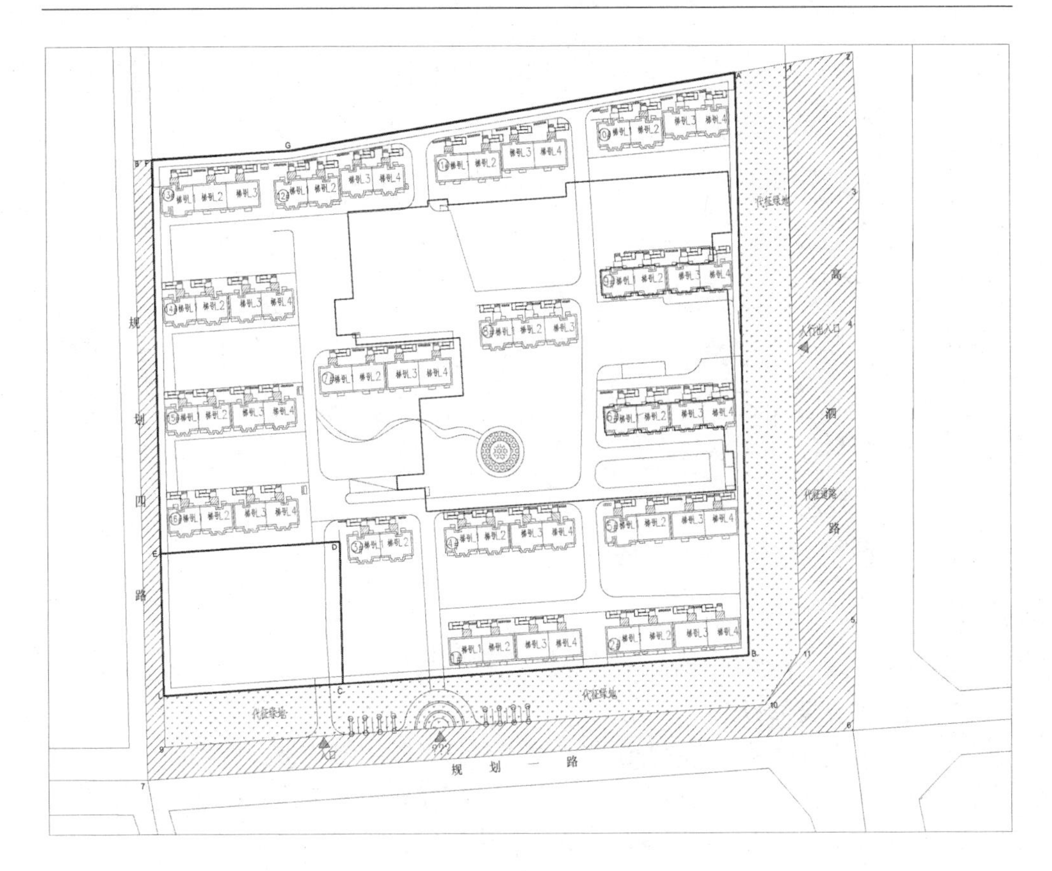

图 3－3　电梯总体平面布置

二、组建项目组

通常每台电梯由 3 ~4 人组成安装小组，7 到 10 天安装一台电梯。针对乘客电梯 3 人可组成一个安装小组，此项目层站不算太高，按平均 7 天/台，按 43 天总工期计算（需要预留大概 7 天左右的时间，用于报开工、验收及风险评估等），一个安装小组在 43 天内可安装 6 台电梯，再加上项目管理、安装监督人员。故此项目需组建一个 27 ~30 人的项目组。根据人力资源情况，可以安排更多的人员同时施工，这样会提前工期。

三、制定安装计划

1. 项目安装总计划

在制定总计划时，要考虑风险评估时间。比如此项目的安装工期是 50 天，在制定计划时，必须要按提前 7 天左右时间来完成任务；因为在项目施工过程中可能会遇到没有考虑到的问题、意外事件以及不完全可控的事情，比如质检局的验收时间不可控等因素。见图 3－4 所示。

图 3-4　项目安装总计划

2. 制定安装具体计划

此安装计划是对总计划的分解。是针对每台电梯的安装进度所做的计划，根据电梯的安装工艺及步骤，确定每一步骤完成所需要的时间，此计划是至关重要的，此计划需要项目经理和安装班组长一起来制定，具体如图 3-5 所示。

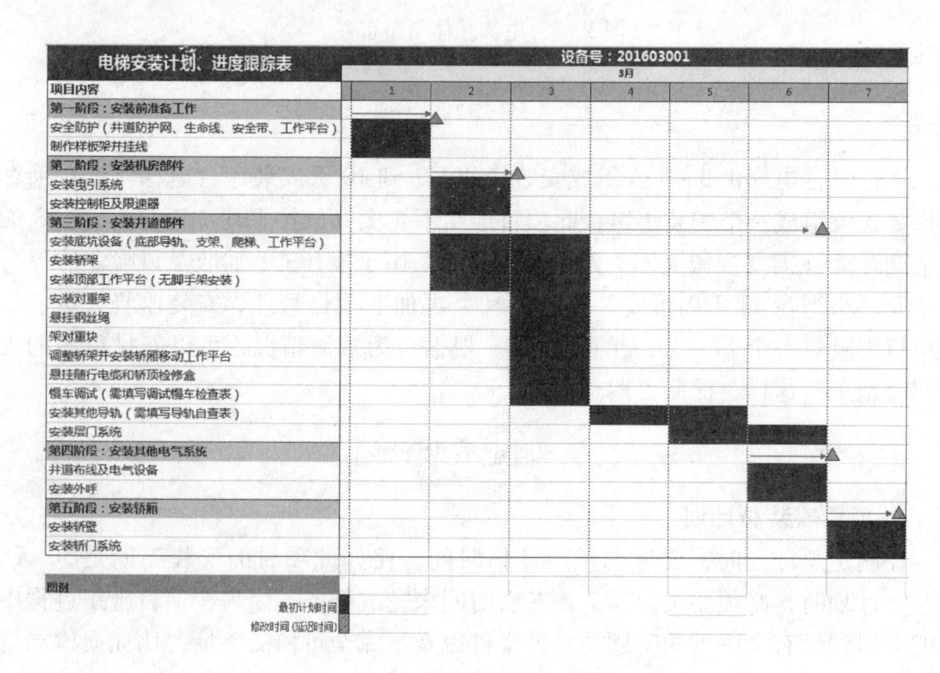

图 3-5　安装进度计划和跟踪表

四、项目的执行

一般情况下，对于多台电梯的项目，需要配置一名专职的安装监督员，监督安装的进度、质量、安全。建议由项目经理或安装监督组织，每天早晨用约15min 开个简短的会议，对前一天的问题和当天的任务做一下沟通。安装监督员需要每天跟踪每台电梯的安装进度并做好记录，发现异常情况，需要及时上报到项目经理处，并组织协调问题的解决。建议现场项目部采用可视化的看板管理模式。将每台电梯的安装计划内容写在看板上，这样比较直观，而且一目了然。

五、现场物料的管理

电梯发运到现场后，每台电梯需要在现场装配的零部件有三四百件，如果是多台电梯一起到达现场，零部件的数量和种类会非常多。这么多的物料到达现场后该如何进行管理才能保证安装不会装错呢？主要体现在如下几个方面。

1. 现场的卸货管理

货到现场前，首先需要和建筑施工单位、用户、监理单位等进行沟通，选好卸货地点，并提前备好库房。一般是通过叉车或吊车来卸货的。所以需要提前协调好卸货工具。

2. 现场导轨和钢丝绳的搬运和存贮

1）电梯导轨的质量会直接关系到电梯运行舒适度，在出厂前需要经过严格的检验后方可出厂。导轨的外包装基本上都是采用捆扎式的包装，在导轨运输、搬运和存贮环节操作不当，都会导致导轨的弯曲或扭曲，应该按图 3 －6 所示运输和存贮。

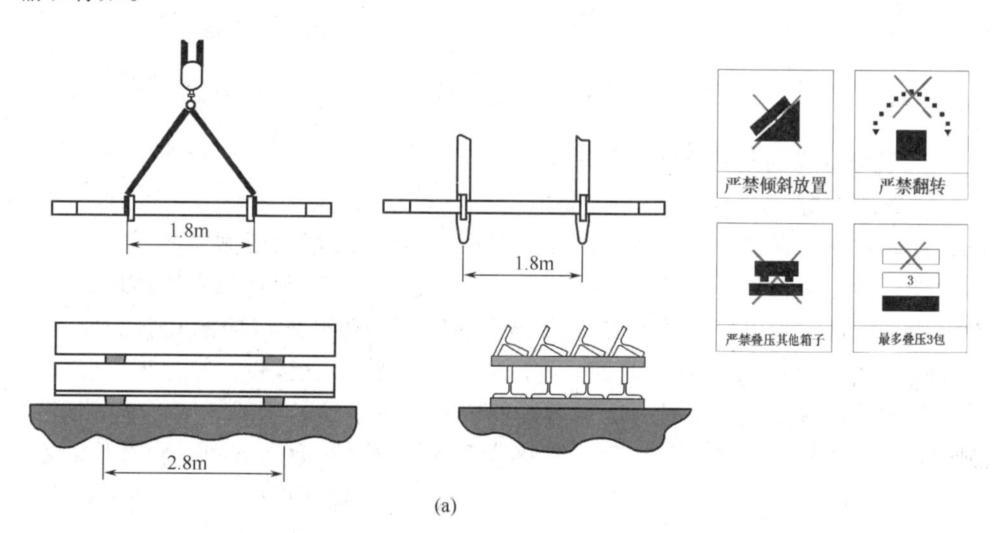

(a)

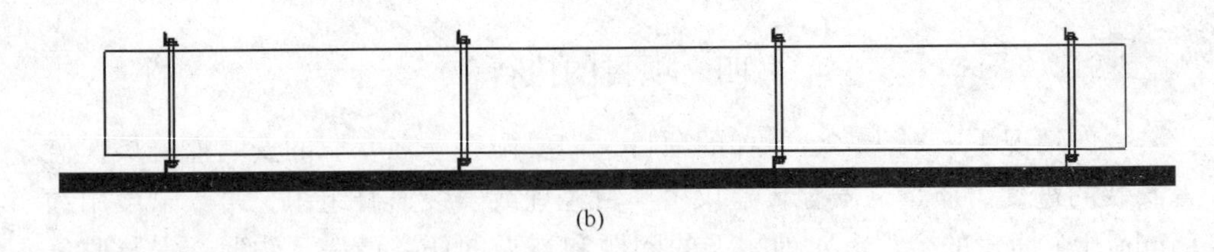

(b)

图 3－6　导轨的搬运和存贮

2）电梯的钢丝绳是电梯的很重要的一个和安全有关的部件，出厂时外包装基本上采用的都是滚筒式包装。在搬运和运输的过程中要避免有硬物的撞击导致钢丝绳出现断丝情况。所以运输和保管需要注意，如图 3－7 所示。

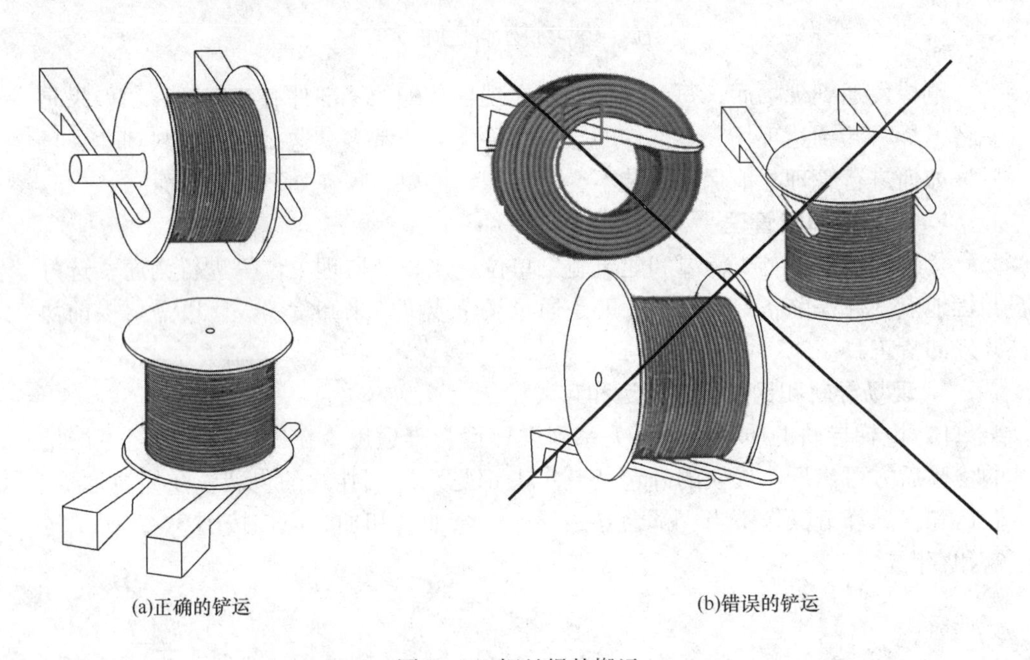

(a)正确的铲运　　(b)错误的铲运

图 3－7　钢丝绳的搬运

3. 现场库房的要求及物料管理

现场的库房一般不需要单独搭建，可以直接在建筑物内找一些可封闭的房间，最好找一些直接增加一扇门并加锁就可以。根据现场物料搬运的远近，可以多设置一些库房。在条件允许的情况下，尽可能将重要物料都放到库房里，以避免淋雨和被盗，所以要求库房晚上必须有人看管。搬到库房内的物料需要进行 5S 管理，并做好物料的分类管理，将同类的部件放在一起并做好标识。建议用记号笔或贴标签标注设备号。以免后续安装时，找不到对应部件或混装的情况。例如有一个单元 2 台电梯井并联，轿厢等规格都一样，但是其中一台有地下室，一台没有，两台电梯可能是同步施工的，在悬挂曳引钢丝绳时，可能会将有地下室的那台电梯钢丝绳安装到没有地下室的那台电梯上，将多余的钢丝绳剪短了，等到再安装有地下室那台电梯时，发现钢丝绳长度不够长了。在实际的工作中，此类问题是经常发生的。

第三节　电梯现场安全管理

电梯安装属于高危作业，能够引起事故的安全隐患很多，比较常见有坠落、触电等。由于电梯的安装是多人同时作业，如果对电梯的控制不当、重物起吊不规范等都会引起安全事故。本节将重点讲解电梯安装现场的相关的安全及安全管理知识。

一、事故金字塔理论

在学习电梯安装安全知识之前，先来了解一下事故金字塔理论：3 万种人的不安全行为和物的不安全状态，肯定会造成3000 次危险事件，3000 次危险事件肯定会造成300 起轻微事故，300 起轻微事故肯定会造成30 起一般事故，而30 起一般事故肯定会造成一起重大事故，如图 3－8 所示。

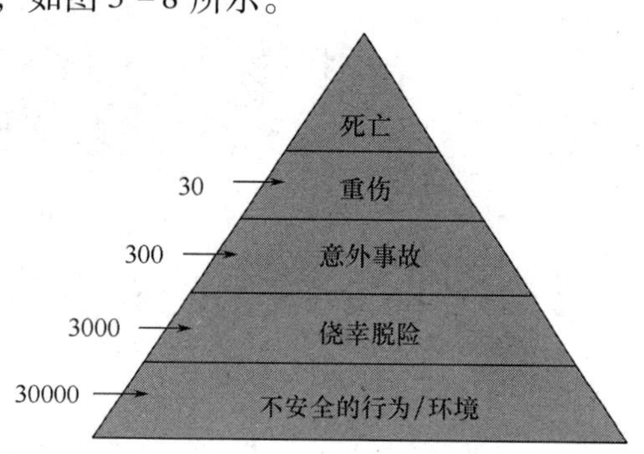

图 3－8　事故金字塔

提出这一理论的是美国安全工程师 Heinrich（海因里希），他在1931 出版的著作：安全事故预防：《一个科学的方法》提出了其著名的“事故金字塔”法则，它是通过分析55 万起工伤事故的发生概率，为保险公司的经营提出的。该法则认为，在1 个死亡重伤害事故背后，有29 起轻伤害事故，29 起轻伤害事故背后，有300 起无伤害虚惊事件，以及大量的不安全行为和不安全状态存在 。

从海因里希“事故金字塔”塔底向上分析可以看出，若不对不安全行为和不安全状态进行有效控制，可能形成300 起无伤害的虚惊事件，而这300 起无伤害虚惊事件的控制失效，则可能出现29 起轻伤害事故，直至最终导致死亡重伤害事故的出现。

结论：一种风险可以带来清楚可见的并且是危急的危险，一种行为或条件可以合理地推测出会引起的死亡或重伤，我们最重要的不是关注事故多么严重，而是要防止它的发生。

安全管理和监督的挑战最关键的是领导，所以电梯安装现场项目经理的第一任务是安全管理，针对安全管理和监督，必须形成相应的机制、纪律、措施。比如：①发展一种持续的了解过程；②始终设立榜样；③把自己当作督导，坚持安全的行为；④对于失误使用纪律处罚。项目经理要把安全当作业务的核心，在日常工作中要时刻提醒员工：①安全着装（图3－9）；②安全意识；③进入安装工地必须佩戴安全帽；④学习安全知识；⑤所有有关人员必须熟悉适当的安全措施（行为，设备）和安全装备的使用。

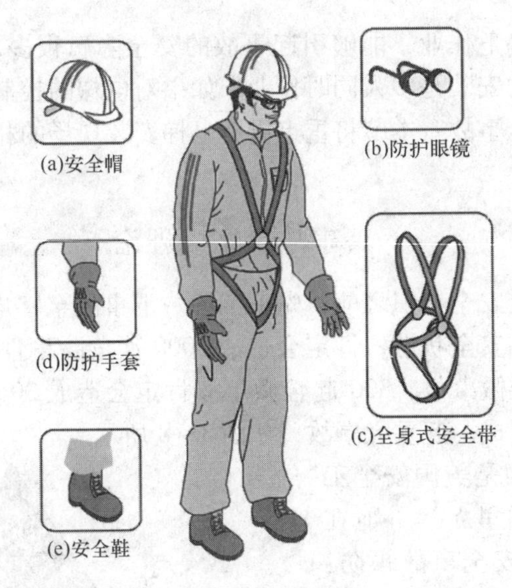

图3－9　安全着装

二、电梯安装的主要风险源及控制

1. 坠落保护

在一定高度的地方工作没有保护，在死亡事故中有70%左右是没有做好坠落保护引起的，主要内容如下：

（1）在哪些地方需要做坠落保护

①在2m或以上操作的员工和在其他一些有坠落危险机械和移动设备上操作的员工，应配备并使用坠落保护措施；

②当在轿顶、临时电梯或脚手架上工作时；

③当平台与井道壁的距离大于300mm时；

④或其他危险情况时。

（2）坠落保护的三种形式（图3－10）

①坠落截止系统——全身式安全带；

②安全防护栏；

③坠落限制系统——短索。

（3）一些不规范的坠落保护案例

1）有坠落危险时，未采用坠落保护措施（图3－11）；

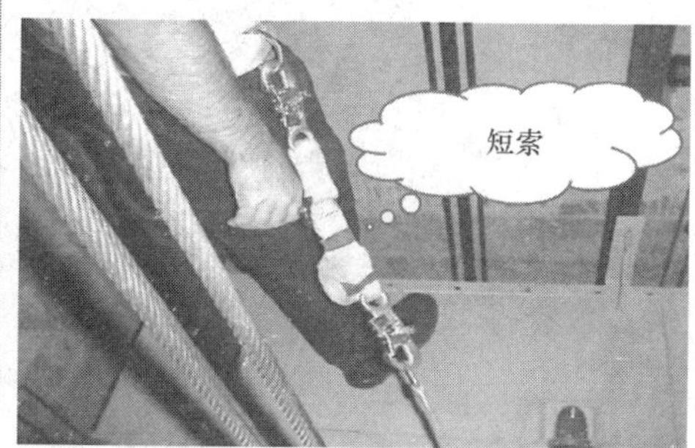

图 3－10　坠落保护的三种形式

(a)

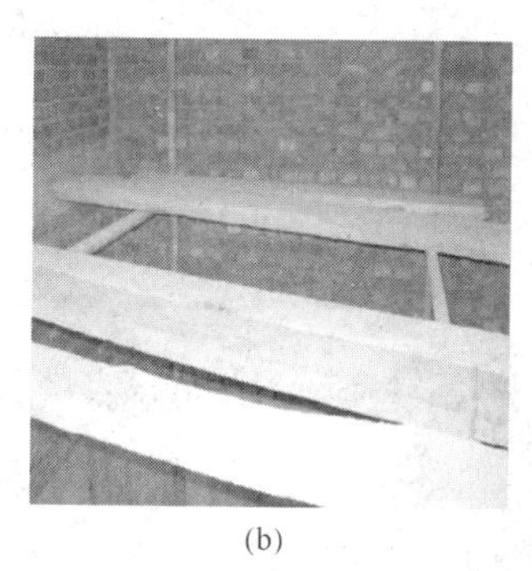
(b)

(c)

图 3－11　未做坠落保护措施

2）坠落保护设备无检验合格证书或不符合要求　该装备必须经过鉴定，确保状态完好并且正确安装，生命线、短索连接部位的承重能力必须已知（至少2100kg）。包括减震装置的安全索具长度不得超过 1.8m，超过这一长度的不能再调整，案例如图 3－12 所示。

3）井道开口处护栏不充分　在电梯安装前，必须先做好所有井道开口的保护措施，如图 3－13 所示，必须设置具有一定强度的安全护栏，护栏强度必须满足：承受水平和垂直力 90kg；护栏的高度必须大于等于 1.1m；同时设置护脚板，防止有物体被脚踢入井道内。

4）在爬梯的 2m 以上工作时无坠落保护（图 3－14）。

5）生命线没有防范快口。

6）生命线或安全带悬挂点承重能力不充分或不明确（图 3－15）。

坠落保护设备无检验合格证书

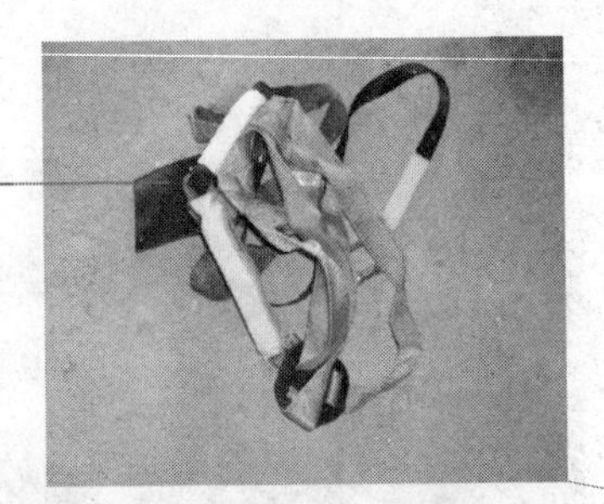

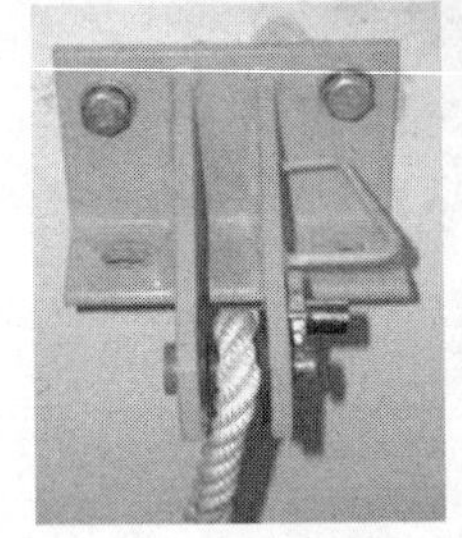

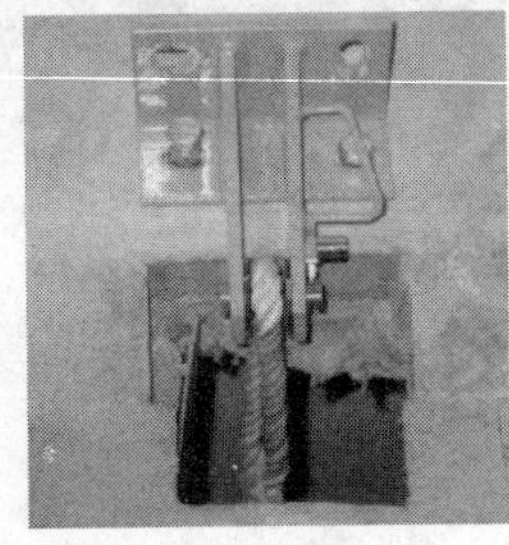

(a)固定不符合要求

(b)坠落保护设备有认证标签（符合要求）

图 3－12　坠落保护不规范与认证标签图例

(a)错误的做法

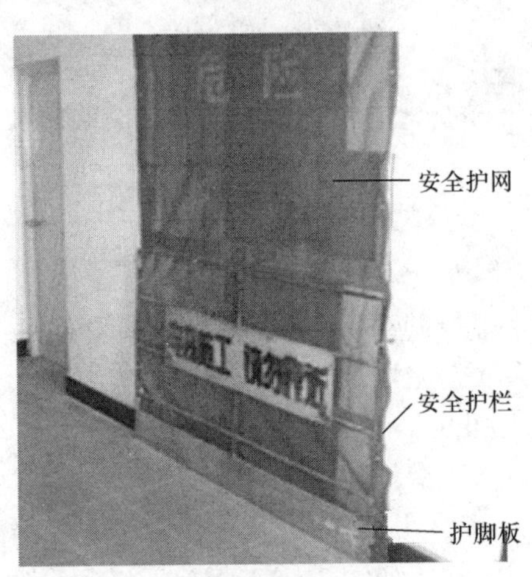

(b)正确的做法

图 3－13　井道开口保护措施

(a)无坠落保护

(b)两人或两人以上使用同一根生命线

图3－14　错误的作业

(a)生命线没有防范快口

(b)生命线悬挂点固定不规范

图3－15　生命线无防范快口及悬挂点固定不规范

7）连接或解开安全带的先后次序不正确（图3－16）。

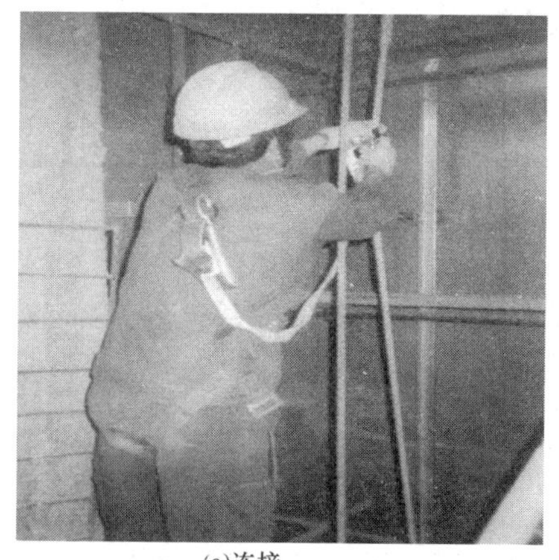

(a)连接

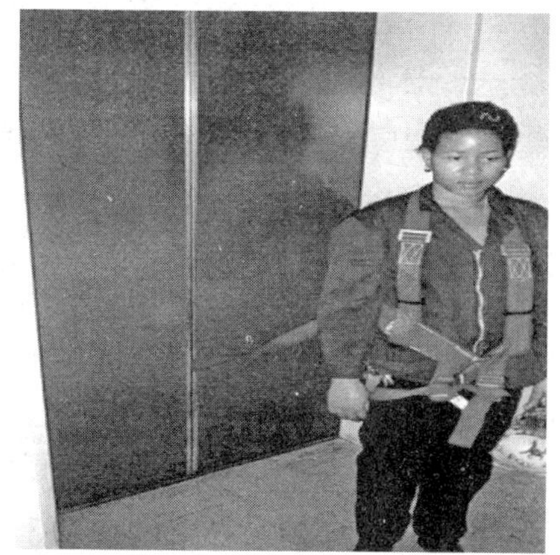

(b)解开

图3－16　生命线连接与解开次序不正确

2. 电梯控制

对电梯的控制不适当、不充分。在井道内工作的任何时候都必须保持对电梯的完全控制，最常见的就是进出轿顶和底坑必须遵守安全工作程序。这就要求技师在进入井道之前，必须确保对电梯的控制，并进行测试和校验，直到员工离开井道。

（1）电梯控制的安全隐患 - 进出轿顶　在进入和离开轿顶时必须遵守安全工作程序，每次只能校验一种电路。主要的安全隐患或风险如下（图 3 – 17）：

(a)未授权多人同时作业

(b)急停开关离层站太远

图 3 – 17　进出轿顶作业隐患及开关设置不合理

1）对安全回路（门、急停开关）和检修开关的验证不正确。

2）没有安装或使用轿顶检修就在轿顶动车。

3）在轿顶开快车。

4）在没有授权的情况下，有 2 名以上员工在井道内同时工作。

5）轿顶检修或急停开关离层站太远（不应大于 750mm），而且未运用替代的安全程序。

6）从其他层出轿顶，没有验证该层厅门开关。

（2）进出轿顶程序

1）进入轿顶

①按进入层下一层或最低层操纵箱按钮（图 3 – 18）。

②验证门锁（图 3 – 19）　让电梯在下行时用三角钥匙开门（切勿平层），把门扒开大概 6cm 左右的缝隙，然后放置顶门器（门阻止器），然后按层门外呼并等候 10s，电梯不动证明门锁是有效的。

③验证急停开关　重新将层门打开到位，固定顶门器，扶好并伸手进井道，按下轿顶检修箱上急停开关，然后把门关好，在门完全关闭的状态下按层门外呼并等待 10s，电梯不动证明急停有效，步骤如图 3 – 20 所示。

图 3－18　进入轿顶的作业

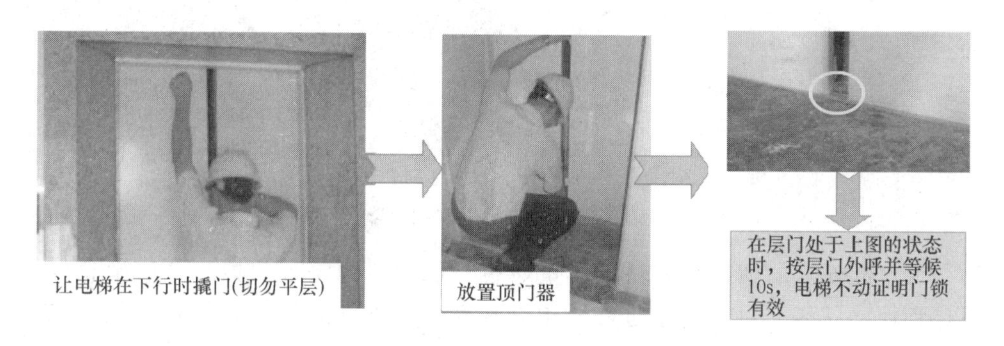

图 3－19　验证门锁

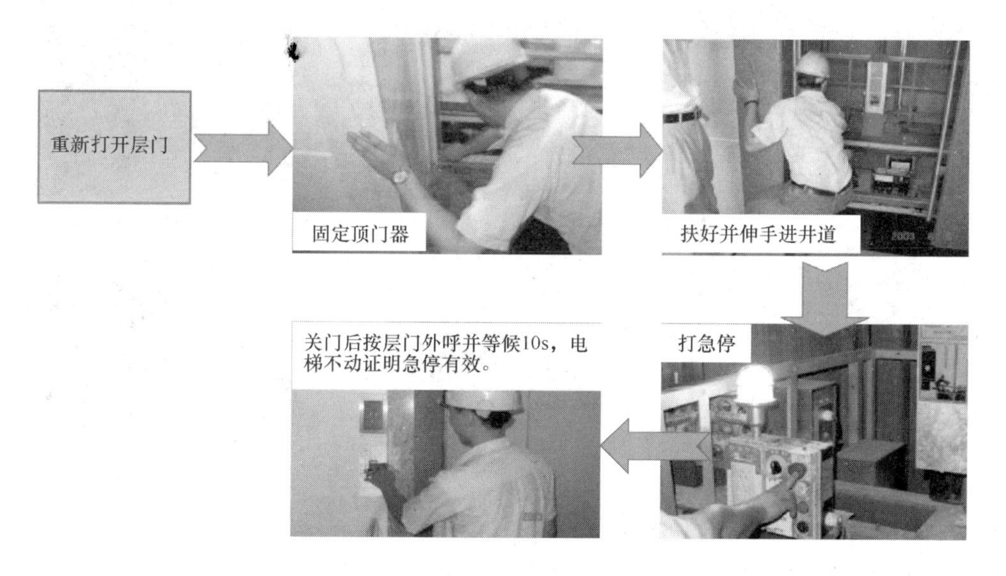

图 3－20　验证急停开关

④开灯并验证检修　重新打开层门并固定顶门器，扶好并伸手进井道开灯并将检修旋钮转在检修状态，同时恢复急停按钮，然后把门关好，在门完全关闭的状态下按层门外呼并等待 10s，电梯不动证明检修开关有效，步骤如图 3 – 21 所示。

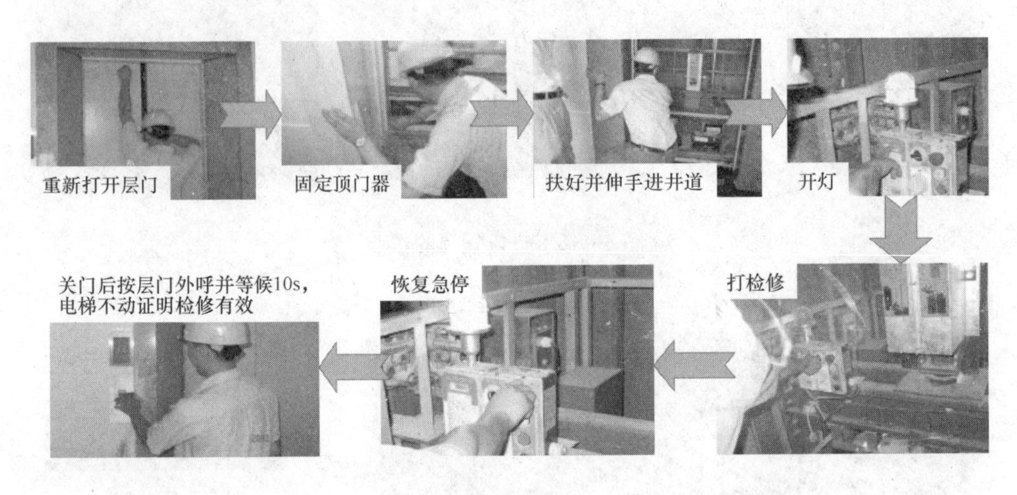

图 3 – 21　检修开关验证

⑤全部安全的情况进入轿顶　重新打开层门、固定顶门器，然后把急停按钮打到停止状态，可以安全进入轿顶寻找安全位置站好，随后关闭层门，如图 3 – 22 所示。

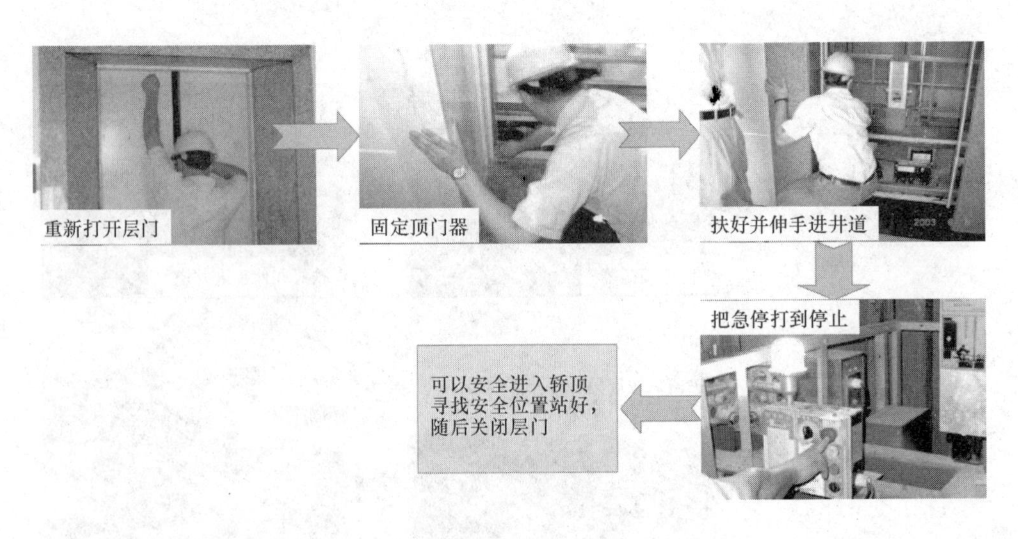

图 3 – 22　安全进入轿顶

⑥验证共通及上下行按钮　把急停按钮恢复到运行状态，分别按“下”、“上”按钮，然后同时按“共通 + 下”、“共通 + 下”按钮，让轿厢分别移动

20cm，确认正常后可以展开作业（图3－23）。

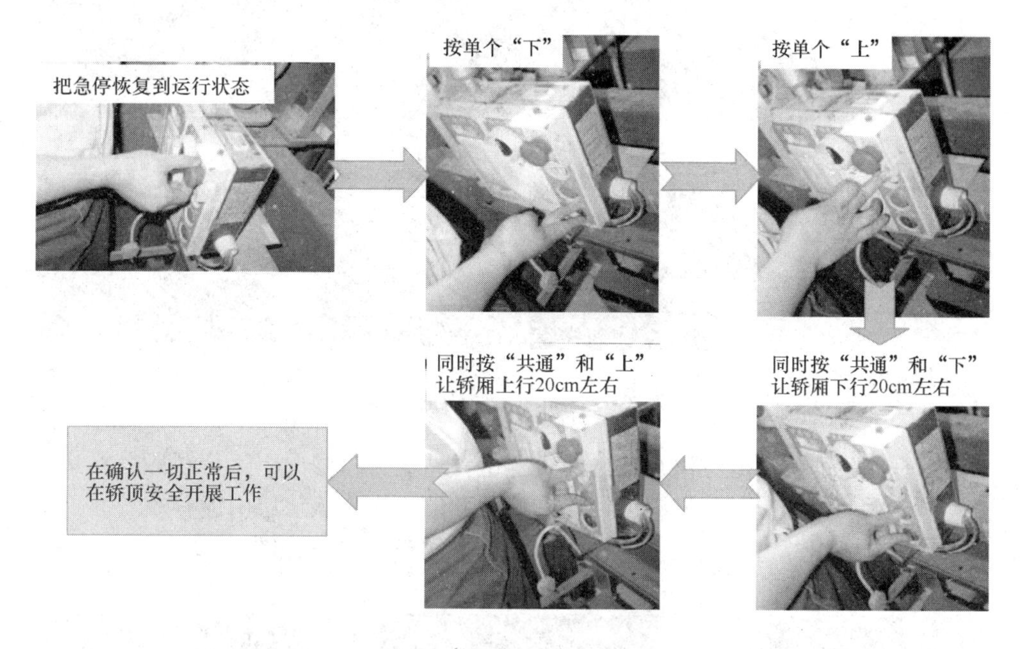

图3－23　验证作业步骤

⑦在轿顶工作过程中必须确保电梯始终保持检修状态（图3－24）。

图3－24　检修过程电梯的状态

⑧电梯无需移动时要马上把急停开关设置于停止状态（图3－24）。

2）退出轿顶

①从非进入层退出前必须要验证该层门门锁　把轿厢运行到方便退出的位置，把急停开关打到停止状态，打开层门并放置顶门器，然后恢复急停开关，然后同时按“共通＋上”、“共通＋下”按钮，如果电梯不动，说明门锁有效，验证门锁有效后，重新把急停打到停止状态（图3－25）。

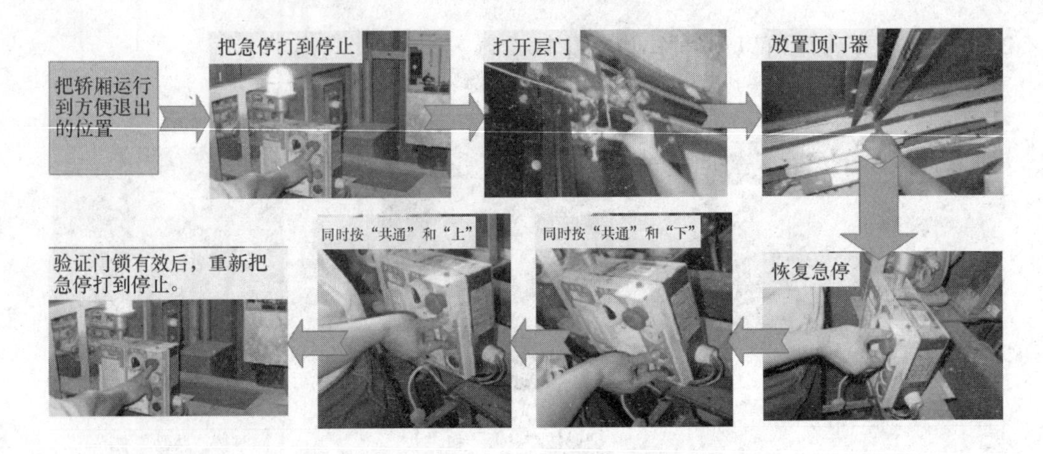

图3－25 退出轿顶作业步骤

另一种验证门锁的方法是，选择安全位置站立，检修向下运行轿厢，在运行过程中，手动打开离开的层门门锁，确认轿厢停止来确认该层门锁有效。

②安全退出井道并以安全的方法恢复电梯的正常服务（图3－26）。

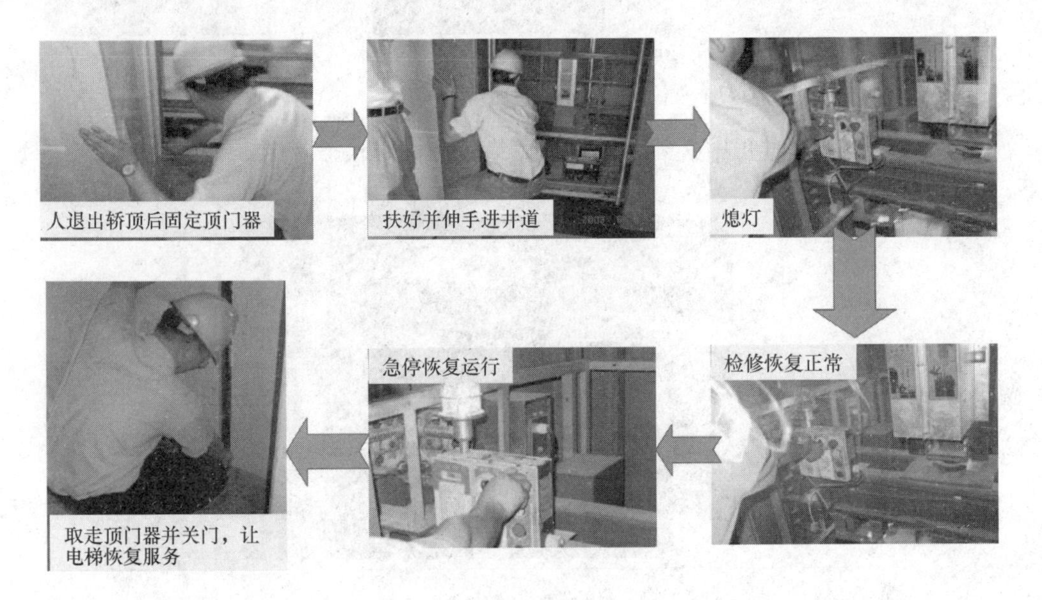

图3－26 退出井道恢复电梯作业步骤

（3）电梯控制的安全隐患－进出底坑

进出底坑常见的违规作业如下（图3－27）：

1）对安全回路（门、急停开关）和自动扶梯控制/停止开关验证不正确；

2）急停开关离层站太远（不应大于750mm），而且未运用替代的安全程序；

3）门阻止器不合适；

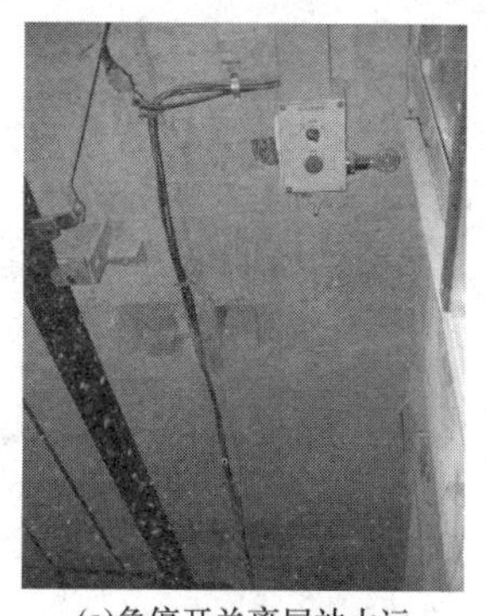
(a)急停开关离层站太远

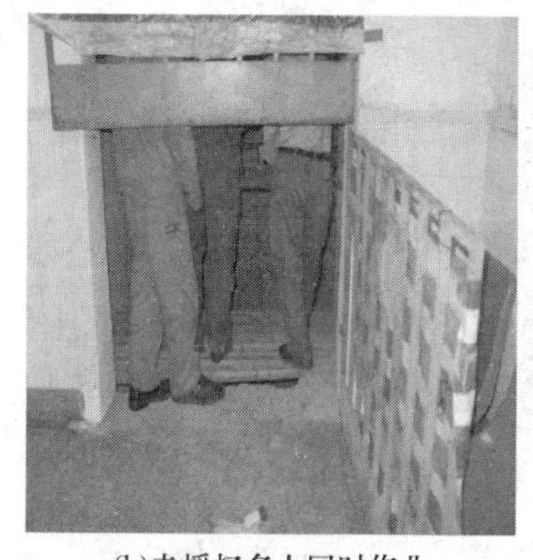
(b)未授权多人同时作业

(c)阻碍了标准程序作业

图 3－27　违规作业

4）在没有授权的情况下，有 2 名以上员工在井道内同时工作；

5）无底坑急停开关或等同的保护形式；

6）机械（开关、爬梯、释放装置等）的位置阻碍了标准程序的使用，没有或未使用替代的安全程序。

正确的进出底坑操作步骤

①从最低层进入轿厢，按上一层或最高层按钮，然后退出轿厢（图 3－28）。

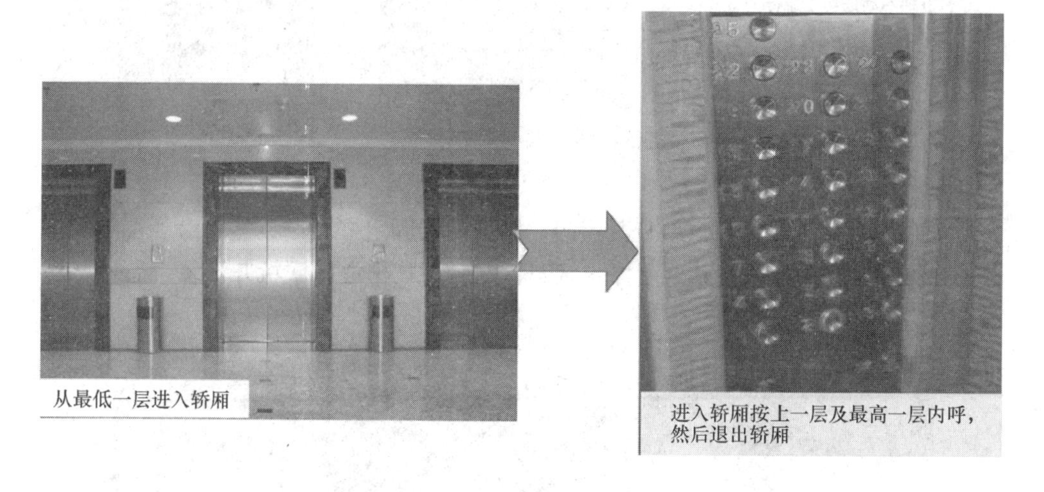

图 3－28　进入轿厢作业

②验证门锁　让电梯在上行时用三角钥匙开门（切勿平层，通过门缝隙观察），把门扒开大概 6cm 的缝隙，放置顶门器（门阻止器），然后按层门外呼并等候 10s，电梯不动证明门锁是有效的（图 3－29）。

③验证上急停开关　重新打开层门，采用标准姿势固定顶门器，然后手扶住墙壁站稳，按下上急停开关使其处于停止状态，然后关闭层门、按外呼按钮并等

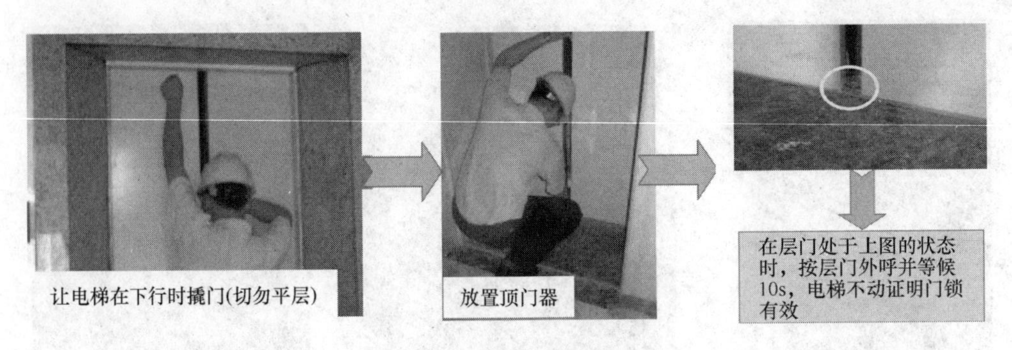

图 3－29　验证门锁步骤

候 10s，电梯不动说明上急停有效（图 3－30）。

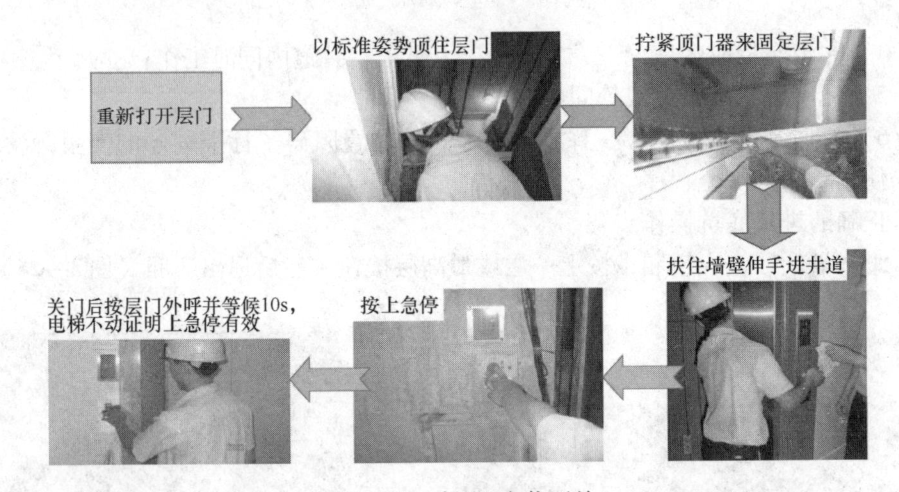

图 3－30　验证上急停开关

④验证下急停开关　重新打开层门，用顶门器固定好层门，然后沿底坑爬梯进入底坑，按下急停开关使其处于停止状态，然后沿爬梯退出底坑并恢复上急停，然后关闭层门、按外呼按钮并等待 10s，电梯不动说明下急停有效（图 3－31）。

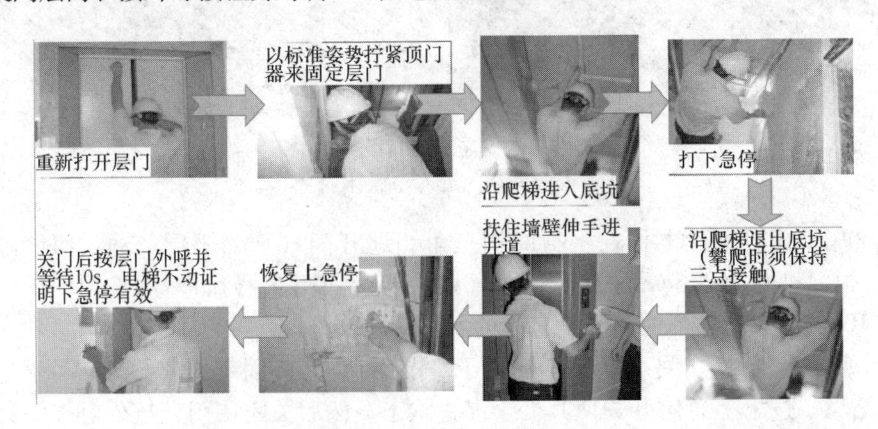

图 3－31　验证下急停开关

⑤确保上下急停处于停止状态进入底坑工作　重新打开层门，用顶门器固定好层门，按下上急停开关使其处于停止状态，然后沿爬梯进入底坑，攀爬时须保持三点接触，在底坑内工作时将层门固定在最小的开门位置，需提防“八”字造成顶门器顶门间隙过小时，门锁出现闭合的风险（图 3－32）。

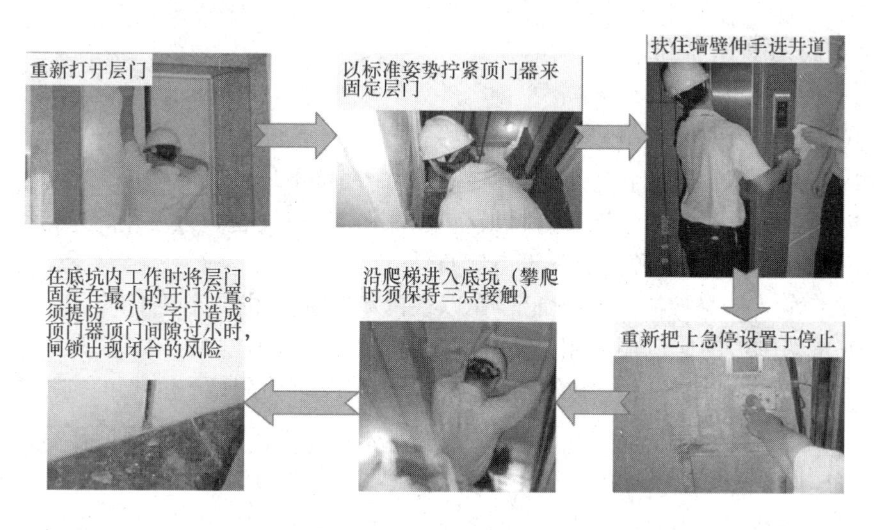

图 3－32　进入底坑作业步骤

3. 危险能量控制

（1）危险能量控制－电能　工作前，必须鉴别出危险能量的形式，然后予以消除直至“零能量状态”并稳定下来。零能量状态被定义为消除和控制危险能量，使它不再是一种危险。

电能是危险能量控制中最常见的一种危险源，特别是对电梯的供电电源箱操纵必须遵守安全规范。要求：①当在设备上完成某项工作而不需要设备操作时，设备必须被置于“零能量状态”，同时锁闭供电电源并警示；②所有设备必须具备可锁能力或其他用于保护设备的替代方法；③在测试设备前，测试仪器（万用表）必须被检查证实操作正常；④在供电电源被锁闭/警示后，所有设备必须被验证处于“零能量状态”。

锁闭和警示的要求：①每一位员工必须会对设备正确的锁闭/警示操作；②每一位员工必须有他们自己的锁；③每把锁只能有一把钥匙（或密码）在员工手中，其他钥匙或密码表应该在一受控的地方保管；④如果需要一名以上员工在同一设备上工作，每一员工都需用自己的锁进行锁闭/警示；⑤每一警示牌必须能显示员工的姓名及锁闭的日期和时间。

在实际的工作中经常会遇到的一些不规范的操作如：

1）员工不能演示上锁/设标签程序；

2）员工工作时没有把挂锁带在身上；

3）设备无法锁，也未采取替代措施；

4）有的员工没有自己的挂锁；

5）锁门员工使用同一把锁；

6）多名员工持有打开所有锁的钥匙；

7）员工在没有上锁已断电设备上工作；

8）没有使用漏电保护器；

9）员工没有验证零能量状态；

10）员工没有验证测量电压的工具；

11）在电源打开的状态下，员工在潮湿的底坑下作业；

12）在带电设备附近穿戴首饰或金属物，在带电设备附近使用非绝缘工具；

13）在开/关主电源时员工没有侧身站立。

（2）危险能量控制 - 机械能　在以往的事故中，机械能的危险能量造成的死亡或重伤所占的比例还是相当高的，在工作中常见的危险机械能量形式如下。

1）在安装或维修过程中需要重组绳头时，没有使用两种独立的方法来固定轿厢，触发安全钳，并且钢丝绳的根数移除了超过半数的运行钢丝绳。在如图 3 - 33中，两种独立的保护方式需要同时使用。

图 3 - 33　两种方式固定轿厢

2）在未防护的绳轮或转动的设备附近工作，常见的部件如图 3 - 34 所示。

图 3 - 34　不可在旋转设备无防护措施附近工作

3）绳头未按规范固定，存在安全隐患（图3－35）。

(a)绳头二次保护制作错误

(b)绳头防螺母脱落的开口销有问题

图3－35　绳头未按规范固定

4. 高危险作业

装配、安装和使用起重/索具、脚手架、移动平台、临时电梯以及使用短接线必须在有效的控制下，以便将受伤的危险降低到最低水平，以下是几种常见的高危险作业形式。

（1）高危险作业－起重和索具　起重设备和索具需要定期检测，同时需要专人来负责管理并做好检测和使用记录。因此在使用起重设备和索具前，必须首先检查起重设备和索具是否在检测合格期内，确保设备本身处于安全状态。同时在操作时必须遵守正确的操作程序。工作中常见的不规范的行为如下：

①起重设备的检测证书过期或者无证书。

②索具无防范快口（图3－36）。

图3－36　索具无防范快口

③索具弯折的角度过大（图3－37）。

（2）高危险作业－脚手架

1）脚手架的基本要求

①所有脚手架和脚手架材料必须符合所在国家的标准；

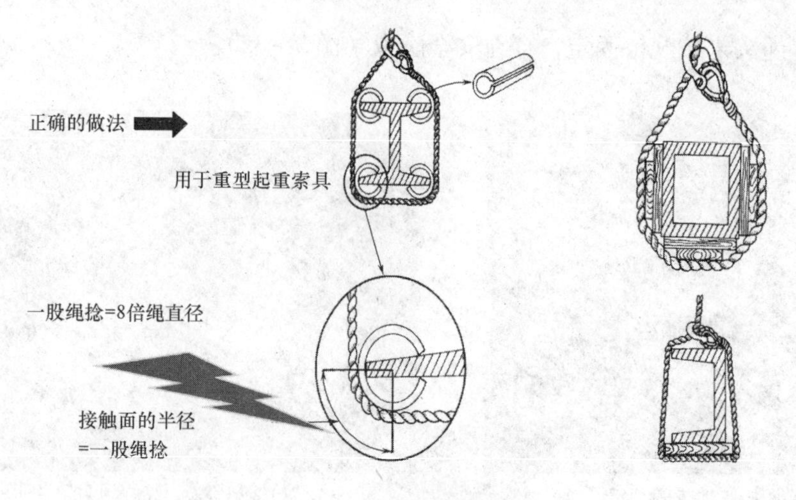

图 3－37　索具弯折的角度过大

②所有脚手架必须按供应商的要求搭建；

③脚手架必须由有资质的人员检查以确保正确搭建，且材料无缺陷；

④要有书面的检查记录和合格证书。

2）电梯安装脚手架设计规范：

①头顶保护；

②脚手架必须有足够支撑以防止摇晃和移动；

③安装适当的护栏和护脚板；

④必须提供安全方法进出；

⑤所有平台脚手板最少交叠 300mm 或固定以防止移动，脚手板应探出其末端支撑至少 150mm，最多 300mm；

⑥整个脚手架必须与建筑物结构相固定。

3）常见的脚手架搭建不规范的地方如下（图 3－38）：

(a)工作平台不恰当

(b)护栏不恰当

(c)正确做法

图 3－38　脚手架搭建

①脚手架上工作平台不恰当、护栏不恰当；

②脚手架没有稳定地撑牢以防止摇晃和移动，脚手架的支撑结构不恰当。

（3）高危险作业－短接线

短接线和分流器是在电梯的调试过程经常会采用，特别是在电梯电气方面遇到问题时，为了排除问题通常情况下是采用短接线的方式来短接安全回路。短接线的使用实际上是一种不安全的行为，一般情况下不要使用，只能是在没有其他方法完成工作的情况下才能使用跨接线、桥路器、分流器，其作用是短接电路或是安全回路失效。在实际的工作中由此造成的事故也有很多，而且很严重。假如在维修时门锁的安全回路被短接失效了，维修完成后短接线忘记取下，直接导致的后果就是层门没有完全的关闭下，电梯照常运行，这可能就会导致人员被轿厢夹住并继续运行或从层门坠落的风险。

1）短接线和分流器的使用基本要求：

①每个操作人员都必须经过正规的培训，必须保存培训记录；

②使用的短接线/分流器必须符合实际工作的要求，而且需要严格的控制；

③每个短接线/分流器必须贴有一一对应的标签，上面应标明工作人员姓名、日期和序列号；

④在使用短接线/分流器前，相关受影响的设备必须停止对外使用；

⑤在使安全电路失效之前，确保电梯只能以缓慢/检修速度运行；

⑥如果在井道中工作，急停机械装置必须保持有效，如不会同时短接井道门锁和轿厢门锁；

⑦在新梯安装和旧梯改造现场，必须建立控制短接线使用的程序和领用卡片登记制度；

⑧在将电梯交付使用前，所有用于安全电路无效的短接线均必须被清除。

2）工作中经常遇到的短接线使用不规范的行为如下：

①使用未经公司确认的短接线（在工地、员工及工具包内发现）；

②对多根短接线，没有登记和控制措施；

③在设置短接线前，电梯未被置于检修状态；

④员工离开工地时短接线还在工地上。

思考题：

1. 电梯安装的主要风险源有哪几项？
2. 电梯安装中在哪些情况下需要做坠落保护？
3. 坠落保护有哪三种形式？
4. 进出轿顶的标准作业程序是怎样的？
5. 进出底坑的标准作业程序是怎样的？
6. 有多人同时作业的情况下，对机房电源箱的操作必须遵守安全规范，基本要求有哪些？对锁闭和警示的要求有哪些？
7. 短接线的使用必须遵守安全规范，基本要求有哪些？

第四章　垂直电梯安装前的准备工作

第一节　人员和安装工具准备

一、安装班组的组成

电梯可由制造厂或专业安装单位进行安装，根据不同用途电梯的技术要求、规格参数、层站数、自动化程度等因素来确定所需劳动力及技术工人等级。通常每台电梯由 3 ~4 人组成安装小组。在安装过程中，尚需适时配合一定人数的架设工及木、泥、电焊、起重工。

电梯安装小组负责人应向小组成员介绍有关电梯的基本情况、施工现场、电源、警报、医疗、工作周期等事项，并做必需的安全教育。除此之外，其他的一些基本要求如下，可以考虑将这些内容做成一本员工手册，每人发一本。

1. 电梯安装班组长职责及要求

1）必须持证上岗；

2）严格遵守电梯公司的各项规章制度；

3）配合项目经理完成工地现场安装管理；

4）按工期计划会同项目经理共同制定安装计划；

5）与用户、监理、总包方及其他单位，协调工地管理的一切事宜；

6）做好卸货点件、开箱点数、部件摆放及保护工作；

7）认真学习熟悉安装管理流程，安装规范及安装工艺，工地 5S 和安全的要求；

8）负责安装质量的日常检查（自检）；

9）全面负责跟踪工地安装人员的工地安全及安装质量；

10）保质、保期按计划完成该项目的安装工作；

11）配合完成调试、政府验收及维修保养接收工作；

12）完成电扶梯的移交工作；

13）取得用户接收证明及完成用户满意度调查；

14）配合项目经理收取用户的遗留款项。

2. 施工现场的电梯安装人员要求

1）全体员工持证上岗；

2）遵守各项安全操作规程，注意用电安全、防火、防盗等；

3）遵守工地各项纪律，保证文明施工；

4）认真检查各起重设备在确保安全后才能使用；

5）开箱时应核对装箱清单并做好记录工作；

6）熟悉电梯土建布置图，尽早做好沟通协调工作；

7）库外货物应堆放整齐并加保护，库内配件摆放整齐符合5S要求；

8）开工前做好各种风险评估，机房地面预留孔洞需覆盖，井道层门口都必须安装护网和护栏，其规范和强度符合要求；

9）安装过程中顶层工作平台，轿厢移动平台和头顶保护，卷扬机按规范安装并固定牢固；

10）做到动车前轿顶急停开关和防脱轨开关起作用，安全钳联动杆机构起作用，检修速度≤0.2m/s，控制柜内短接线符合电梯公司标准，对重块已经压紧；

11）熟悉电梯安装工艺要求，严格遵守安装合同中的有关规定，保质、保期完成安装任务；

12）遵守本施工现场的环保要求。

二、安装技术文件的熟悉

员工应熟知电梯安装、验收的国家标准、地方法规，企业产品标准，同时还应向委托安装单位调阅所装电梯的土建资料及电梯安装调试使用维护说明书，电气控制原理图，电气接线图，安装人员应熟读这些技术资料和图纸，详细了解电梯的类型、结构、控制方式和安装技术要求，在随机文件中会有这些资料，所以现场的随机文件一定要保护好。

三、施工进度的安排

施工进度的安排通常是将机械和电气两部分内容同时进行。根据电梯不同的控制方式和层站高低，制定具体的进度计划，确定安装工艺，一般一台十层站以下的电梯，3～4人十天左右甚至更短些，即可完成（详见第三章第二节）。

四、电梯安装的报开工和送检

由于电梯是属于特种设备，根据国家质量监督管理局（下称质监局）的要求，电梯安装的施工单位应当在施工前将拟进行的电梯情况书面告知直辖市或者设区的市的特种设备安全监督管理部门。安装单位应当在履行告知后、开始施工前（不包括设备开箱、现场勘测等准备工作），向当地规定的检验机构申请监督检验。待检验机构审查电梯制造资料完毕，并且获悉检验结论为合格后，方可实施安装。具体的流程和所需资料详见第二章第三节。

五、施工现场检查

电梯安装前，事先应检查电梯的施工现场是否符合电梯的安装要求，具体要求，如表4－1所示。

表4－1　施工现场检查表

序号	项目	内　容
1	底坑	1. ★地面干爽，无渗水现象 2. ★清除底坑内杂物
2	井道	1. ★井道尺寸、提升高度、顶层高度符合图纸要求 2. ★井道壁须平整，无凸出的钢筋和其他杂物 3. ★井道如果是砖墙时，导轨支架和厅门的圈梁位置与数量符合图纸要求 4. ★提供符合电梯公司要求的厅门安全护栏（按照合同）
3	机房	1. 机房大小、高度符合图纸要求 2. ★机房门能够上锁及标识，机房墙面、地面制作完成 3. 吊钩或承重梁符合图纸要求 4. ★提供三相五线380V±7%动力电源到机房，容量符合设备要求 5. 机房用户电源箱（永久性）符合国家和电梯公司要求 6. 机房预留孔尺寸、承重墩子、数量位置符合图纸要求
4	仓库	1. ★有合适的库房，能安全锁闭，地面干爽 2. 提供库房照明用电 3. 安排库房保卫、防火措施

注意事项：无脚手架安装节省时间，周期短，安装现场必须具备开工条件，表中带★为重要协调完成项目。

六、安装工具准备

电梯安装用的工具主要有以下几类，常用工具见表4－2所示。

表4－2　常用工具

工具	图	工具	图	工具	图
8～24mm开口扳手		8～24mm套筒扳手	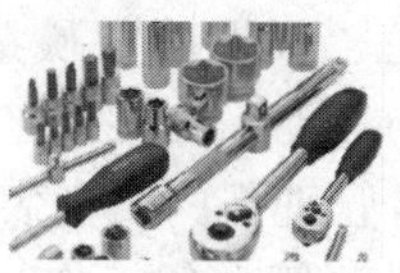	100～375mm活动扳手	
卷尺		角尺	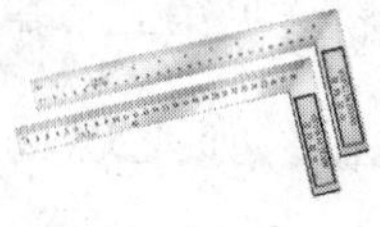	钢直尺	

续表

水平尺		塞尺		校导尺	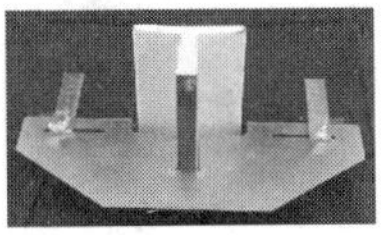
锤子	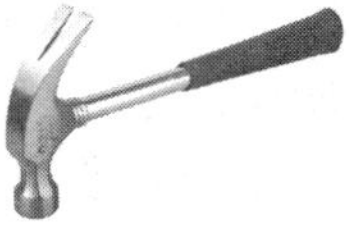	尖嘴钳		斜口钳	
钢丝钳		大力钳	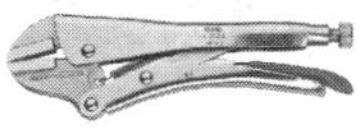	螺丝刀	
电焊机		手电钻		冲击钻	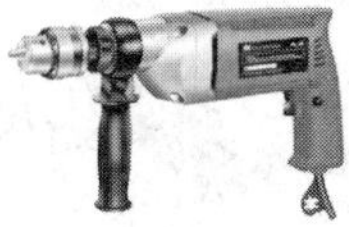
切割机		角磨机		锉刀	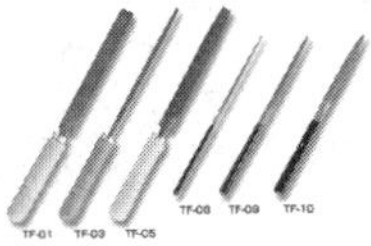
万用表	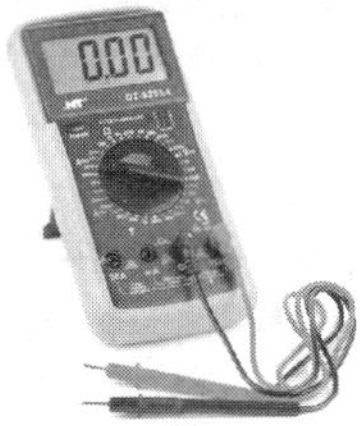	钳形电流表		导轨刨刀	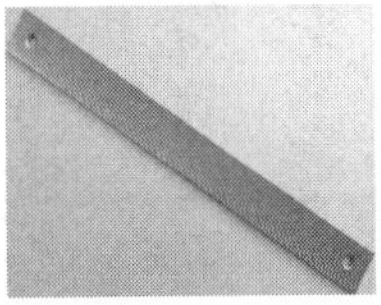
手拉葫芦		玻璃胶枪		线坠	

1）钳工工具：钳、扳手、螺丝刀、钢锯、锉刀、榔头等；

2）电工工具：万用表、测电笔、电工刀、电烙铁等；

3）磨削工具：手枪钻、冲击钻、砂轮机、角向磨光机、丝攻等；

4）起重工具：手拉葫芦、液压千斤顶、撬棒、绳索及夹头等；

5）测量工具：水平仪、塞尺、钢卷尺、线坠、直尺、游标卡尺、直角尺等。

6）其他工具：还有卷扬机、气割设备等。如电梯安装用的吊线架导轨校正器等，都是自制的专用工具，由于电梯安装是高空作业，对一些工具有明确要求，特别是无脚手架安装还有一些专用工具，详见下面介绍。

1）卷扬机及吊具

①要求能够起吊500kg以上重物；

②用于起吊重物和电梯部件；

③吊具必须符合要求，500kg卷扬机提升高度30~100m，如图4-1所示。

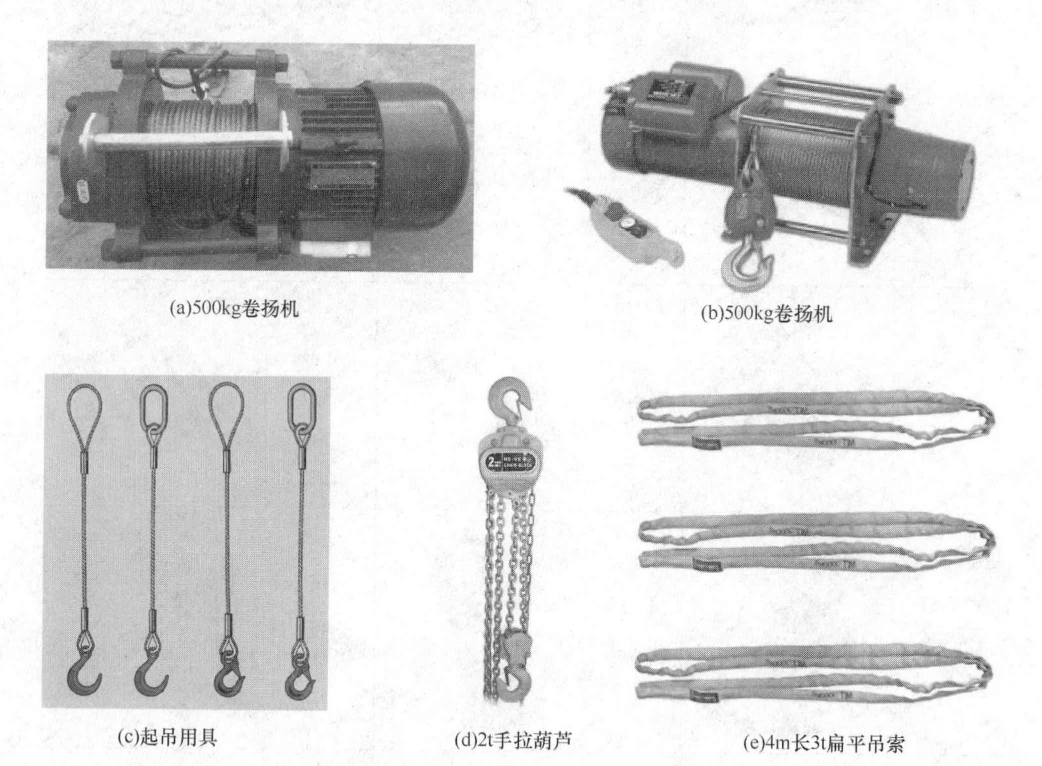

(a)500kg卷扬机　(b)500kg卷扬机

(c)起吊用具　(d)2t手拉葫芦　(e)4m长3t扁平吊索

图4-1　卷扬机

2）头顶保护　虽然厅门有防护，仍要防止有异物坠落，伤及安装人员，防护措施如图4-2所示。

3）校导轨工具　用于导轨的校正工作，如图4-3所示。

4）开孔水钻、对重架的防晃轮、声光报警器，如图4-4所示。

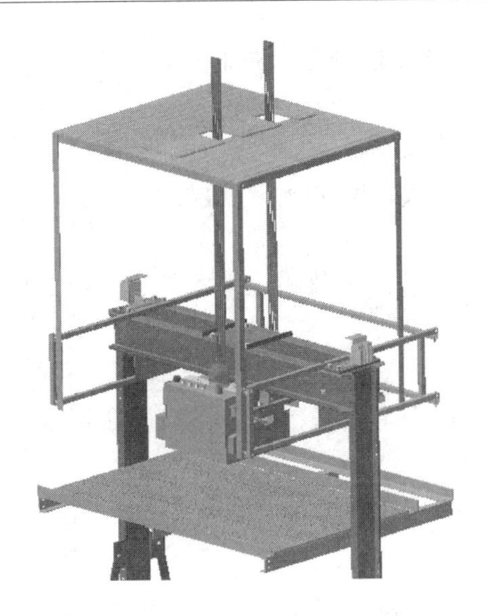

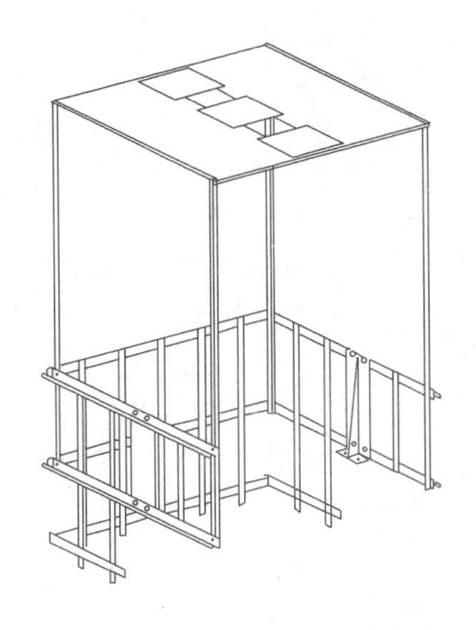

图 4－2　头顶保护

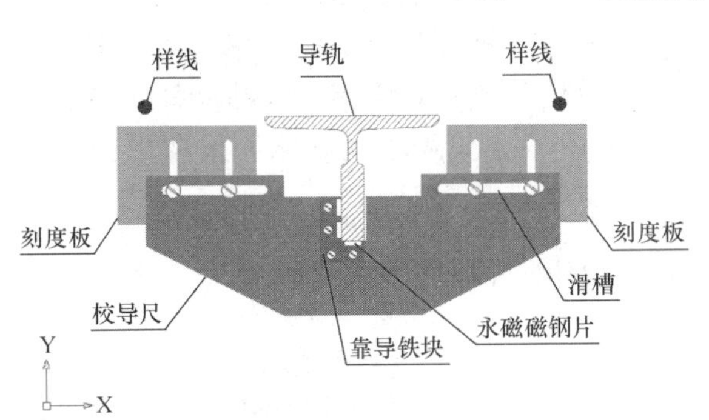

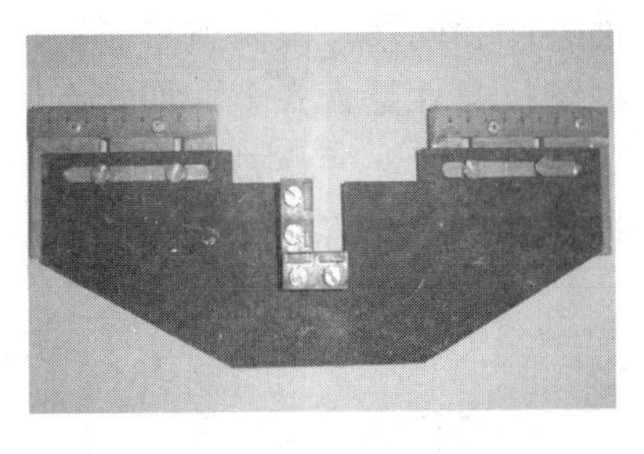

图 4－3　校导工具

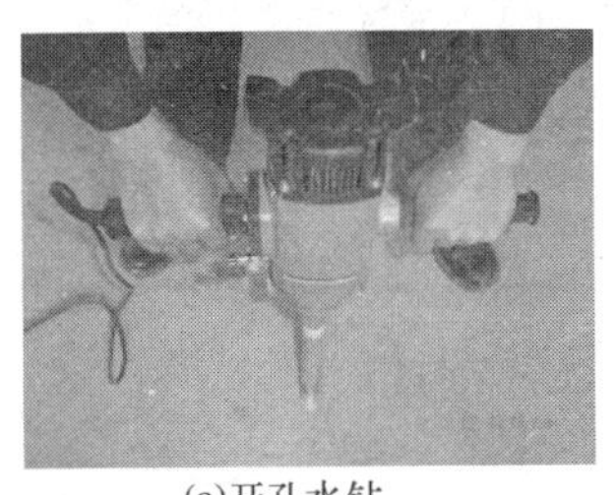

(a)开孔水钻

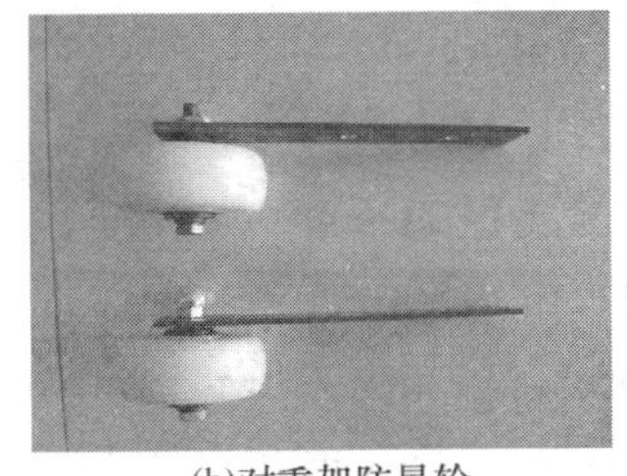

(b)对重架防晃轮

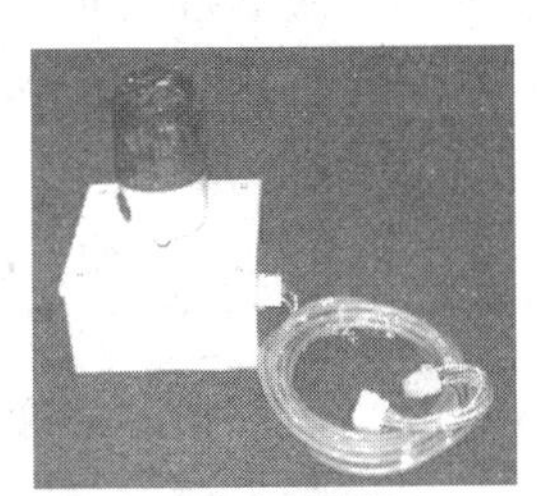

(c)声光报警器

图 4－4　专用工具

七、电梯井道测量

电梯井道测量是安装之前对电梯土建布置图尺寸的复核，测量的内容主要包括井道内的净平面尺寸、垂直度、井道留孔、预埋件位置、底坑深度、顶层高度、提升高度等，如发现不符，应通知使用单位予以修正。对于高层建筑，拟用以下步骤进行井道测量：

1）了解有关门口的井道内壁抹灰层的形式和厚度；

2）井道样板上标出导轨中心线和轿厢中心线，尺寸应按土建图纸中的规定，并考虑抹灰层厚度而定；

3）应预先标好固定铅垂线的位置。在图中两点处放铅垂线入井道，使之离井道底坑部约100mm；

4）按第一章第二节电梯井道的土建勘测方法进行测量，测量每一层楼的井道截面尺寸、层高及门洞尺寸，可以自己制作 一个表格，然后将测量数据填入表格中，并在最小的尺寸下面划一道直线；

5）确定个别尺寸的最大偏差，按最佳方案重新确定固定铅垂线位置。

八、电梯设备的开箱验收

电梯的机械设备和电气装置一般在出厂时都包装成箱，安装人员开始安装前，应会同用户及制造单位的代表一起开箱，查看装箱单、产品合格证书及其他随机文件是否齐全，如缺，应由制造单位补齐，对所有的零部件都应与装箱单一一核对，并将核对结果做出记录，由三方代表当场签字，限期内补齐缺损件。

九、厅门护栏和护网的制作安装

1. 厅门护栏和护网的制作

1）厅门护网选用有一定强度的尼龙网制作，规格高2500mm、宽1800mm，可把整个厅门遮住；

2）在有厅门护栏的基础上，固定厅门护网；

3）厅门护网必须使用6棵6mm膨胀螺丝固定，固定要平整、牢固，下端必须粘连地，如图4－5所示。

2. 厅门护栏和护网必须满足的条件

1）厅门护栏高度为1120～1500mm；

2）中间护栏高度为450～560mm；

3）护栏应有足够的强度（可承受90kg外力）

4）应有100～150mm高度的踢脚板；

5）安全护网可封闭整个厅门口，且可重复利用，规格高2500mm、宽1800mm，可把整个厅门遮住。

3. 注意事项

每天开工前必须巡检每个层门口，查看厅门护栏是否完好，井道召唤盒的孔也需要进行全封闭，此项很重要。

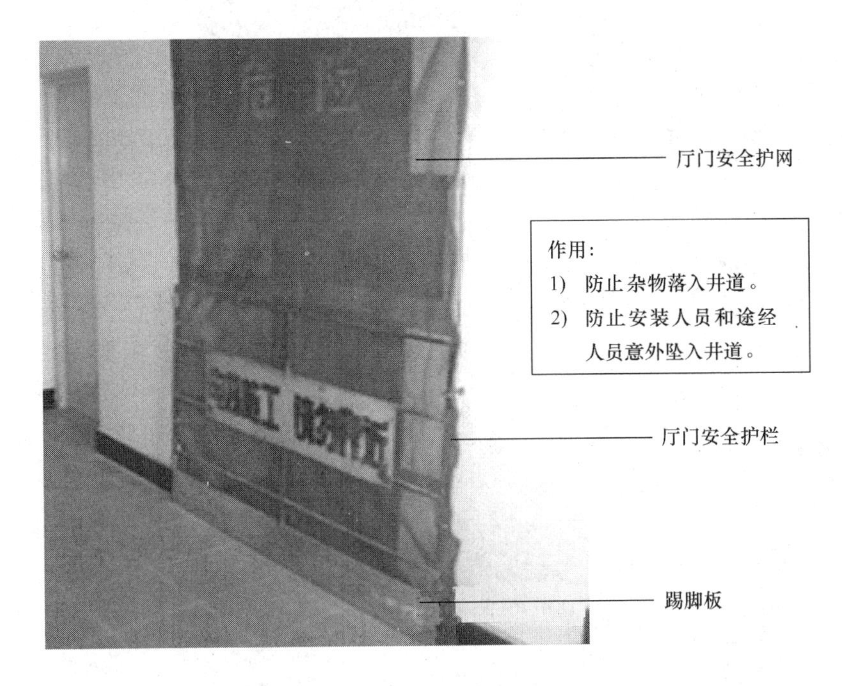

图4－5　厅门护栏和护网

十、临时生命线准备及要求

1）设备必须保证良好的状况和正确的使用；

2）全身式安全带、自锁器、生命线必须满足下列要求（图4－6）：

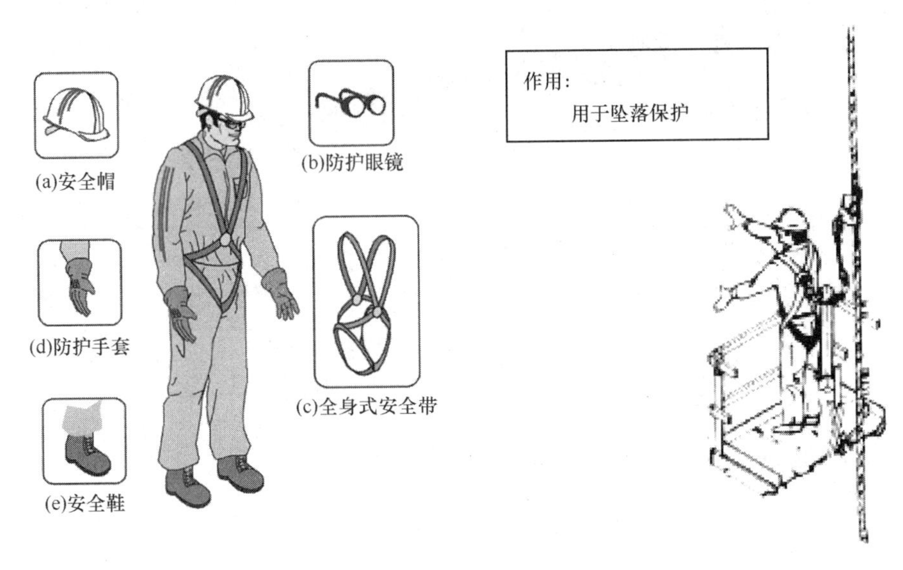

图4－6　生命线的准备

①生命线的悬挂点承载力必须是已知的（至少 1440kg）

②生命线需防快口保护。

第二节　无脚手架安装顶层工作平台的制作

无脚手架安装作业时，需要在顶层厅门入口处制作一个工作平台，用于吊装对重架、悬挂钢丝绳、加对重块等。制作此平台的材料一般有两种结构，一种是脚手架的圆管，一种是采用槽钢、角钢进行组装。目前采用第二种方法的比较多，平台的制作方法如下。

一、材料准备及制作

（1）选用国标 10# 槽钢，长 3000mm 两根，槽钢固定尺寸见图 4－7 所示。

（2）选用宽 50mm、厚 3mm 以上的扁铁，长 3000mm 两根，有一定牢度的钢丝绳 2500mm 长四根；如图 4－8、图 4－9 所示。

（3）选用 5# 角钢长 1400mm 两根，7# 角钢长 1600mm 一根，如图 4－10 所示。

（4）选用 50mm 厚度长度 1600mm、2500mm 的木板若干（各 4～5 块），可以铺满井道内的槽钢面，如图 4－11 所示。槽钢固定尺寸示意见图 4－12。

（5）选用 M12mm 的膨胀螺栓 8 颗、M12mm 连接螺栓 12 颗。

（6）选用 8 号滑拉螺丝 4 个。

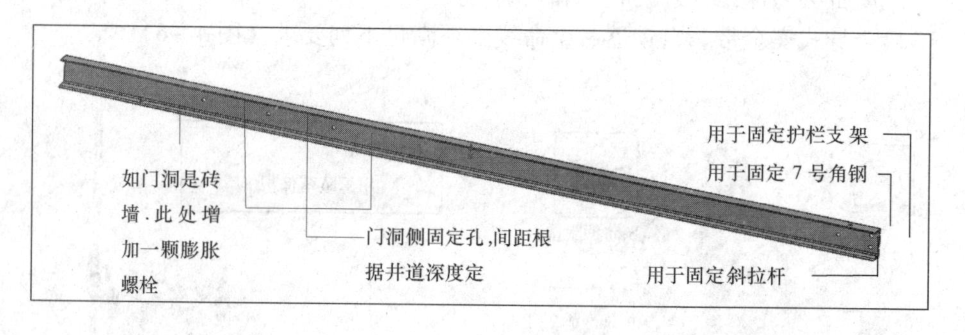

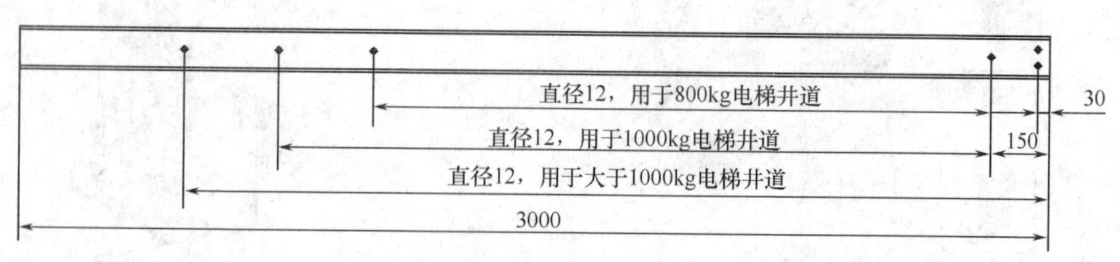

图 4－7　槽钢制作图

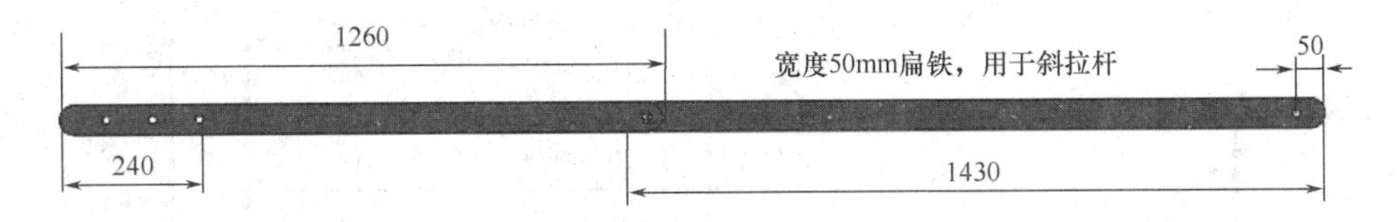

图 4－8　扁铁制作图

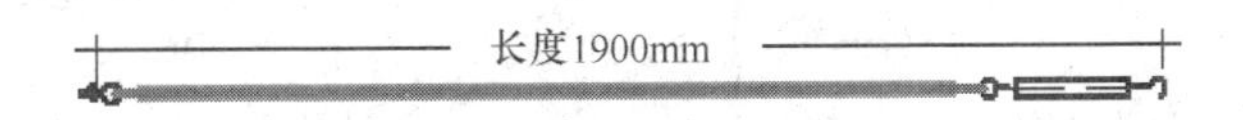

8mm 钢丝绳穿入橡皮管，做护栏用共计四条，一头固定在角钢，一头固定在门洞侧

图 4－9　钢丝绳

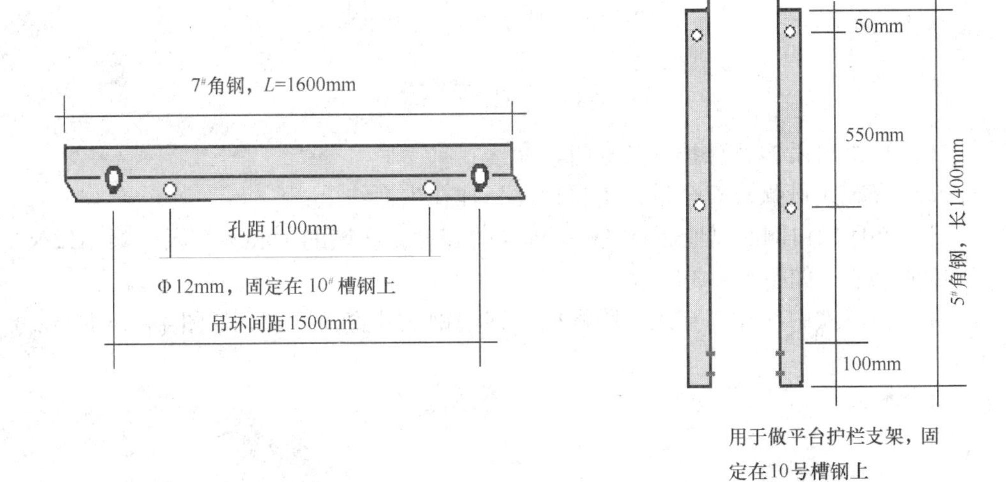

图 4－10　7#角钢

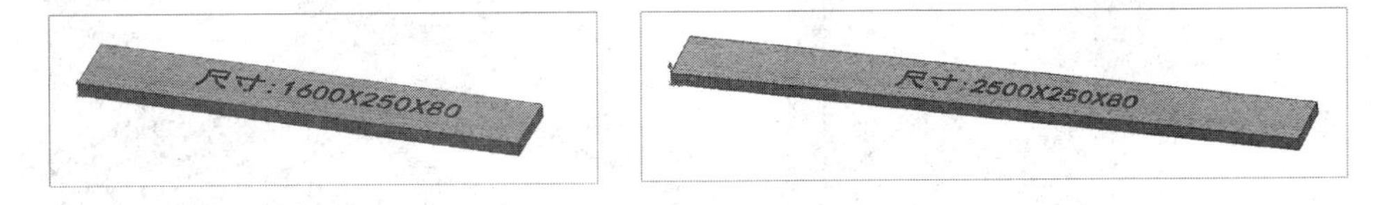

图 4－11　木板

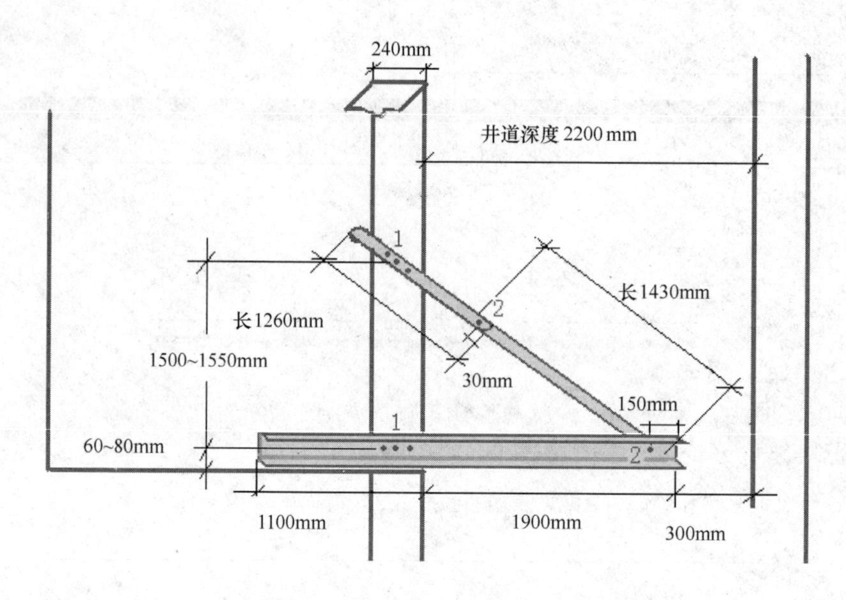

图 4－12　槽钢固定尺寸示意图

二、制 作 方 法

1）从机房吊钩处悬挂一条临时生命线；

2）安装人员佩戴安全带，用自锁器悬挂在生命线上；

3）在厅门口侧面离地面 60～1550mm 的高度，在墙的中心各打入一颗 M12 × 120 膨胀螺栓；如图 4－13 所示；

4）把扁铁中间孔洞穿入膨胀螺栓，把槽钢往井道内推进，如图 4－14 所示；

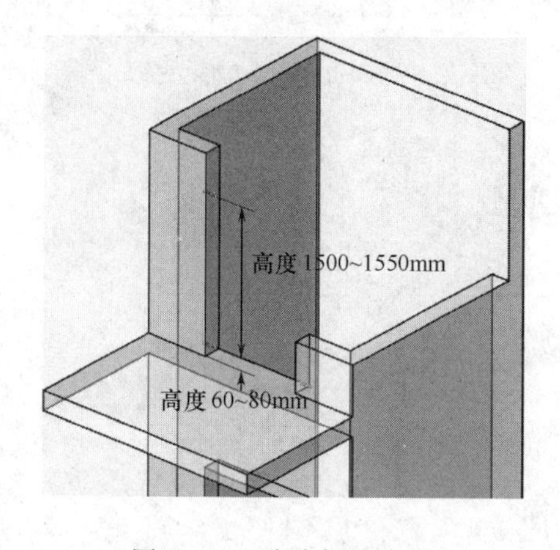

图 4－13　膨胀螺栓位置

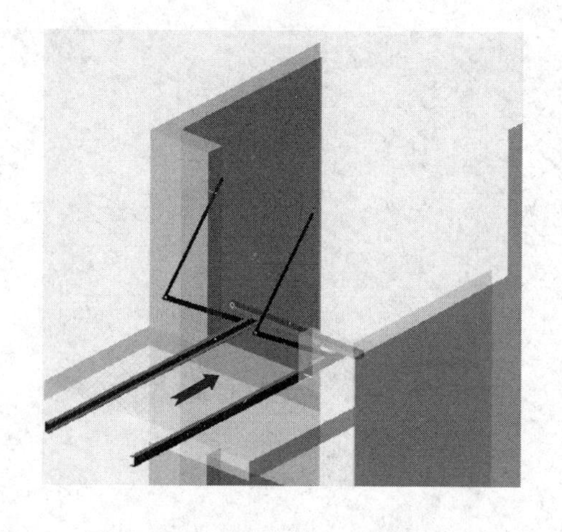

图 4－14　固定扁铁和放置槽钢

5）把槽钢用膨胀螺栓固定，此工作须两人配合，如图4－15所示；

6）如厅门内侧是空心砖，须用M12膨胀螺栓加铁板固定，见图4－16所示。

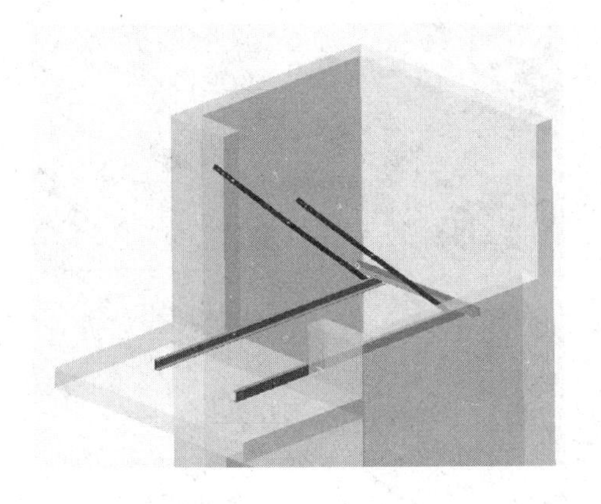

图4－15　固定槽钢

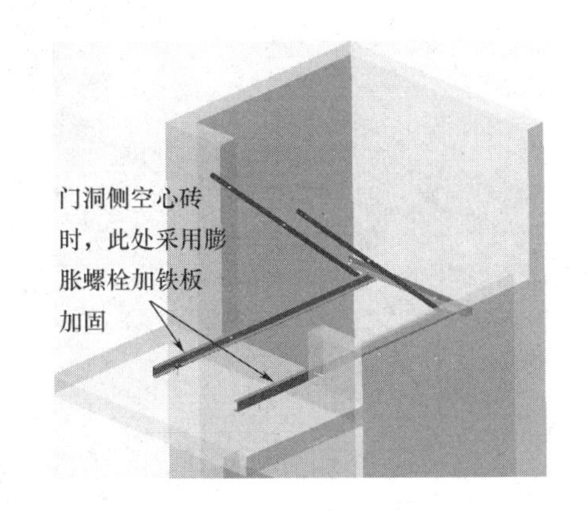

图4－16　门洞空心砖固定方式

7）当两根槽钢安装好后，开始铺设横木板并用铁丝捆扎牢固，如图4－17。

8）铺设竖木板和护脚板；如图4－18所示；

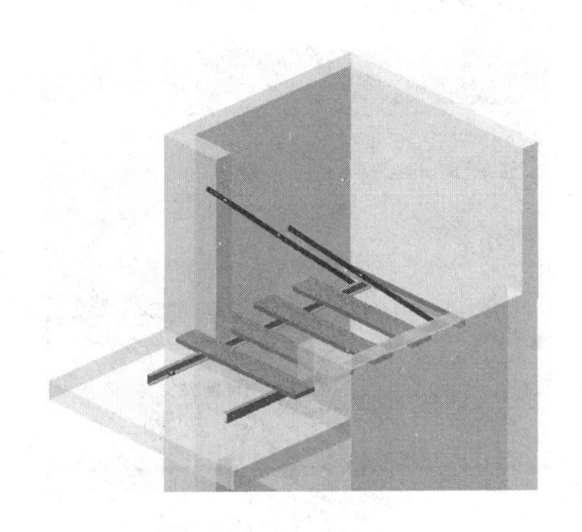

图4－17　铺设横木板

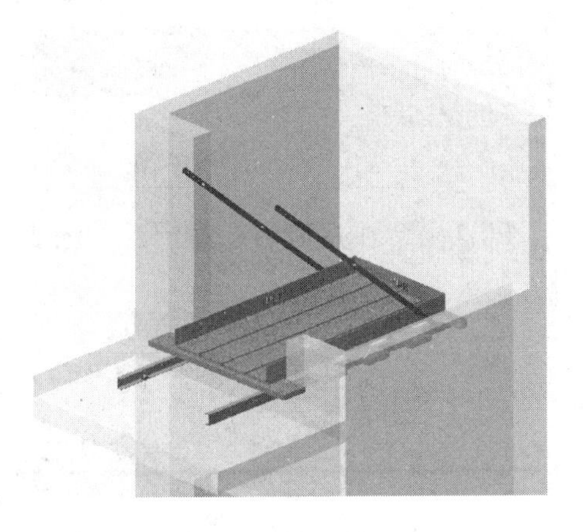

图4－18　铺设木板和护脚板

9）用5号角钢做支架，软绳做护栏；600mm长的角钢用膨胀螺栓固定在门洞内侧，1400mm长的角钢用螺丝固定在10号槽钢上；然后安装软绳做平台护栏。见图4－19所示；

10）在井道壁吊环的上方安装一个承重支架，用钢丝绳和滑拉螺丝固定，做二次保护；工作平台安装完毕，如图4－20所示；

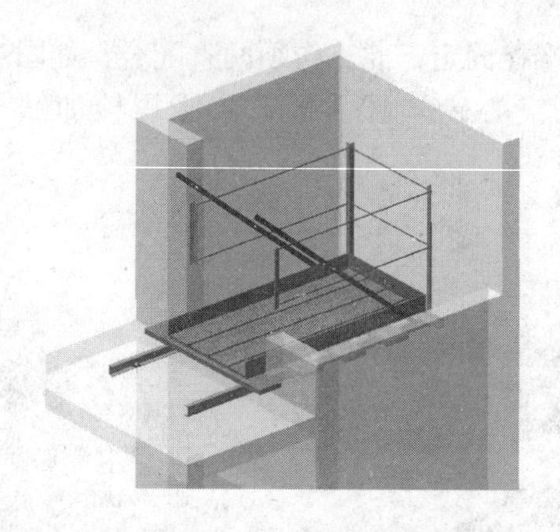

图 4－19　安装护栏

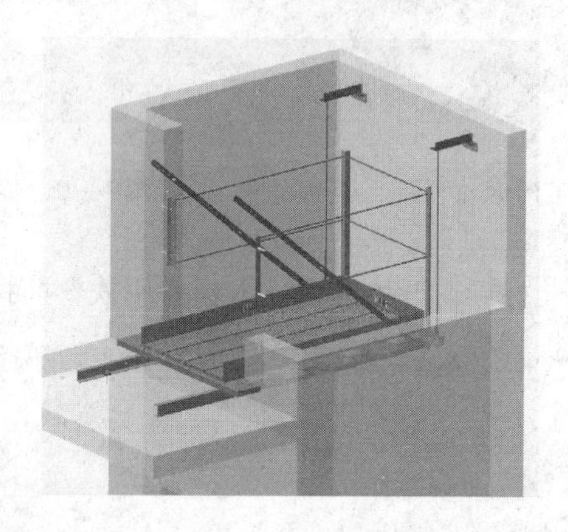

图 4－20　固定平台的二次保护钢丝绳

11）平台在井道内示意图，如图 4－21 所示；

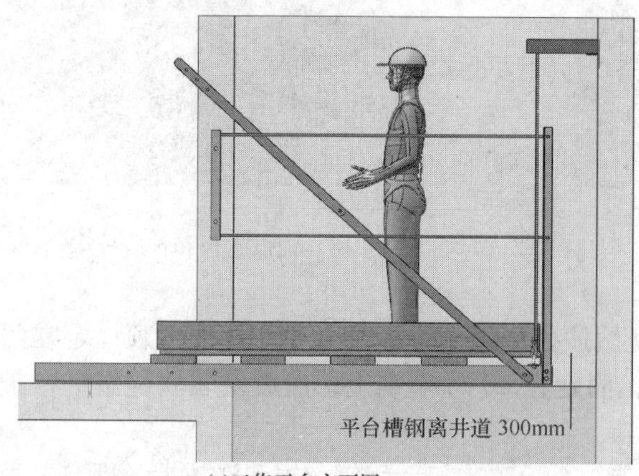

(a)工作平台立面图

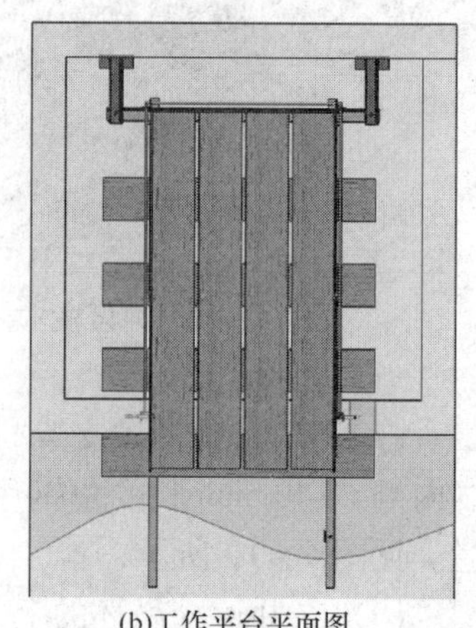

(b)工作平台平面图

图 4－21　平台在井道内示意图

12）顶层工作平台全图，如图 4－22 所示。

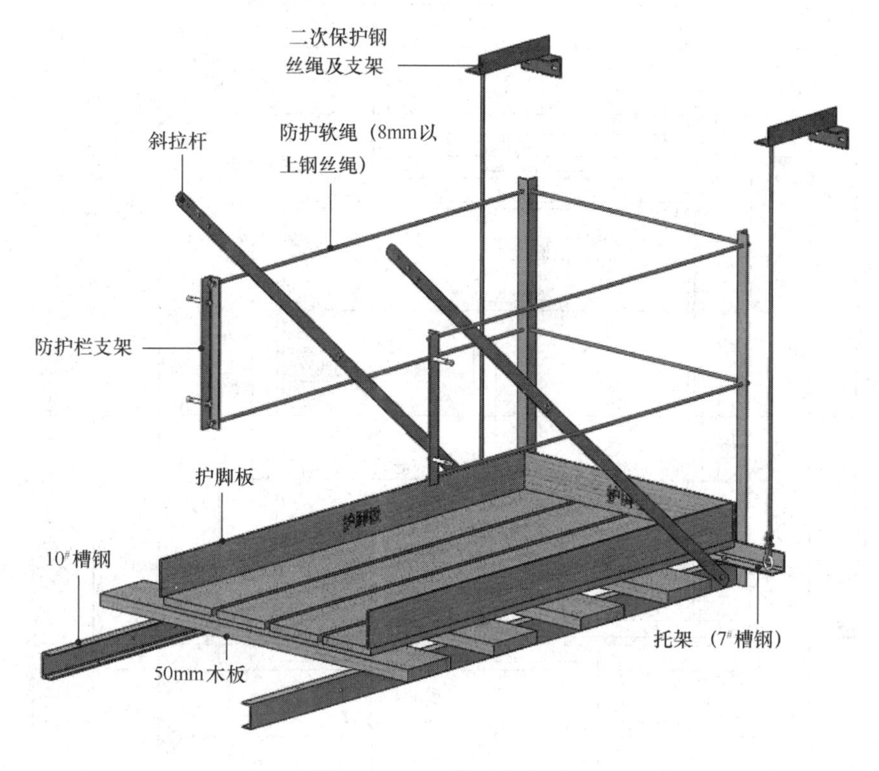

图 4－22　工作平台全图

第三节　制作样板架和放样线

制作样板架的目的是将电梯安装尺寸的垂直放样定位，用于安装导轨、导轨支架、厅门地坎。样板架制作的正确与否直接关系到电梯的安装质量，因此在制作时需要对电梯土建布置图进行仔细阅读。目前制作样板架的材料主要有钢板和木板两种，结构和制作方式上也不一样，本节将重点介绍这两种样板架的制作方法和步骤。

一、钢板结构样板架的制作的方法和步骤

1. 在机房地面放置样板放架

1）仔细阅读电梯土建布置图，根据电梯土建图上的井道平面图，如图 4－23 所示，确定样板架的形式及尺寸。

2）材料准备：选用宽 30mm 厚 2. 0mm 的钢板。取一段用于厅门，两段用于轿厢导轨，两段用于对重导轨。如果没有准备 2. 0mm 的钢板，可选用厅门踏板

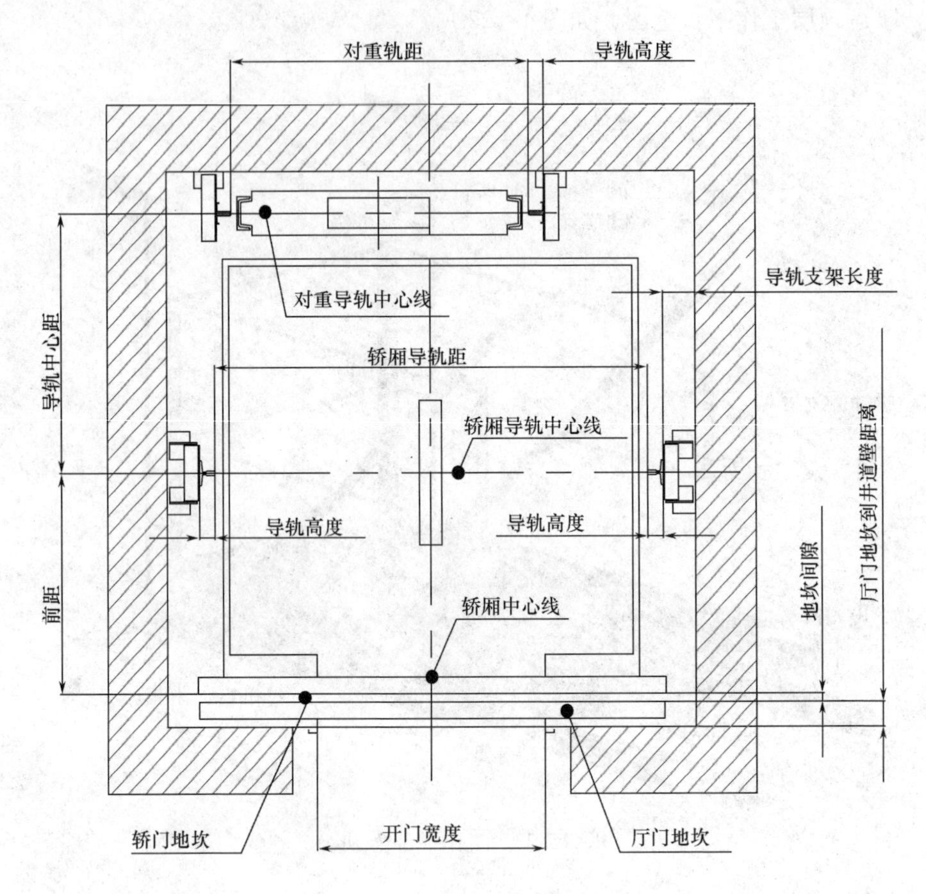

图 4－23　电梯井道平面布置图

封堵间隙的铁条制作，如图 4－24 所示。

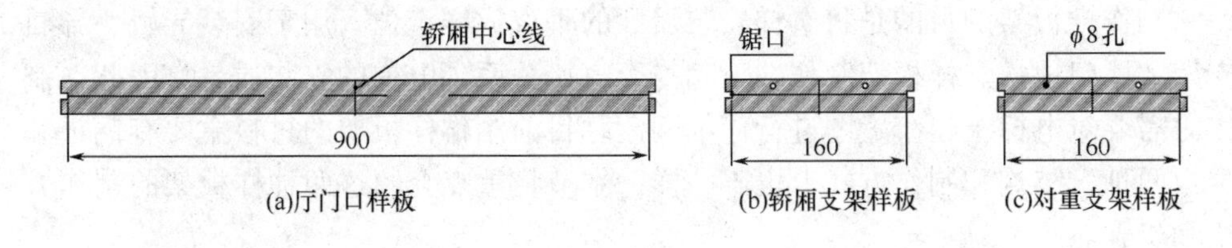

图 4－24　钢板

3）机房放线示意图，如图 4－25 所示。

4）导轨支架面线离支架面 3～5mm，一般情况下取 5mm；两根面线在 5～10mm；一般情况下取 10mm，如图 4－26 所示。

5）轨距方向宽度计算方法是：导轨距＋导轨高度×2－10mm，如图 4－27 所示。

常用电梯导轨的型号及基本参数，如图 4－28 及表 4－3 所示。

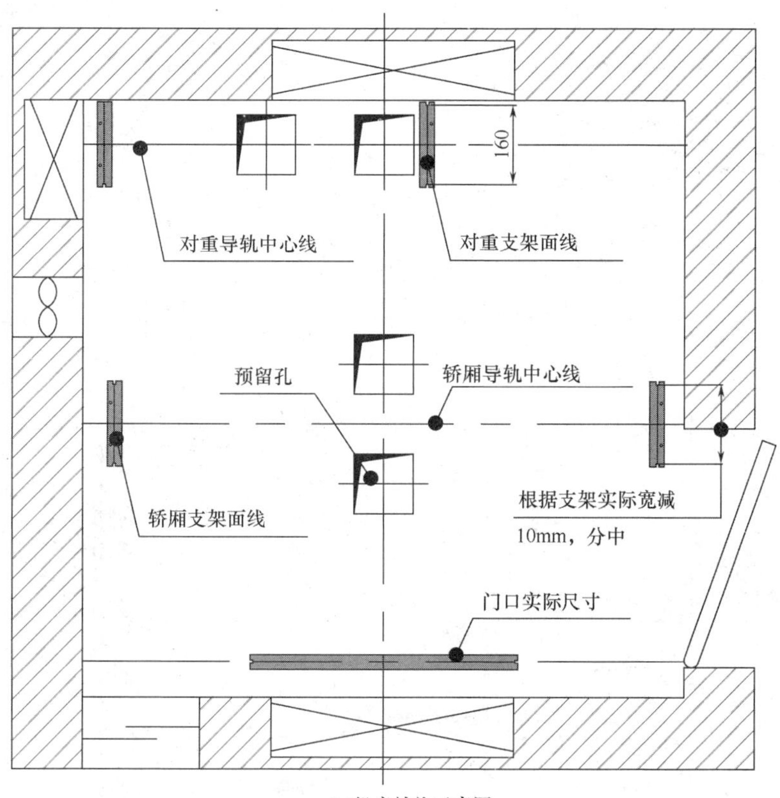

(a)机房放线示意图

(b)安装人员在放样线

(c)固定在机房样板架

图 4－25　放线

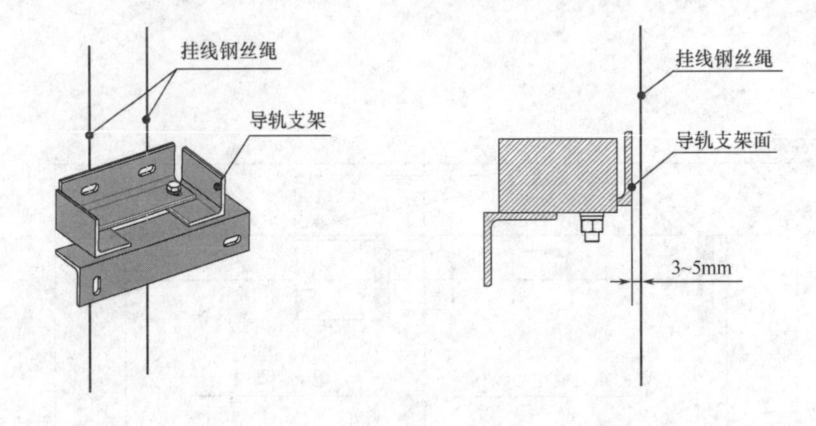

图 4－26　导轨支架面线放线尺寸示意图

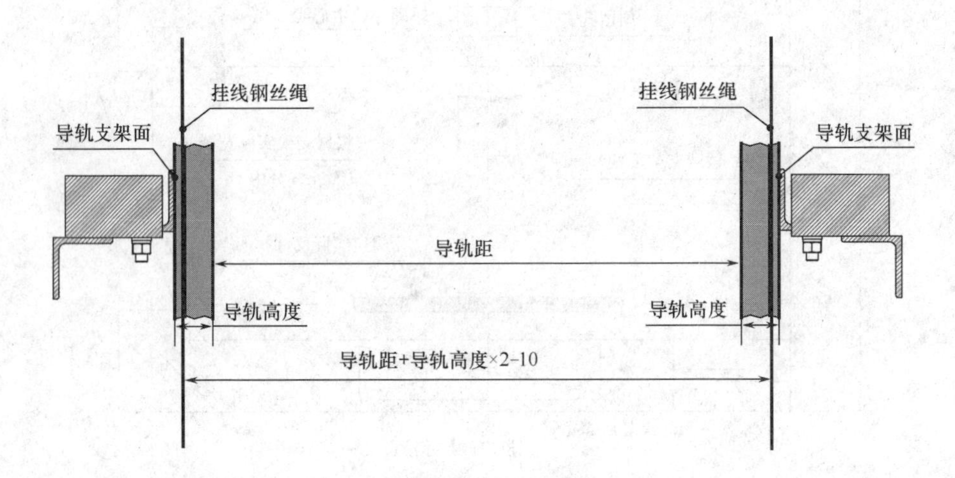

图 4－27　轨距方向宽度计算示意图

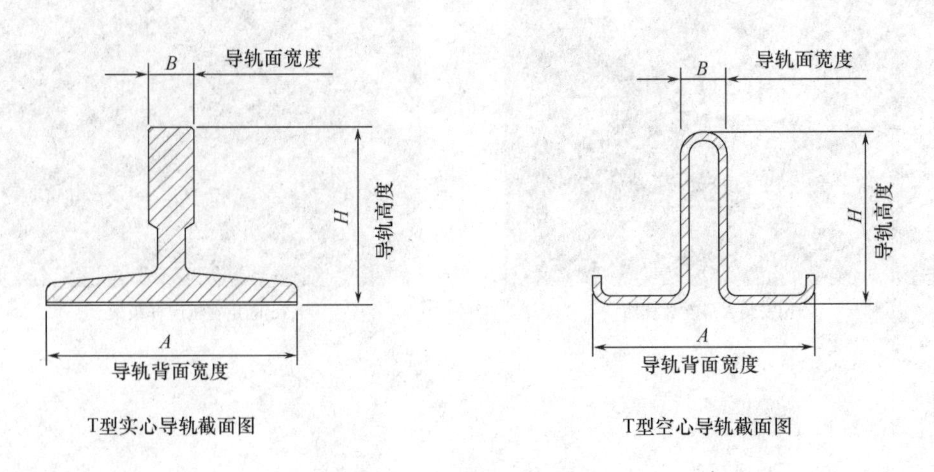

图 4－28　导轨截面尺寸示意图

表 4-3　　导轨基本参数

导轨型号	TK5A	T78	T75	T82	T89	T90	T114	T127
A	78	78	75	82	89	90	114	127
B	16	10	10	16	16	16	16	16
H	60	56	62	62	62	75	89	89

6）导轨支架面线的宽度一般为160mm，可以根据导轨支架的实际宽度做调整。

7）样板架固定在机房内地面上；第一步：用卷尺大致测量好厅门面线的位置，做好记号，用电锤或用水钻22mm以上钻头打两个孔；先把门面样线放下，吊上重锤，先测量井道的垂直度，必须每层厅门口都测量，并记录所测量的尺寸。如图4-29，测量箭头方向，门面线离门口最佳尺寸为110~130mm，左右尺寸要分中。

8）经过门面线的测量定位；如一次测量尺寸定位是好的，门面线不用移动，根据门面线参照图纸用墨斗弹出轿厢中心和对重中心（要是门面线有偏差，根据测量数据，可前后左右移位）。

9）电梯是并联或是面对面的，井道厅门口平面线可以参照电梯厅施工方提供的参考基准线，如图4-30所示。

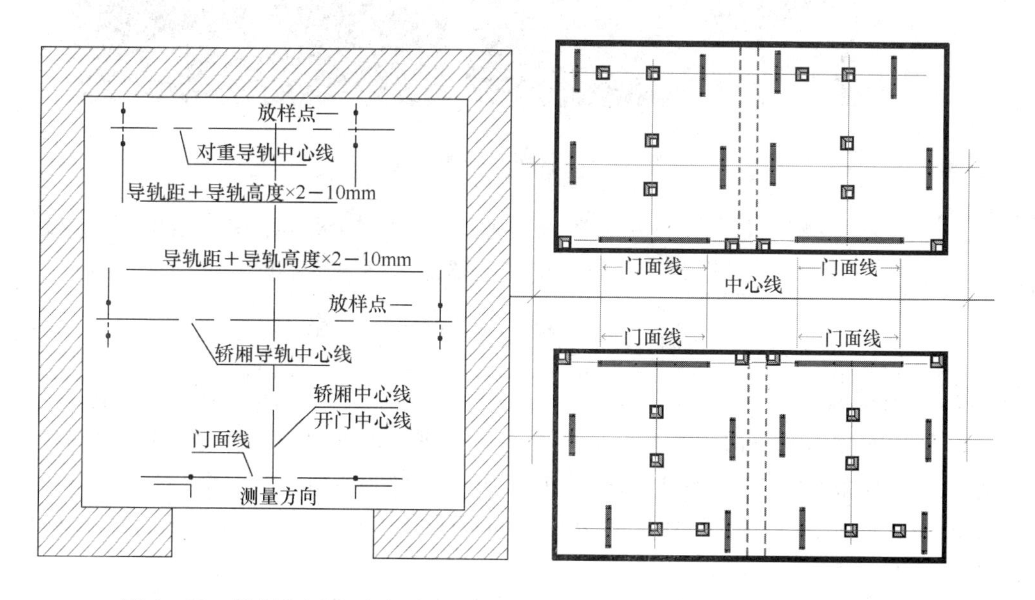

图4-29　样板架固定示意图　　图4-30　并联梯、面对面梯放样板示意图

10）当样线位置定位好后，用电锤或水钻22mm以上钻头在定位点上打孔，用6mm膨胀螺栓固定铁条，把样板线捆在重物上放到底坑，然后固定下样板架。

2. 下样板定位

1）下样板选用导轨支架固定在井道壁上，当样线吊锤静止后，用螺栓和扁铁把样线固定在样架上，如图4－31、图4－32所示。

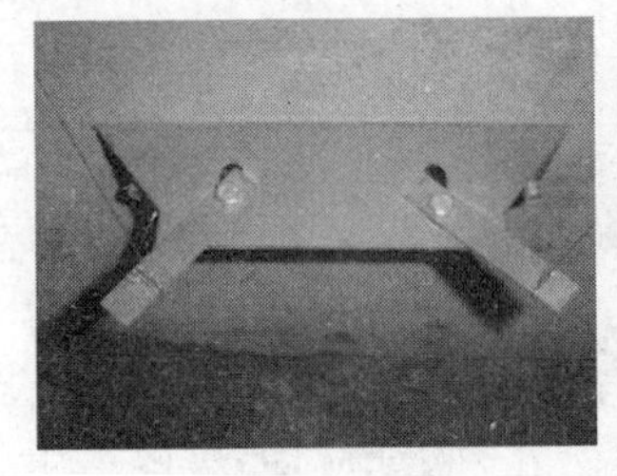

图4－31　轿厢导轨样线定位

图4－32　对重导轨样线定位

2）注意事项：电梯导轨安装质量的好坏取决于样板线定位的准确度。如果样板线放置有偏差，导轨就不能被正确的调整，最终导致不良的电梯运行质量。

二、木板结构样板架的制作方法和步骤

1. 材料准备

样板架的木材要选用不易变形并经烘干处理、四面刨平且互成90°的木料制作，需要准备80×40×2500（mm）或100×50×2500（mm）6根，具体尺寸需要根据提升而定，一般提升高度大于30m用后者。60×50×2500（mm）8根，100×100×2500（mm）2根。

2. 样板架的制作

样板架需在平坦的地面上制作，在框架制作完成后应校对框架的对角线，使对角线相对偏差不大于2mm，并用木料将框的四个角固定住，以保证样板架的准确性。在每个放线点上用钢锯沿着标注线锯一道约10mm的斜口，在其旁钉一枚

铁钉。为了便于辨别，应在样板架上标注轿厢和对重中心线、层门和轿门的门口净宽度、导轨校对点等文字，样板架的形状见图4-33、图4-34所示。

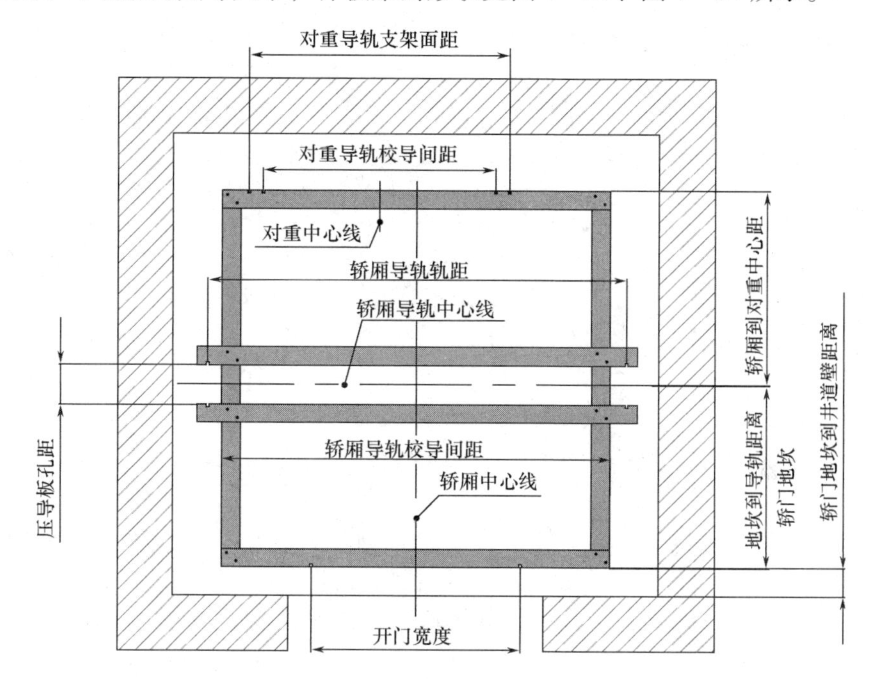

图4-33　对重后置样板架平面示意图

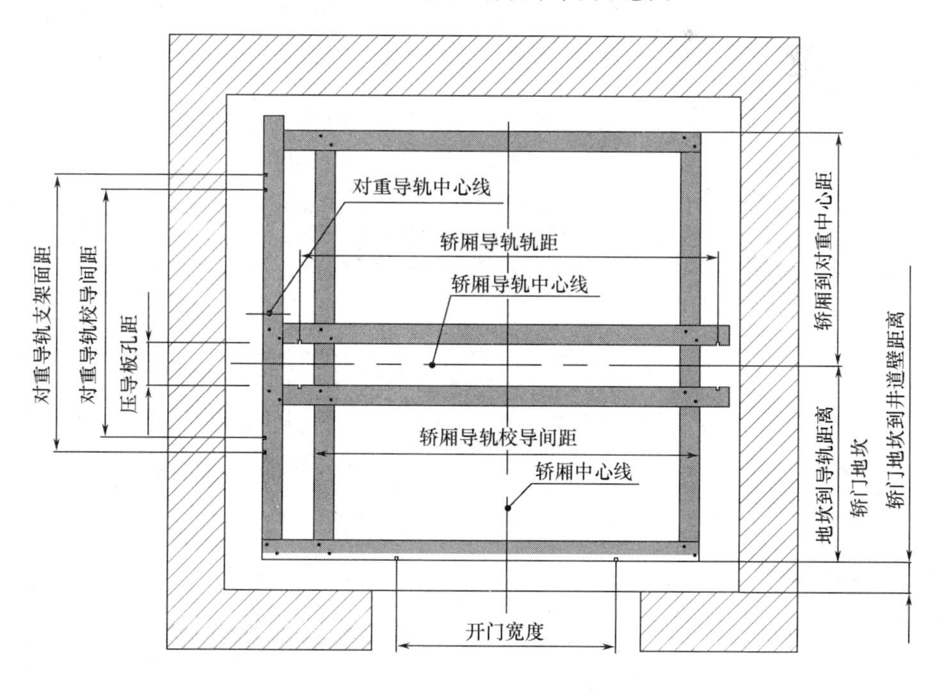

图4-34　对重侧置样板架平面示意图

3. 样板架的架设

在井道顶层距离楼板 600～800mm 部位划线，定位好 4 根角钢的安装位置，然后打孔固定膨胀螺栓并安装 4 根角钢，用水平仪校正水平，允许偏差 1/1000；同时校正两对角钢的高度偏差不大于 2mm。将两根事先准备好的 100×100×2500（mm）方木架设到 4 根角钢上，再将样板架安装在托架上，并将两者校正呈相互平行，可靠的固定在角钢上。如图 4－35、图 4－36 所示。

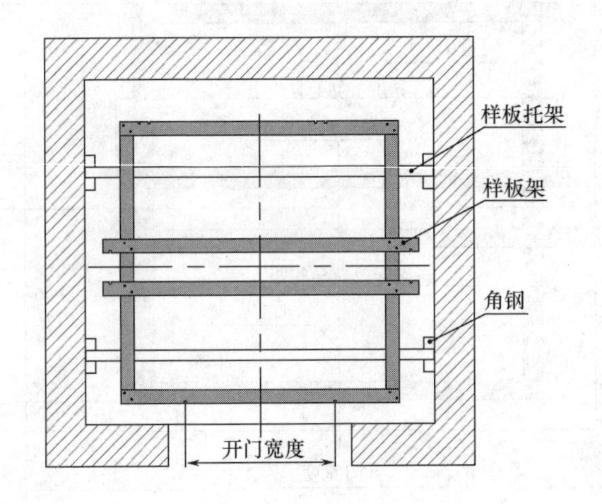

图 4－35　样板架固定示意图

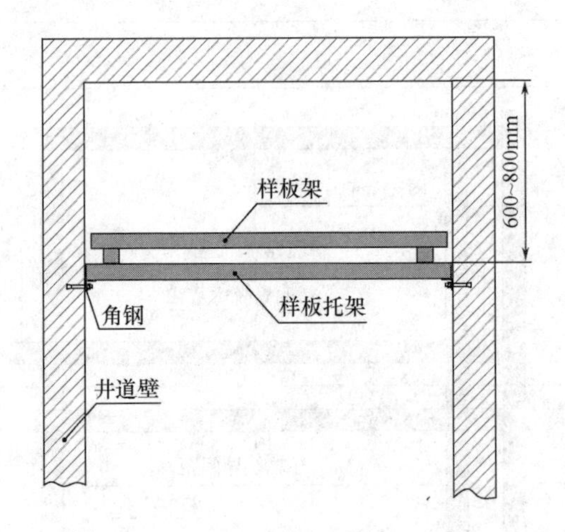

图 4－36　样板架固定示意图

4. 放样板垂线

1）首先放层门垂线，作为井道其他放线的参数基准线，必须保证所有层门地坎、门套、层门装置、层门板区域与土建不干涉，尽量将层门部件与土建最突出点的间隙控制在 6～10mm。

2）参照层门垂线并结合井道平面图，确定轿厢导轨、对重的放样点。

3）确定样板架放线点后锯出放线斜口，将直径 1mm 的钢丝一头缠绕于样板架斜口附近的铁钉上，另一头通过斜口放至底坑，钢丝下端悬垂 3～5kg 的吊锤（铁砣）将钢丝拉直，如图 4－37 所示。如提升高度较高，端部吊锤（铁砣）的重量也可以适当增加。为了防止安装时铅垂线的晃动，可以参照第一章第二节图 1－14 将吊锤置于水桶中使之稳定。

4）在离底坑地面 800～1000mm 的井道壁两侧安装 4 根平行相对的角钢，供放置下样板架用。

5）将下样板架移至贴紧样板垂线后，固定下样板架，可用木方、木楔将架框与井道嵌紧，再用 U 形马钉将垂线钉于下样板架上，即使无意碰触垂线，垂线也不会走样，如图 4－38 所示。

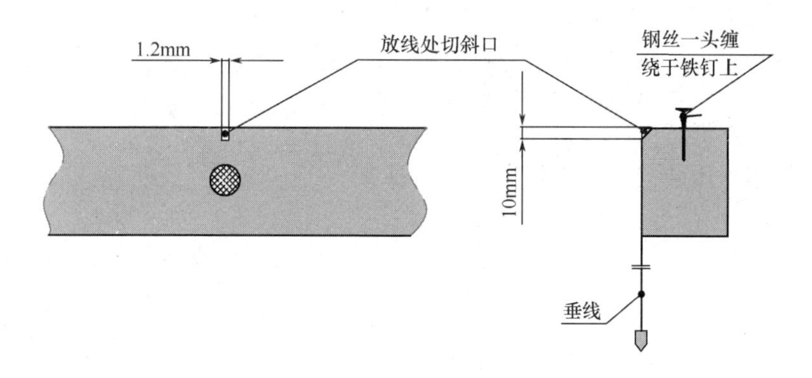

图 4－37　样板架固定示意图

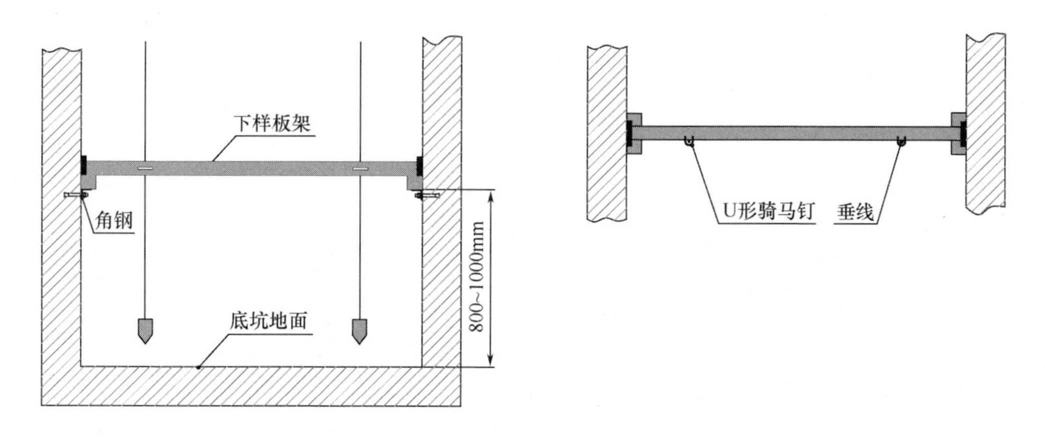

图 4－38　样板架垂线固定示意图

5. 定位检验

1）样板垂线固定完毕，安装人员应进行复核，各样板垂线坐标尺寸应与井道平面布置设计相符。

2）同时确认，井道门吊线能满足门地坎安装尺寸，门立柱不与土建预留孔相干涉。

3）将井道样板架基准尺寸引入机房，以满足机房搁机梁、曳引机、导向轮、限速器的安装位置确定。

思考题：

1. 施工现场的电梯安装人员基本要求有哪些？
2. 电梯安装前，事先应检查电梯的施工现场是否符合电梯的安装要求，具体要求是什么？
3. 厅门护栏和护网必须满足哪些条件？
4. 无脚手架安装顶层工作平台的主要作用是什么？
5. 无脚手架安装顶层工作平台的制作方法和步骤有哪些？
6. 常见样板架的结构形式有哪些？
7. 简述钢板结构样板架制作方法和要求。
8. 简述木质结构样板架制作方法和要求。

第五章　机房设备安装

电梯部件的安装主要有两大部分内容，即机械设备安装和电气设备安装，零部件安装需要遵循先后顺序。在每台电梯的随机文件里会有一份安装说明书（或叫安装指导书），主要内容有安装方法、步骤和技术要求。所以安装前需要首先阅读安装说明书。电梯安装质量检验依据是国家标准 TSG T7001—2009《电梯监督检验与定期检验规则 - 曳引与强制驱动电梯》和 GB/T 10060—2011《电梯安装验收规范》；其次，电梯公司也有一套更严格的公司标准，是高于国标要求的。

从本章开始将正式介绍电梯部件的安装，根据安装工艺，首先要安装的是机房部件。本章将结合国标要求、机房部件的布置结构、电梯的安装工艺要求、电梯的结构特点、安装步骤等内容，详细介绍电梯的机房部件安装知识，这是电梯安装很重要的一个环节。

在第一章中，我们已经学习并了解了常见电梯基本结构和原理。电梯的机械部件安装可以分两大部分：机房设备安装和井道设备安装。本章将重点学习常见梯型的机房布置结构、机房部件的安装步骤、曳引机的定位以及相关的技术要求和质量控制点。

第一节　机房部件布置结构及图解

对于有机房电梯，机房设备主要有曳引机、承重梁、主机底座、减震垫、导向轮、限速器、绳头板、绳头组合、控制柜、限速器、电源箱等，对于无机房电梯，载货电梯来说部件不完全一样，具体详见后面的图示。由于电梯的用途、额定载重、速度、电梯井道结构等不同，所以电梯的结构是不同的。接下来通过目前常见的梯型，详细介绍机房部件结构特点。

一、有机房乘客电梯结构特点及图解

对于有机房曳引式电梯来说，根据曳引比来分：有 1：1 结构、2：1 结构，2：1 复绕结构。由于目前乘客电梯曳引机采用的基本上都是永磁同步曳引机，而且主机曳引比基本都是按 2：1 设计。如果用在曳引比 1：1 结构上也可以，虽然速度可以提高一倍，但是额定载重会减少一半，所以目前 1：1 结构不常使用。对于一些高速或额定载重比较大的电梯，为了使曳引机与钢丝绳之间获得更大的摩擦力，可以采用 2：1 复绕结构，这里不详细介绍。从目前电梯的实际使用情况来看，大部分额定载重在 630 ~ 1600kg，速度在 1.0 ~ 2.5m/s，所以最常采用

的是曳引比 2：1 结构。同时还有对重后置和侧置两种，如图 5－1 所示。

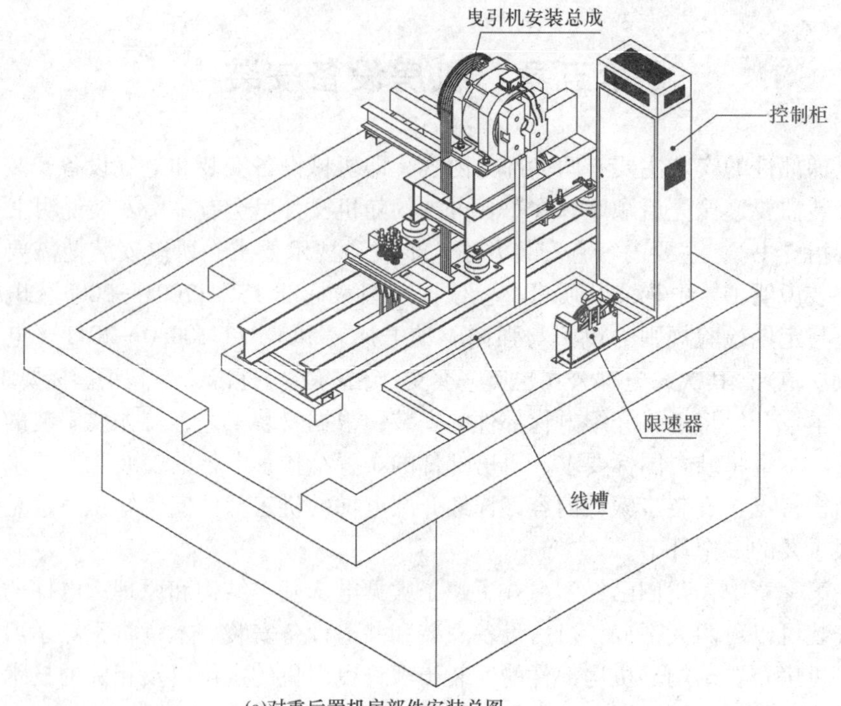

(a)对重后置机房部件安装总图

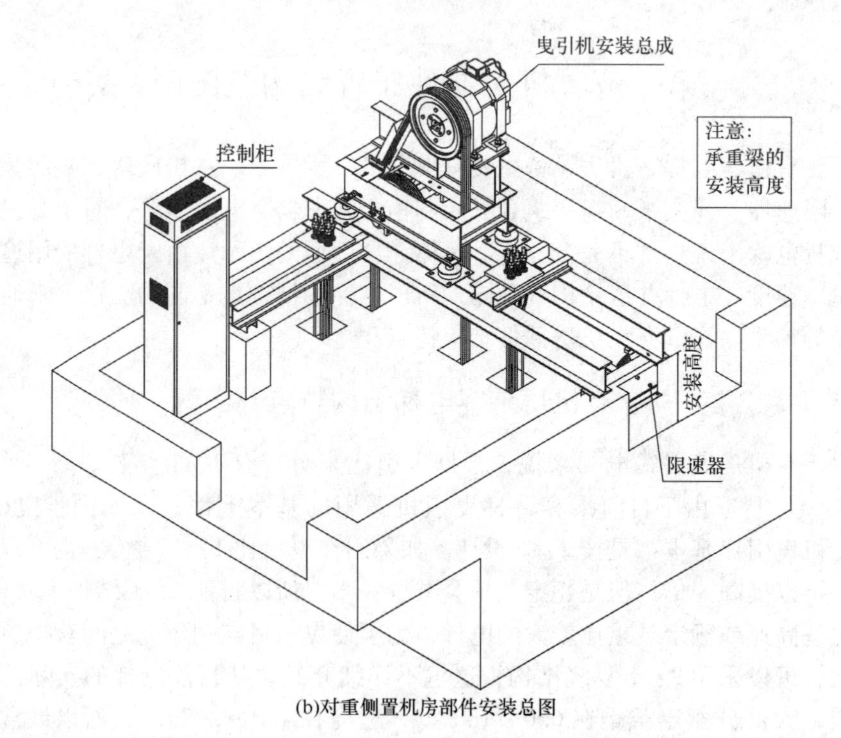

(b)对重侧置机房部件安装总图

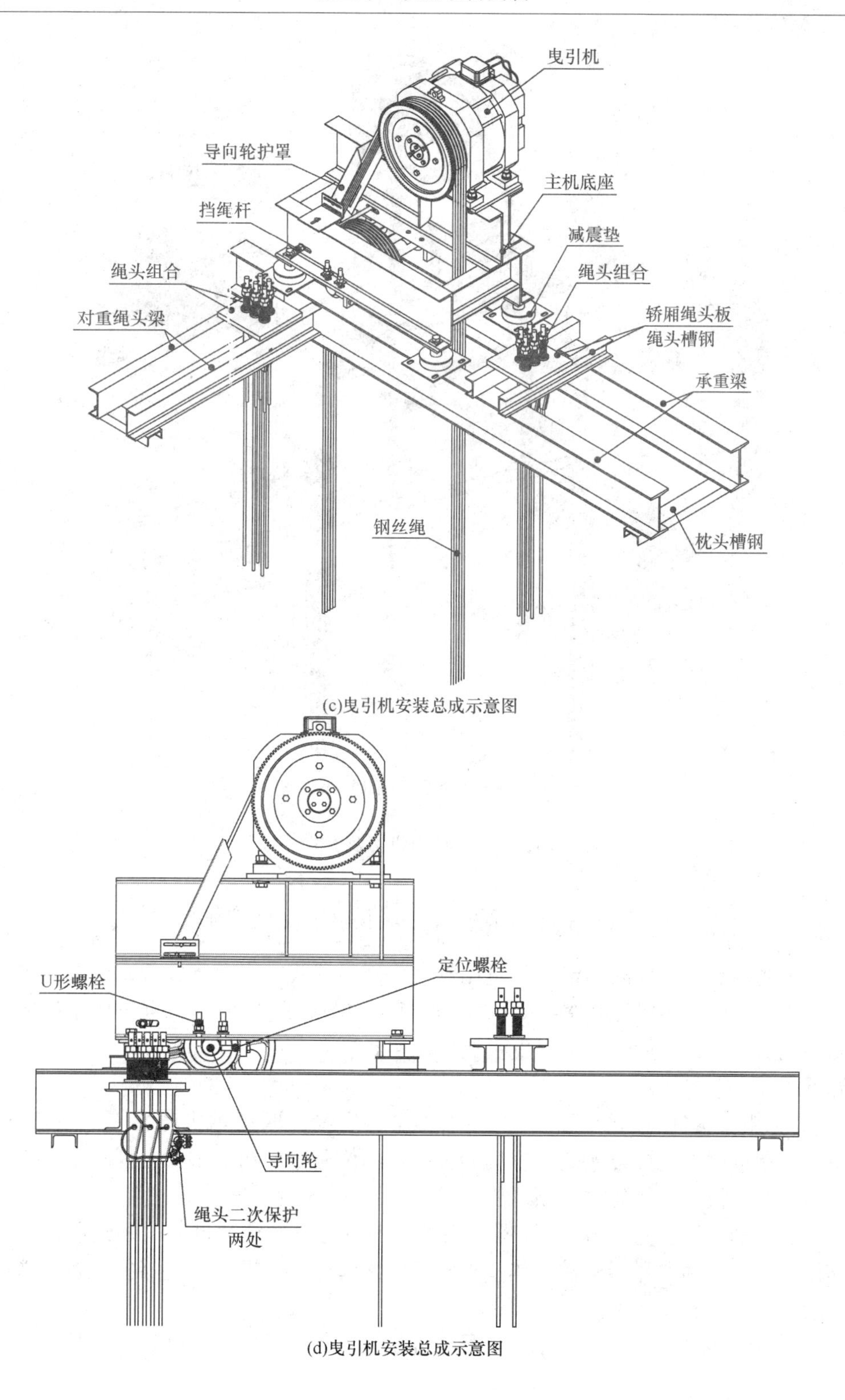

(c)曳引机安装总成示意图

(d)曳引机安装总成示意图

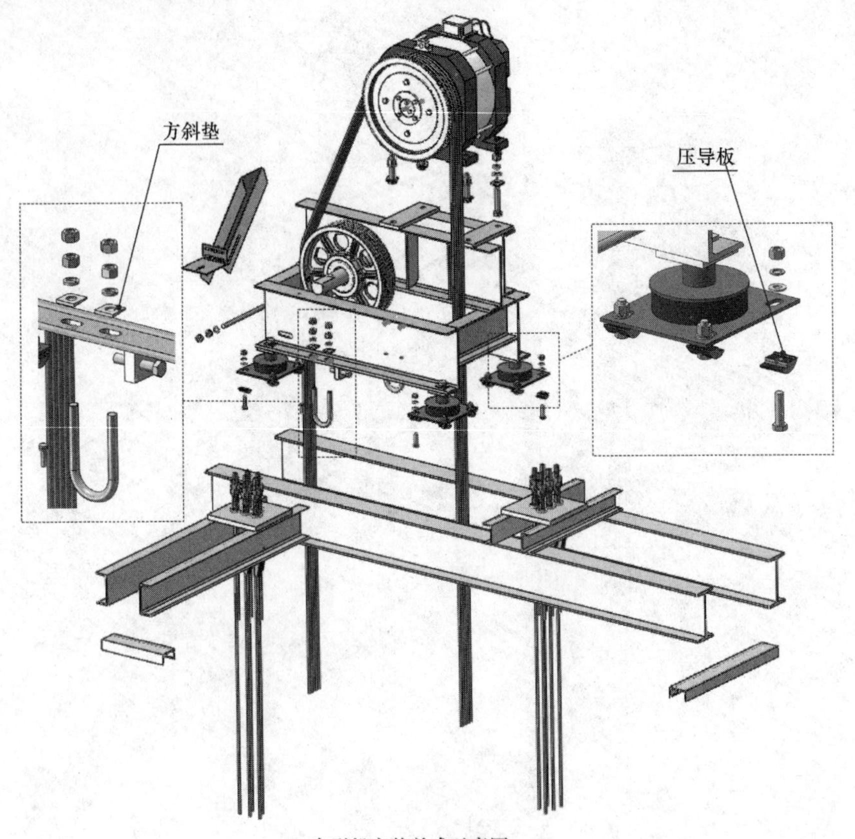

(e)曳引机安装总成示意图

图5－1　曳引机房及安装

二、有机房载货电梯结构特点及图解

主要特点：货梯的额定载重量比较大，楼层较低，速度比较低，目前其曳引机采用有齿轮曳引机比较多，曳引比为2:1，如图5－2。但是也有采用永磁同步驱动曳引机的，一般情况下，曳引比采用4:1结构。它与有机房客梯的主要区别如下。

1）由于货梯对运行的舒适性要求不是特别高，取消主机底座下的减震垫。主机与承重梁的连接方式是：现场调整主机的位置后，在承重梁上焊接带有螺纹孔的6块钢板。然后通过6颗螺栓固定，如图5－3所示。

2）上行超速保护采用夹绳器，当轿厢上行超过额定速度时，通过限速器先动作，从而联动夹绳器机械动作，夹紧钢丝绳起保护作用。夹绳器的触发方式有机械式和电气触发，如图5－4所示。

3）限速器需要采用双向限速器，分别与安全钳和夹绳器联动，见图5－2所示。

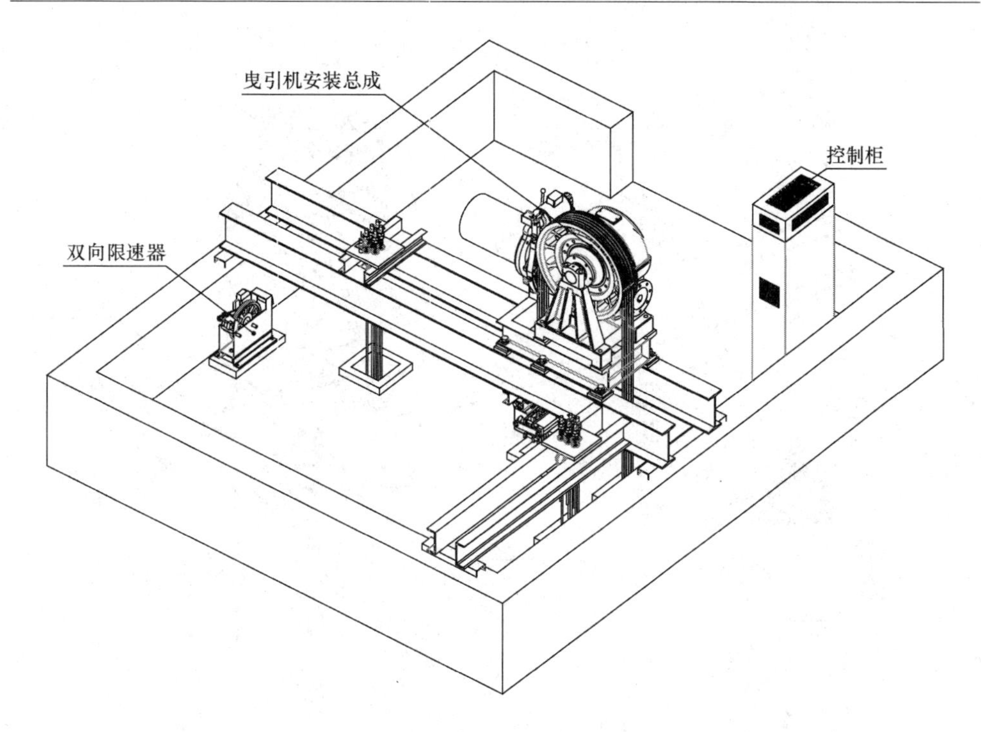

图 5－2　有机房货梯机房部件安装总图

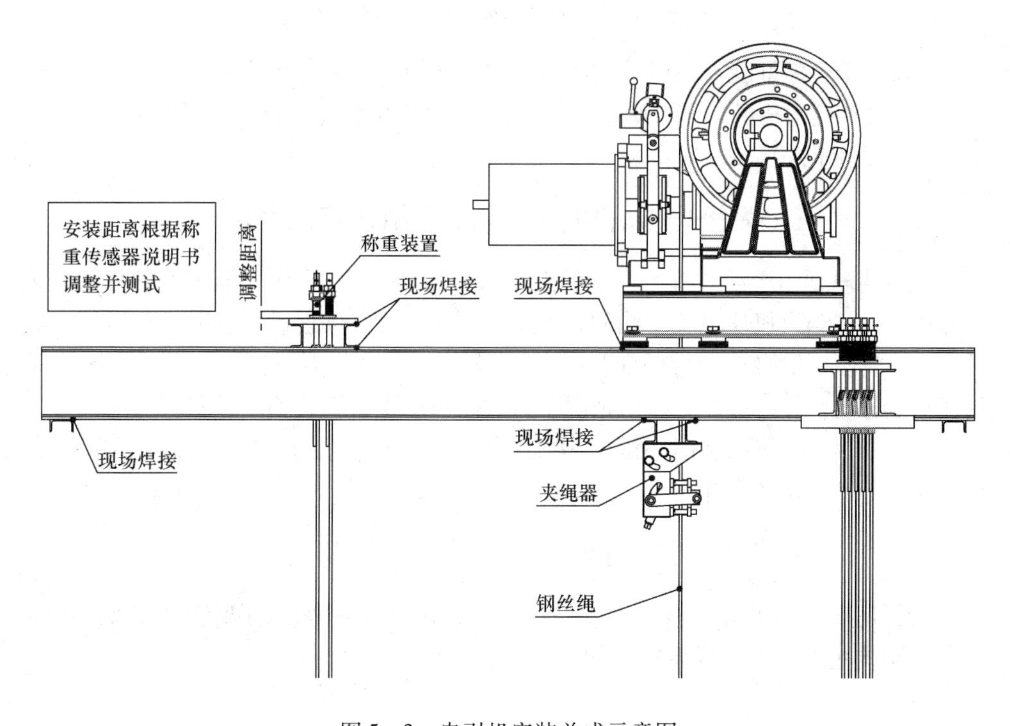

图 5－3　曳引机安装总成示意图

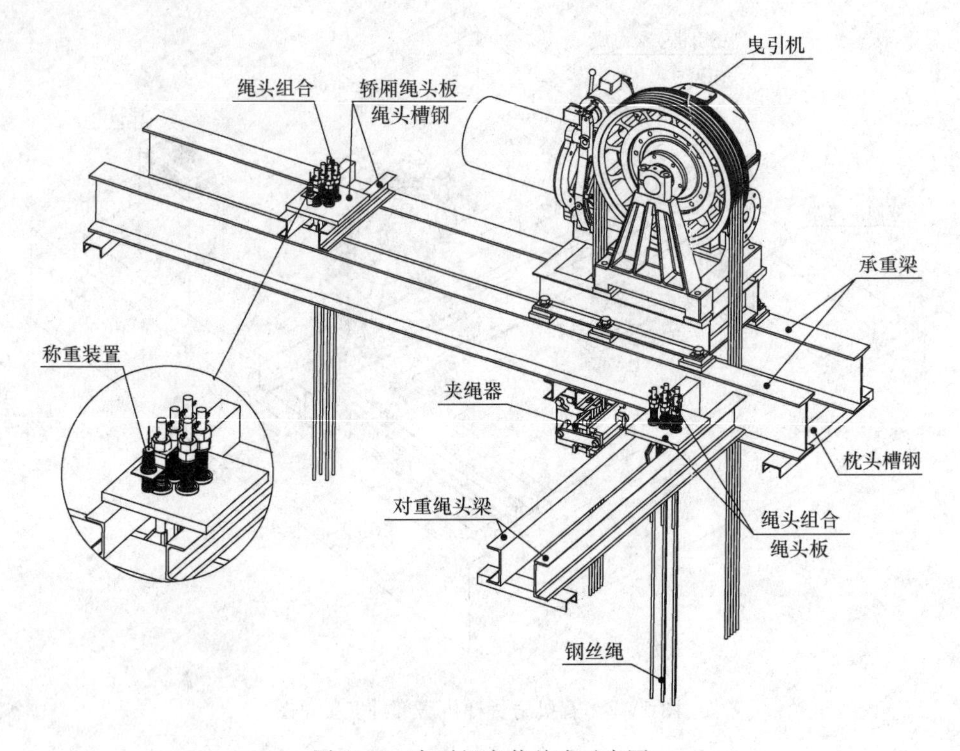

图5－4　曳引机安装总成示意图

4）货梯的称重装置一般装在绳头组合上，如图5－3所示。

5）由于曳引机的轮子比较大，而且设计时一般情况下采用180°包角，所以不需要机房导向轮。

三、无机房乘客电梯及家用梯结构特点及图解

无机房电梯由于没有机房，曳引机、承重梁、控制柜、限速器等部件都是安装在井道内的。与有机房电梯不同的是：①曳引机需要有远程松闸装置（用于紧急救援），一种是用松闸线来打开抱闸，一种是电动松闸来打开抱闸；②限速器需要采用能够远程复位；③控制柜一般情况下，放在顶层主机安装侧，如图5－5所示。

无机房乘客电梯目前常用的结构有两种，一种是曳引机放在承重上面，一种是曳引机直接放置在导轨上面，如图5－6所示。

四、无机房载货电梯结构特点及图解

无机房载货电梯和乘客电梯的结构类似，由于载货电梯的载重比较大，目前常用的结构主要是4:1绕绳比，如图5－7所示。

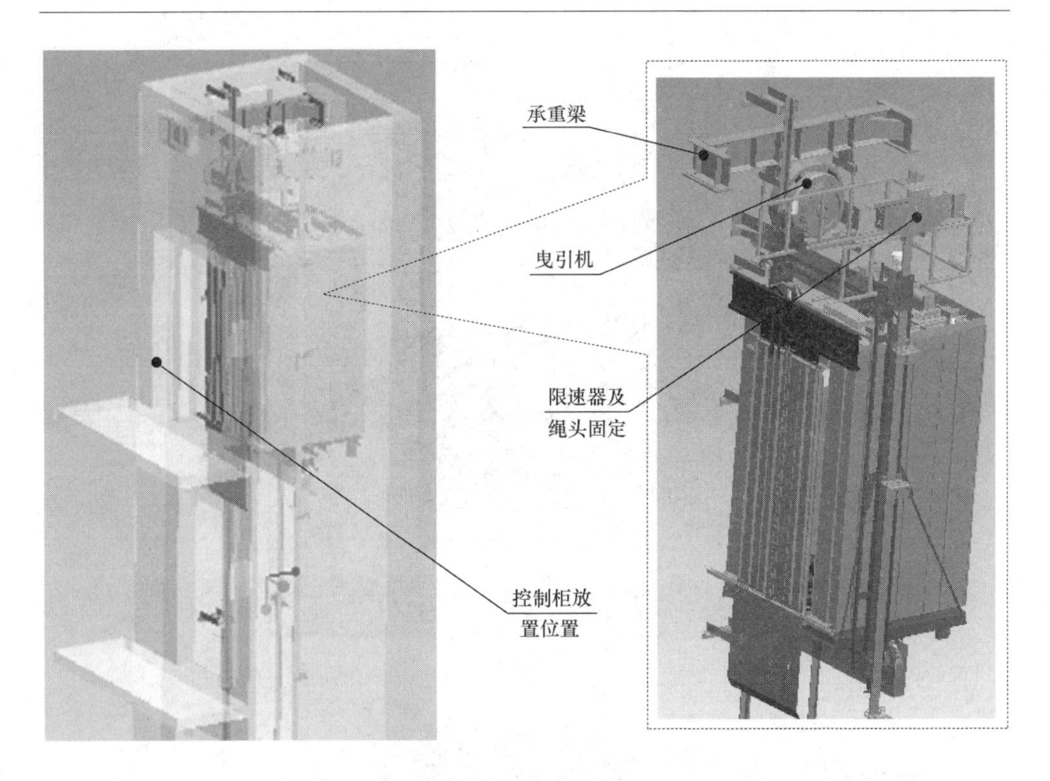

图 5－5　有承重梁无机房顶部安装示意图

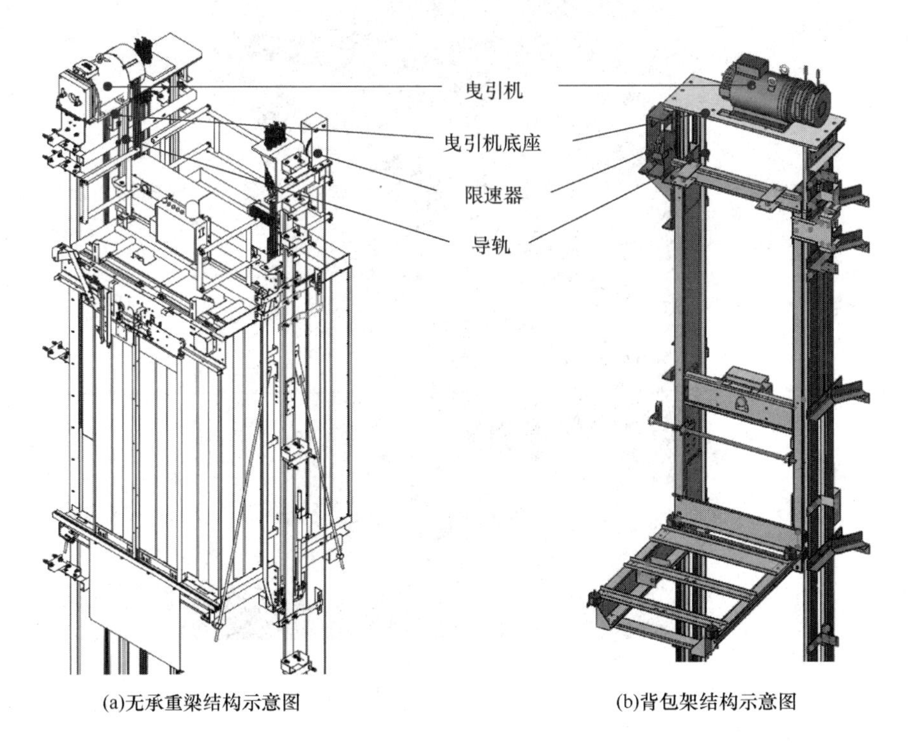

(a)无承重梁结构示意图　　(b)背包架结构示意图

图 5－6　无机房乘客电梯结构

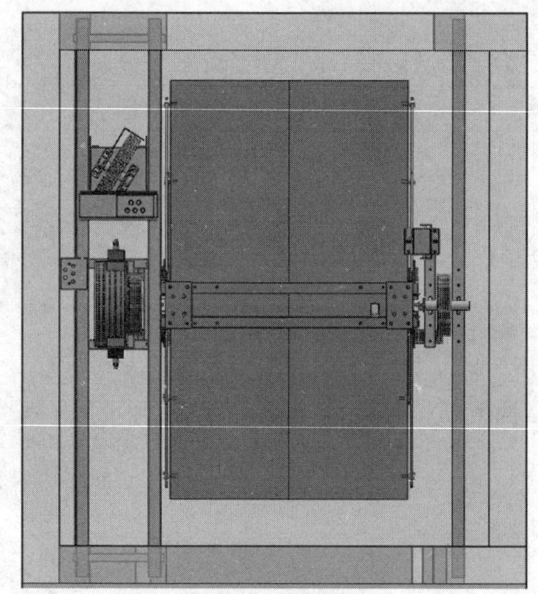

(a) 4:1无机房结构示意图

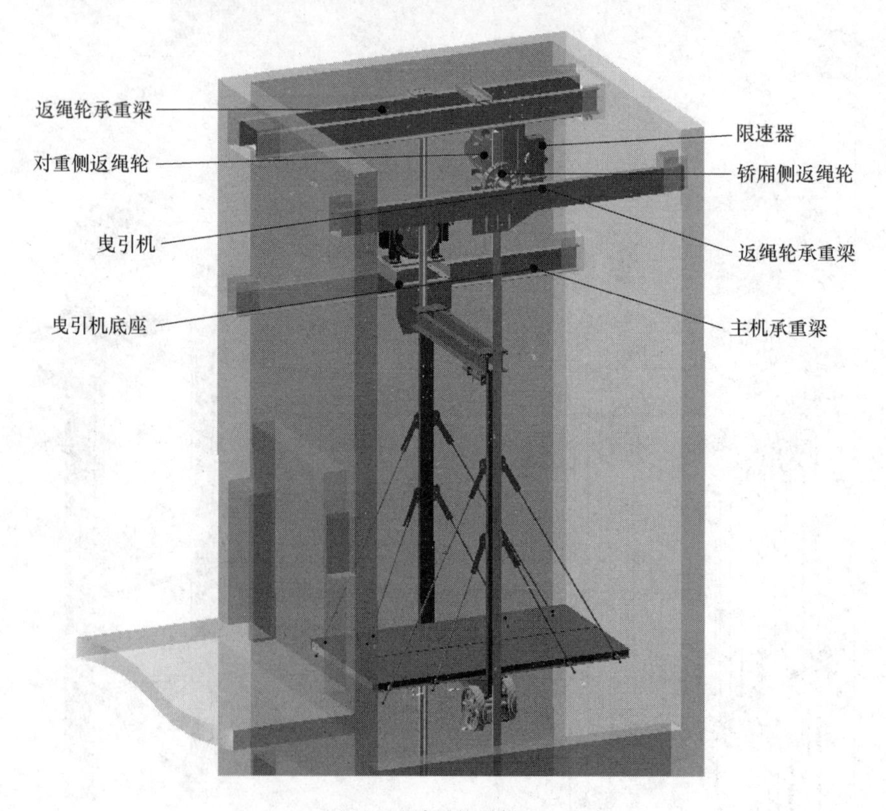

(b) 4:1无机房结构示意图

图5－7　无机房载货电梯

第二节　机房部件安装步骤

1. 查看预设件是否完备

看机房预留孔是否预留，预埋钢板是否已经做好，如果没有做需要现场处理。如图 5 –8（a）所示。

2. 安装枕头槽钢

安装承重梁下面的枕头槽钢，如图 5 –8（b）所示。

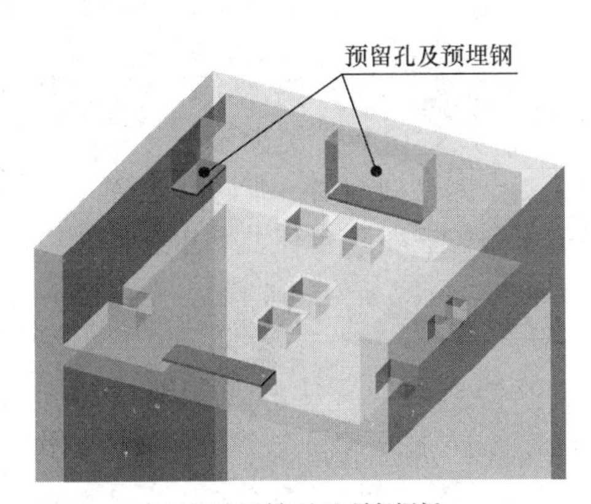

(a)承重梁预留孔及预留钢板

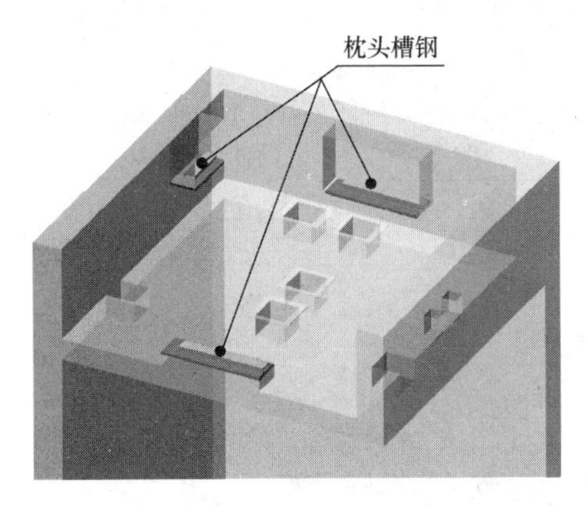

(b)安装枕头槽钢

图 5 –8　安装枕头槽钢

3. 安装承重梁

根据土建布置图尺寸要求，安装曳引机承重梁（工字钢）和对重绳头梁，如图 5 –9 所示。

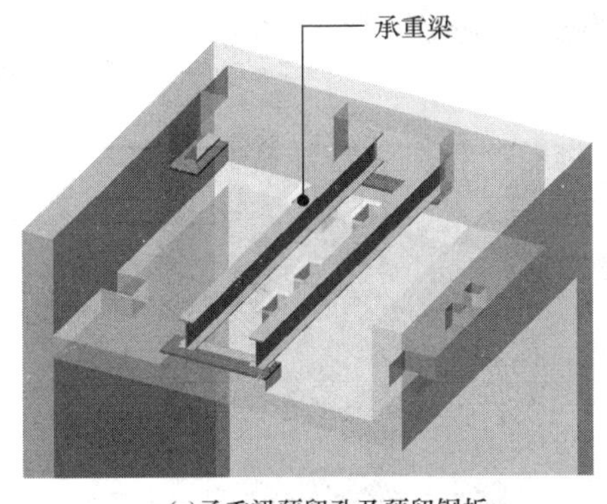

(a)承重梁预留孔及预留钢板

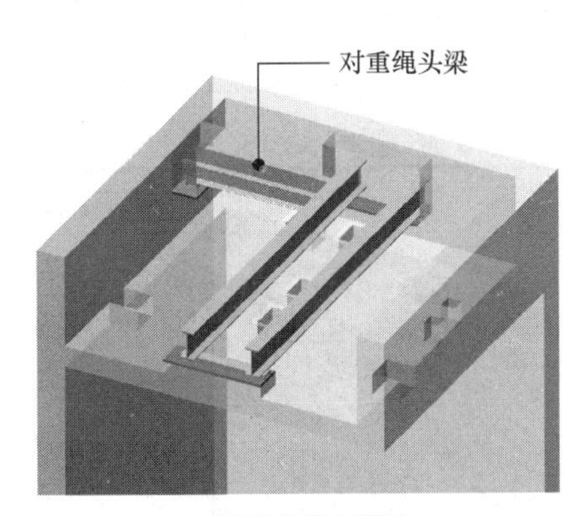

(b)安装枕头槽钢

图 5 –9　安装承重梁

4. 安装减震垫、机架、曳引机

安装主机减震垫，机架及曳引机，采用压导板将减震垫和工字钢压紧，如图5－10所示。

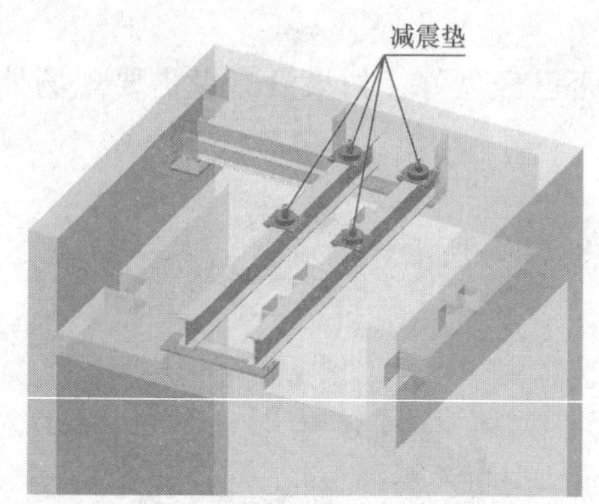

(a)安装主减震垫

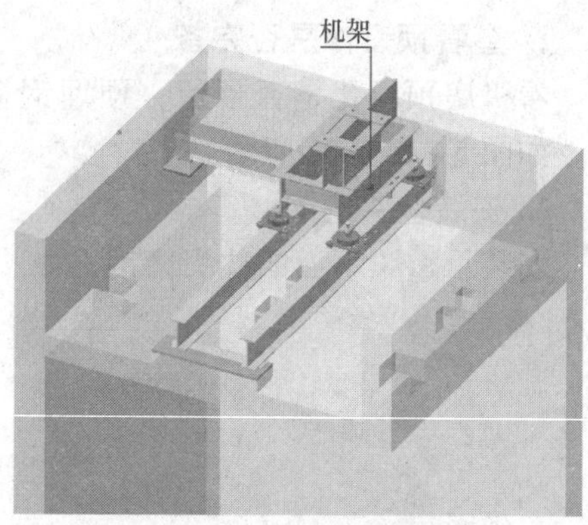

(b)安装枕头槽钢

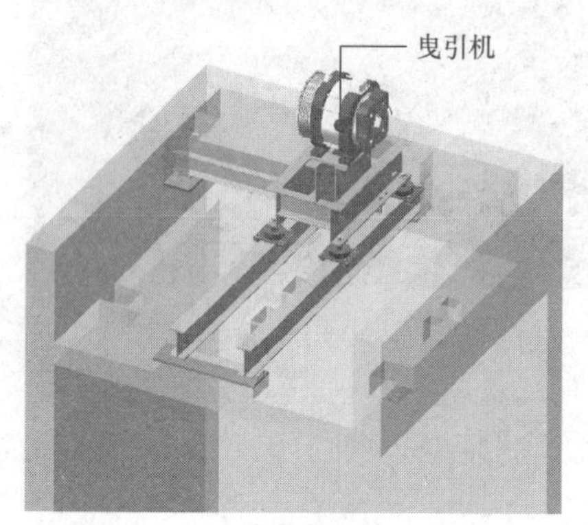

(c)安装曳引机

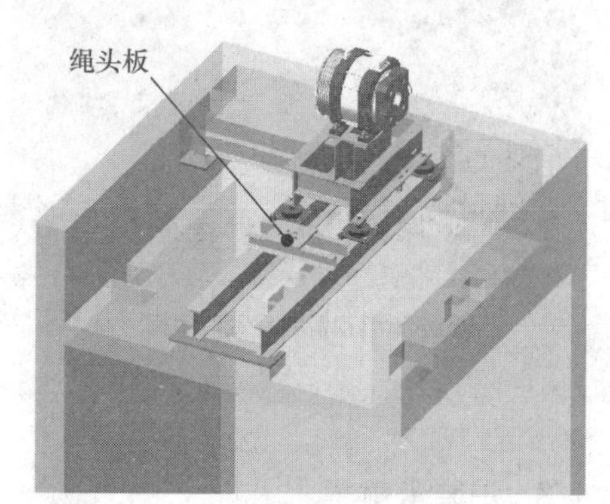

(d)安装绳头板

图5－10　安装减震垫、机架、曳引机

5. 安装导向轮、控制柜、限速器

安装控制柜和限速器，限速器需要膨胀螺栓固定在楼板面上，如图5－11所示。

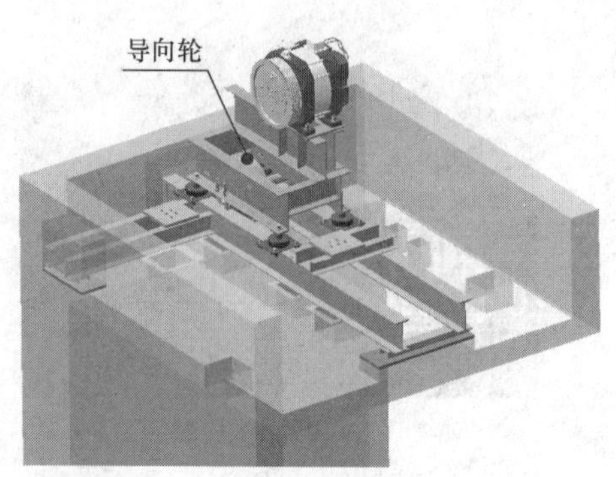

(a)安装导向轮

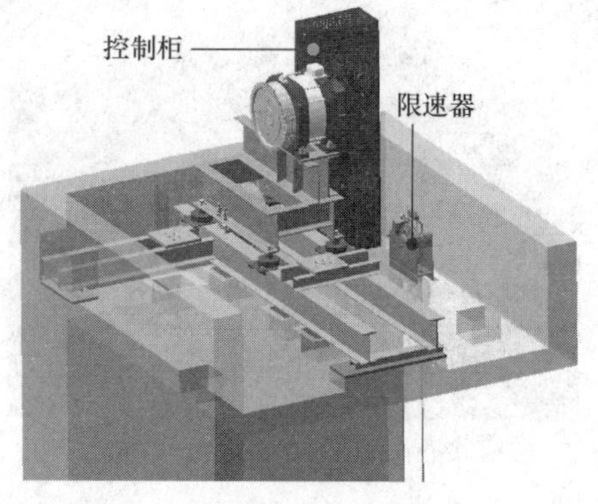

(b)安装控制柜和限速器

图5－11　安装导向轮、控制柜、限速器

6. 回填预留孔

用混凝土将承重梁预留孔进行回填，如图 5－12 所示。

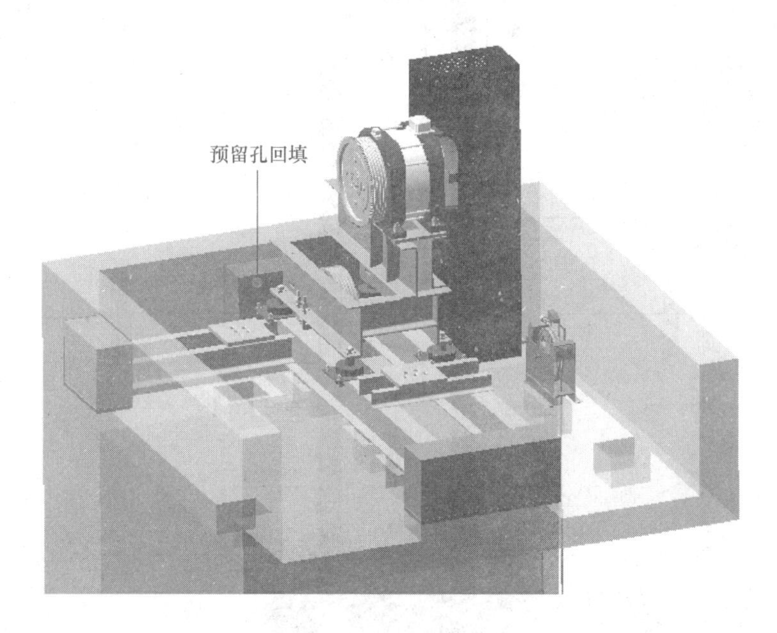

图 5－12　回填承重梁预留孔

第三节　机房部件安装方法及技术要求

1. 主机的定位方法和要求

1）根据土建图和样板尺寸，在机房地面划一条线或拉一条样丝，找出主机定位的几个点，定位好曳引轮的位置后，需调整机架及承重梁的位置，如图 5－13 所示。

2）根据土建图上的尺寸，用墨斗弹出工字钢的位置；

3）根据弹出的线条位置摆放工字钢，找好水平，把工字钢放在预埋钢板上；暂时不要焊接。

4）把曳引机和底座连接，安装主机减震垫，用 2t 葫芦起吊曳引机；根据找出的曳引机定位点来固定曳引机。

5）主机定位是一项非常重要的环节，首先主机承重钢梁下方必须要有坚实牢固的实心墩子和钢板。

6）钢梁搁置摆放要水平。

7）主机曳引轮与轿顶轮和对重轮之间的垂直度需要用吊垂线校正，如图 5－14 所示。主机曳引轮、导向轮垂直度，水平度误差在 0. 5mm 以内。曳引轮和导向轮跟样板架上的定点前后左右误差在 1mm 以内。

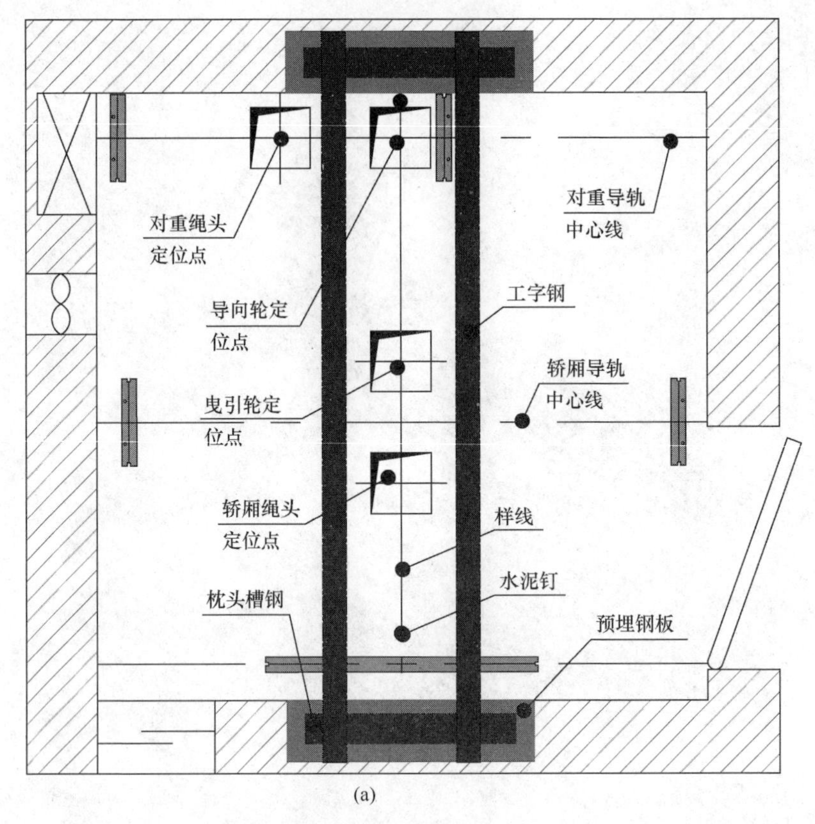

(a)

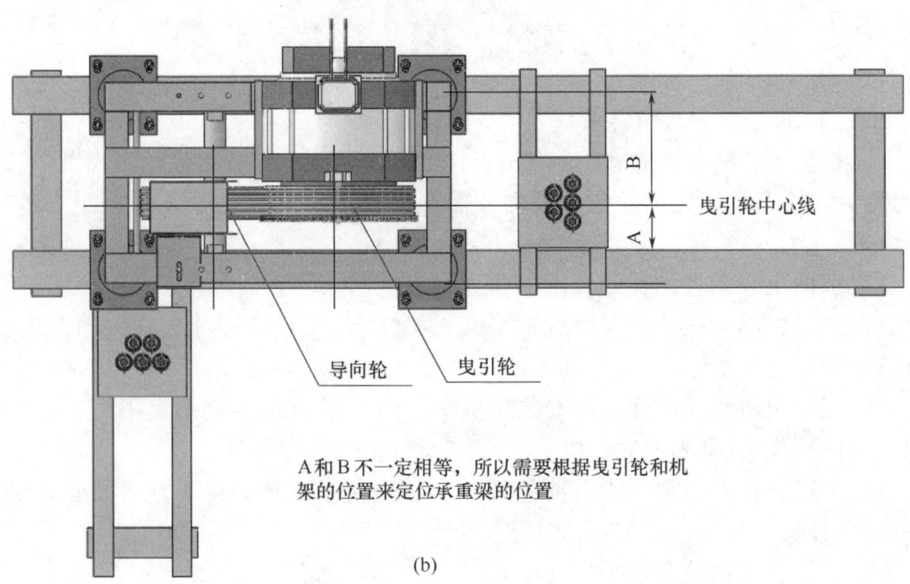

(b)

图5－13　主机定位示意图

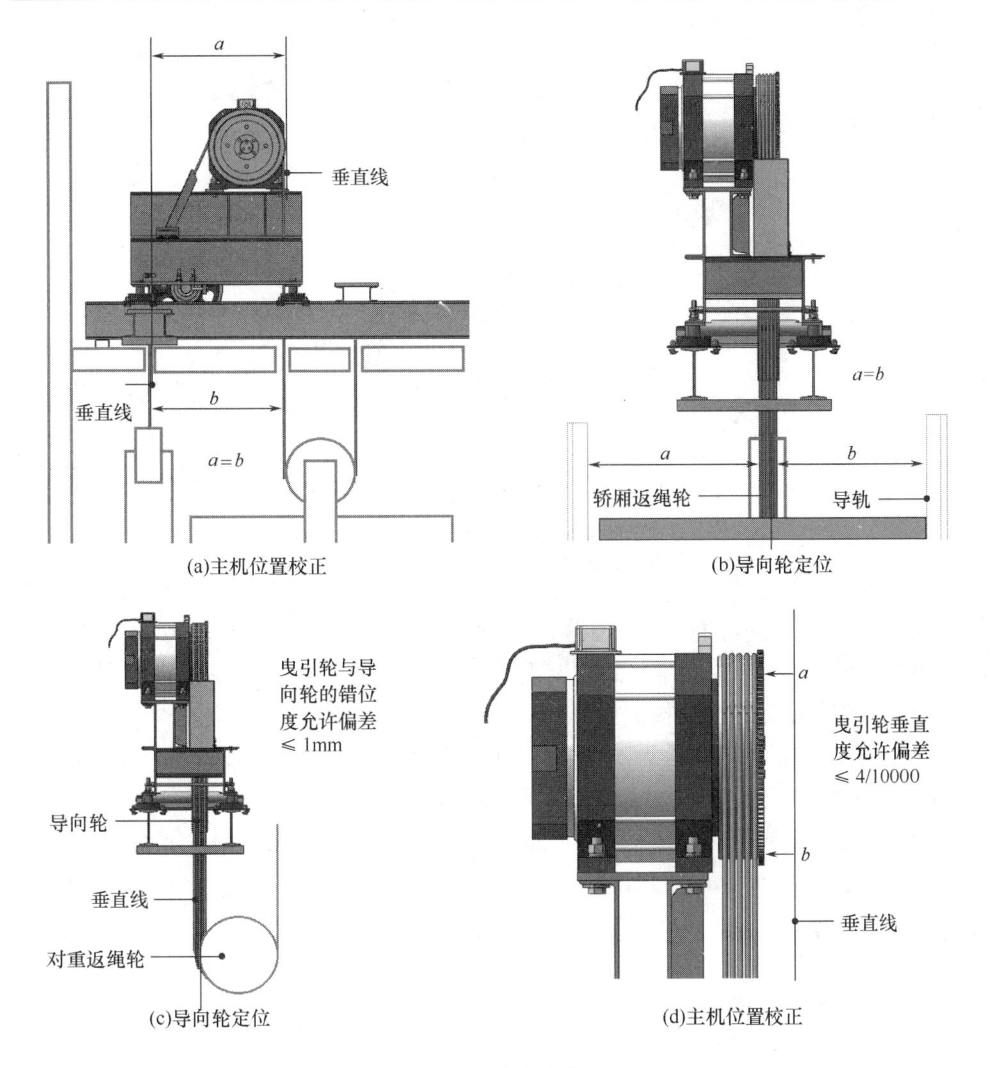

图 5－14　定位与校正

8）绳头板的中心和样板上的定位点前后左右误差在 1mm 以内，绳头板定位符合要求，定位好后需电焊焊牢固。

9）机房内所有设备安装到位符合要求。

2. 机房部件安装工艺、技术要求及注意事项

1）曳引机承重梁埋入承重墙时，埋入端长度应超过墙厚中心至少 25mm，且支承长度不应小于 75mm，如图 5－15 所示。

2）所有现场焊接件必须严格按焊接相关技术要求施工。

3）所有螺栓必须保证拧紧，最好用红色水笔做下标记。

4）绳头组合上的开口销 $\phi3 \times 35$ GB91－2000T 和绳头二次保护钢丝绳必须安装。

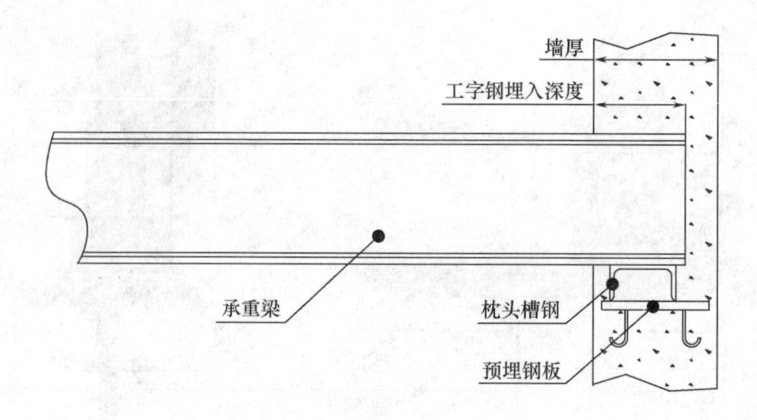

图 5－15　工字钢埋入墙体示意图

5）保证导向轮与对重轮的钢丝绳必须是垂直的。

6）导向轮调整到位需要将 U 形螺栓拧紧，并将定位螺栓固定好。

7）挂好曳引钢丝绳后，需要调整主机底座上挡绳杆，距离在 5mm 左右。

8）紧急操作装置（盘车手轮）动作必须正常。可拆卸的装置必须置于驱动主机附近易接近处，紧急救援操作说明必须贴于紧急操作时易见处。

9）检查制动器动作是否灵活或有打滑现象，如果有问题，不要轻易调整制动间隙，需要在电梯生产厂家的指导下，方可调整。

10）机房内钢丝绳与楼板孔洞边间隙应为 20～40mm，通向井道的孔洞四周应设置高度不小于 50mm 的台缘。

思考题：

1. 有机房电梯机房里有哪些部件？
2. 机房部件布置结构常见的有哪些类型及特点？
3. 简述机房部件的安装步骤。
4. 曳引机如何精确校正位置？
5. 主机承重梁埋入墙体的长度是如何规定的？

第六章　脚手架井道内设备安装

在第五章中我们讲了机房设备的布置结构、安装步骤和方法等。井道设备安装根据安装工艺不同，可以采用无脚手架安装工艺和有脚手架安装工艺，由于无脚手架安装简便，故本章是按无脚手架安装工艺讲解。

井道内机械部件包含导向系统、轿厢系统、对重系统、门系统、平衡补偿系统。涉及的安装部件很多，本章将结合国标要求介绍每一个部件的安装。

电梯无脚手架安装的原理图，如图 6－1 所示。

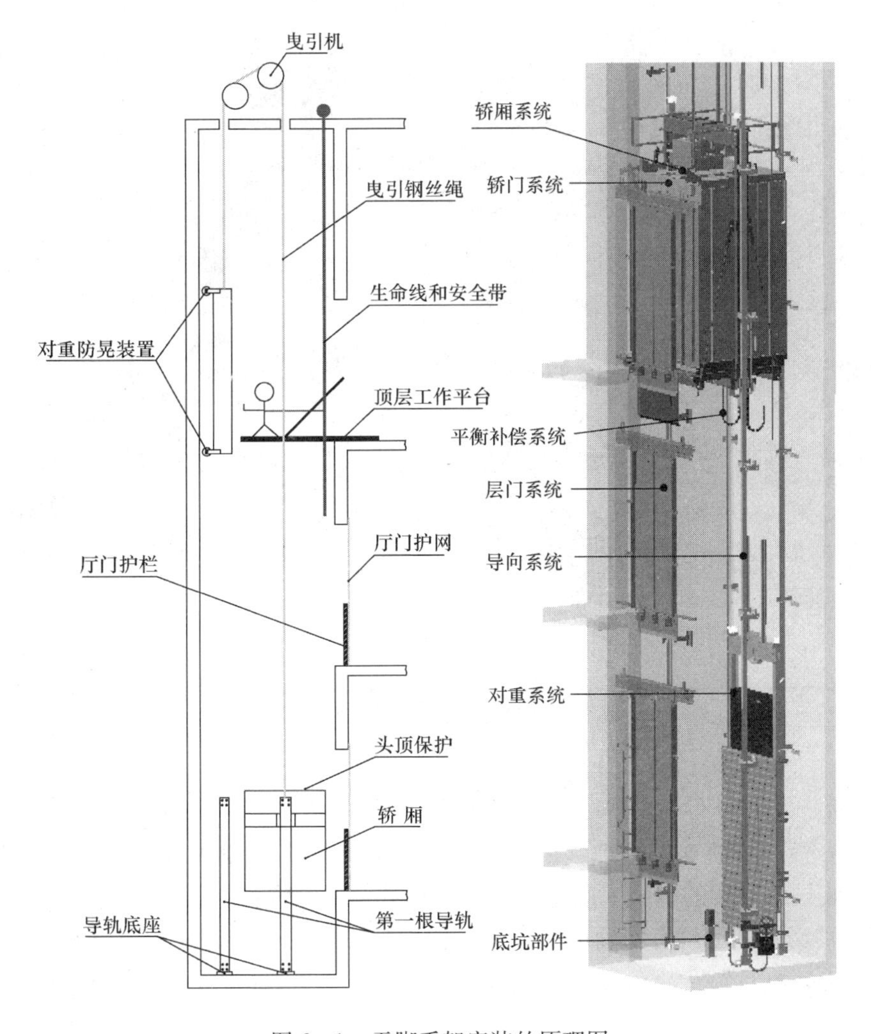

图 6－1　无脚手架安装的原理图

第一节　底坑设备安装

底坑设备部件有：导轨及导轨支架、导轨底座、集油盒、缓冲器、限速器涨紧装置、底坑爬梯、对重护板、补偿链导向装置（有补偿链时才有）。本节将详细介绍以上部件的安装方法、步骤及技术要求。

一、安装底坑工作平台

（1）选用标准 10#槽钢，长 3000mm 两根；

（2）铺上 50mm 厚度的木板若干固定好，用于安装第二档支架和调整导轨，还有拼装轿厢，如图 6－2、图 6－3 所示。

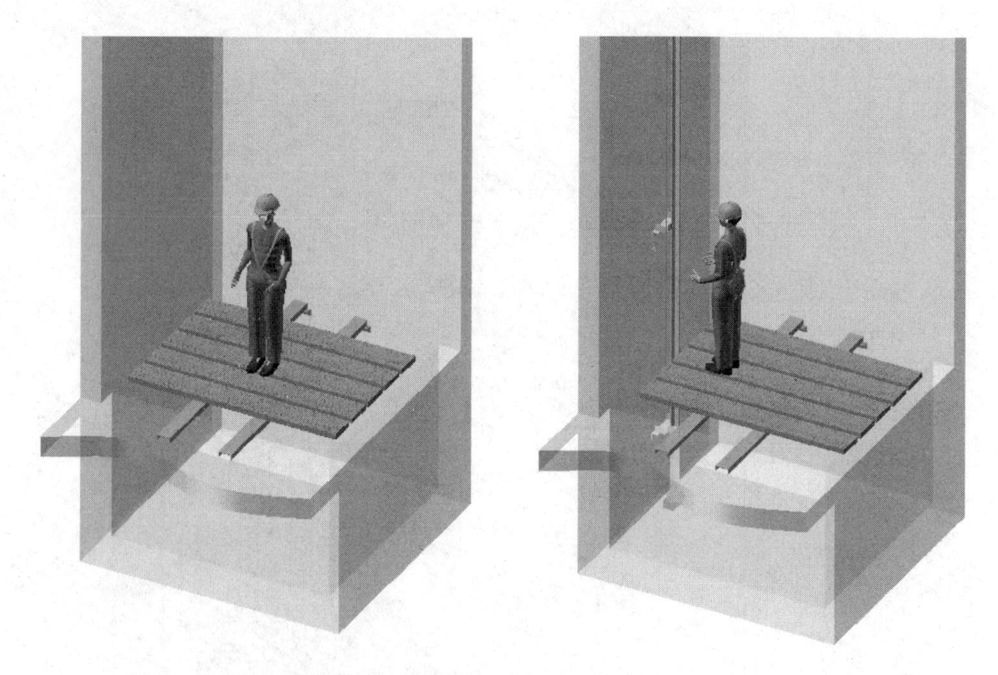

图 6－2　底坑工作平台安装示意图

二、确定导轨支架的安装位置

（1）没有导轨支架预埋铁的电梯井壁，要按照图纸要求的导轨支架间距尺寸及安装导轨支架的垂线来确定导轨支架在井壁上的位置。

（2）当图纸上没有明确规定最下一排导轨支架的位置时应按以下规定确定：最下一排导轨支架安装在底坑装饰地面上方 600～800mm 的相应位置，如图6－3 所示。

（3）根据土建布置图确定导轨支架间距，若图纸没有标注此尺寸，以最下层导轨支架为基点，往上每隔2000mm为一档导轨支架（4～5t的是1500mm）。个别处（如遇到接导板）间距可适当放大，但不应大于2500mm，如图6－3所示。

（4）国标GB 7588—2003规定，每根导轨至少应有两个导轨支架，导轨支架间距不得大于2500mm，如厂方图纸有要求则按其要求施工。

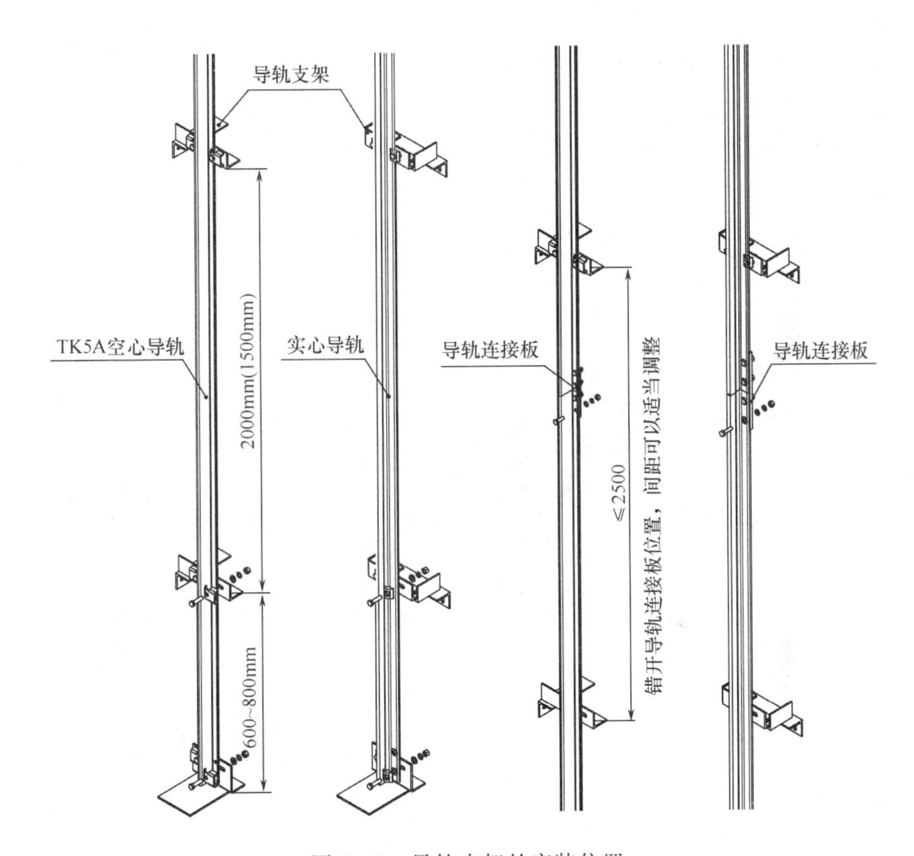

图6－3　导轨支架的安装位置

三、安装导轨支架方法

根据每部电梯的设计要求及具体情况选用下述方法中的一种。

1. 电梯井壁有预埋铁

（1）清除预埋铁表面混凝土。若预埋铁打在混凝土井壁内，要从混凝土中剔出。

（2）按安装导轨支架垂线核查预埋铁位置，若其位置偏移，达不到安装要求，可在预埋铁上补焊铁板。铁板厚度$\delta \geqslant 16$mm，长度一般不超过300mm。当长度超过200mm时，端部用不小于$\phi 16$的膨胀螺栓固定于井壁。加装铁板与原预埋铁搭接长度不小于50mm，要求三面满焊。

（3）安装方法

1）安装导轨支架前，要复核由样板上放下的基准线（基准线距导轨支架平面3～5mm）。

2）测出每个导轨支架距墙的实际高度，并按顺序编号进行加工。

3）根据导轨支架中心线及其平面辅助线，确定导轨支架位置，进行找平、找正。然后对导轨支架进行焊接。

4）整个导轨支架不平度应不大于5mm。

5）为保证导轨支架平面与导轨接触面严实，支架端面垂直误差小于1mm，如果有间隙，通过0.5mm或1.0mm厚的导轨调整垫片调整。

6）导轨支架与预埋铁接触面应严密，焊接采取内外四周满焊，焊接高度不应小于5mm。焊接要饱满，且不能有夹渣、气孔等，如图6－4所示。

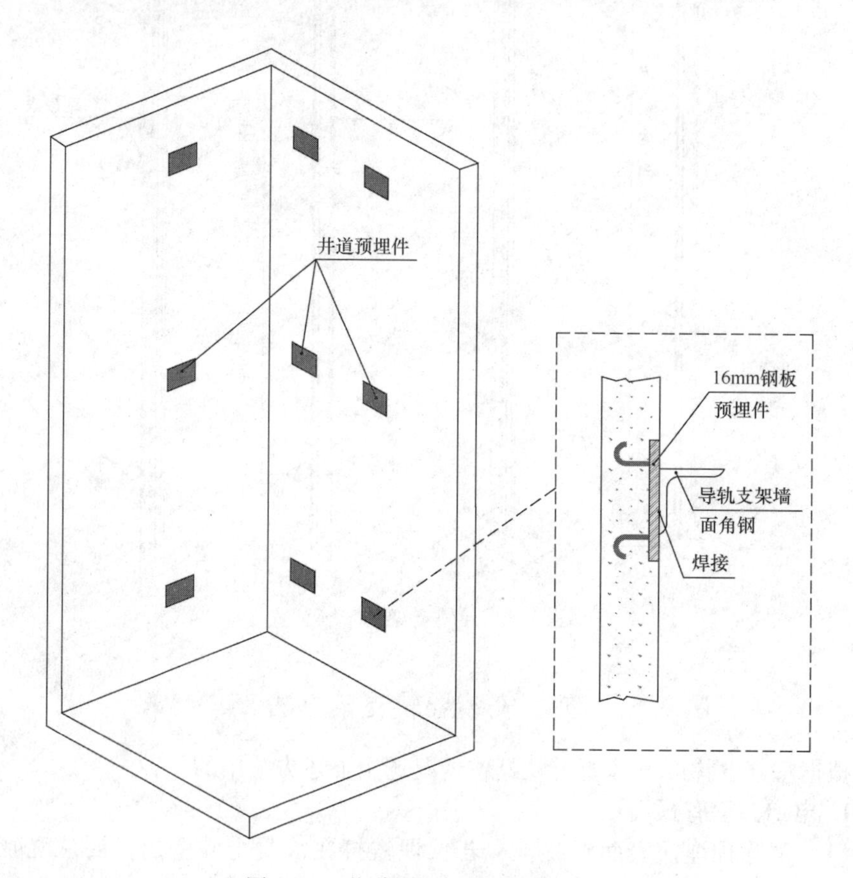

图6－4　井道预埋件导轨支架固定

2. 用膨胀螺栓固定导轨支架

混凝土电梯井壁没有预埋铁的情况多使用膨胀螺栓直接固定导轨支架的方法。使用的膨胀螺栓规格要符合电梯厂图纸要求。一般情况下都是电梯厂商配置。通常情况下，载重小于3000kg膨胀螺栓采用M12×100，载重大于3000kg膨胀螺栓采用M16×150，因为操作方便简单，因此目前此种方式最常用，如图6－5所示。

安装方法：

1）打膨胀螺栓孔，位置要准确且要垂直于墙面，深度要适当。一般以膨胀螺栓被固定后，护套外端面和墙壁表面相平为宜。

2）若墙面垂直误差较大，可局部剔修，使之和导轨支架接触面间隙不大于1mm，然后用薄垫片垫实。

3）导轨支架编号加工，一般情况下导轨支架采用角钢结构，电梯厂商在配置时都会预留单边50mm的余量，所以需要根据现场井道的误差情况进行切割加工。如果是钢板折弯导轨支架，不需此步操作。

4）导轨支架就位，并找正、找平。将膨胀螺栓紧固，见图6－5所示。

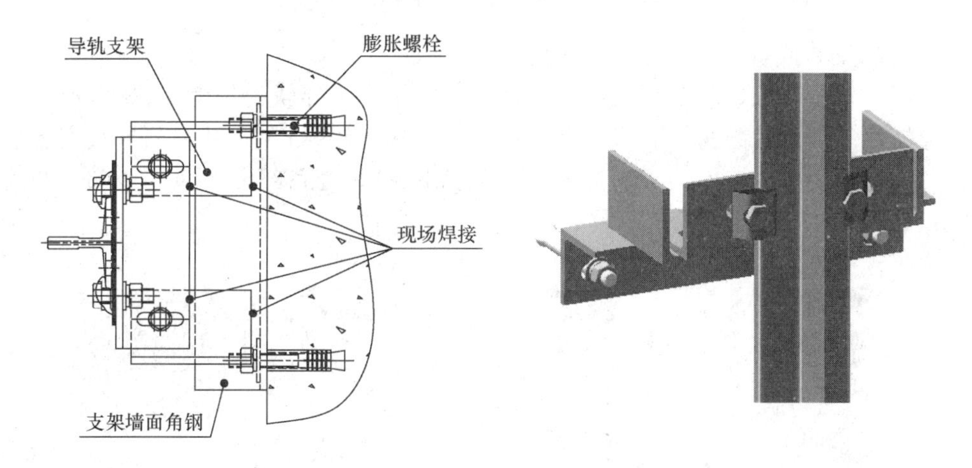

图6－5　膨胀螺栓固定导轨支架示意图

3. 用穿墙螺栓固定导轨支架

（1）若电梯井壁较薄，不宜使用膨胀螺栓固定导轨支架且又没有预埋铁，可采用井壁打透眼，用穿钉固定铁板（$\delta \geqslant 10$mm）。穿钉处，井壁外侧靠墙壁要加100×100×12（mm）的垫铁，以增加强度，将导轨支架焊接在铁板上，见图6－6。

（2）加工及安装导轨支架的方法和要求完全同有预埋铁的情况。

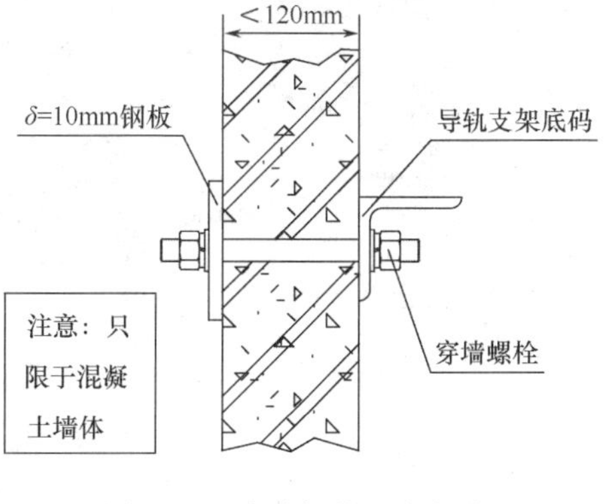

<120mm
δ=10mm钢板
导轨支架底码
注意：只限于混凝土墙体
穿墙螺栓

图6－6　穿墙螺栓固定方式

4. 用混凝土筑导轨支架

电梯井道是砖结构，一般采用剔导轨支架孔洞，用混凝土筑导轨支架的方法，此种方法很少使用。

（1）导轨支架孔洞应剔成内大外小，深度不小于130mm。

（2）导轨支架编号加工，且入墙部分的端部要劈开燕尾。

（3）用水冲洗孔洞内壁，使尘渣被冲出，洞壁被润湿。

（4）筑导轨支架用的混凝土用水泥、砂子、豆石按1∶2∶2的体积比加入适量的水搅拌均匀制成。筑导轨支架时要用此混凝土将孔洞填实。支架埋入墙内的深度不小于120mm，且要找平找正。

（5）导轨支架稳筑后不能碰撞，常温下经过6～7天的养护，达到规定强度后，才能安装导轨（轨道）。

（6）对于导轨支架的水平误差要求同前。

四、底坑第一根导轨安装

（1）安装底坑第一根导轨，底坑内应无积水，无垃圾。

（2）当支架安装好后，安装第一根导轨，第一根导轨的长度为5000mm。注意导轨端面带有凹槽的朝下。在导轨的下方垫一块50mm的砖块，当导轨安装校正好后把砖块敲碎，安装导轨底座。导轨底座和导轨底部要有20～30mm的间隙，如图6－7所示。

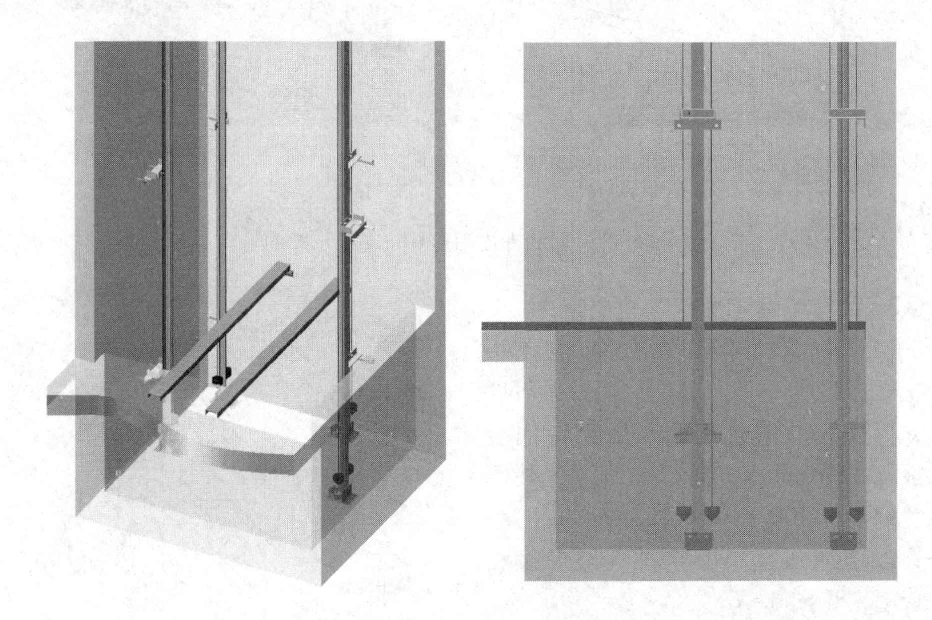

图6－7　第一根导轨安装示意图

（3）导轨两头都有间隙，可以降低因楼房变形和气候的因素，造成导轨伸缩不良而变形，如图6－8所示。

（4）导轨面距偏差：轿厢导轨：＋1　－0；对重导轨：＋2　－0。

（5）导轨支架位置调整好后，需用电焊焊接牢固，如果是钢板折弯结构支架，通过连接螺栓连接好后，也必须再电焊一下，最后在电焊的地方需刷一下油漆，防止生锈。

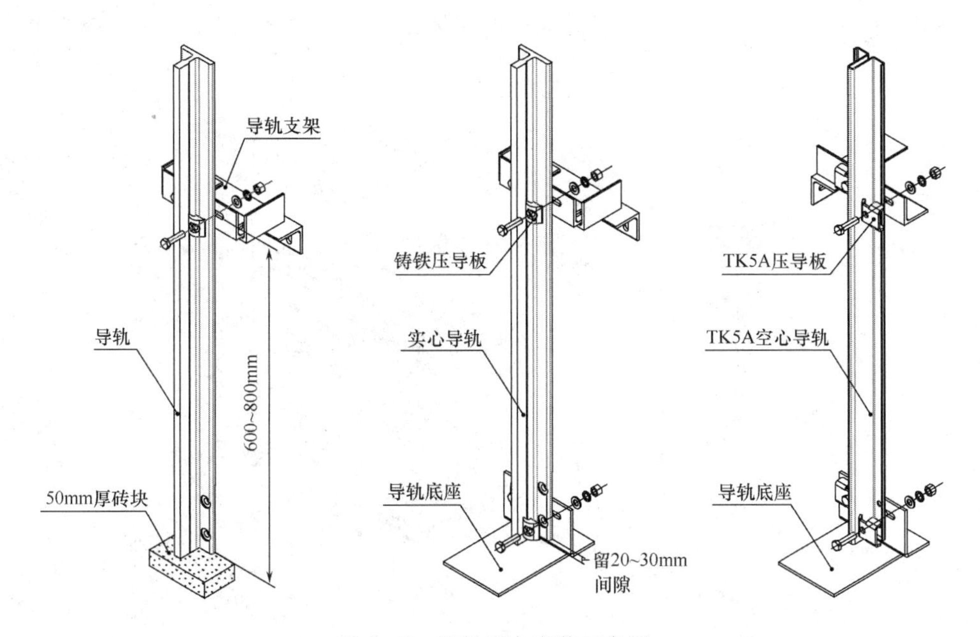

图 6－8　导轨下方安装示意图

五、安装底坑缓冲器

1. 缓冲器的种类

缓冲器是安全部件之一，其作用是当轿厢墩底时，通过缓冲器的弹性变形使轿厢的墩底速度迅速降低，起到缓冲保护作用。缓冲器的种类有聚氨酯缓冲器和液压缓冲器。对于液压缓冲，有电气开关需要接入电梯的安全回路中，目的是让开关先动作使曳引机停止运转。

聚氨酯缓冲器是一种蓄能性缓冲器，主要用于速度≤1.0m/s 的电梯。

液压缓冲器是一种耗能性缓冲器，主要用于速度 >1.0m/s 的电梯。

2. 液压缓冲器基本参数（表 6－1）

表 6－1　　液压缓冲器基本参数　　单位：mm

缓冲器型号	额定速度	自由高度 H	压缩行程	缓冲器型号	额定速度	自由高度 H	压缩行程
YHB/70	1.0m/s	305	70	YHB/275	2.0m/s	790	275
YHB/175	1.6m/s	510	175	OH－80	1.0m/s	315	80
YHB/210	1.75m/s	600	210	OH－425	2.5m/s	1130	425

3. 缓冲器的安装方法

根据土建布置图上底坑平面布置图，确定缓冲器的数量和位置，用水泥浇注或采用钢的缓冲器底座，轿厢侧缓冲器底座高度需要根据土建图的立面图标注尺寸确定，对重侧可以不用底座，直接固定在地上，如果有补偿链，需要做底座。如图 6－9 所示。

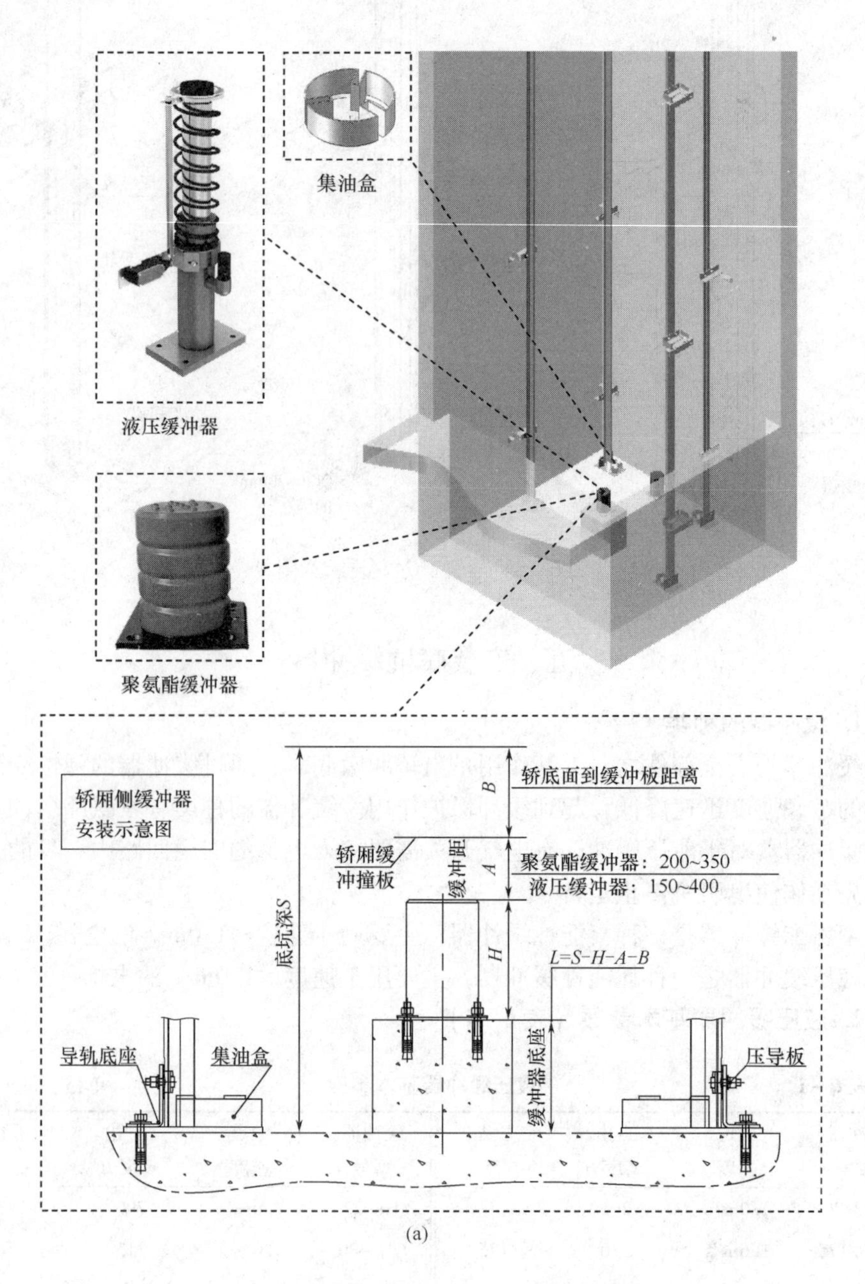

(a)

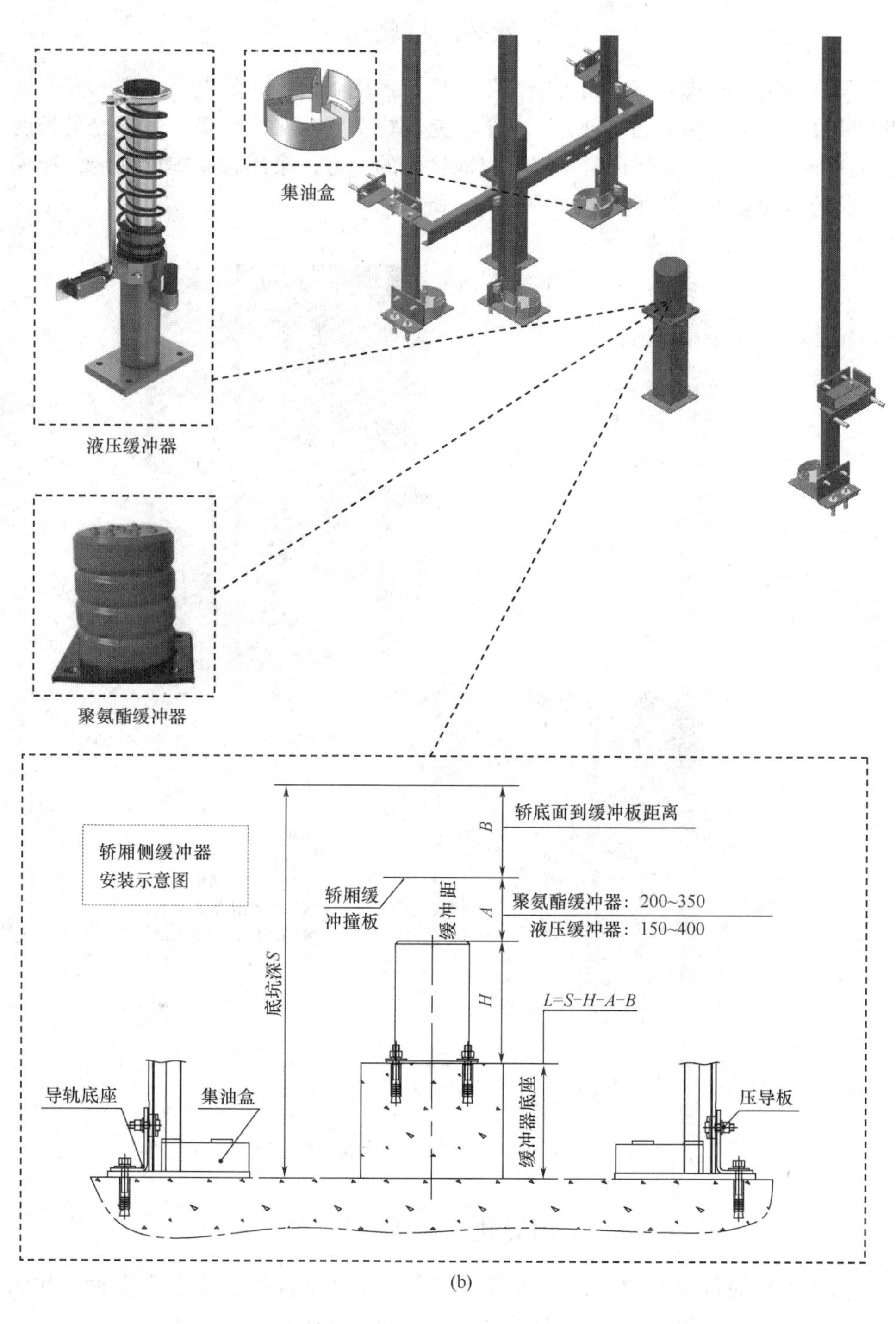

(b)

图 6－9　底坑缓冲器安装示意图

六、安装底坑爬梯

爬梯的结构样式每家公司可能都不一样，考虑到检修人员上下底坑的安全性和方便性，底坑爬梯采用两部分，一部分是爬梯，安装在底坑里，一部分是长度为1000mm的扶手，安装在第一层层门地坎面的上方，采用膨胀螺栓固定，爬梯的安装位置参见土建布置图，如图6-10所示。

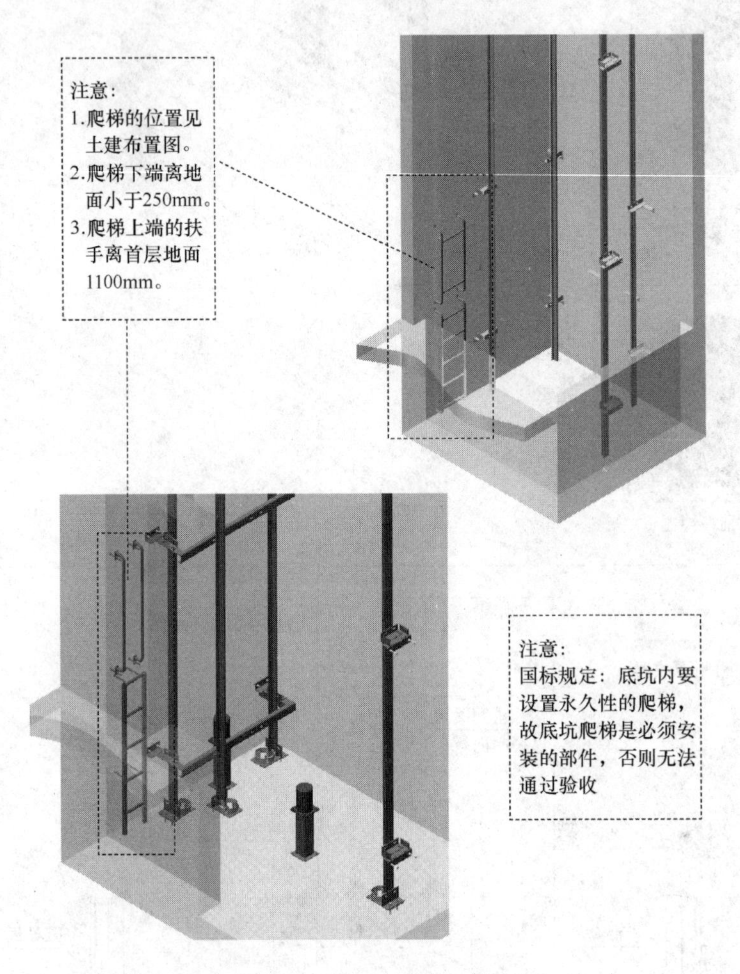

图6-10　底坑爬梯安装

七、常用导轨支架的布置结构

由于电梯的布置结构、载重不同等因素，导轨布置的方式有很多种，如图6-11所示。根据轿厢导轨数量分：两导轨结构［如图6-11（a）、(b)、(c)］、六导轨结构［如图6-11（d）］。有时导轨支架的长度过长时（一般情况下导轨支架长度超过600mm，此值仅供参考，每个公司导轨支架结构及材料不同，设计标准也不同)，需要增加斜撑来加固导轨支架［如图6－11（c)］。

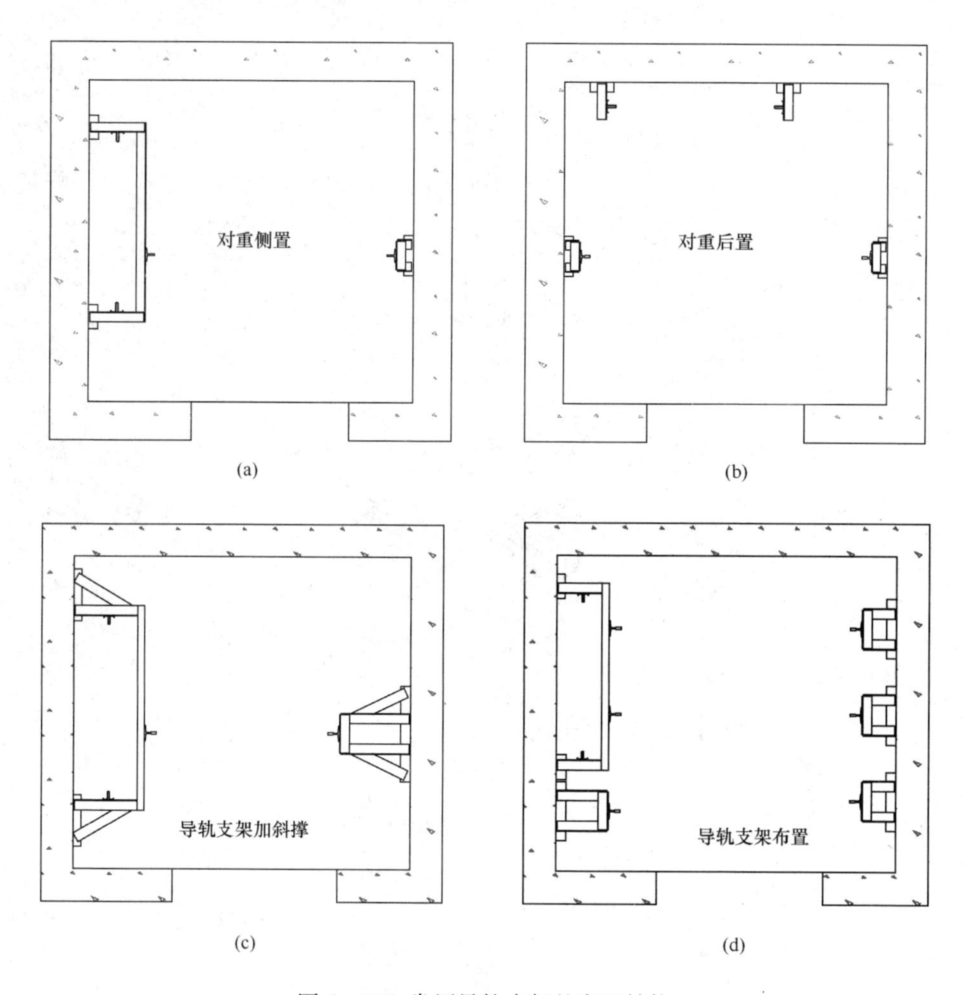

图6－11　常用导轨支架的布置结构

思考题：

1. 电梯底坑里有哪些部件？
2. 根据井道的结构，常见有几种导轨支架的固定方法？
3. 底坑第一根导轨及导轨支架的安装步骤和方法如何？
4. 国标GB 7588针对导轨支架间距是如何规定的？
5. 轿厢侧缓冲器底座的高度是如何计算的？
6. 缓冲器的种类有哪些，一般情况下适用于哪些场合（根据速度)，每种缓冲器的缓冲距的范围是多少？

7. 底坑爬梯的用途及安装要注意什么？底坑爬梯国标是如何规定的？

第二节　轿架安装

一、轿架的基本结构及类型

轿架的组成：上梁、下梁、立梁、轿顶轮、斜拉杆、轿底、安全钳、导靴，轿架的结构形式较多，常见轿架结构如图 6－12～图 6－15 所示。

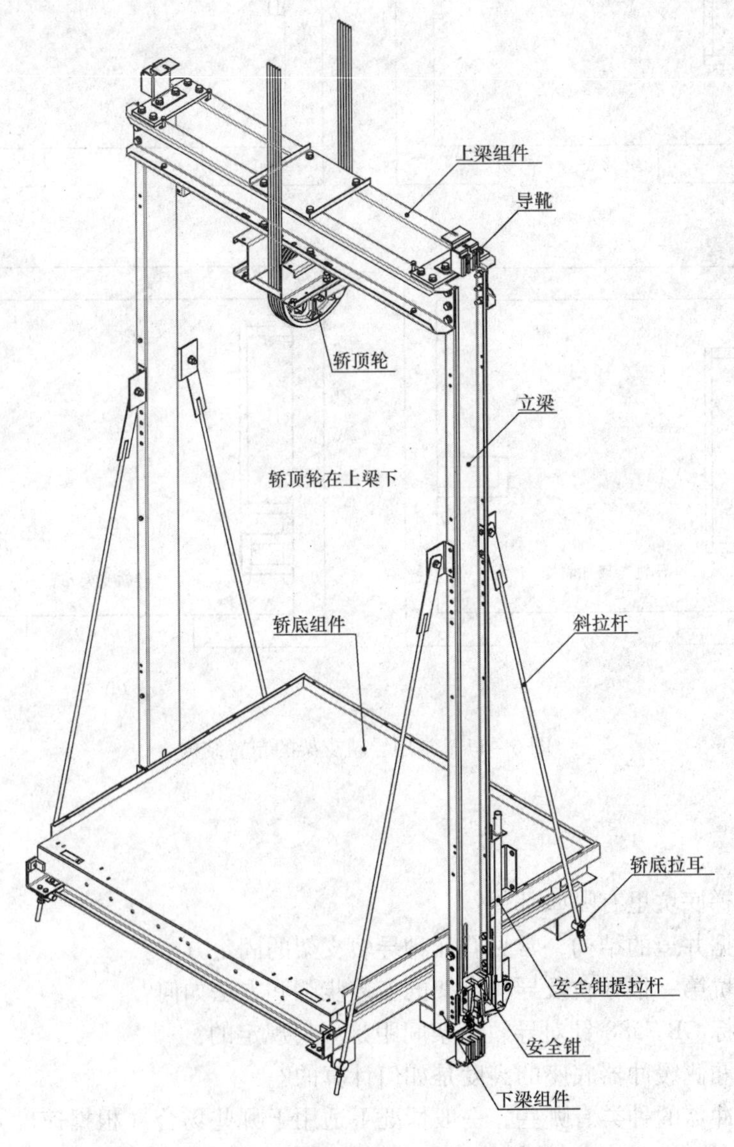

图 6－12　有机房客梯 2∶1 轿架结构

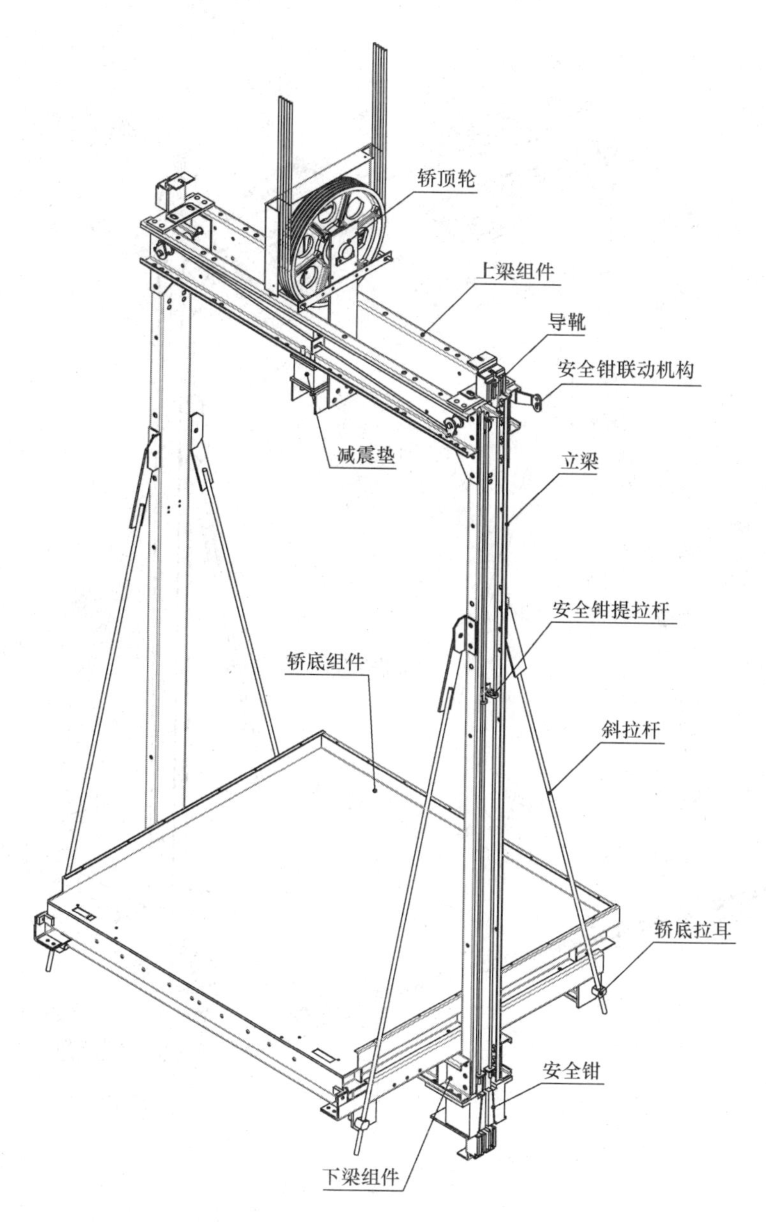

图 6－13　有机房客梯 2∶1 轿架结构

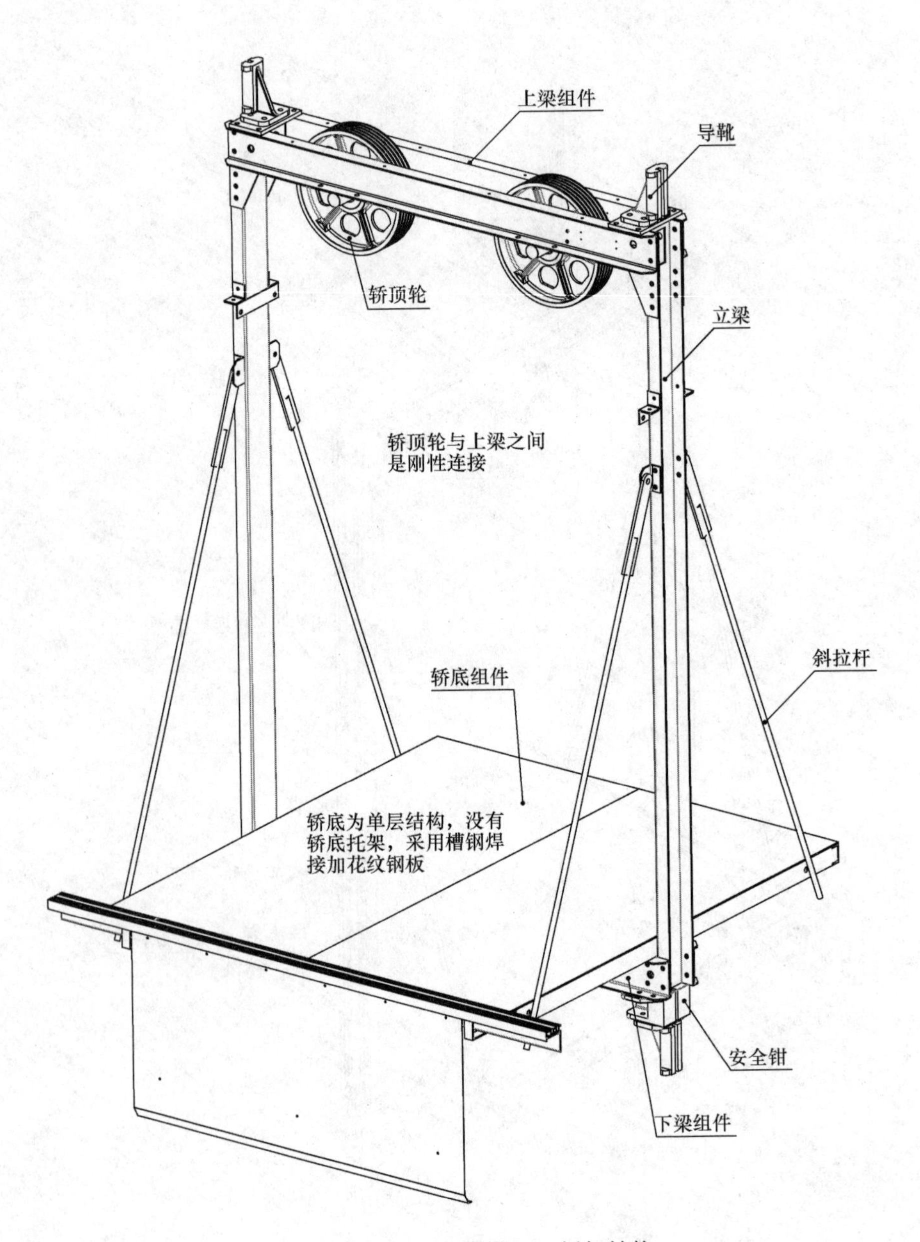

图 6－14　有机房货梯 2∶1 轿架结构

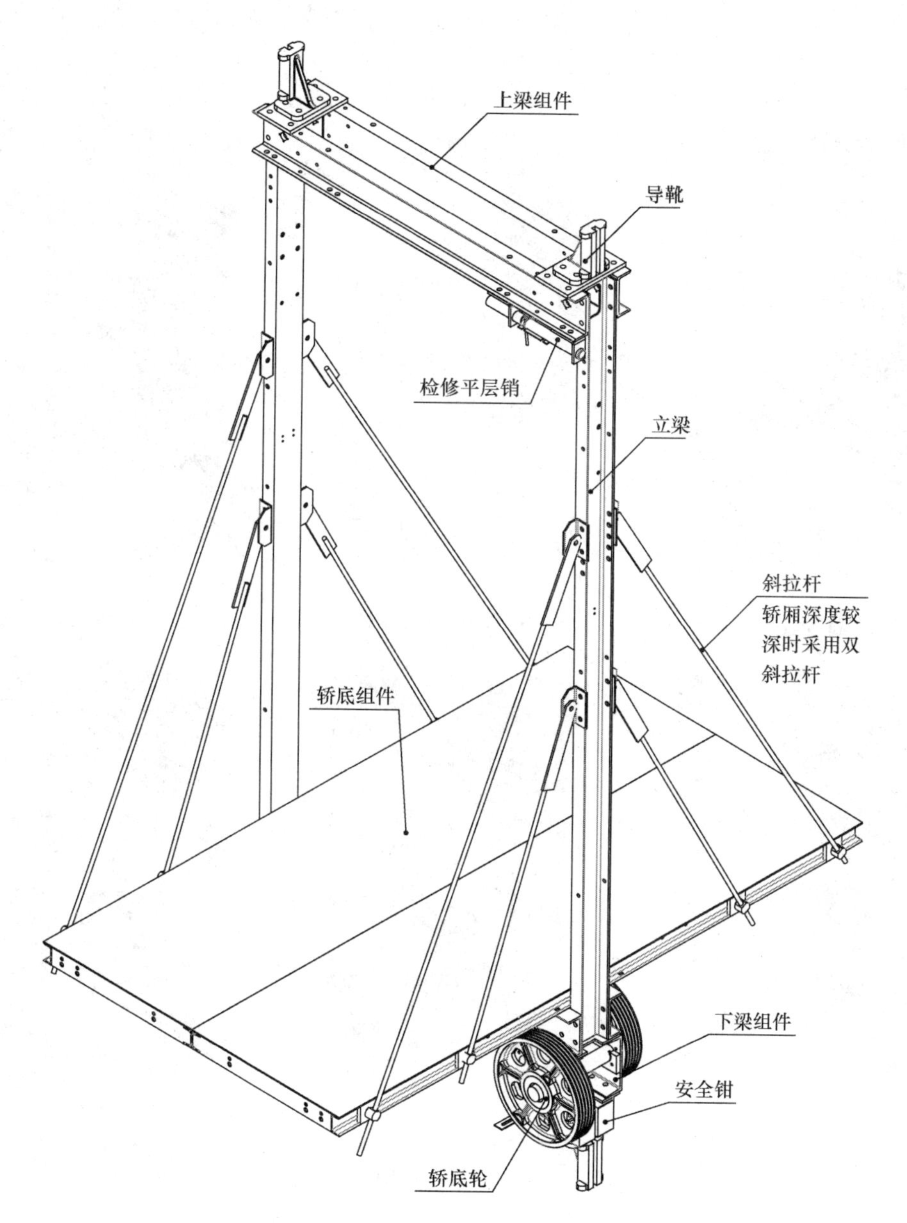

图 6－15　无机房货梯 4∶1 轿架结构

二、轿架的安装步骤

（1）在安装轿架之前，先吊入 6 根轿厢导轨，放在不影响后期工作的地方。

（2）开始拼装轿架，先把上梁和下梁上的导靴用螺丝组装好，再把立梁上的拉耳连接好，这时所有螺丝不需拧紧，后面还需要调整。

（3）轿架安装工艺步骤：上梁→轿顶轮→立梁→下梁→轿底→斜拉杆，如图6－16所示。

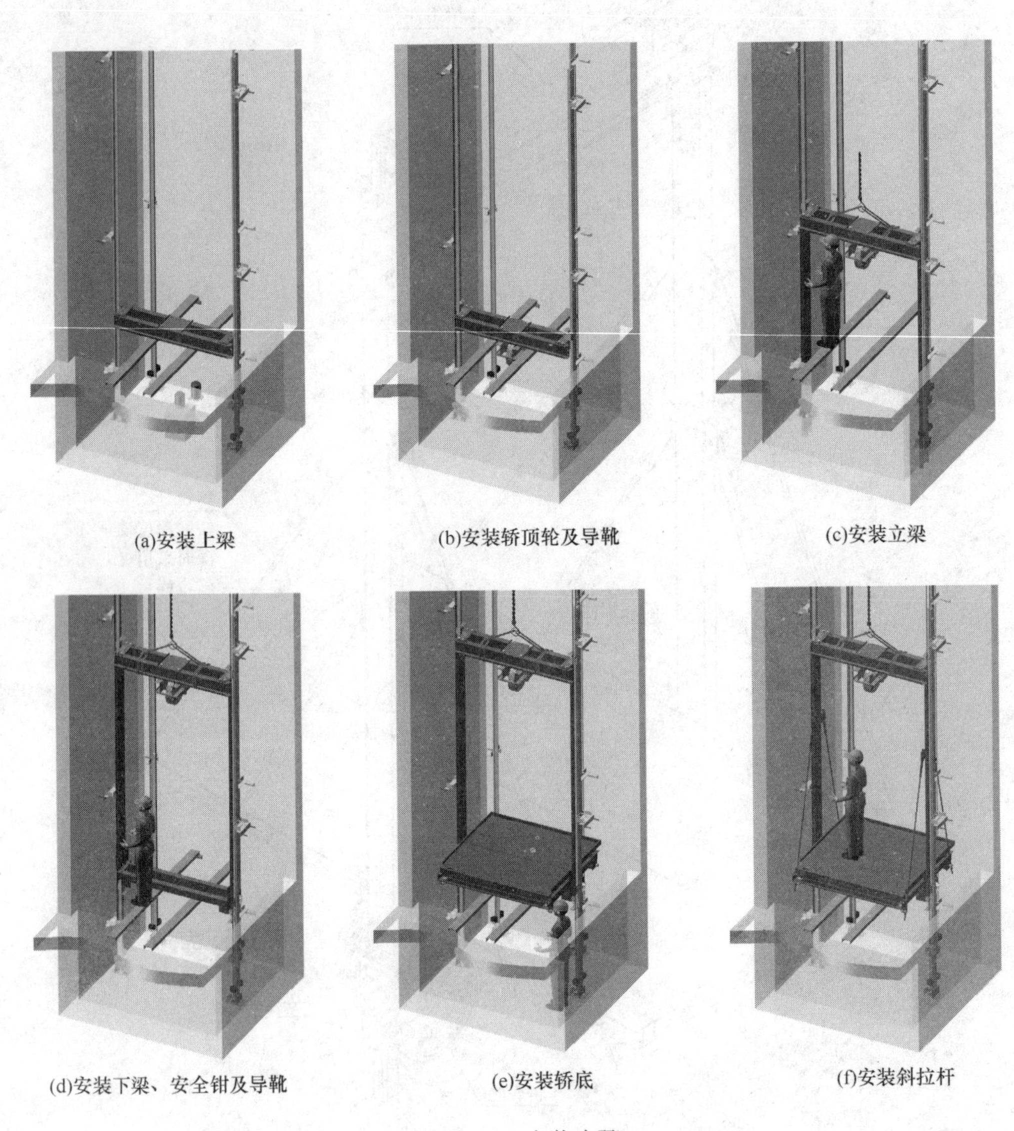

图6－16　安装步骤

三、常见轿厢返绳轮的布置结构

轿厢返绳轮位置分上置式和下置式（在轿顶或轿底），轿顶采用双轮的目的是增大包角，从而增加钢丝绳与曳引轮之间的摩擦力，如图6－17所示。

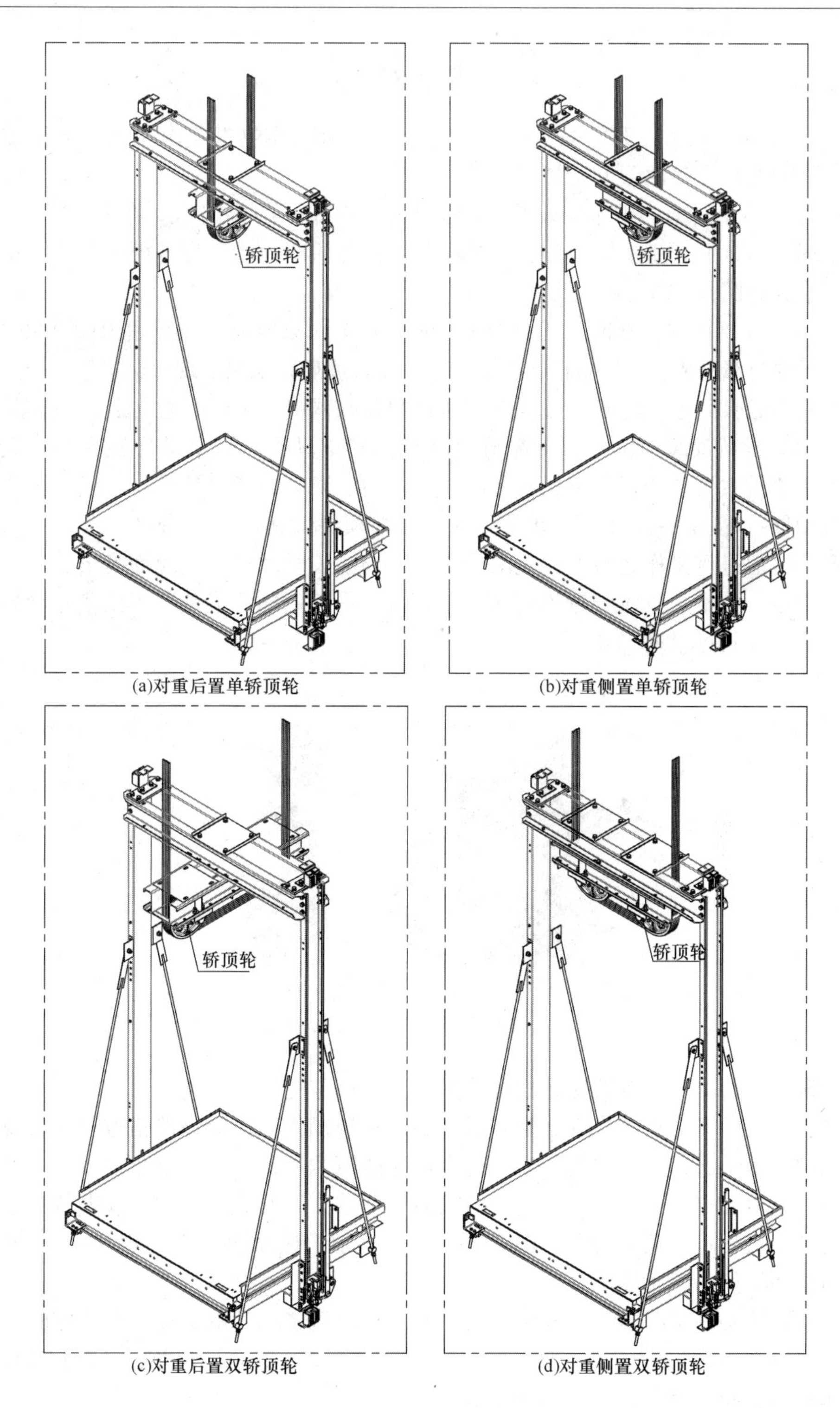

(a)对重后置单轿顶轮
(b)对重侧置单轿顶轮
(c)对重后置双轿顶轮
(d)对重侧置双轿顶轮

图 6－17　轿厢返绳轮的位置

四、轿架的安装方法

（1）将轿架相关部件搬运到最底层，并从标准件包里找出轿架安装所需的标准件，然后在最底层开始拼装轿厢。

（2）由于轿架的重量比较重，从安装立梁开始，需要起吊。将不小于6m的两根环型吊带捆扎于上梁两侧，手拉葫芦吊钩挂住两边的吊带开始，并使上梁保持水平，如图6－16（c）所示。

（3）开始拼装轿架时，所有的螺栓不要拧紧，只要有一点预紧力就可以，当轿架部件全部安装后，调整轿架的水平度和垂直度后，如果出现扭交现象（由于加工误差或变形引起的），需要适当通过加减垫片来调整，然后再把螺栓全部拧紧。

（4）导靴安装与调整　导靴分滑动导靴和滚动导靴，滑动导靴安装与调整比较简单，主要是通过上下梁水平度，以及增加调整垫片来调整，下面主要来介绍滚动导靴（图6－18）。滚动导靴安装时必须保证轿厢的充分平衡及一定时间后要适度地进行操作运行，以免滚轮受力不均或长时间单点受压而变形，从而影响轿厢运行质量。滚轮导靴绝不允许在导轨工作面上加润滑油，否则滚轮导靴将会打滑及橡胶过早地老化。

图6－18　滚轮导靴

滚轮导靴的安装需要保证轿厢静平衡，在调整完轿厢平衡后，才按正常的步骤安装滚轮导靴。在整个安装调整过程中，轿顶操作人员应该严格按照底坑操作人员的指示操作，并且在轿厢到达适合操作的位置后，应该按下急停开关。在过程中如果需要移动轿厢，则需要注意门刀、门球、磁开关、平层感应器等井道信息的空间尺寸。一般情况下，深轿厢的轿架不适合装滚动导靴。表6－2为某电梯的轿厢平衡的调整步骤。

检查轿架底梁两端的安全钳托架两侧至导轨侧工作面的Y值，其两侧的Y值偏差应不大于5mm，否则，将影响安全钳间隙的调整。若有偏差，则调整滚轮导靴的固定位置，使两侧的Y值基本相等。

表6-2　　轿架安装步骤

1. 检查轿架底梁两端的安全钳托架两侧至导轨侧工作面的 Y 值，其两侧的 Y 值偏差应不大于5mm，否则，将影响安全钳间隙的调整。若有偏差，则调整滚轮导靴的固定位置，使两侧的 Y 值基本相等	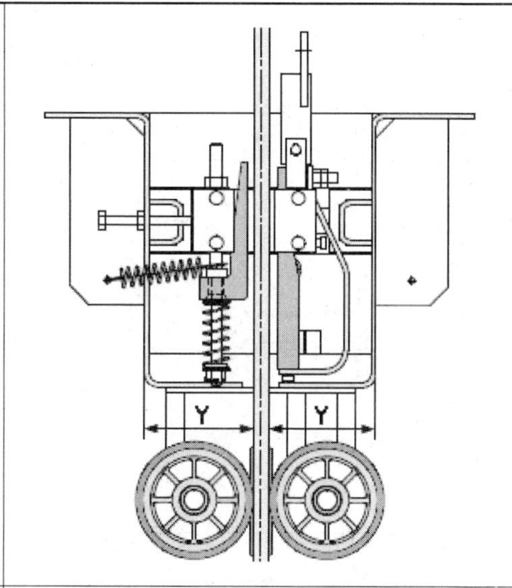
2. 松开轿架斜拉杆螺母。检查轿架底梁水平度，其偏差应不大于1/1000mm。如有偏差则予以调整	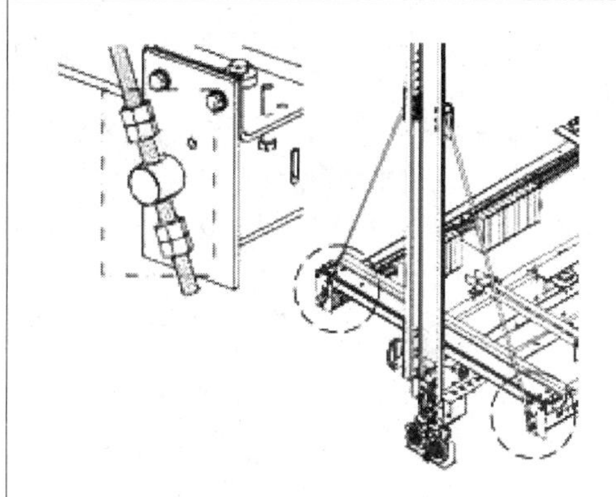
3. 调整方式：拆除轿架立柱与底梁一侧的上部二个固定螺栓，旋松下部二个固定螺栓 注意：严禁旋松立柱两侧的固定螺栓进行同步调整	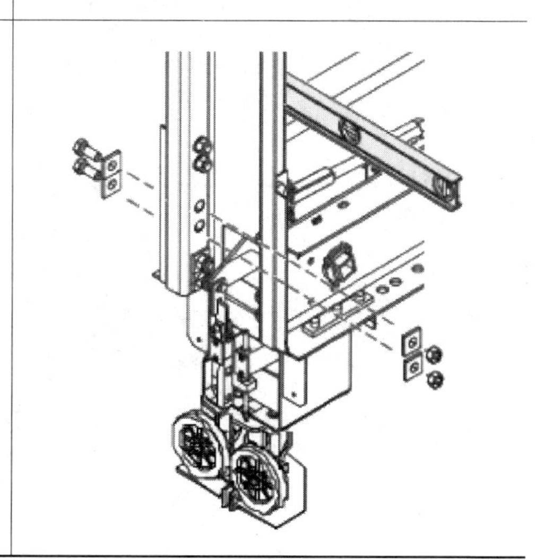

续表

4. 将水平尺纵向搁置在轿架底梁上方，撬棍插入立柱与底梁固定的上螺栓孔位，下孔位作为调整观察孔，通过撬棍撬压调整一侧底梁的高低，同时观察下孔位的同心度（同心度偏差应不大于0.5mm）及底梁纵向水平度。再拧紧轿架立柱下端与底梁连接的固定螺栓。抽出上部螺栓孔位的撬棍，穿入固定螺栓并拧紧	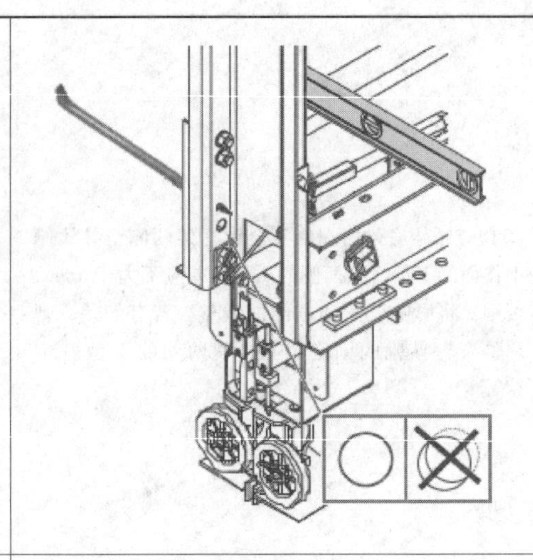
5. 检查减震梁水平度，其水平度偏差应不大于1/1000mm，如有偏差则予以调整	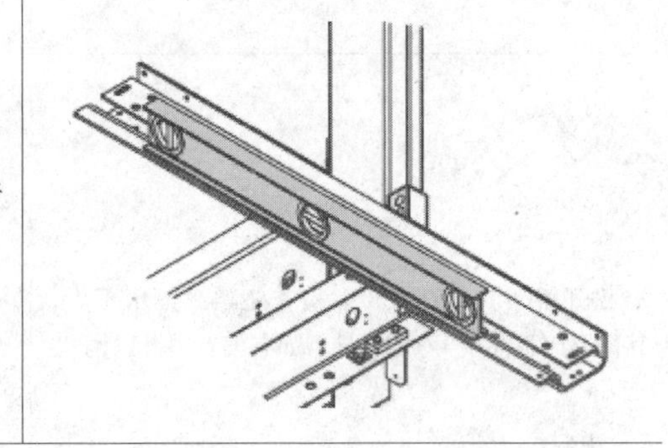

6. 旋松需添加调节垫片侧的减震梁与底梁固定螺栓（不添加垫片侧的螺栓不要旋松），慢慢向上旋紧斜拉杆螺母，使减震梁的一端提起，减震梁与一侧底梁产生间隙，垫入适当的调节垫片，再旋下斜拉杆螺母，检查减震梁水平度，符合要求后，拧紧减震梁与底梁固定螺栓。注意：暂缓拧紧斜拉杆螺母

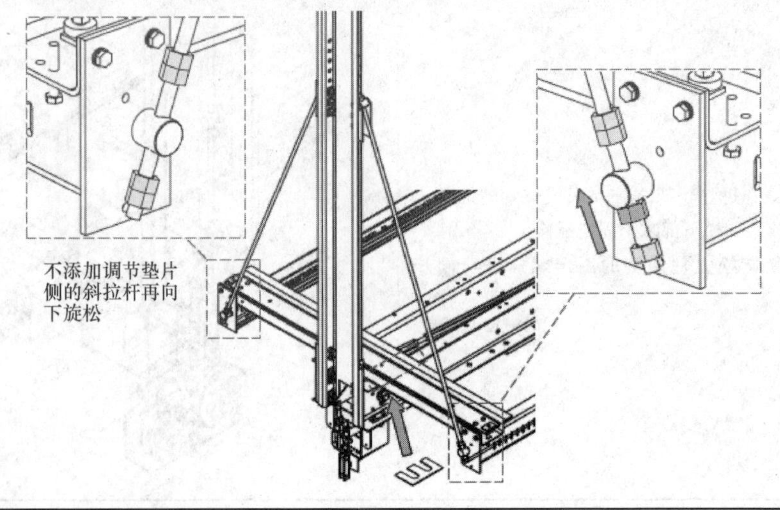

续表

7. 松开轿顶卡板的减振胶垫，检查轿厢的垂直度和平整度 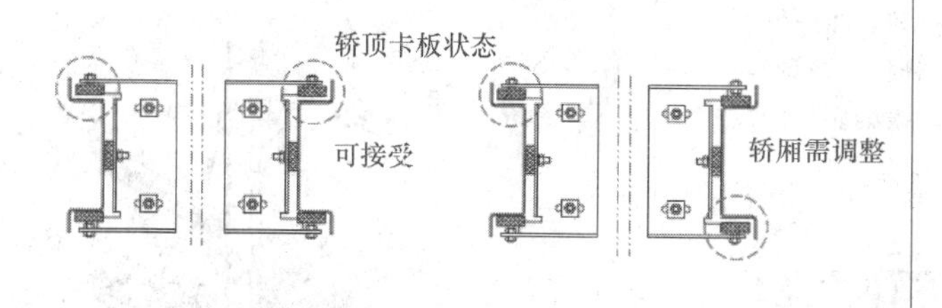 	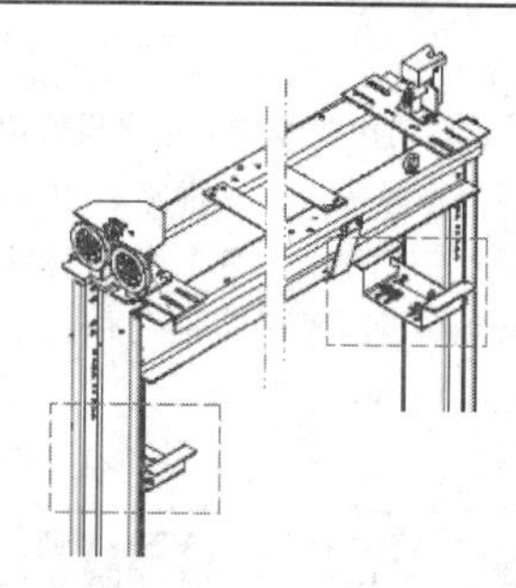
8. 检查轿架减振梁防跳缓冲垫与减振梁底架的尺寸，其间隙偏差应不大于1mm 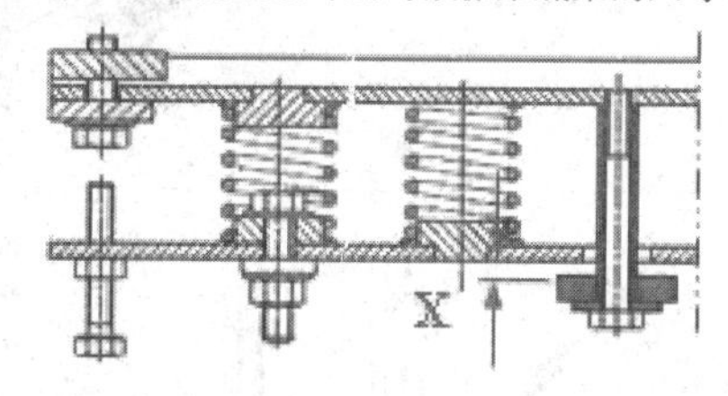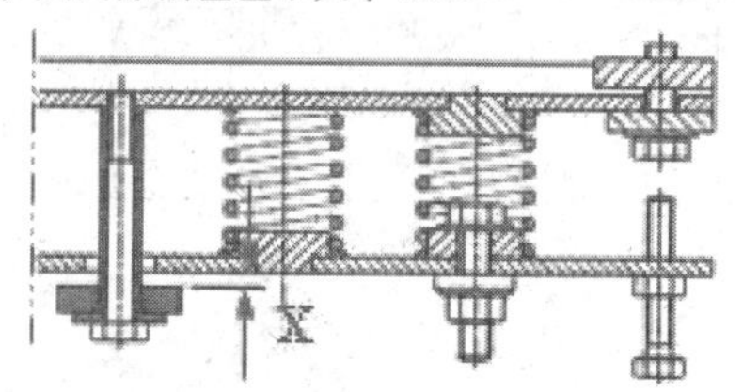	
9. 临时拆除轿架一侧的导靴，检查轿架是否扭曲	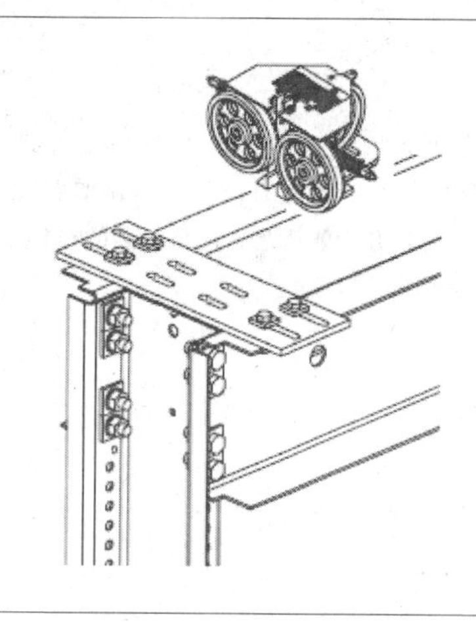
10. 如轿架扭曲偏差值小于10mm，则在安装滚动导靴时，将导靴中心各偏离轿架中心线约5mm。使滚轮导靴上的弹簧压力相等。如轿架扭曲偏差较大则请参照15或16步骤。 注意：不要通过挤压滚动导靴使轿架变直	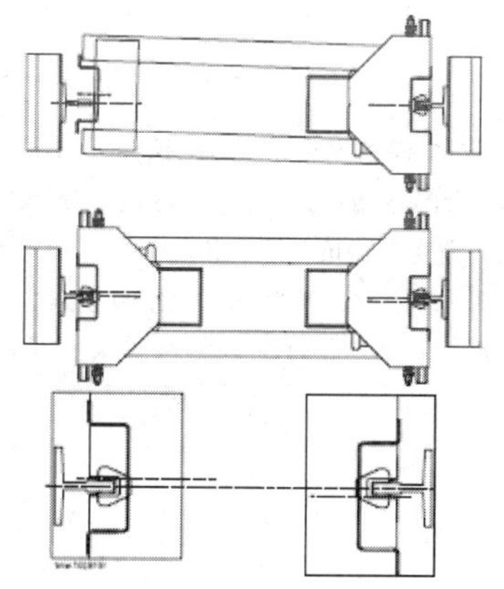

续表

11. 如轿架扭曲偏差值超出轿架扭曲允许范围，但超差值不是较大，则拆除轿顶卡板和轿厢一侧上导靴（需调整的一侧），利用斜拉杆作适当调整，但必须确保减振梁防跳缓冲垫与减振梁底架的尺寸偏差应不大于1mm 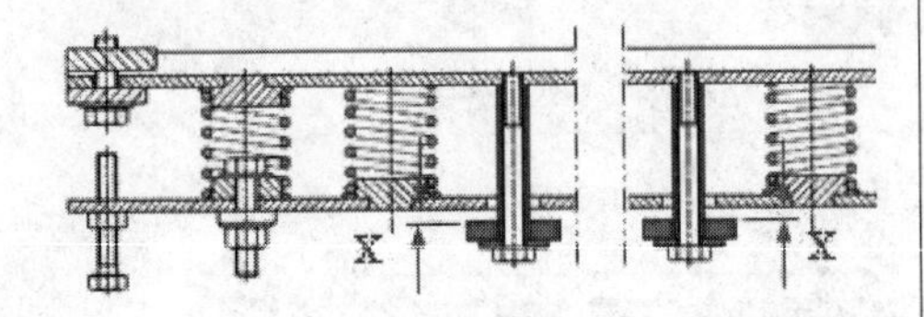	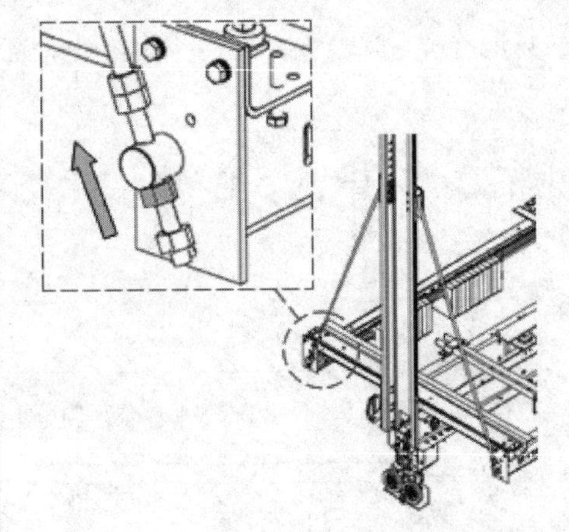
12. 如轿架扭曲偏差值超出轿架扭曲允许范围，且超差值较大。则必须松开减振梁与轿架底梁的连接螺栓，并松开一侧轿架立柱与底梁的连接螺栓，用垫片调整轿架扭曲度	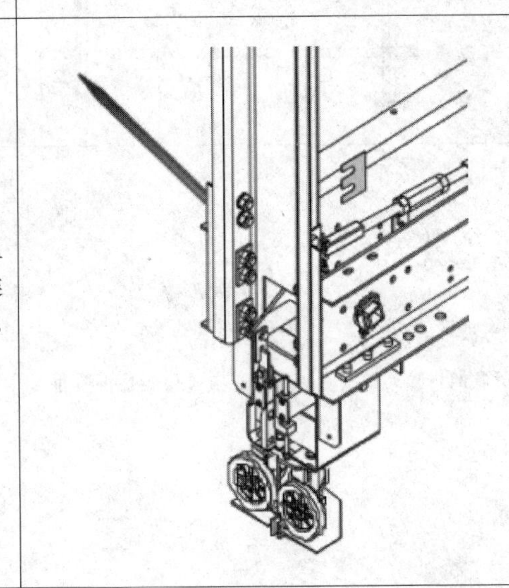
13. 轿架扭曲调整完成后，将斜拉杆下端螺母不要向上拧，螺母接触到轴套后，再向上旋紧约1/4圈即可，避免减振梁变形。再将另一个螺母锁紧，上侧螺母向下拧紧，再将另一个螺母锁紧 注意：严禁利用斜拉杆来调整轿底水平度和轿厢垂直度	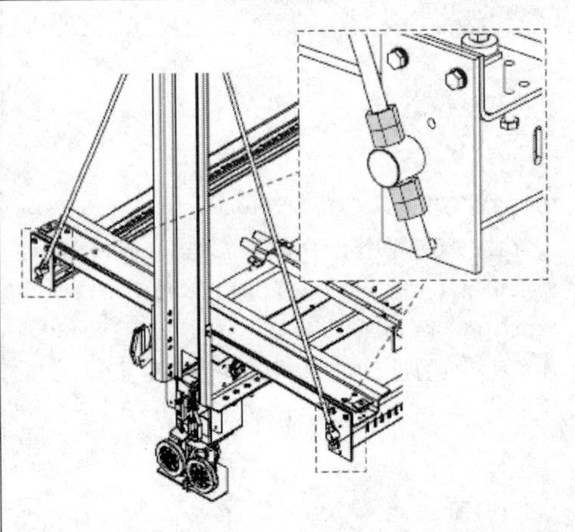

续表

14. 轿厢在自然状况下（轿顶卡板拆除的情况下），测量轿厢正面及侧面的垂直度，其偏差应小于1/1000mm。测量轿门框的正面及侧面的垂直度，其偏差应小于1/1000mm。若有偏差，则参照15~22步骤	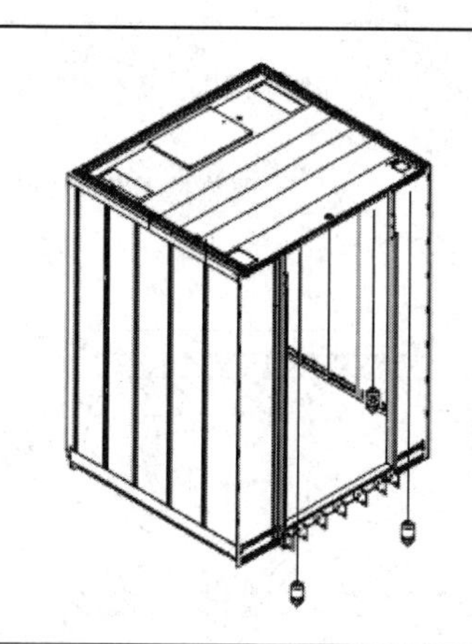
15. 拆除轿顶与轿壁固定的螺栓	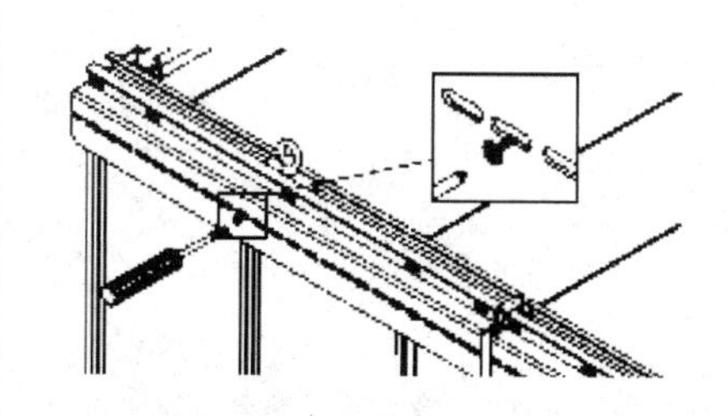
16. 旋松轿厢四个转角的轿壁连接螺栓，使轿厢处于自然状态 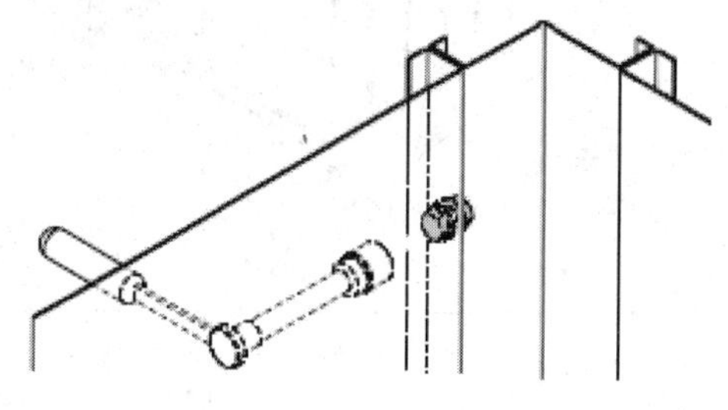	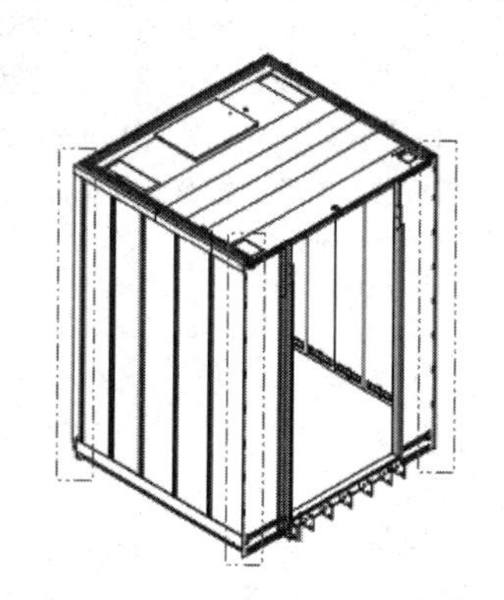
17. 旋松轿顶与轿厢前壁、门楣的连接螺栓	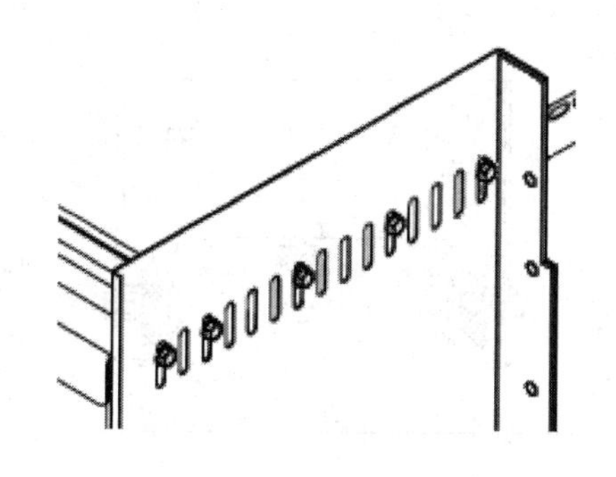

续表

18. 将减振梁上的轿厢承载限位螺栓向上旋紧，轻轻顶住轿底 C 形槽中的压板螺栓，以减小在轿厢调整时，轿底晃动。不要将限位螺丝拧得过紧，影响轿底的水平度 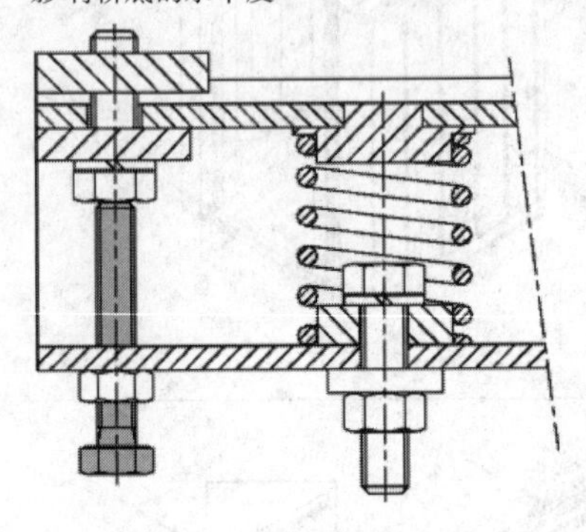	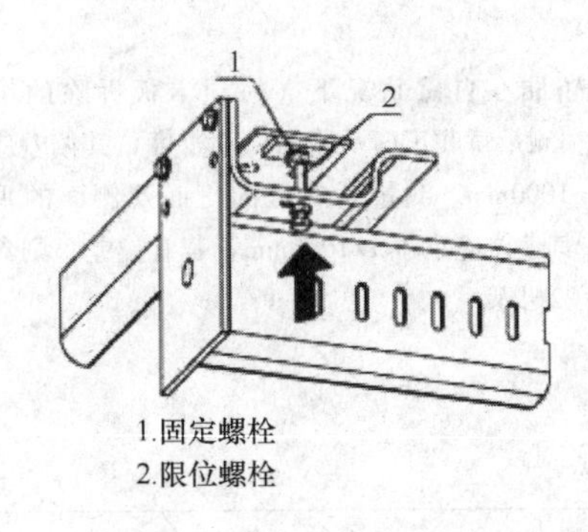 1.固定螺栓 2.限位螺栓
19. 调整轿厢垂直度和平整度。测量轿厢体的对角线，其偏差应小于 2mm。测量轿门框的对角线，其偏差应小于 2mm。在轿厢不受外力的状况下，测量轿厢正面及侧面的垂直度，其偏差应小于 1/1000mm。测量轿门框的正面及侧面的垂直度，其偏差应小于 1/1000mm	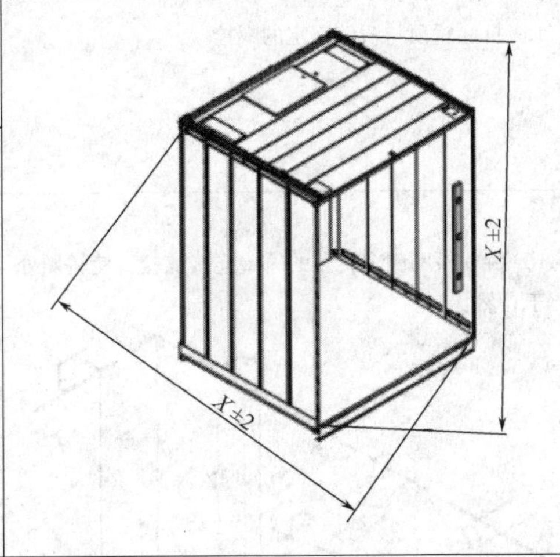
20. 固定轿顶卡板，卡板的缓冲橡胶垫距立柱间隙两侧相加不应大于 0.5mm。使轿厢受载时，厢体能上下自由移动 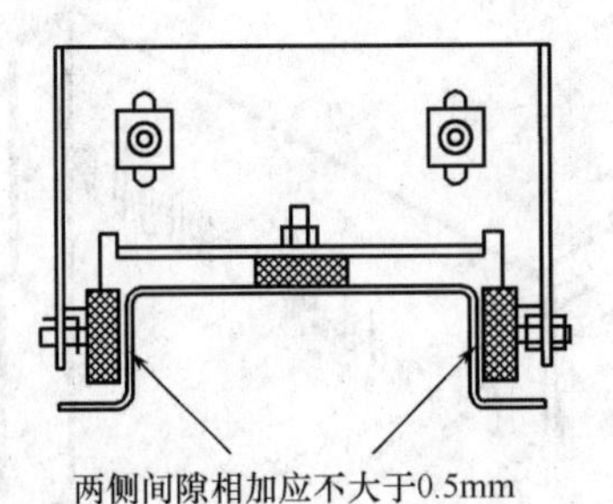 两侧间隙相加应不大于0.5mm	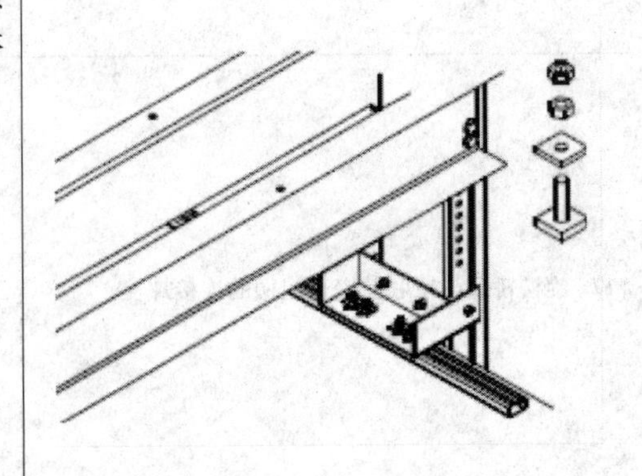

续表

21. 拧紧所有厢体固定螺栓。在轿顶三个边沿（后面、两侧面），用螺栓将轿顶与轿厢壁固定	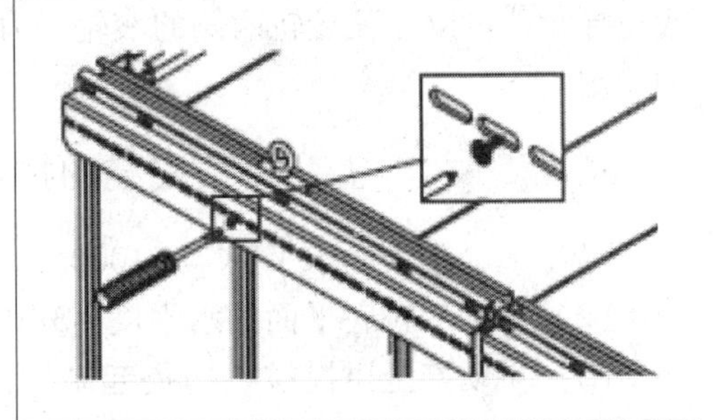
22. 旋松减振梁上的轿厢承载限位螺栓，与轿底 C 形槽中的压板螺栓应保证 14mm 的间隙	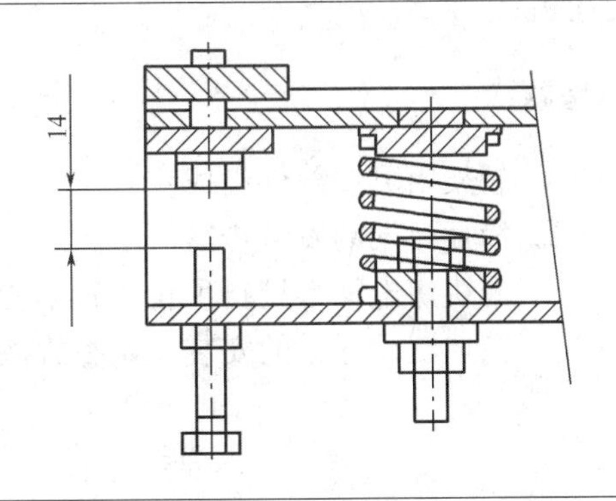
23. 检查轿门地坎与厅门地坎尺寸，如有偏差，则需调整轿底位置。比如轿厢需要向后移，则松开轿底托架与下梁连接螺栓，用撬棒往后撬动轿底，并观察地坎间隙	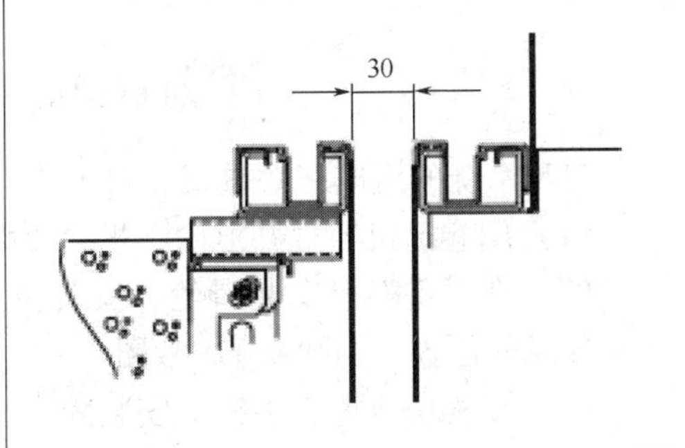
24. 再次松开轿顶固定板，根据轿底移动尺寸，调整轿顶位置 至此，轿厢平衡调整完成	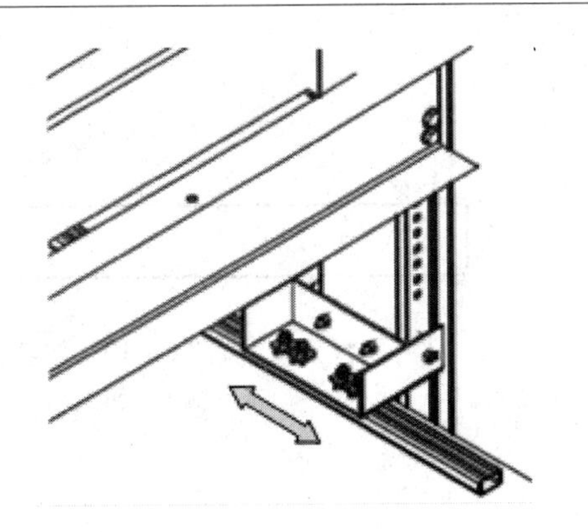

通过上面步骤的调整，得以保证轿厢的静平衡。只有在轿厢静平衡后，安装滚轮导靴才可以保证导轨两侧的滚轮压力均等，滚轮在电梯运行过程中才可以更加稳定。

五、轿架安装的技术要求及注意事项

（1）上、下梁的水平度＜1/1000。

（2）拼装后轿底平面的水平度≤3/1000。

（3）手动安全钳提拉机构提起制动楔块，用塞尺测量楔块与导轨间隙差应≤0.2mm。

思考题：

1. 轿架由哪些部件组成？
2. 简述轿架的安装步骤。
3. 有机房电梯常见轿顶轮布置结构有哪些类型？
4. 简述滚动导靴的安装及调整方法。

第三节　对重架安装

一、对重架的安装步骤和方法

对重系统的组成：对重架、对重块、对重护板、对重油杯。

（1）用卷扬机通过井道内，把对重架和适量的对重块搬运到最顶层。

（2）在对重架上安装滑轮，安装位置是对重轮油嘴面对厅门，在导向轮处安装导靴的位置，如图6－19～图6－21所示。

（3）在机房承重工字钢上安装固定一个2t的手拉葫芦，把链条放到井道内，如图6－22所示。

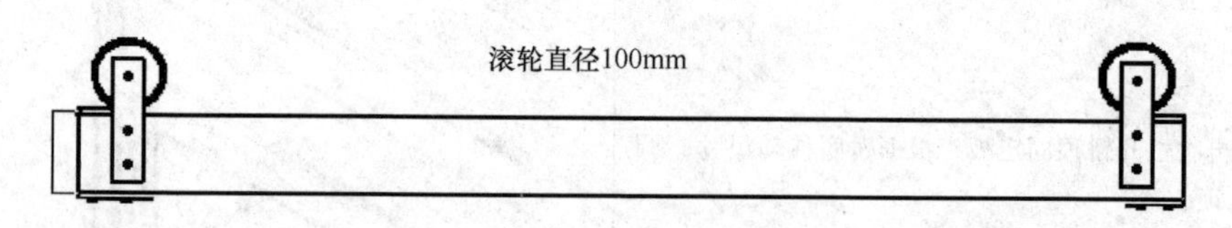

图6－19　滚轮固定在导靴的位置上

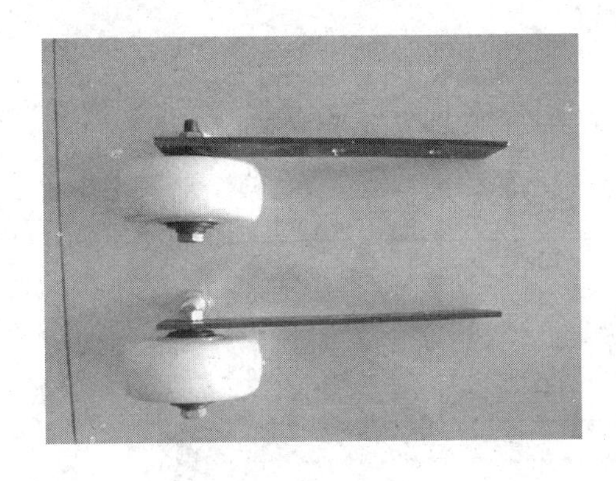

图 6－20　滑轮

图 6－21　滑轮安装现场图

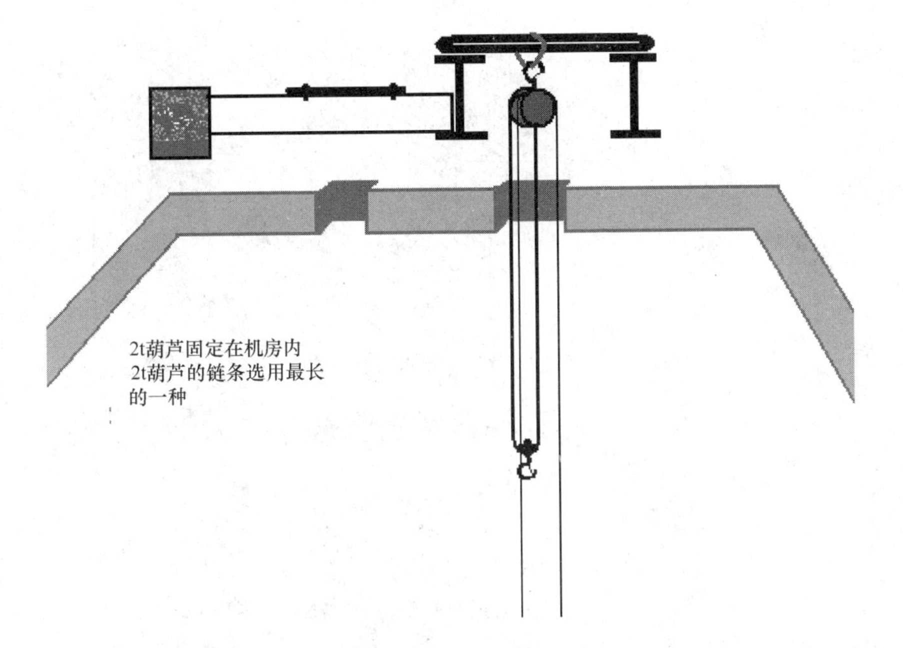

图 6－22　固定 2t 手拉葫芦

（4）把对重架抬到厅门口，在机房内挂好手拉葫芦，拉动手拉葫芦的链条，慢慢提升对重架。此时需要两人配合，在井道内的人员必须穿带全身式安全带，同时需要将安全带与临时生命线固定。需要注意，根据顶层的高度确认吊索的长度，确保对重架起吊好后，在机房容易脱钩（图 6－23、图 6－24）。

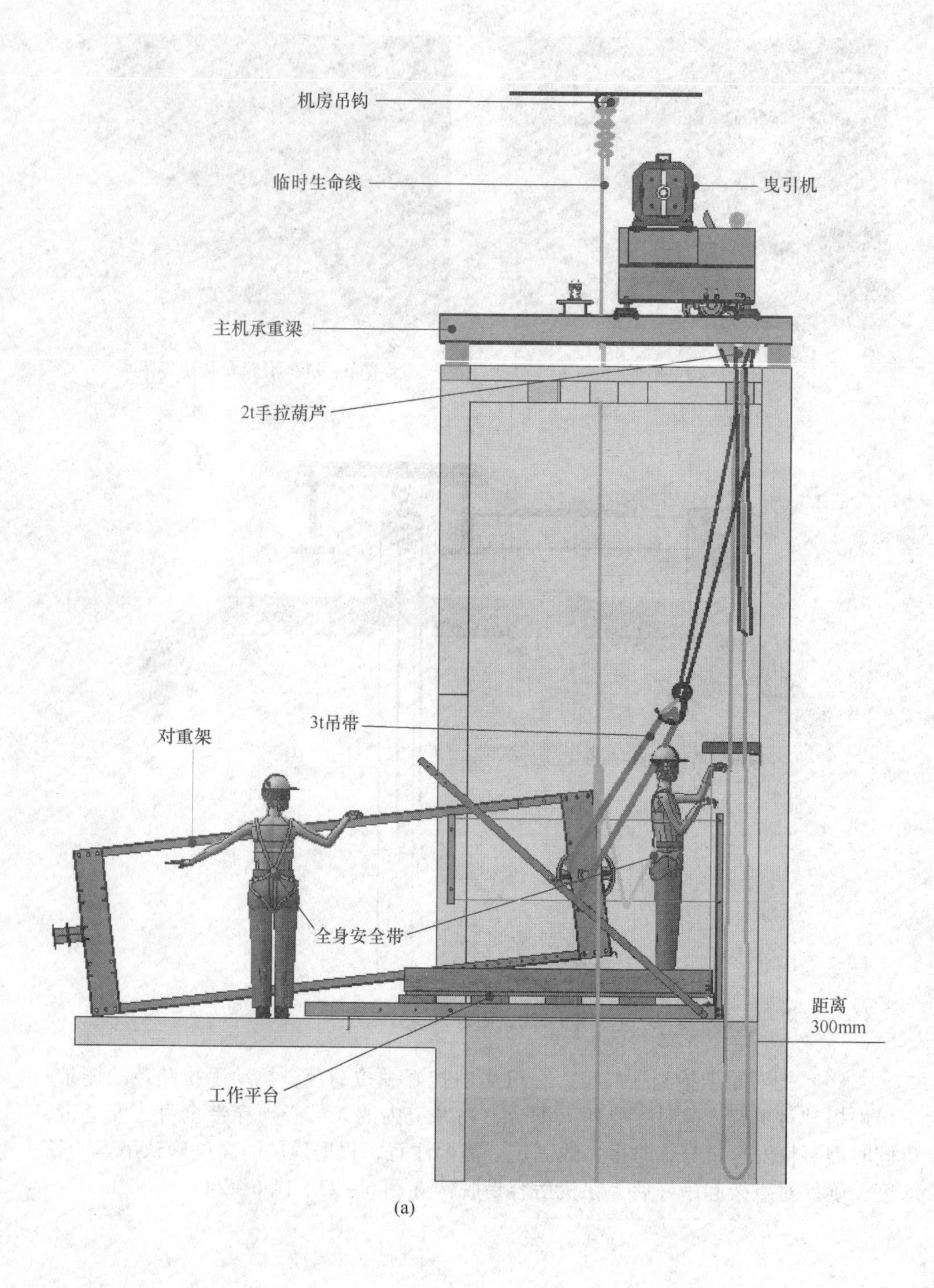

(a)

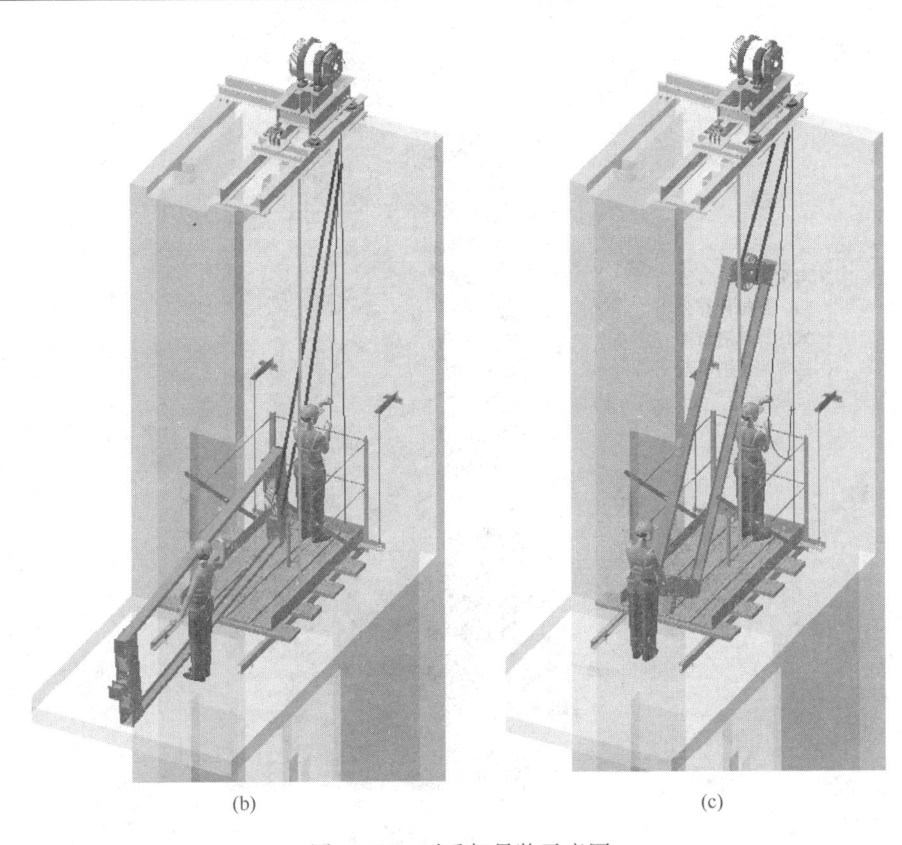

(b)　　(c)

图 6－23　对重架吊装示意图

(a)　　(b)

图 6－24　对重架吊装现场施工图

（5）对重架完全吊装到井道内后，需要调整对重架的悬挂高度，对重架的悬挂高度需要根据顶层高度、底坑深度、对重架的高度、电梯的速度及缓冲器的压缩行程等参数来计算，如图 6－25、图 6－26 所示。

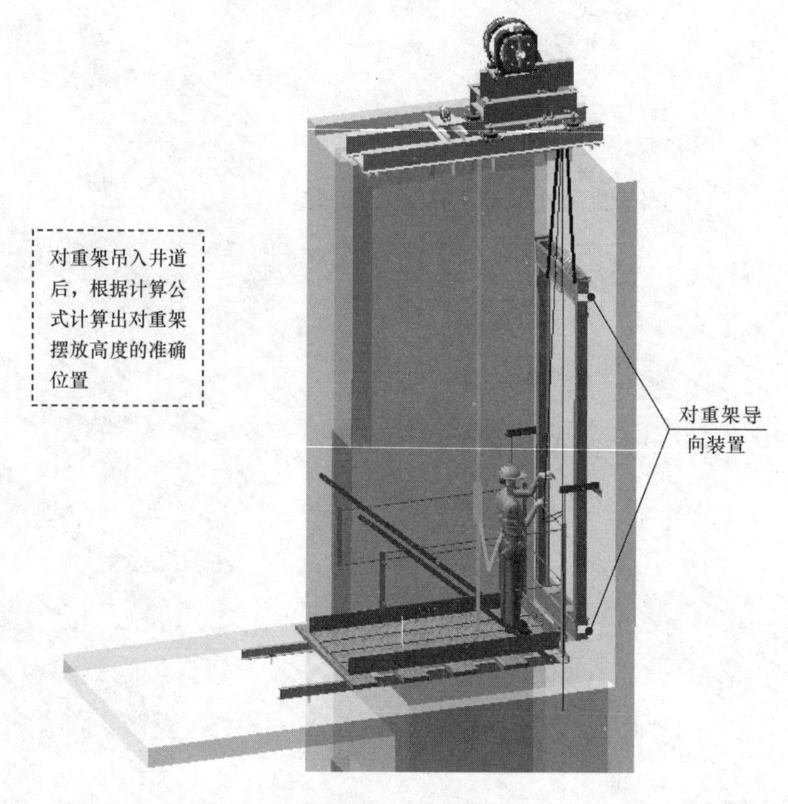

图 6－25 对重架安装到位示意图

(a) (b)

图 6－26 对重架摆放位置

二、对重架悬挂高度的两种计算方法

1. 第一种方法

按 1.0 ~ 1.75m/s 基础值是 600 ~ 800mm，2.0 ~ 2.5mm 基础值是 800 ~ 1000mm。

（1）计算方法　基础值＋轿厢缓冲距＋缓冲器压缩行程±轿厢踏板与低层地平面的高低；通过计算得出的数据就是对重架上最高部件距离井道顶部的实际数据，如图6－27所示。

（2）缓冲器的压缩行程

①聚氨酯缓冲器的压缩行程根据缓冲器的高度计算，计算公式：

压缩行程＝缓冲器的高度×70%

②液压缓冲器的压缩行程是根据缓冲器型号取值的，在缓冲器铭牌上会显示此数值。某电梯公司电梯常用液压缓冲器型号，如表6－3所示。

表6－3　　液压缓冲器型号和规格

缓冲器型号	额定速度/（m/s）	自由高度/mm	压缩行程/mm
YHB/70	1.0	305	70
YHB/175	1.6	510	175
YHB/210	1.75	600	210
YHB/275	2.0	790	275
OH－80	1.0	315	80
OH－425	2.5	1130	425

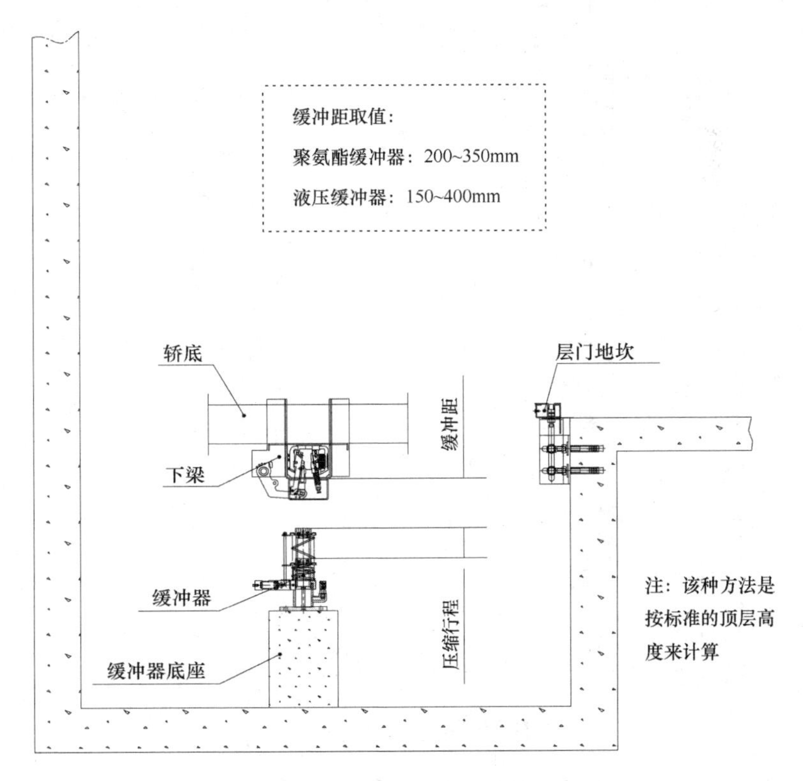

图6－27　对重架悬挂高度计算示意图

2. 第二种方法

根据实际的顶层高度和底坑深度来计算，特别是在底坑深度和顶层高度是最小值的情况下。对重缓冲器底座高度一般为200mm，顶层高不足时可以取消，缓冲器直接固定在地上，如图6-28所示。计算公式如下：

悬挂高度=顶层高+底坑深-缓冲器底座高-缓冲器自由高-对重缓冲距-对重架高度

最小悬挂高度≥轿厢缓冲器压缩行程+轿厢缓冲距+300（安全空间）$+35v^2$

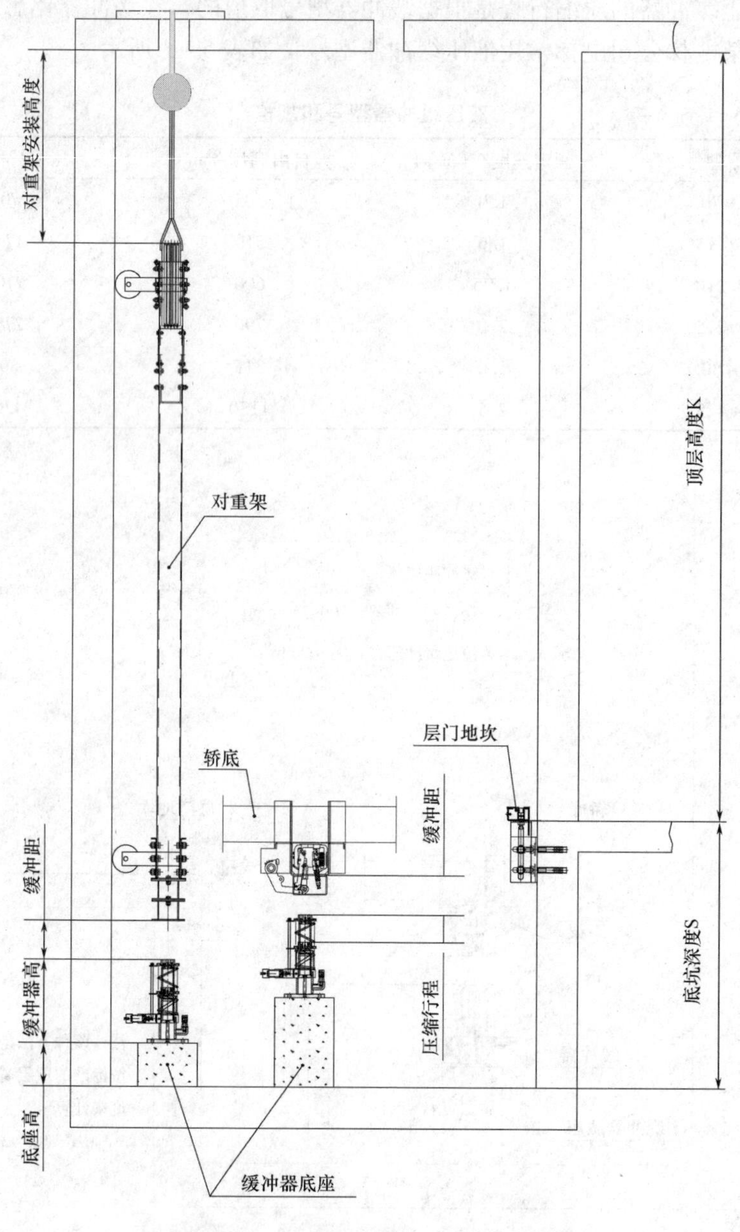

图6-28 对重架悬挂高度计算示意图

思考题：

1. 对重系统由哪些部件组成？
2. 简述对重架的吊装步骤和方法。
3. 对重架悬挂的高度如何计算？

第四节　悬挂钢丝绳

本节主要介绍钢丝绳的悬挂方法以及钢丝绳的长度计算方法。一般情况下电梯钢丝绳在出厂前是分段的，所以现场不需要计算单根钢丝绳的长度，或者看一下装箱清单，会有单根钢丝绳的长度。

一、钢丝绳的长度计算及顺序

1. 钢丝绳长度计算方法

如图 6－29 所示，本案例的曳引比为 2∶1。

2. 钢丝绳的顺序编号

如图 6－30 所示。

二、钢丝绳的安装方法和步骤

（1）取一筒钢丝绳架在架子上，释放出钢丝绳，将绳头穿入轿厢绳头板 1 号绳孔从曳引轮孔返回机房，再从导向轮绳孔放下；穿入对重轮返回机房做好一个绳头组件，穿入对重绳头板上 1 号绳孔，如图 6－31 所示。

（2）安装绳头组合，将三角形楔块把钢丝绳伏帖并拉紧，夹好绳夹。

（3）钢丝绳穿在对重轮靠墙的绳槽，曳引轮 1 号绳槽内。

（4）在往下放的钢丝绳上悬挂个滑轮挂上重物，慢慢往下放钢丝绳。

（5）钢丝绳放下后从上端穿入轿顶轮；此时先不要装轿顶轮护罩，当钢丝绳全部穿入后，再安装轿顶轮护罩，然后安装轿厢侧绳头组合。如果是高层建筑，轿厢侧绳头先不要固定，等挂完全部钢丝绳后再统一制作绳头。

（6）在机房收紧钢丝绳，轿厢侧绳头不用做，把钢丝绳固定在一处安全可靠的地方，如图 6－31、图 6－32 所示。

（7）当所有钢丝绳悬挂好后，用夹绳器调整钢丝绳张力，如图 6－33 所示。在井道内用绳夹夹住钢丝绳，用葫芦拉住绳夹，此时控制好绳夹上螺栓的松紧，这时葫芦往上拉时松的钢丝绳会往上提，紧的钢丝绳会打滑，仔细观察，当所有的钢丝绳都打滑时，拧紧绳夹上的螺栓，这时一根一根松开钢丝绳开始制作绳头。当所有绳头制作完毕后撤除绳夹，确保钢丝绳张力一致。钢丝绳悬挂完毕，如图6－34 所示。同时固定好绳头上的二次保护钢丝绳、钢丝绳绳夹和机房导向轮护罩，如图 6－35、图 6－36 所示。

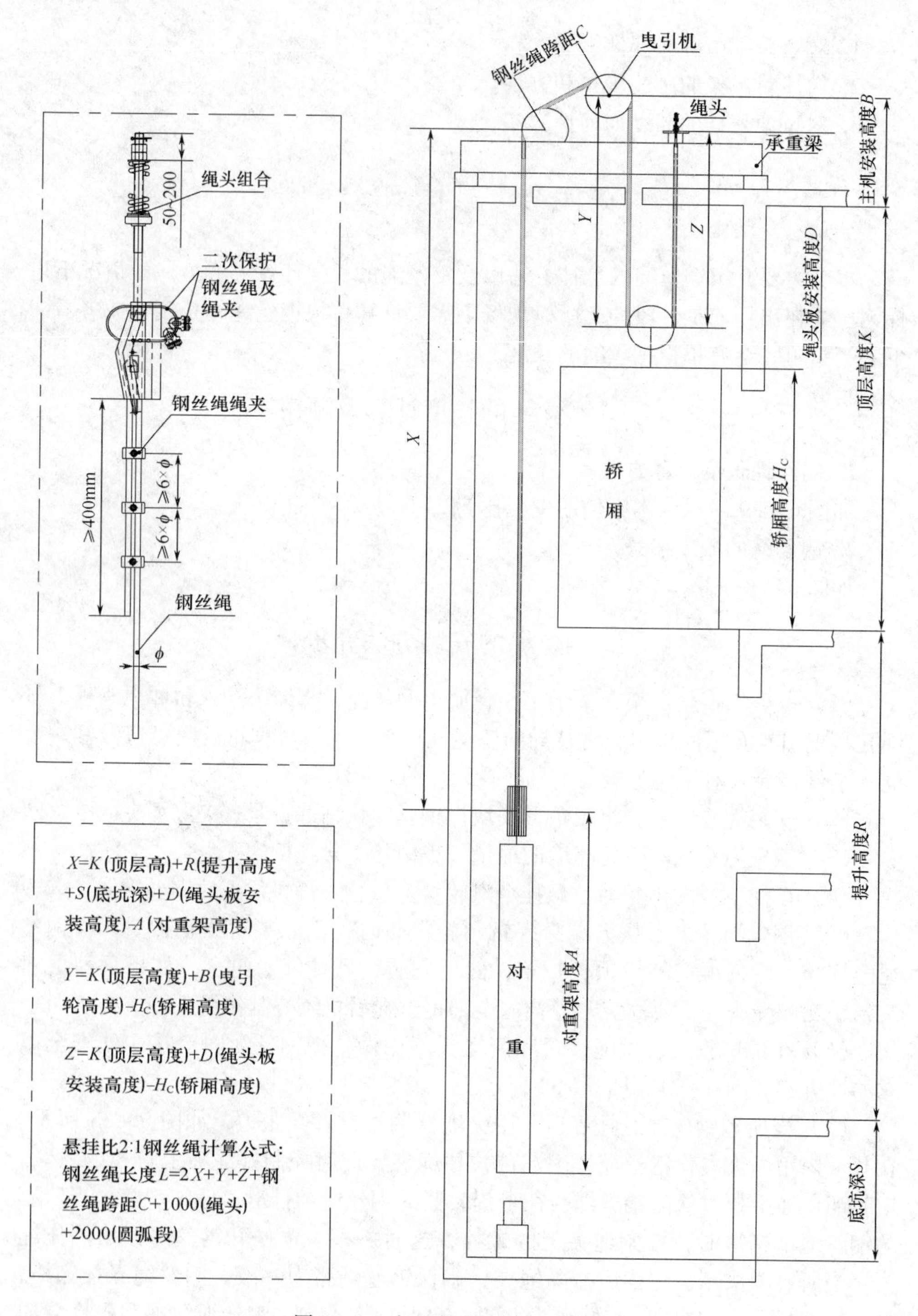

图 6－29　钢丝绳长度计算示意图

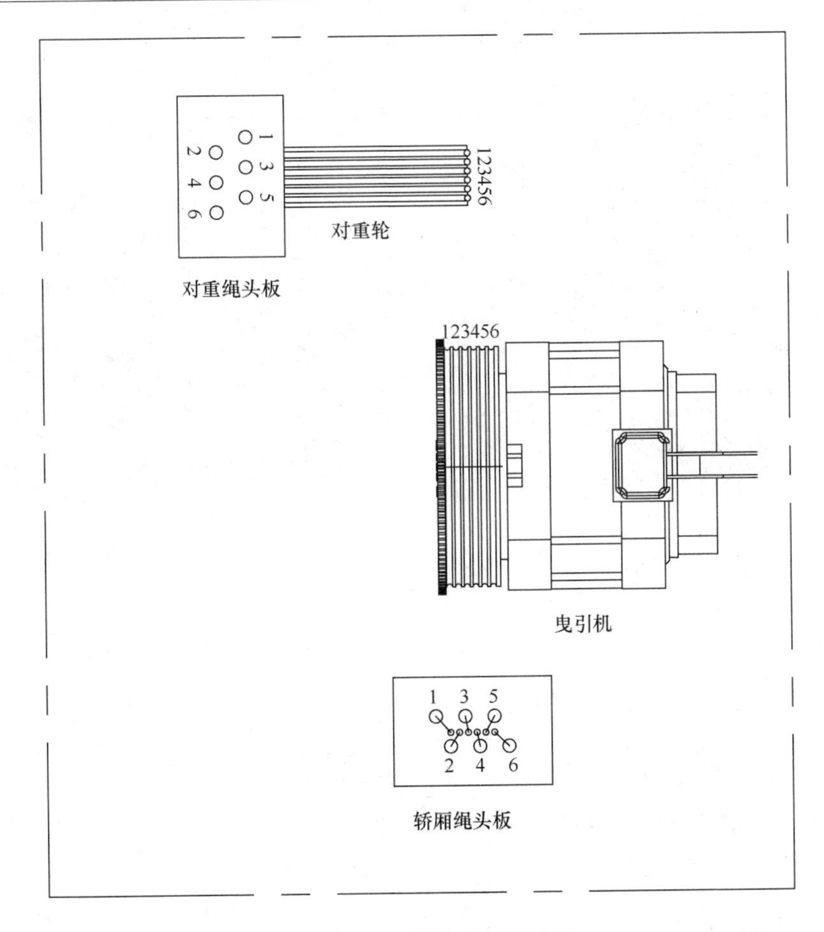

图 6－30　钢丝绳的顺序编号

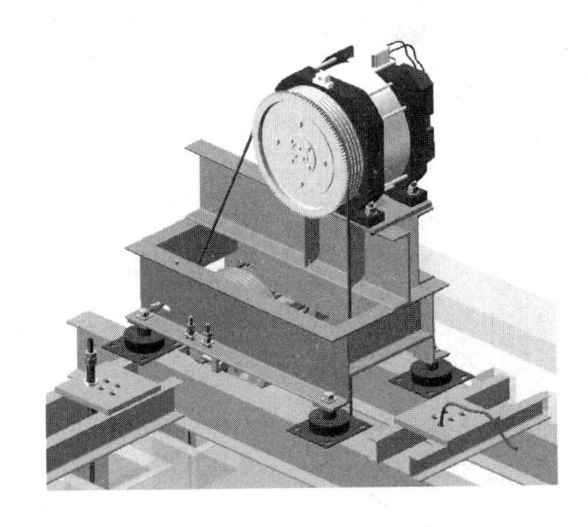

图 6－31　第一根钢丝绳穿好

图 6－32　所有钢丝绳穿好

图 6－33　夹绳器调整钢丝绳张力

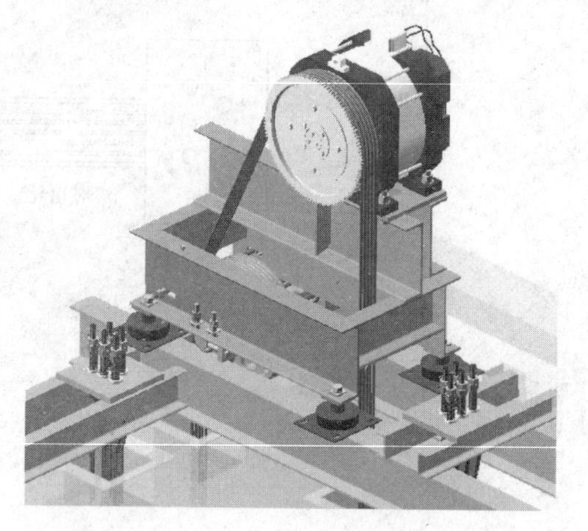

图 6－34　制作轿厢绳头组合

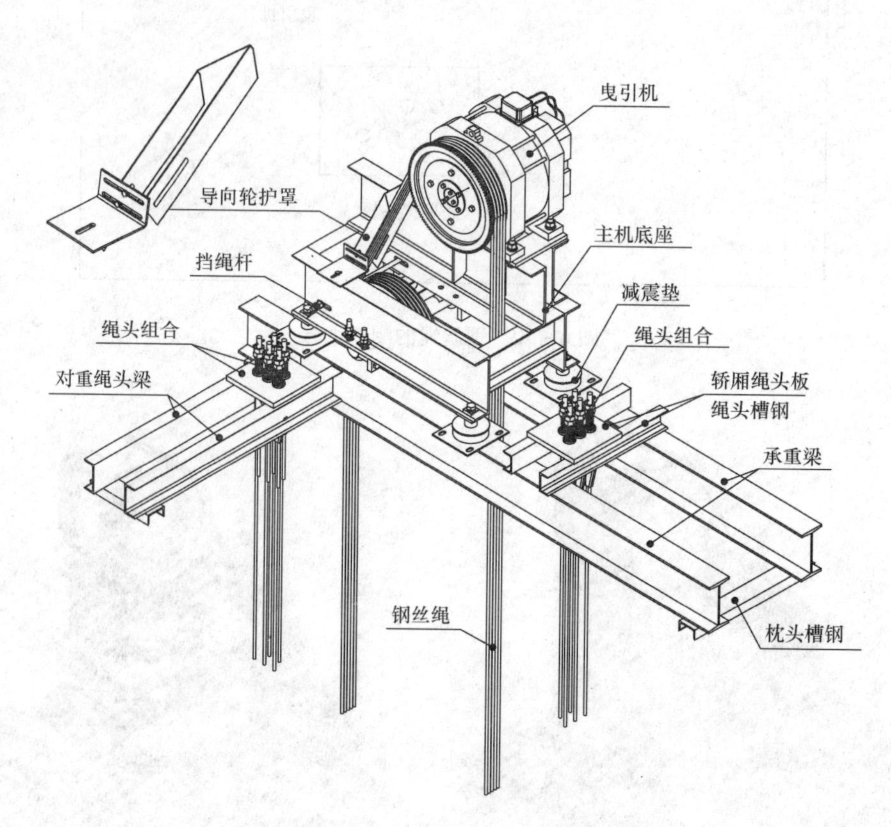

图 6－35　钢丝绳及绳头安装完成示意图

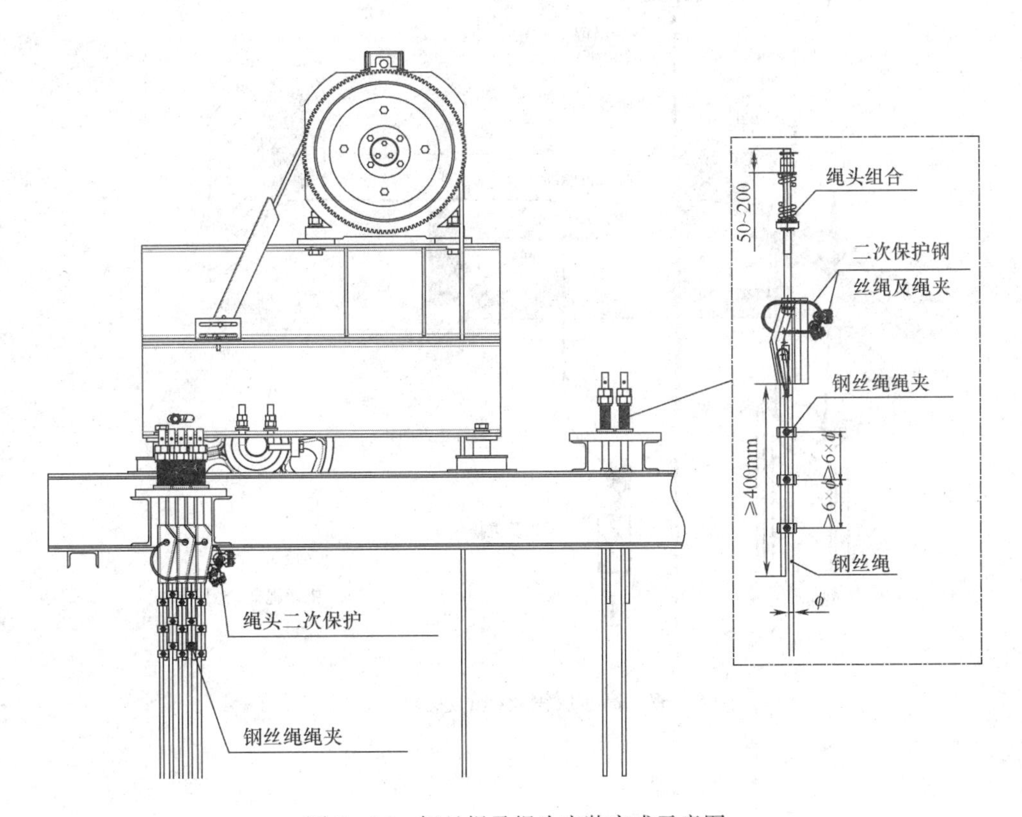

图6－36　钢丝绳及绳头安装完成示意图

三、钢丝绳悬挂方式

1. 高楼层钢丝绳悬挂方式

如图6－37所示，在机房放钢丝绳。

2. 低楼层钢丝绳悬挂方式

先释放出一些钢丝绳，把对重绳头组合做好，然后释放所有的钢丝绳，把另一头从曳引轮孔放下穿过轿顶轮，用麻绳从轿厢绳头板出绳孔拉出，做好绳头组合，如图6－38所示。

3. 钢丝绳悬挂注意事项

钢丝绳在起吊时先把对重架挡绳杆间隙放大，麻绳、钢丝绳同时穿入对重架，捆扎好后用麻绳把钢丝绳拉到机房做绳头组合，如图6－39所示。

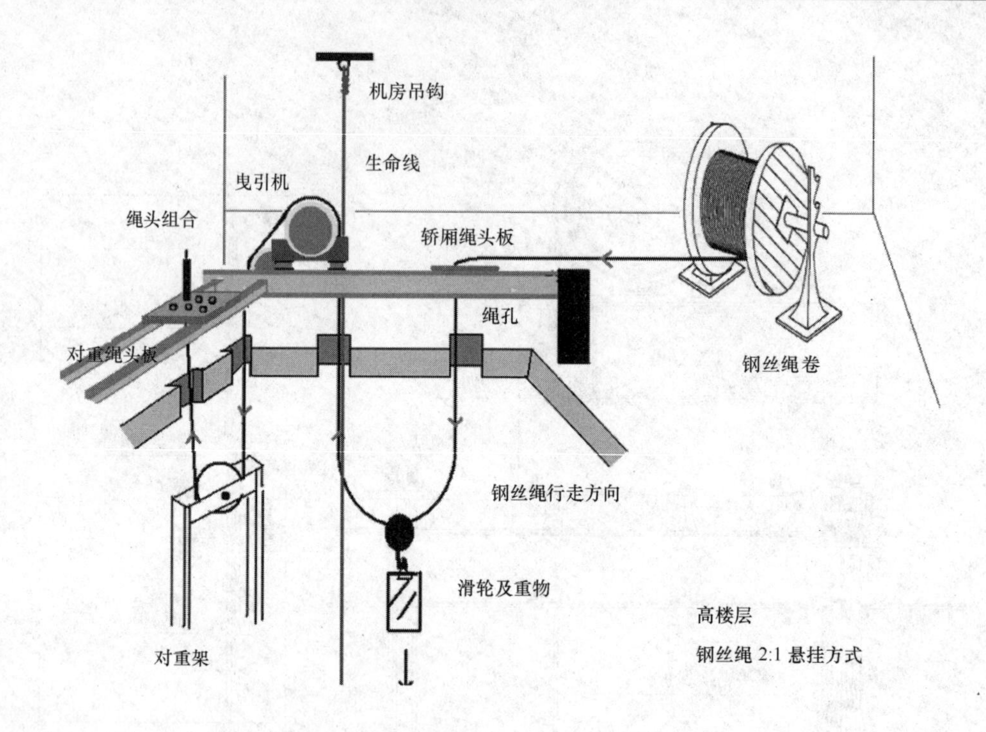

图 6-37 高楼层钢丝绳的悬挂方式示意图

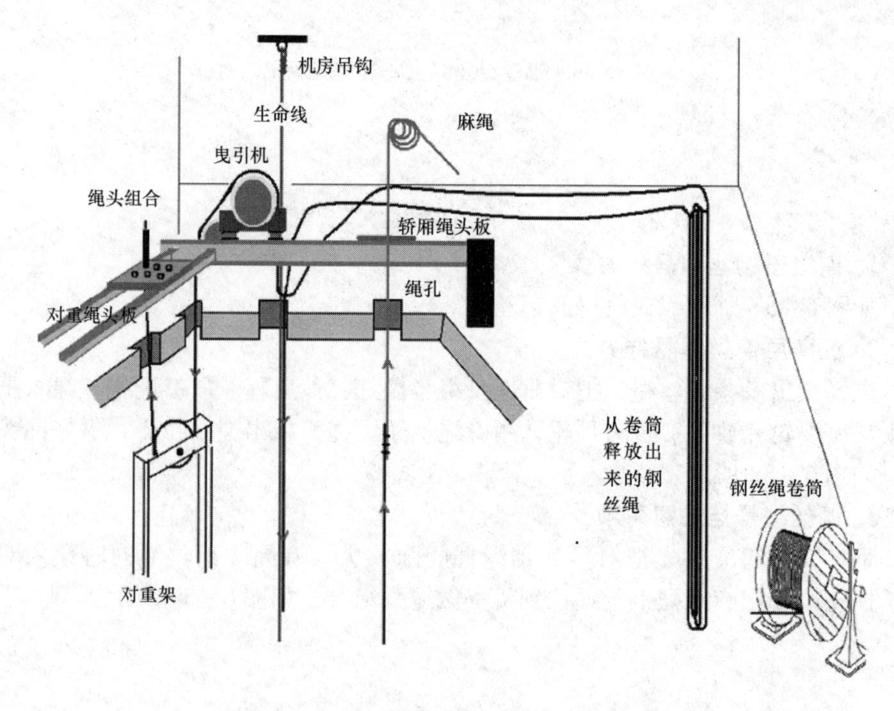

图 6-38 低楼层钢丝绳的悬挂方式示意图

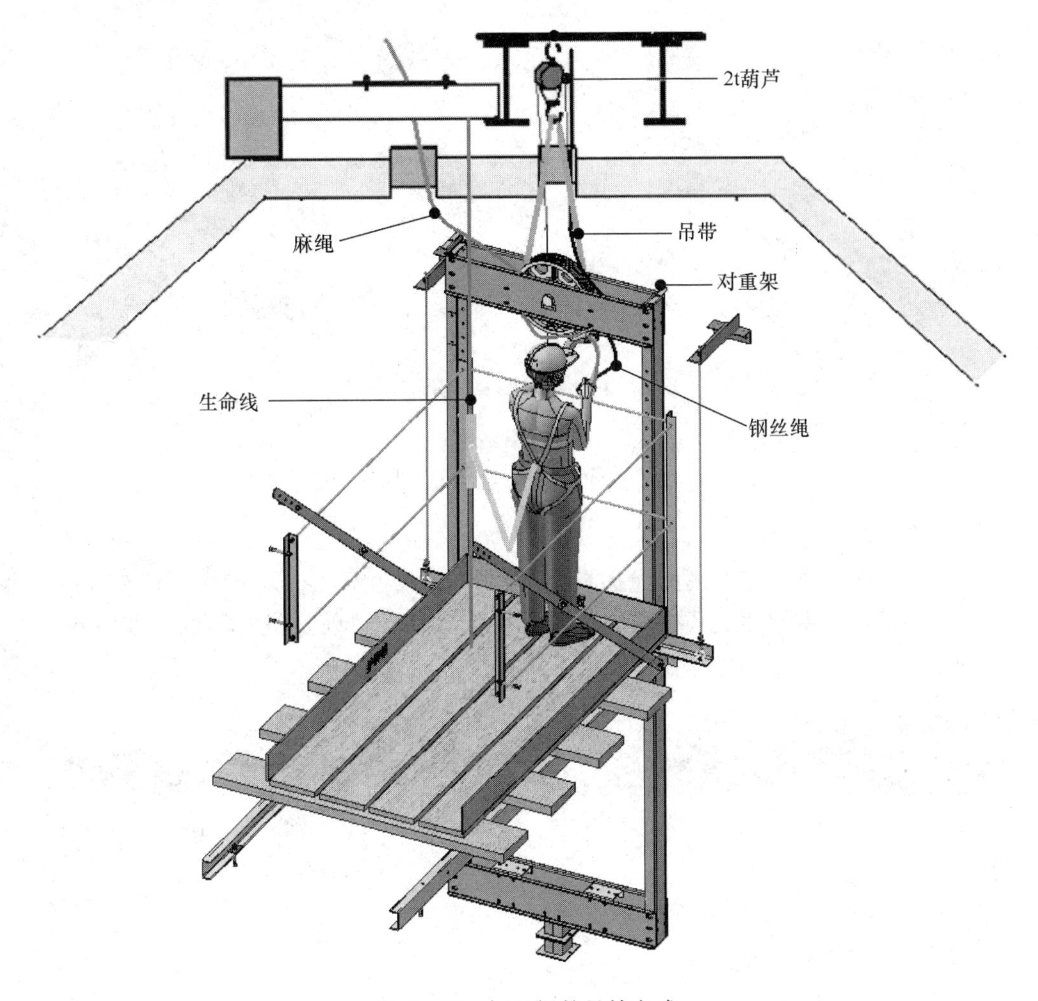

图 6－39　钢丝绳的悬挂方式

注意事项：（1）低楼层电梯钢丝绳可以悬挂一根同时制作好绳头组合；

（2）高楼层电梯钢丝绳悬挂方式是：对重侧绳头组合先制作，轿厢绳头板处，钢丝绳穿入各自的孔洞，所有绳头组合不制作；用夹绳器调整好钢丝绳张力，再制作绳头组合，确保张力一致。

四、钢丝绳的吊装和释放方式

正确和不正确的释放钢丝绳方式，如图 6－40 所示。

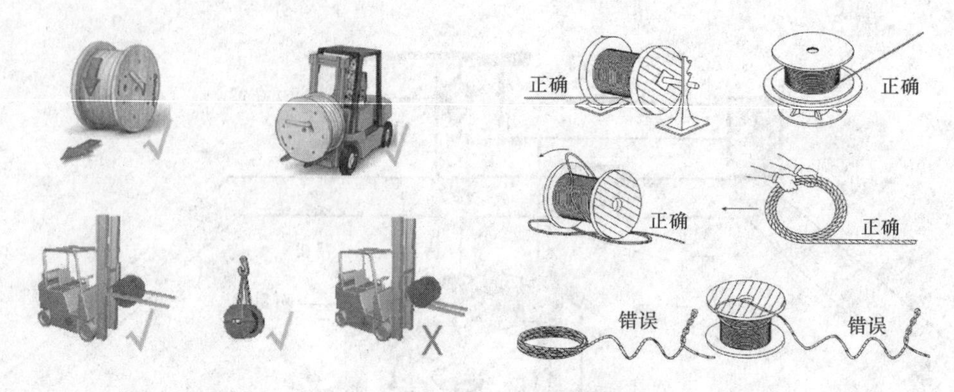

图 6－40　钢丝绳释放示意图

五、钢丝绳绳头制作

1. 钢丝绳绳头组合

钢丝绳的绳头固定常用的绳头组合有两种形式：巴氏合金绳头组合和铸造式楔块绳头组合，由于铸造式楔块绳头组合操作方便，目前是最常用的，如图 6－41 所示。

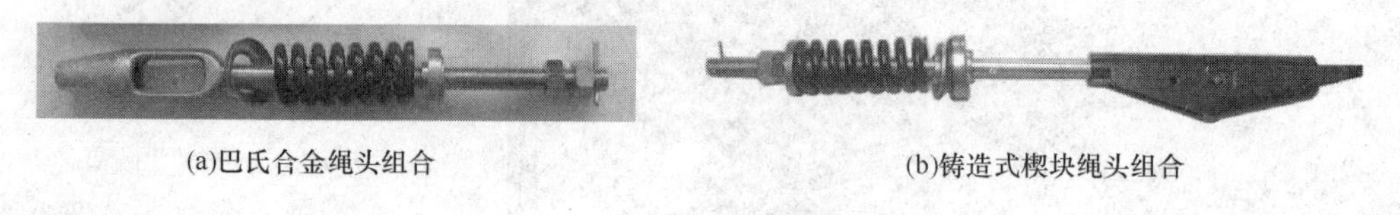

(a)巴氏合金绳头组合　　(b)铸造式楔块绳头组合

图 6－41　绳头组合

2. 绳头的制作方法

如图 6－42 所示。

六、钢丝绳张力调整

钢丝绳安装时，为保证钢丝绳张力均匀，提高钢丝绳寿命及满足电梯曳引力正常，首先要先将绳头组合的弹簧压缩量调为一致，即绳头弹簧相平，如图 6－43 所示。

然后用将轿厢停靠在 2/3 井道高度的位置，用钢丝绳张力测试装置测量对重侧每根绳的张力，如图 6－43 所示。计算出平均值，每根绳的张力与平均值相比，不得超过 5%。如果超过，则需要调整超过的这根钢丝绳的张力，调整钢丝绳张力不得通过旋转绳头组合的方式调整。应该调整绳头组合上的螺母的位置来调整钢丝绳张力。且调整完后需要将轿厢上下运行至少 5 个来回，然后再次测量每根绳的张力，直到张力均匀。

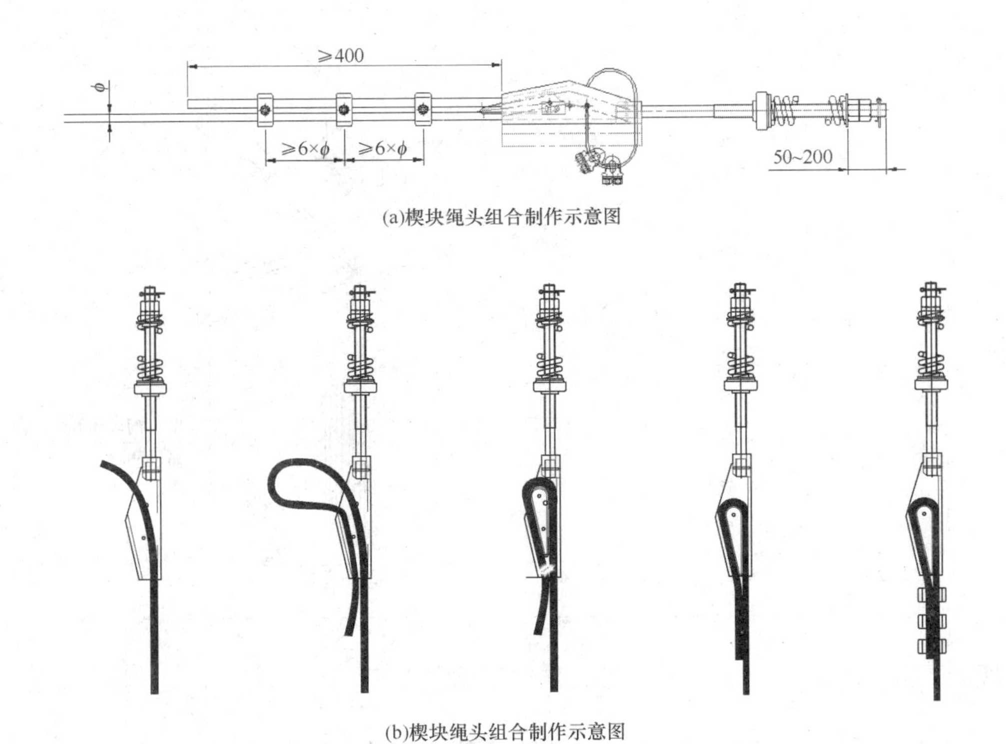

(a)楔块绳头组合制作示意图

(b)楔块绳头组合制作示意图

图 6－42　绳头的制作方法

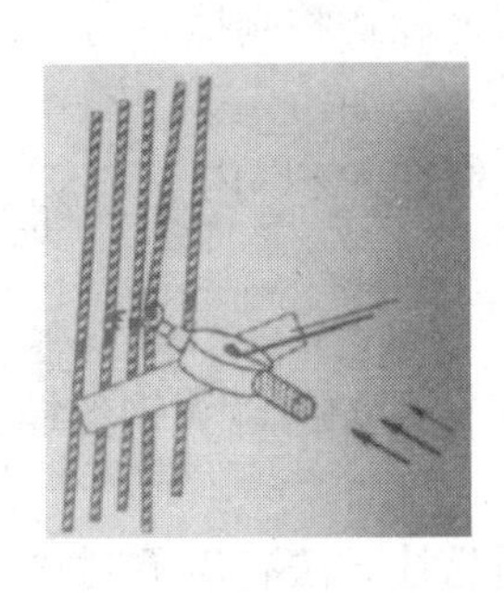
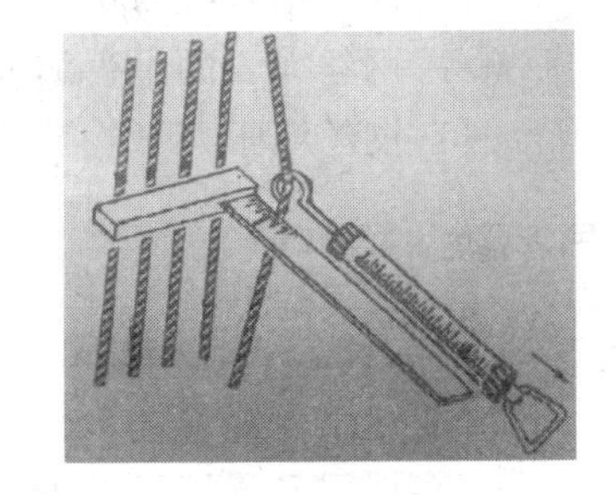

图 6－43　钢丝绳张力测试

七、机房钢丝绳孔制作方法

当钢丝绳悬挂完毕后，下步工作就是制作钢丝绳孔；楼板上钢丝绳孔需要高出地面 50mm，防止在安装或检修过程中，有扳手或螺栓从孔中落入井道，如图 6－44 所示。

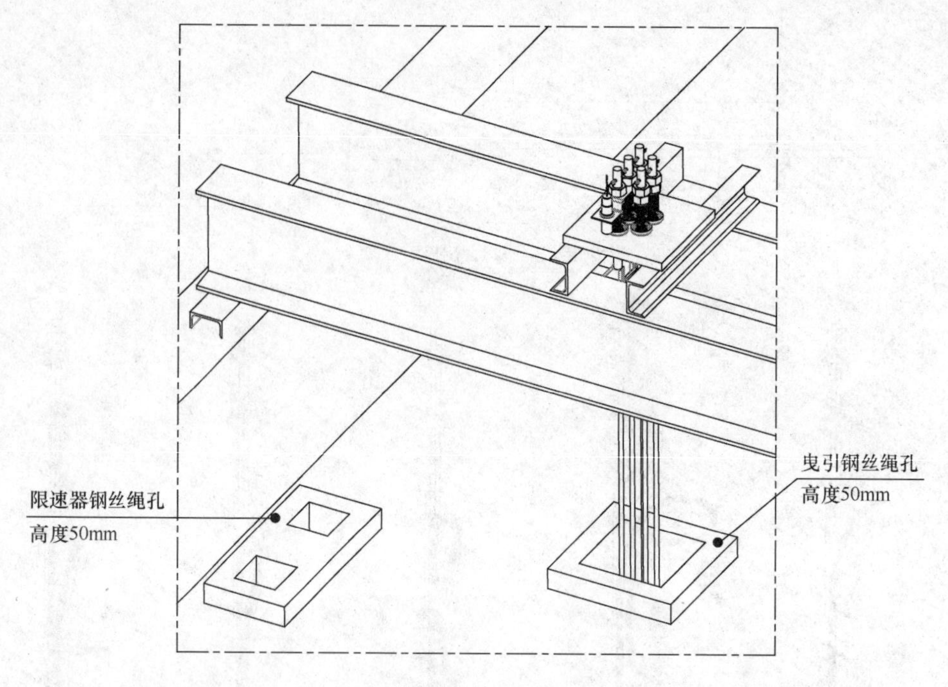

图 6－44　钢丝绳孔制作示意图

八、钢丝绳悬挂的注意事项

（1）钢丝绳施工后不得有表面划伤、断丝、焊熔、锈蚀等损伤。

（2）穿挂钢丝绳时不得与其他硬物相剐擦，防止擦伤钢丝。

（3）钢丝绳表面不得沾上沙石、油污。

（4）钢丝绳张力平均差异控制在 5% 以内。

思考题：

1. 曳引比，1∶1，2∶1，4∶1 分别如何计算钢丝绳长度？
2. 简述钢丝绳悬挂步骤。
3. 高楼层和低楼层的钢丝绳悬挂方法有何不同？
4. 钢丝绳绳头是如何制作的？

第五节　安装对重块

一、对重块安装步骤方法

1. 加对重块

当钢丝绳悬挂好后，开始加对重块；从对重架上部缺口加入对重块。

2. 调整对重块

加入对重铁的数量是根据轿厢重量来计算的，轿厢和对重或平均、或略微偏重一些。对重架的自重大概在150kg左右，对重块先不要全加，安装完毕后测平衡系数，然后再调整对重块的具体数量（图6－45旁列表为参考值）。

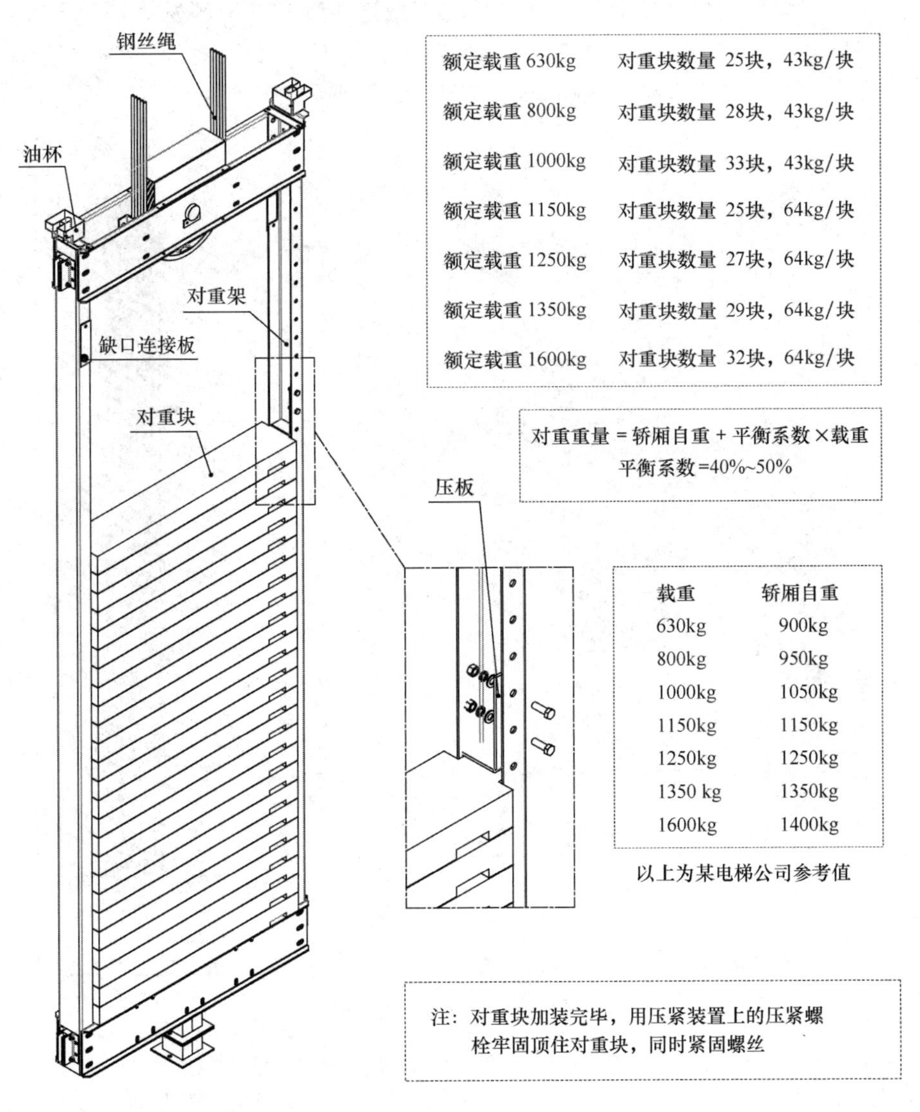

图6－45　加对重块示意图

3. 安装对重架缺口连接板

将从对重架上缺口拆下的连接板重新装上，如图6－45所示，在导轨未安装完成之前，补偿链可以不先安装，导轨安装完成后，第一时间安装补偿链。

二、安装对重防护板

（1）以对重导轨为安装基点，将对重防护板支架用压导板固定于对重导轨侧。

（2）将防护网放入底坑里，用螺栓与支架连接起来（一般发货是分3块）。

（3）对重护网国标 GB 7588—2003 要求：防护网上边离地面要大于 2.5m 高，防护网下边空档不高于300mm，如图6－46所示。

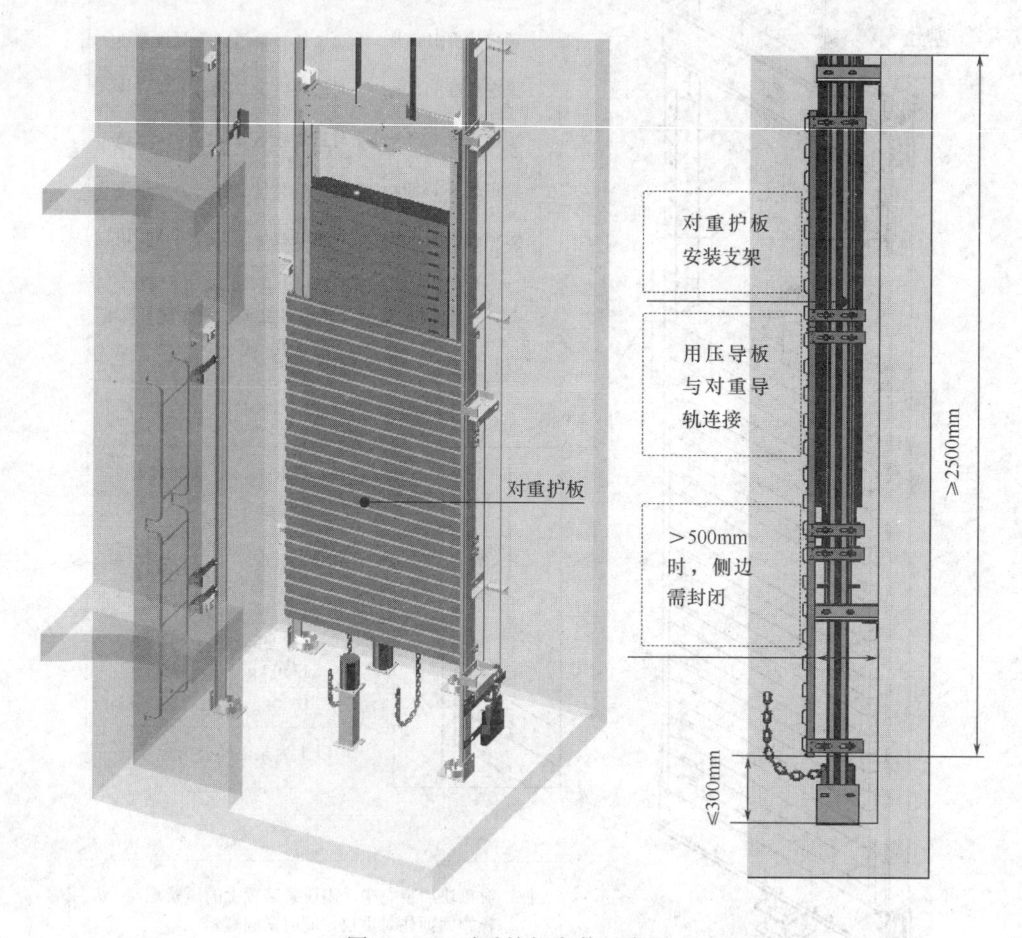

图6－46　对重护板安装示意图

思考题：

1. 对重系统的重量是如何计算的？
2. 对重护板的安装尺寸有何要求？

第六节　调 整 轿 架

轿架、钢丝绳、对重铁安装完毕，接下来需要调整轿架的静平衡，这步工作也很重要，如果没有调整好，会导致电梯安装后的舒适感不好，轿门系统（门机和轿门）后期很难安装和调整，以及偏载导致导靴单边磨损严重，特别是采用滚动导靴的轿架，此步骤至关重要。轿架调整步骤如下：

（1）先让轿厢的轿架自然悬空。

（2）调整好上下导靴间隙和安全钳间隙（导靴间隙是看靴衬后侧橡皮和靴衬支架之间的缝隙，间隙一般1mm，两边导靴间隙相加不大于3mm。安全钳间隙是看虎口和楔块两边间隙，一定要分中）调整好后拧紧所有的螺丝。快车运行一段时间后，电梯运行舒适感好，就把上下导靴定位，舒适感不好，可调节导靴间隙，来达到电梯运行的最佳状态，把上下导靴定位。

（3）立梁和轿底斜拉杆的安装方法是将斜拉杆上方（直梁处）拉耳螺丝和拉杆螺丝拧紧，下方轿底拉耳螺丝拧紧，再将斜拉杆上的螺丝拧紧，同时将另外一个螺帽拧紧，可以防止螺帽脱落，四根斜拉杆要一样。这时用水平尺测量轿底的水平度，如水平不好时可用导轨垫片垫在轿底下方隔音橡胶块下方。轿底水平千万不要靠斜拉杆来调整，如图6－47所示。

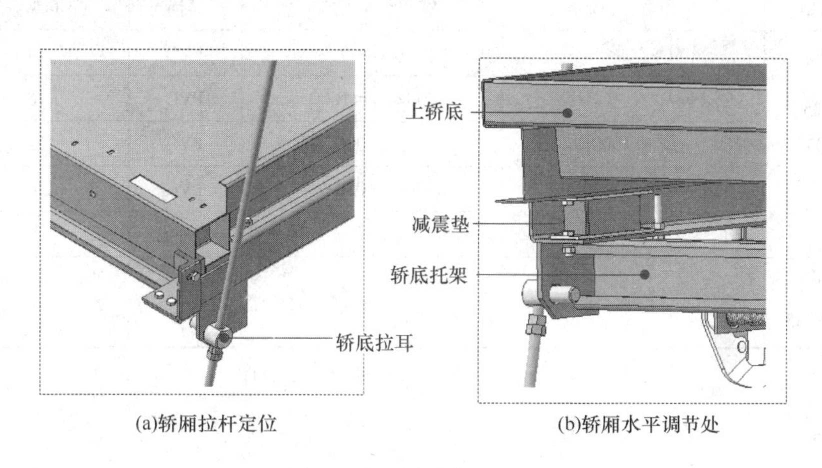

(a)轿厢拉杆定位　　(b)轿厢水平调节处

图6－47　轿厢水平调整

（4）为了增加的轿厢重量，一般情况下会在轿底增加配重块。对于门机采用轿顶安装的轿厢，门机和轿门的重量会直接作用在轿厢的前面，可能导致轿厢前重，通过配重块的位置可适当调整（在设计电梯时，轿厢的静平衡已经通过轿厢返绳轮的位置来确定了，本身的偏载不会太严重），轿底配重块的安装及配置标准如图6－48所示。

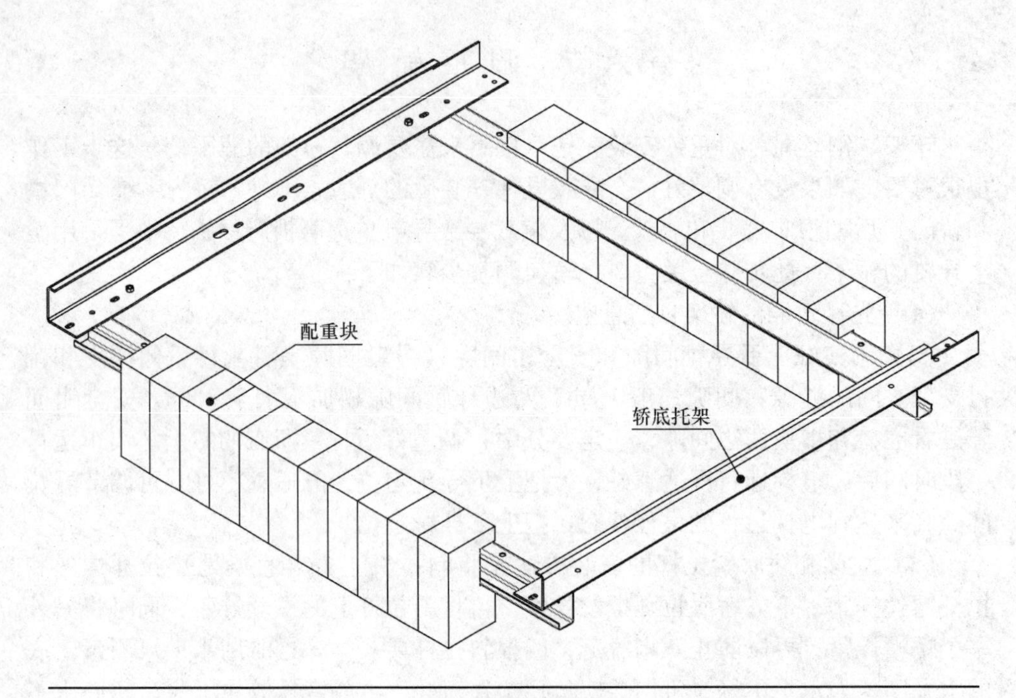

配重块标准配置参照表

梯型	轿厢宽 C_w/mm	额定载重 Q/kg	装潢	配重块数量
DP35, DPB35, DPN35	$1100 \leqslant C_w < 1400$	$Q \geqslant 800$	PVC	14
	$1400 < C_w < 1600$	$800 \leqslant Q \leqslant 1000$	PVC	16
	$C_w \geqslant 1600$	$Q \geqslant 1000$	PVC	22
	$1400 < C_w \leqslant 1500$	$Q > 1050$	PVC	20
	—	—	大理石	4
DP035, DPN035	—	—	—	4

图 6－48　轿底配重块安装示意图

思考题：

1. 轿架水平度怎样调整？
2. 轿底配重块的作用是什么？

第七节　安装轿厢移动工作平台

轿厢移动工作平台安装方法和步骤：

（1）选用材料是 8 号槽钢 2 根，50×50 角钢 7 根和木板若干块（其中 4 根用于移动工作平台）。

（2）制作，槽钢的长度是轿厢的深度，50×50 角钢的长度是轿厢的宽度，通过测量在槽钢和角钢上钻 12mm 孔，用 12mm 的螺丝固定，如图 6-49 所示。

（3）把 8 号槽钢固定在立梁上方的孔洞，如图 6-49 所示。

（4）用 75×75 角钢支撑住 8 号槽钢，如图 6-49 所示。

（5）把 50×50 角铁固定在槽钢上，如图 6-49 所示。

（6）在轿底和轿顶工作平台用木板铺满平，如图 6-49 所示。

（7）安装护栏，用 5×5 角钢做轿厢护栏，在护栏的三面和轿底上铺设木板保护轿底，可用轿厢搬运导轨和其他部件，一次可搬运 T89 导轨 6 根，如图 6-50、图 6-51 所示。

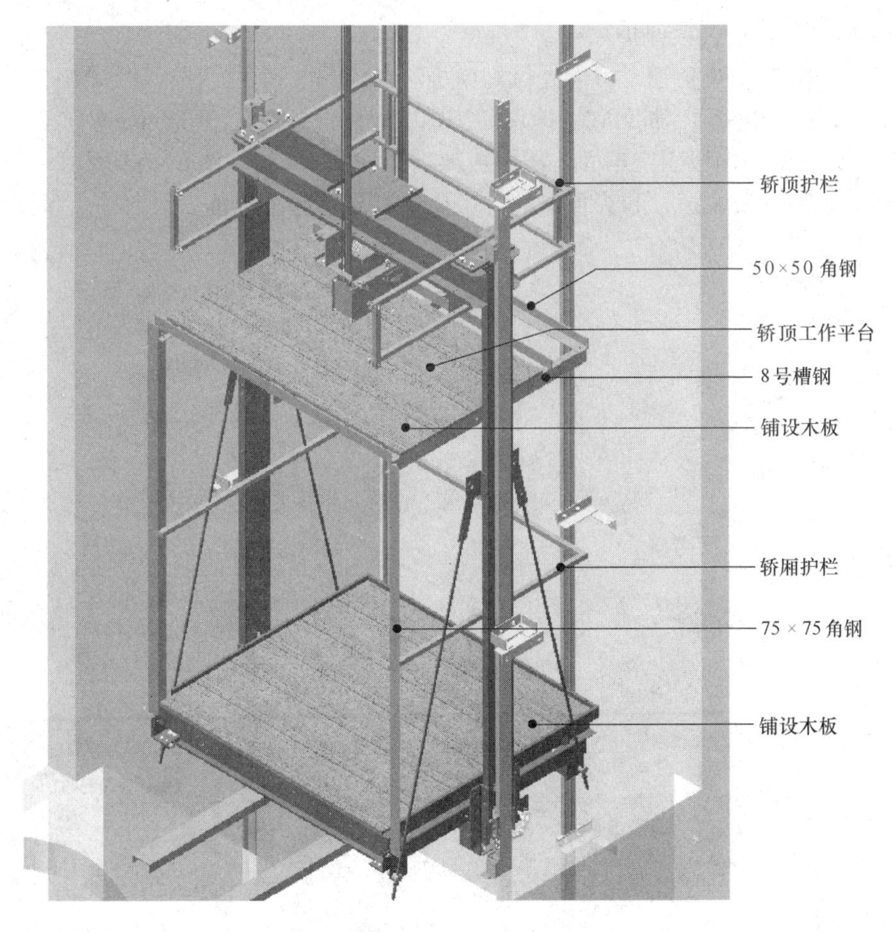

图 6-49　轿厢移动工作平台制作示意图

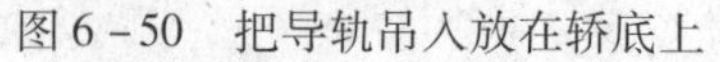

图 6 - 50　把导轨吊入放在轿底上

图 6 - 51　轿厢上部导轨摆放处

（8）安装轿顶头顶保护

1）选用 40 × 40 角钢，可事先做好模板。

2）安装轿顶头顶保护可在工地现场按要求规范自行制作，用 8mm 螺丝连接。

3）头顶保护挡板固定牢固，用木板铺满，如图 6 - 52、图 6 - 53 所示。

注意事项：安装护栏和头顶保护时，要留有导轨起吊位置。

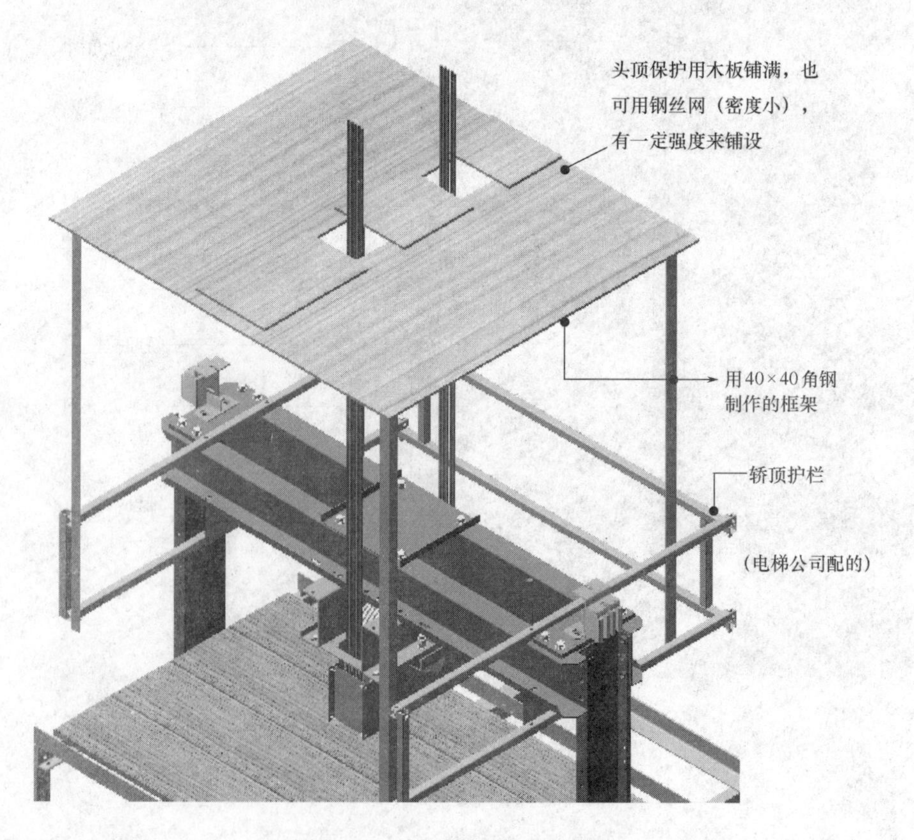

图 6 - 52　轿顶头顶保护示意图

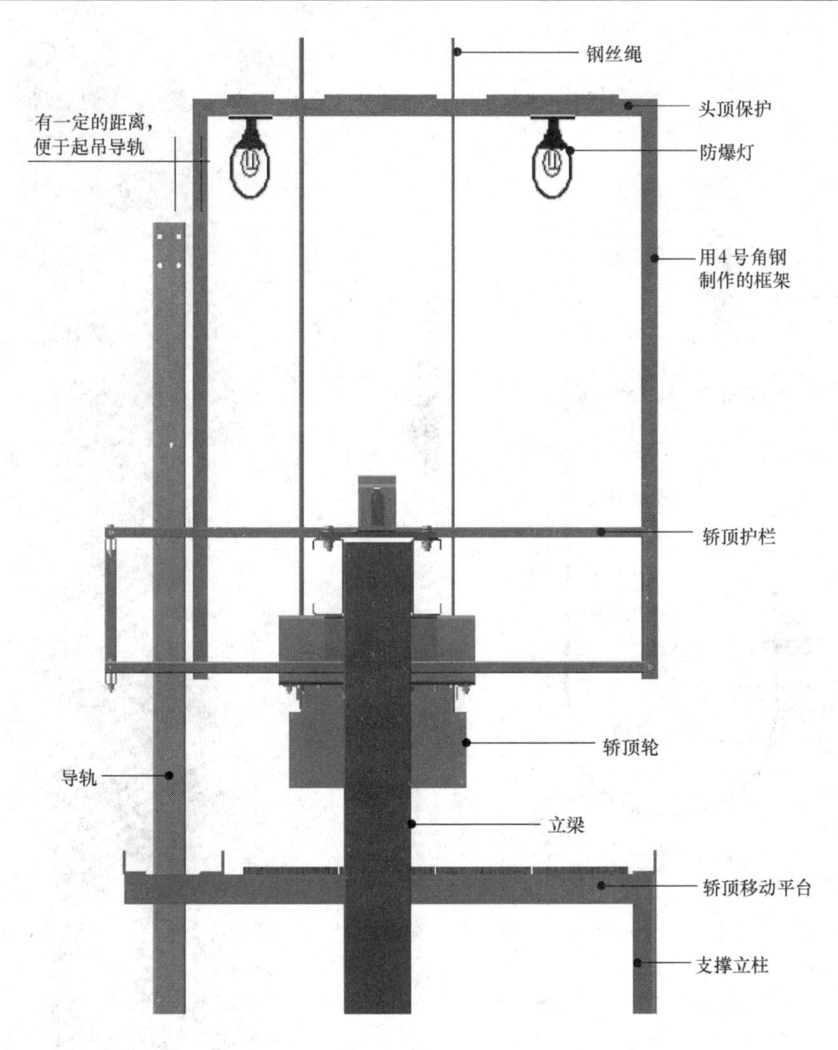

图6－53　轿顶头顶保护示意图

思考题：

1. 轿厢移动工作平台有何作用？
2. 简述轿厢移动工作平台的制作步骤和方法？

第八节　悬挂随行电缆和轿顶、轿底装置安装

随行电缆是用于控制柜和轿厢的通讯电缆，在轿厢需要一个接线箱及检修箱，一般情况下是做成一体的。线接好后，可以通过检修操作控制轿厢移动平台运行，安装如图6－54所示。现在采用的基本上都是接插件，插件插好即可。

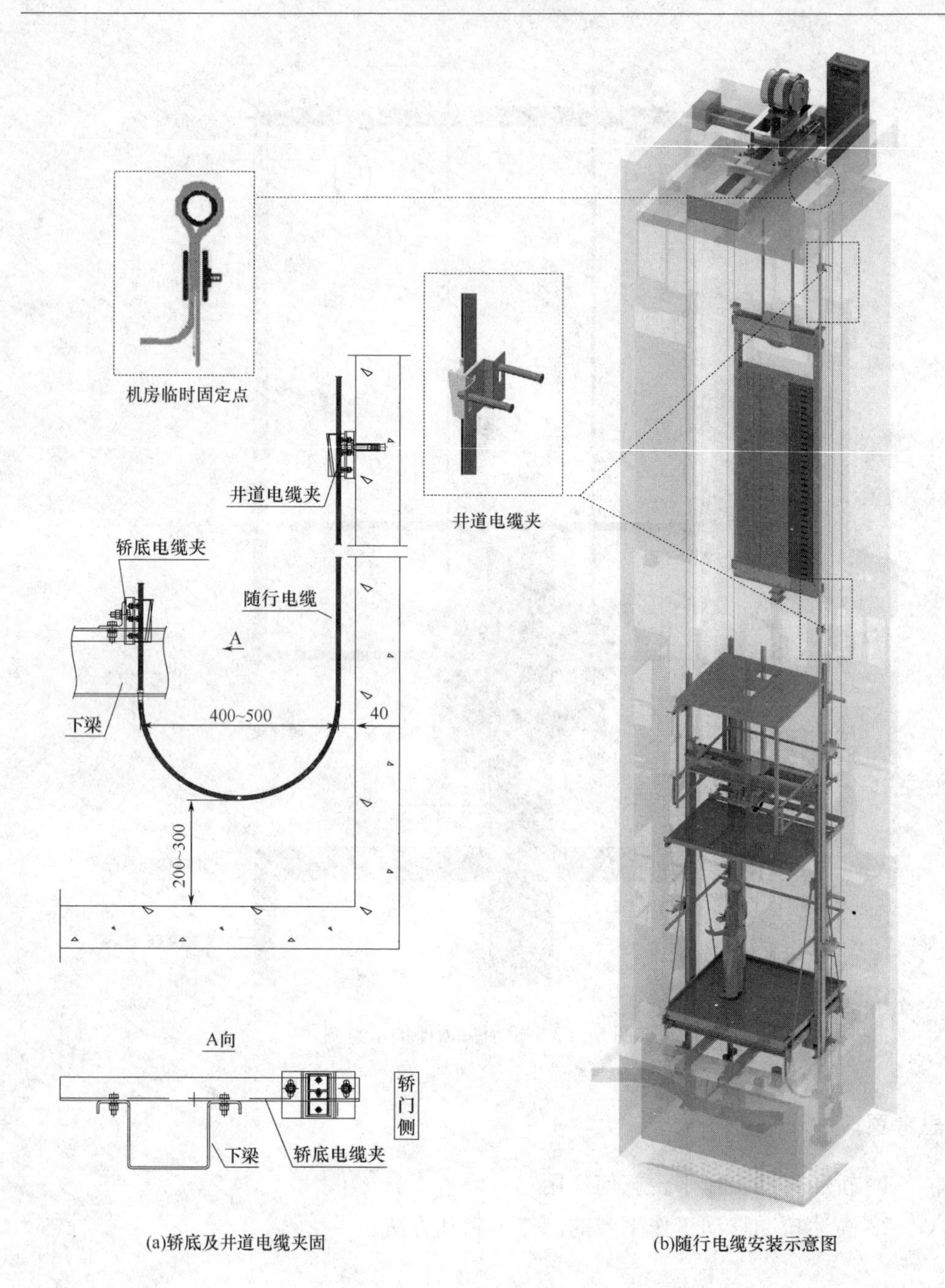

图 6－54　随行电缆安装

一、悬挂随行电缆

（1）随行电缆捆绑在钢管上临时固定在机房内。

（2）轿底随行电缆固定处可以安装到位（图 6－55）。

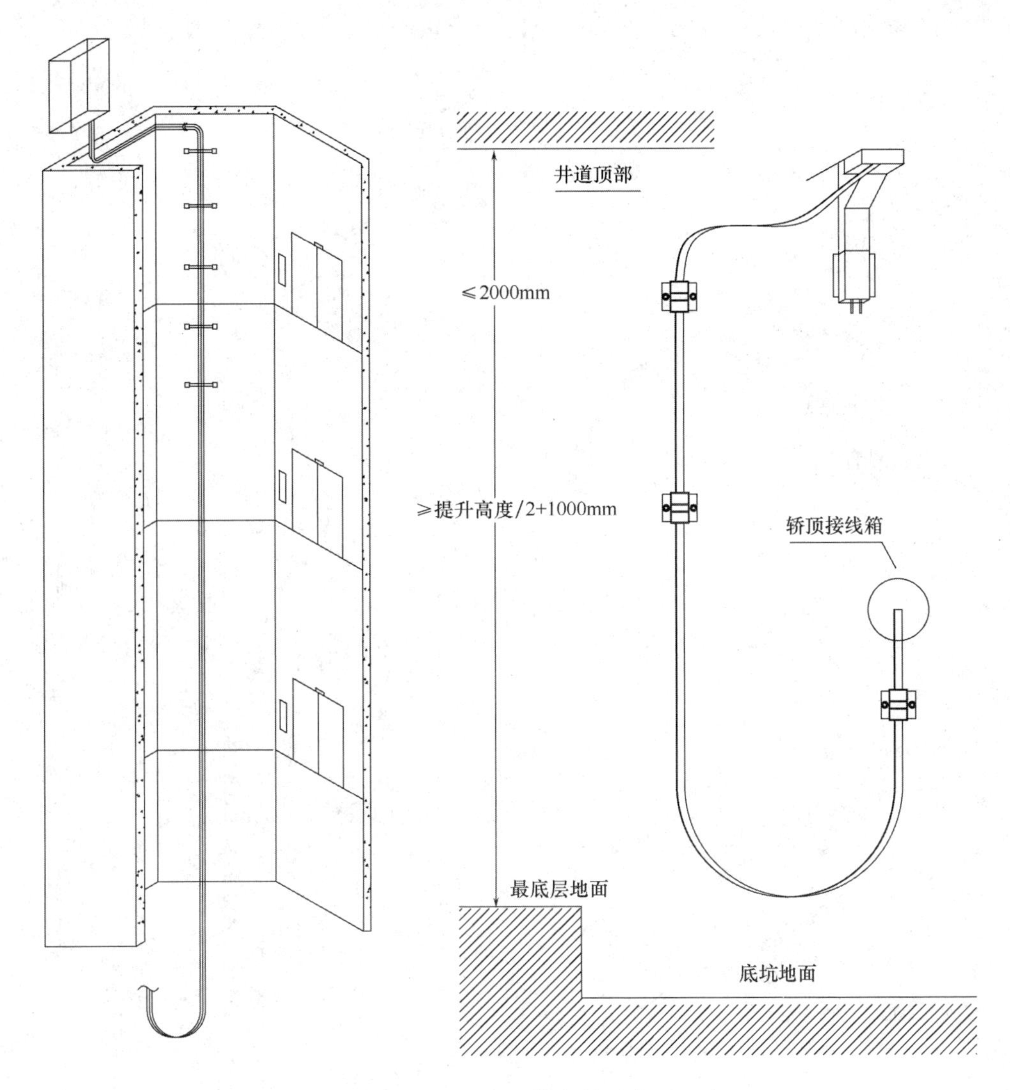

图 6－55　随行电缆安装示意图

二、轿顶检修箱固定

电梯的轿顶检修箱是连接轿厢与机房电气的中转枢纽，同时也包括轿厢检修的操作及控制开关（急停开关、检修运行按钮、检修上行、检修下行、轿顶照明）。每家电梯公司的轿顶检修箱设计可能不一样，有的公司是将接线箱和检修箱分开，有的公司是一体式。但不管怎样设计，安装检修箱时需要注意一点，就是在打开厅门进入轿顶前，在厅门外可以将检修运行按钮由“正常”拨到“检修”。某电梯公司的轿顶检修安装，如图 6－56 所示。检修箱的安装位置，一定要满足站在厅门外弯腰就可以够到。

检修箱固定好后用透明塑料膜包裹住，防止进水造成漏电。

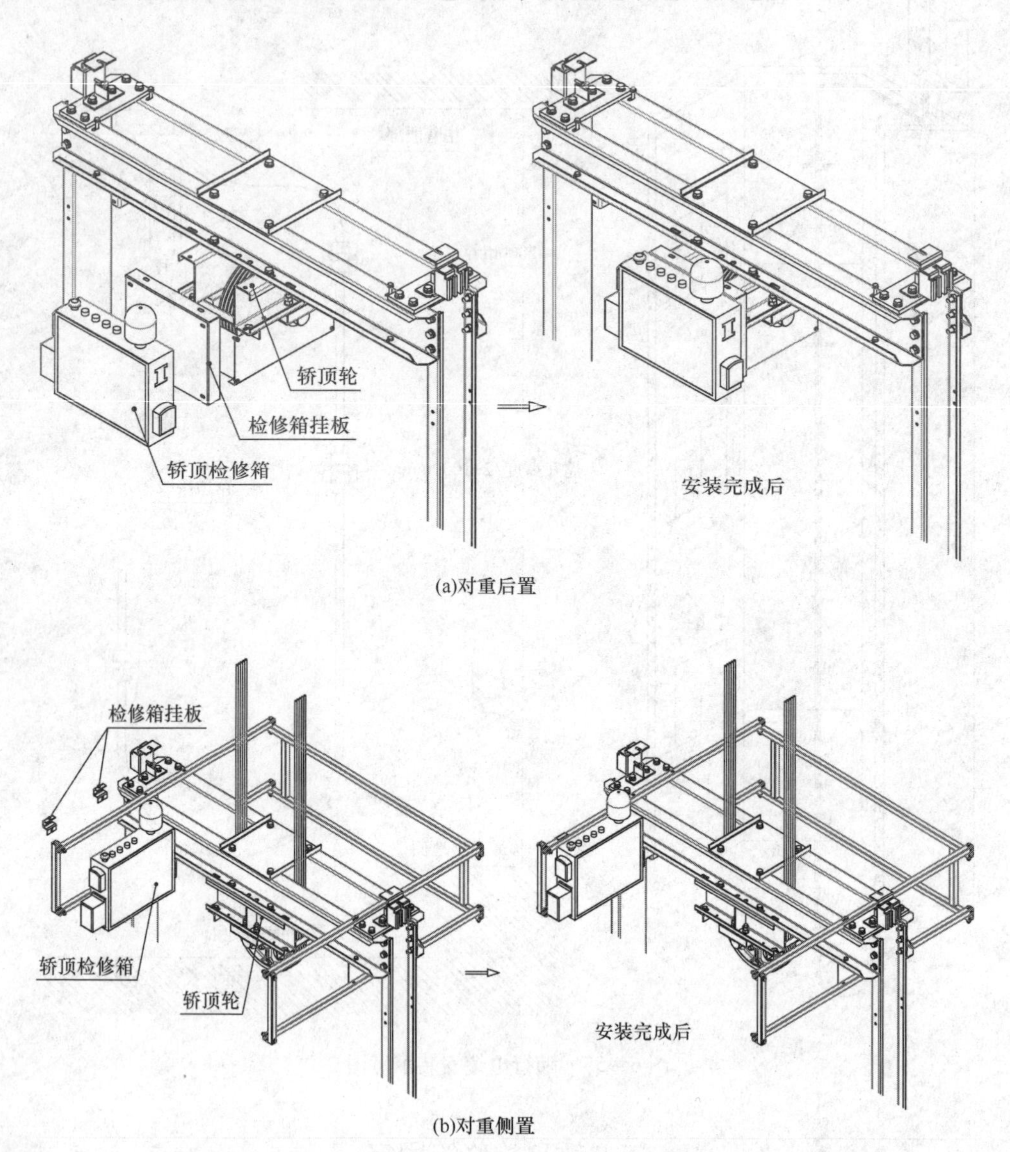

(a)对重后置

(b)对重侧置

图 6-56　轿顶检修箱安装示意图

三、对重运动警示保护装置

由于轿厢移动平台安装了头顶保护，不能看见头顶上方的物体，当轿厢和对重架相交会时，无法及时发现，存在安全隐患；在对重架上安装一个铃铛，当对重架要与轿厢头顶保护相遇时，铃铛会撞击头顶保护发出响声，引起警惕，如图 6-57 所示。

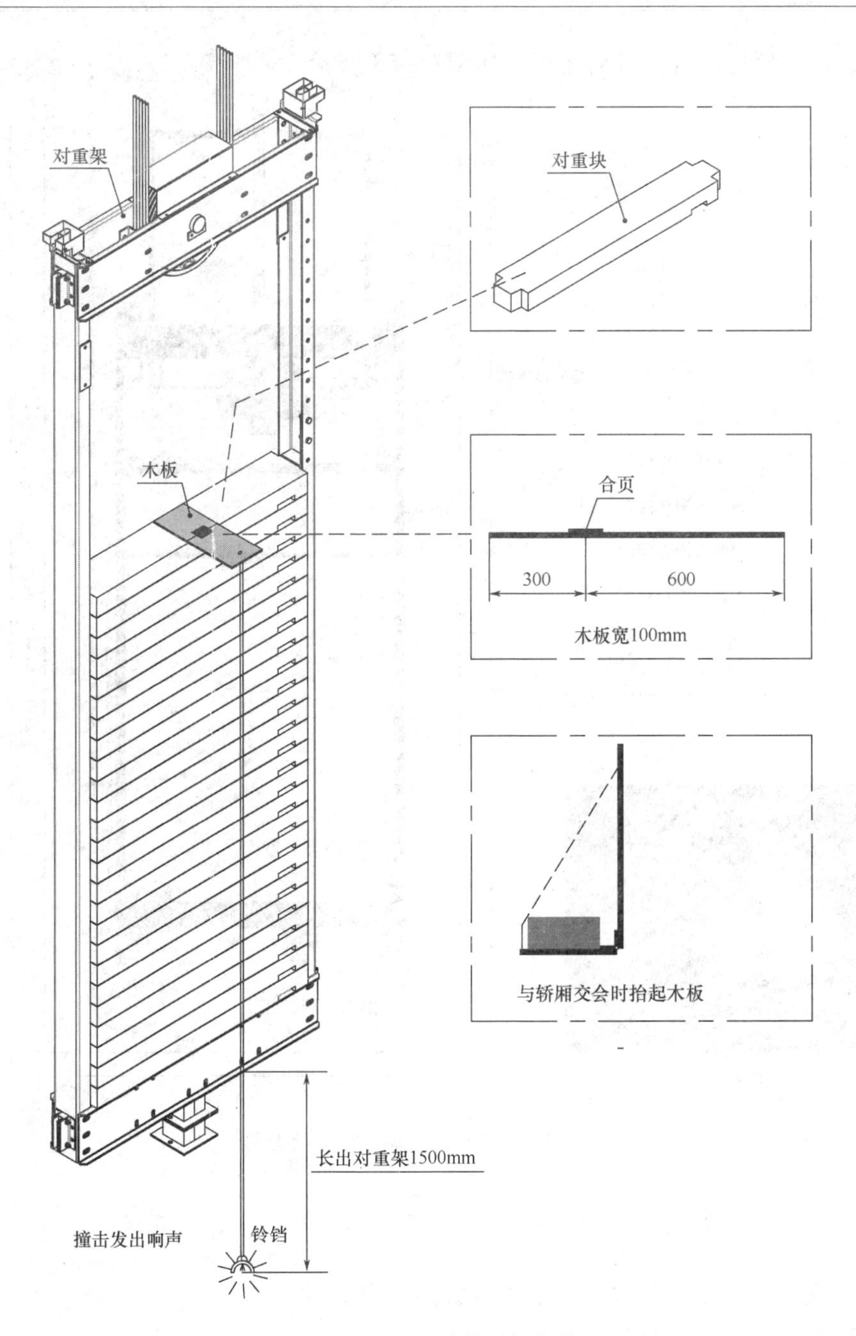

图 6－57　对重运动警示保护装置

四、轿底报警器的安装

由听觉警报和灯光组成的警报系统必须固定在轿厢底部，并且与机械控制相连，以便轿厢任何移动都将启动报警系统。所有此类报警系统都应具备 5s 延时特性，以使轿厢在五秒钟后运行，如图 6－58 所示。

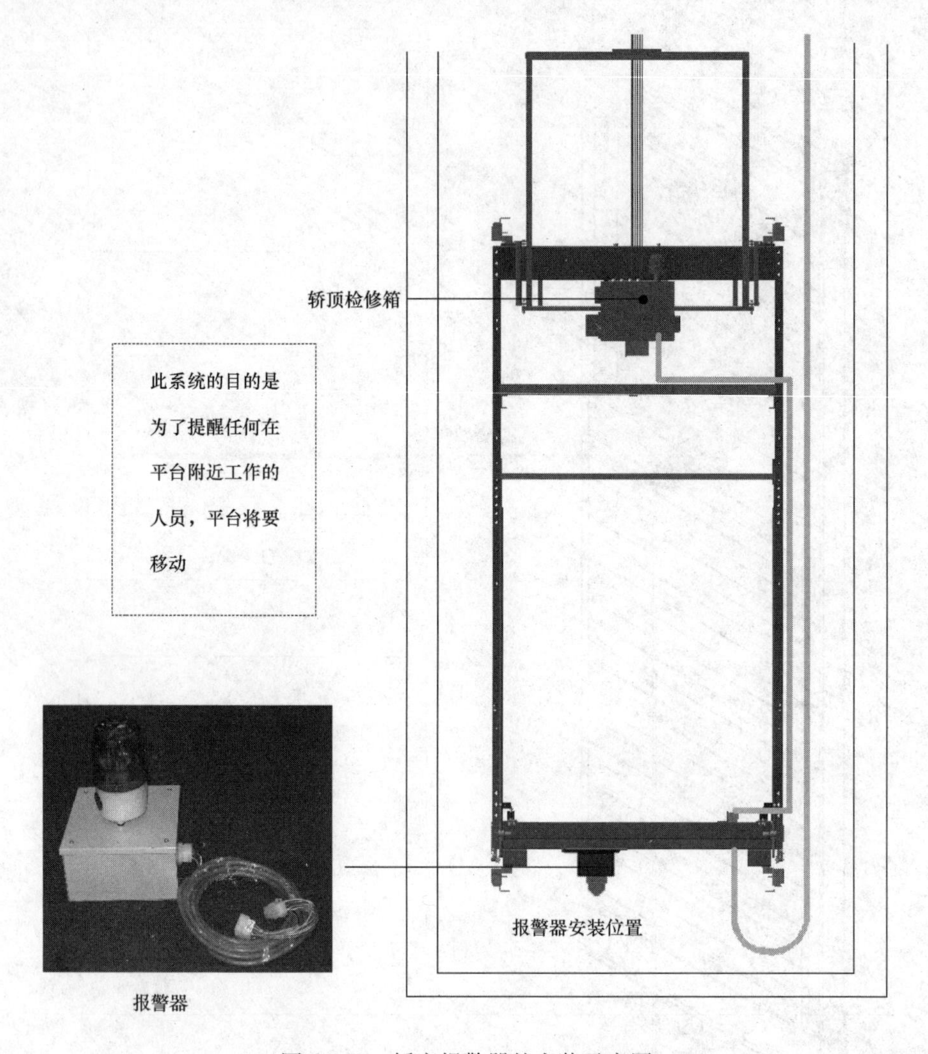

图 6－58　轿底报警器的安装示意图

思考题：

1. 随行电缆安装尺寸有何要求及如何固定？
2. 轿顶检修箱有何功能？如何安装？
3. 对重运动警示保护装置和轿底报警器分别起什么作用？

第九节　限速器安装

限速器和涨紧装置是配套的，它与安全钳一起起到联动作用，限速器的安装如图 6－59 所示。

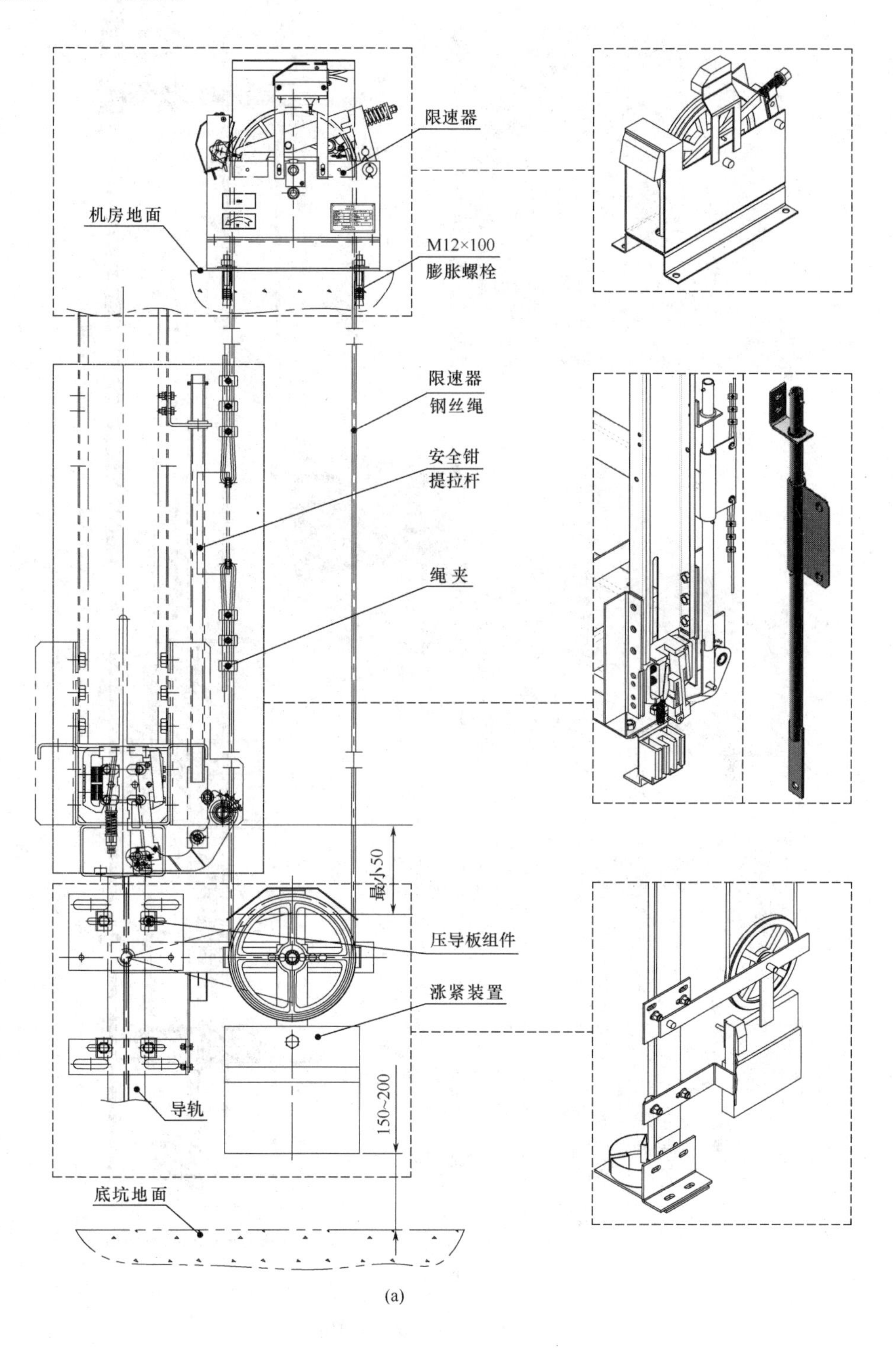
限速器
机房地面
M12×100
膨胀螺栓
限速器
钢丝绳
安全钳
提拉杆
绳夹
最小50
压导板组件
涨紧装置
150~200
导轨
底坑地面

(a)

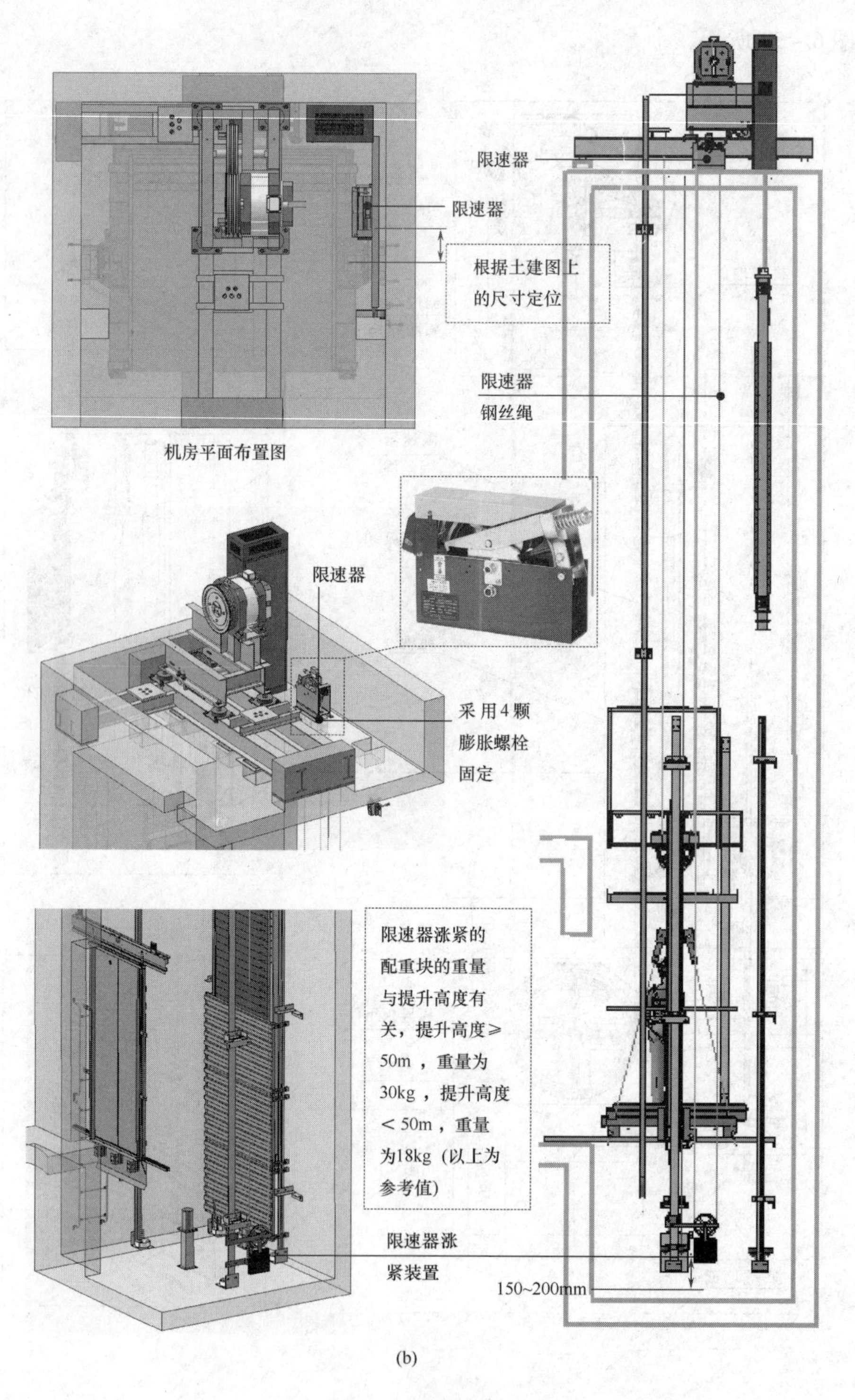

(b)

图6－59　限速器安装示意图

第十节　慢车调试

随行电缆接好，限速器安装后，就可以做慢车调试，使轿厢移动平台移动了。由于电梯机械部件并没有全部装完，很多安全电路需短接，此时的运行安全保护措施也不完善，操作不当就会带来很严重的后果，所以慢车调试一定要事先做好详细检查和培训，本章将介绍慢车调试的一些基本要求、调试方法和注意事项。

一、慢车调试前期准备

（1）调试人员需经过公司培训并持有公司调试授权。

（2）调试人员需要对电梯的控制系统非常熟悉，模块子系统的功能和无脚手架安装工艺。

（3）调试人员非常熟悉电梯公司电梯的安装规定、规章和流程，调试员必须严格控制短接线操作，确保轿顶急停、限速器、安全钳、夹绳器（有齿轮曳引机时，需配置）开关等能有效动作。

（4）按下页检查表确认表中所有项符合后，按调试规范要求调试慢车，并确保轿顶照明强度足够。

（5）检查输入电压切断主电源空气开关和控制柜内的其他空气开关，检查三相输入电压是否在规定范围之内（±7%），检查照明电压是否为220V ±7%。

（6）确认控制柜内检修手柄上的检修开关处于检修位置，确认安全钳开关、检修盒急停、限速器开关安全有效。

（7）合上主电源开关，检查控制柜内各电器件工作情况，使用调试工具调整参数，确保电梯慢车速度≤0.5m/s。

（8）每次开电梯前，电梯先向下运行，再往上运行。

二、慢车调试检查

在调试和开慢车之前，必须符合并遵守表6－4内容，否则存在安全隐患。

表6－4　　动慢车检查

下述检查内容非常重要，其中任意1项没有达到要求，都存在安全隐患。

序号	检查内容		检查描述
1	机房	限速器、钢丝绳安装完成	
2		有齿轮曳引机需安装夹绳器	
3		机房门窗能够锁闭	
4		钢丝绳孔台阶做好	
5		电源电压符合标准（±7%）	

续表

序号	检查内容		检查描述
6	机房	检查抱闸系统，确保制动性能可靠	
7		曳引轮、导向轮挡绳杆安装完成	
8		控制柜内短接线符合电梯安装标准	
9		限速器开关不允许短接	
10		检修速度≤0.5m/s	
11	轿厢	安全钳、连动机构、电器开关安装完成，并起作用	
12		轿顶检修盒安装完成，轿顶急停开关起作用	
13		轿顶护栏和头顶保护安装完成	
14		轿顶轮护罩、挡绳杆安装完成	
15		随行电缆安装完成	
16		声光报警安装好并起作用	
17	底坑	轿厢和对重缓冲器安装完成	
18		底坑爬梯安装完成	
19		底坑内无渗水现象	
20	井道	井道壁无突出物（如钢筋）	
21		曳引钢丝绳与头顶保护、工作平台不发生干涉	
22		召唤盒孔洞需有防护	
23		每一层门都安装有护网和护栏	
24	对重	对重导向装置安装完成	
25		对重块已经压紧	
26		对重架的总重量略轻于轿厢	

三、主机调试前准备工作

（1）参照电气原理图短接门锁、安全、轿顶检修回路。

（2）连接好编码器信号线。

（3）参照电气原理图连接好抱闸线圈线。

（4）连接好动力线，端子中的R、S、T、PE与业主电源的L1、L2、L3、PE的一一对接，端子中的U、V、W、PE与主机电源盒中的U、V、W、PE的一一对接。

（5）使用万用表对电气回路进行检查

1）电源检查　系统上电之前要检查用户电源。用户电源各相间电压应在380V±15%以内，每相不平衡度不大于3%。

2）检查总进线线规及总开关容量应达到要求　系统进电电压超出允许值会造成破坏性后果，要着重检查，直流电源应注意区分正负极，系统进电缺相时不要运行。

3）接地检查

①检查下列端子与接地端子 PE 之间的电阻是否无穷大，如果偏小请立即检查：

- R、S、T 与 PE 之间
- U、V、W 与 PE 之间
- 主板 24V 与 PE 之间
- 电机 U、V、W 与 PE 之间
- 编码器 15V、A、B、PGM 与 PE 之间
- +、-母线端子与 PE 之间
- 安全、门锁、检修回路端子与 PE 之间

②检查电梯所有电气部件的接地端子与控制柜电源进线。

四、调试工具及代码介绍

（1）调试工具主要有操作器和主板上的小键盘，如图 6-60、图 6-61 所示。

图 6-61　主板上小键盘

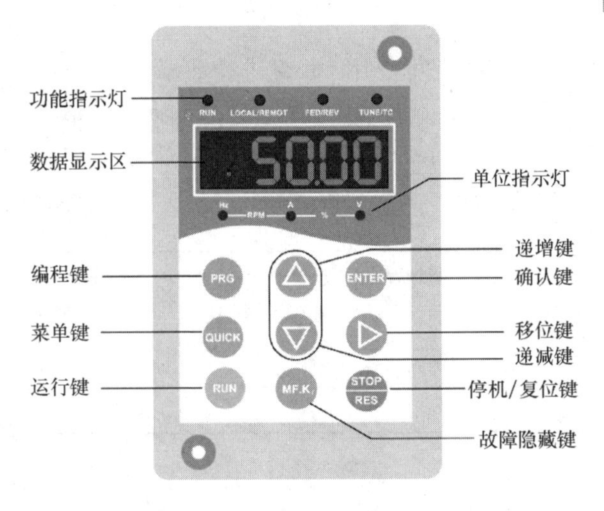

图 6-60　操作器

F0：楼层及运行方向
F1：运行楼层命令输入
F2：故障复位
F3：时间显示
F4：合同号显示
F5：运行次数显示
F6：开关门控制
F7：自学习命令输入
F8：测试功能（封锁外召/开门/超载/限位）
F9：保留
FA：电机调谐功能
FB：轿顶状态显示
FC：电梯运行方向更改

（2）功能代码

F0：楼层及运行方向信息

上电默认为 F0 的数据菜单显示，第 1 位的数码管用于方向显示，后两位数码管显示当前楼层，故障状态时，数码管自动切换为故障代码闪烁显示，如果故障自动消失则进入 F0 的菜单显示。

F1：运行楼层命令输入

进入 F1 的数据菜单后，可以用 UP 键进行目的楼层设定，选定楼层后按 SET 键保存，电梯向设定楼层运行，同时自动切换到 F0 的数据菜单显示。

F2：故障复位及显示故障时间代码

范围 0 ~ 2，1 表示系统故障复位命令，此时按 SET 键保存，清除当前系统故障，然后自动切换到 F0 的数据菜单显示；2 表示显示故障时间代码，此时按 SET 键，将循环显示 11 条故障记录的故障代码以及故障时间，按 PRG 退出。

F3：时间显示

进入 F3 的数据菜单后，将循环显示系统当前时间。

F4：合同号显示

进入 F4 的数据菜单后，将循环显示使用者的合同号。

F5：运行次数显示

循环显示次电梯运行次数。

F6：开关门控制

进入 F6 的数据菜单后，数码管将显示 1 - 1，此时 UP 和 SET 键分别表示开门和关门命令，按 PRG 键退出。

F7：楼层自学习命令输入

进入 F7 的数据菜单后，数码管显示“0”，可以用 UP 键进行数据设定更改，范围 0 ~1，其中 1 表示系统楼层自学习命令，此时按下 SET 键，当满足井道自学习条件时，电梯开始井道自学习，并转为显示 F0 的数据菜单，自学习完毕 F7 自动复位为 0；不满足井道自学习条件时，提示 E35 故障。

1	封锁外召
2	封锁开门
3	封锁超载
4	封锁限位开关

F8：测试功能

通过 PRG、UP、SET 键进入 F8 的数据菜单后，数码管显示“0”，F8 的设定范围 0 ~4，分别表示：

FA：调谐功能

FA 的设定范围 0 ~ 2，分别表示：1 带负载调谐；2 无负载调谐（需要手动改 F0 - 01 为 0 才可以使用）。

确认电梯满足安全运行条件后，进入 FA，按 SET 键确认，数码管显示 TUNE，电梯进入调谐状态，再次按 SET 键开始调谐，调谐完成后小键盘将显示当前角度，持续 2s，之后自动切换到 F0 的数据菜单。按 PRG 退出调谐状态。

FB：轿顶状态显示（表 6 - 5）

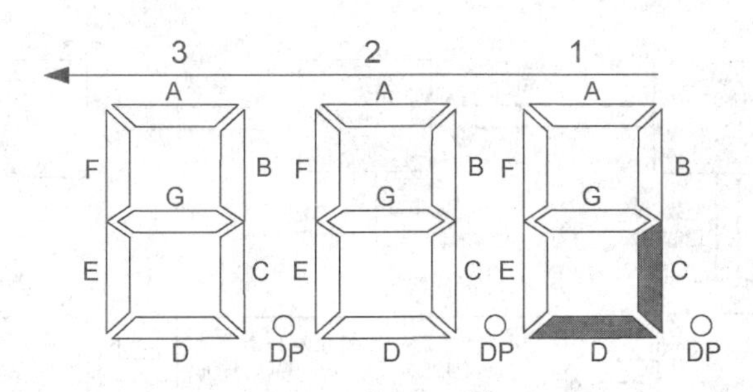

表 6 - 5　　轿顶状态显示

管号	管段	管段意义	数码管段“亮”的含义
1	A	光幕 1	光幕信号 1 输入有效
	B	光幕 2	光幕信号 2 输入有效
	C	开门到位 1	开门到位 1 信号输入有效
	D	开门到位 2	开门到位 2 信号输入有效
	E	关门到位 1	关门到位 1 信号输入有效
	F	关门到位 2	关门到位 2 信号输入有效
	G	满载	满载信号输入有效
	DP	超载	超载信号输入有效
2	A	轻载	轻载信号有效
3	A	开门 1	开门 1 继电器输出
	B	关门 1	关门 1 继电器输出
	C	强迫关门 1	强迫关门 1 继电器输出
	D	开门 2	开门 2 继电器输出
	E	关门 2	关门 2 继电器输出
	F	强迫关门 2	强迫关门 2 继电器输出
	G	上到站钟	上到站钟继电器输出
	DP	下到站钟	下到站钟继电器输出

FC：更改电梯的方向：

功能等同于 F2－10

五、调试过程

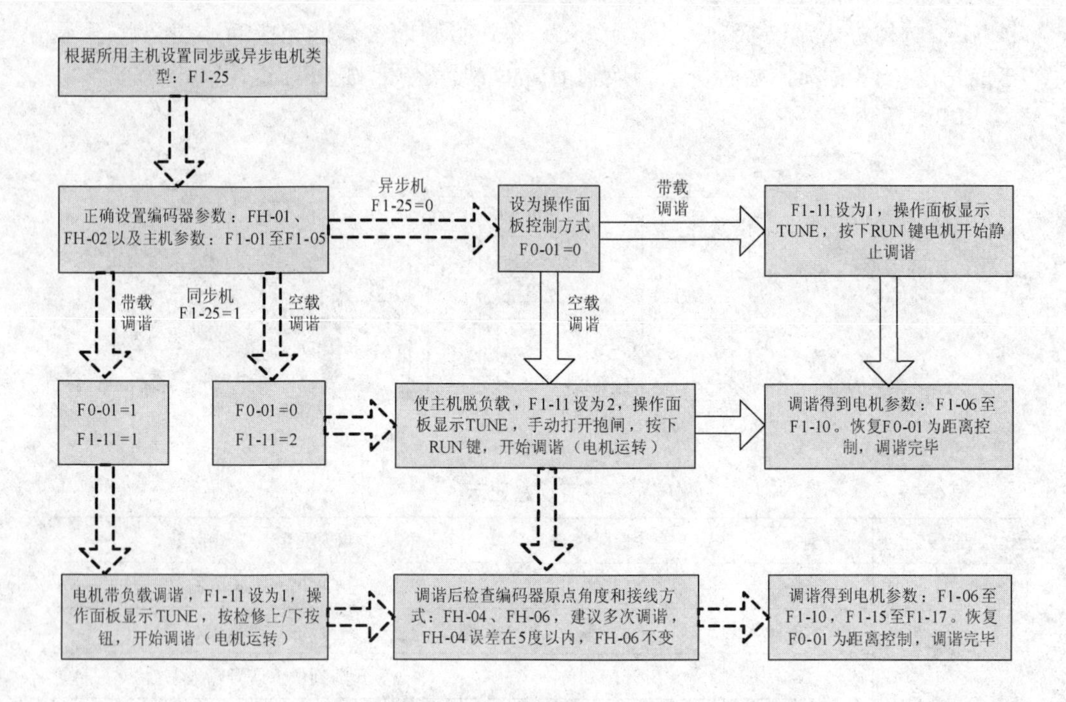

六、检修运行

1. 井道确认

确认轿厢运行安全畅通。

2. 方向确认

检修运行指令方向与电梯实际运行方向一致，通过观察实际运行效果确认；若有不一致情况，可以直接通过更改 F0－05 参数修正。

3. 运行电流确认

无负载运行电流不超过 1A，设置 FA－01＝16，操作器会只显示当前运行电流。空载向下运行不超过电机额定电流。

七、电机调谐问题处理

1. 无法进入调谐状态

当处于故障报警状态时，系统不进入调谐状态（即不显示 TUNE），请复位当前故障后开始调谐。

2. 带载调谐开始时主机抖动/报 E20

（1）带载调谐需保证电机接线正确（电机 UVW 与控制器 UVW 一一对应）。

（2）如果电机接线正确，电机在打开抱闸后可能会来回抖动或者运行不起来，此时需要将 UVW 电机线任意两相调换。

（3）如果调换过电机线序后仍然存在问题，请确认编码器参数是否正确，编码器各信号线是否正常。

3. 带载调谐时主机不转/报 E20

（1）检查抱闸是否完全打开。

（2）检查编码器连接完好或更换 PG 卡尝试。

4. 调谐无法停止/报 E19

（1）检查编码器信号线是否正常，或更换 PG 卡尝试。

（2）UVW 电机线任意两相调换。

思考题：

1. 电梯调谐时，按上下行按钮曳引机不转动且不报电梯故障，有哪些原因？
2. 电梯调谐时，报 E20 编码器故障，有哪些原因？
3. 电梯调谐后运行方向与实际方向相反，如何处理？

第十一节　安装其他导轨

本节主要介绍导轨与导轨的连接方法、接头处校正和修整以及安装要求。

一、导轨的起吊

（1）清洁导轨，将导轨放至层门口处。凡是涉及使用卷扬机进行起吊的工作，机房必须有人时刻查看卷扬机运行，并保证使用卷扬机的附属部件（如 U 形螺栓、钢丝绳、吊环等）工作良好，没有损坏。

（2）起吊导轨时机房处人员和首层处人员需要保持良好的沟通，确保起吊安全，如图 6-62 所示。

二、导轨对接处安装要求

下面主要介绍导轨与导轨的连接，轿厢导轨安装好后再安装对重导轨，如图 6-63 所示。

三、导轨安装与校正

电梯运行舒适的好坏，导轨校正质量是最关键的，所以校正导轨时要认真、仔细，具体的操作步骤如下。

（1）当第二根导轨支架安装完毕开始起吊导轨，安装到支架上固定（支架和导轨连接处）至少垫入 1mm 的塞片。

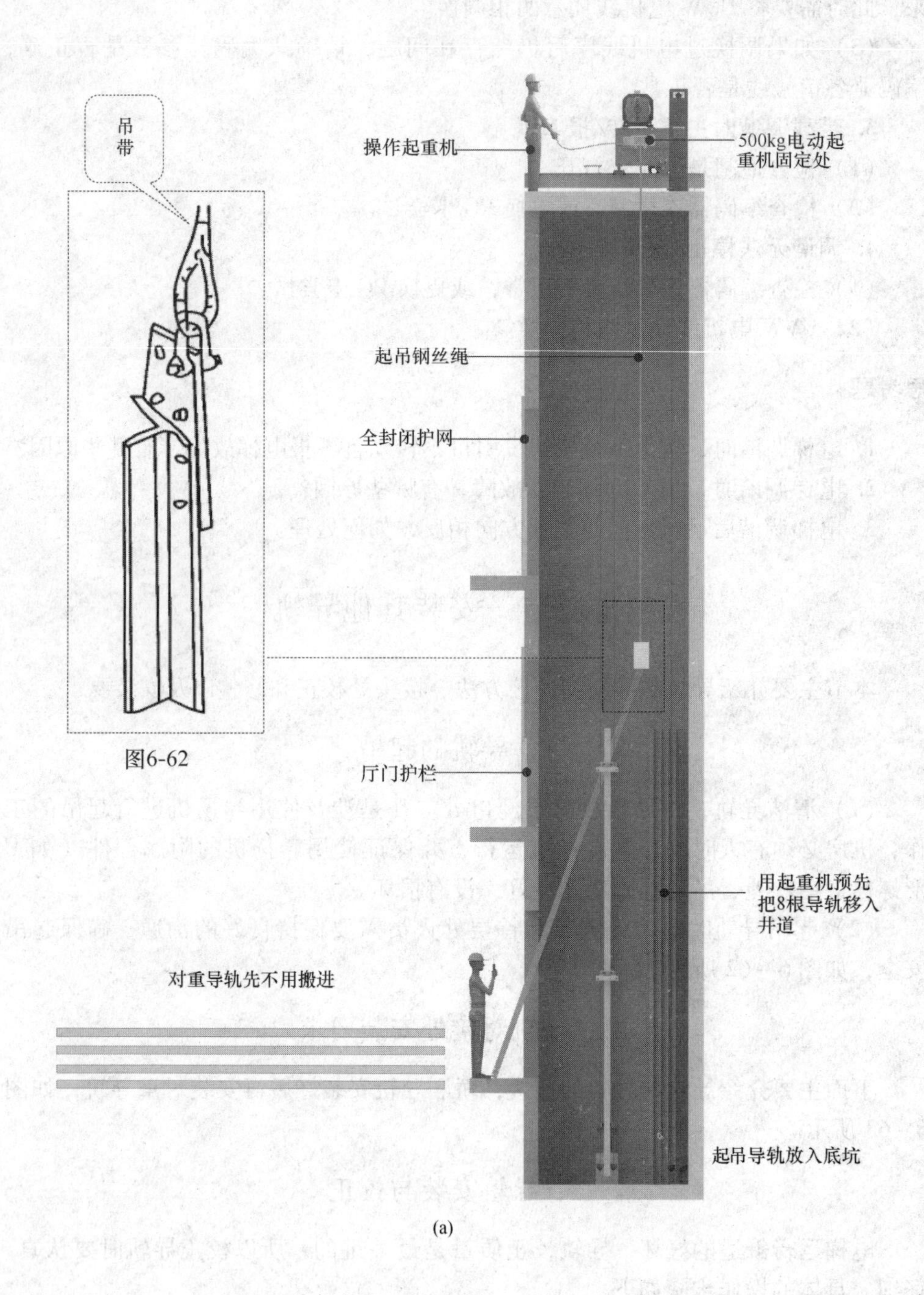
吊带
操作起重机
500kg电动起重机固定处
起吊钢丝绳
全封闭护网
厅门护栏
用起重机预先把8根导轨移入井道
对重导轨先不用搬进
起吊导轨放入底坑

图6-62

(a)

注意事项：

需要保证卷扬机钢丝绳不与其他障碍物相碰擦并保证安全。

将轿厢移动平台安装好后，在开慢车之前要安装以下部件

1. 安全钳全部联动机构，并起作用
2. 缓冲器
3. 第二根导轨

导轨重量自查表

国际型号	导轨面宽	底面宽	导轨高	每米的质量 kg/m
TK5A	16.4	78	60	4.85
T75	10	75	62	8.63
T78	10	78	56	8.63
T82	15.88	82	62	8.63
T89	15.88	89	62	12.3
T114	16	114	89	16.40
T127	15.88	127	88.9	22.7

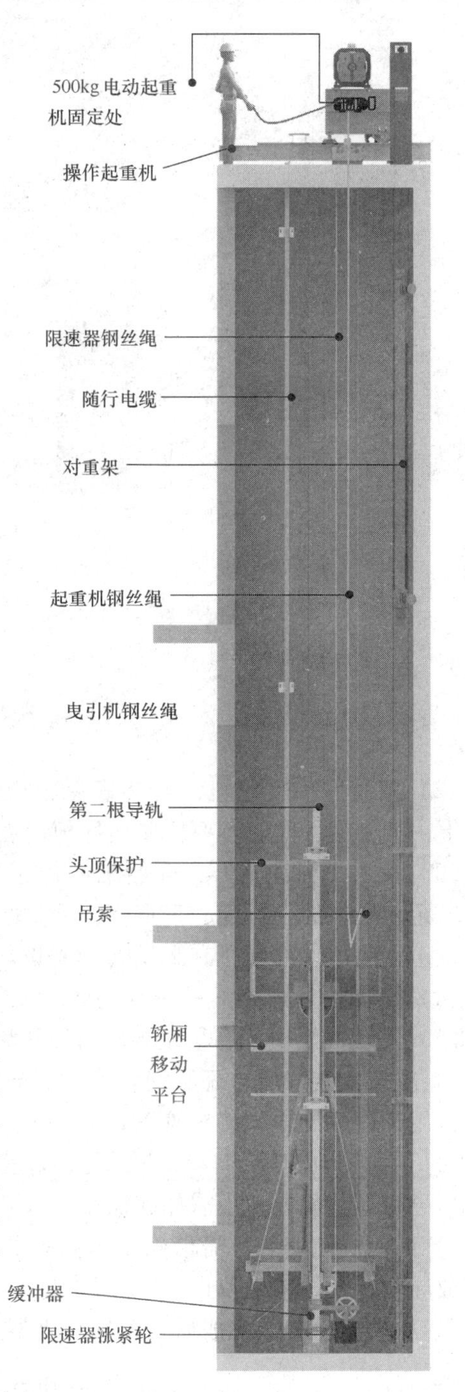

(b)

图6－62　起吊导轨示意图

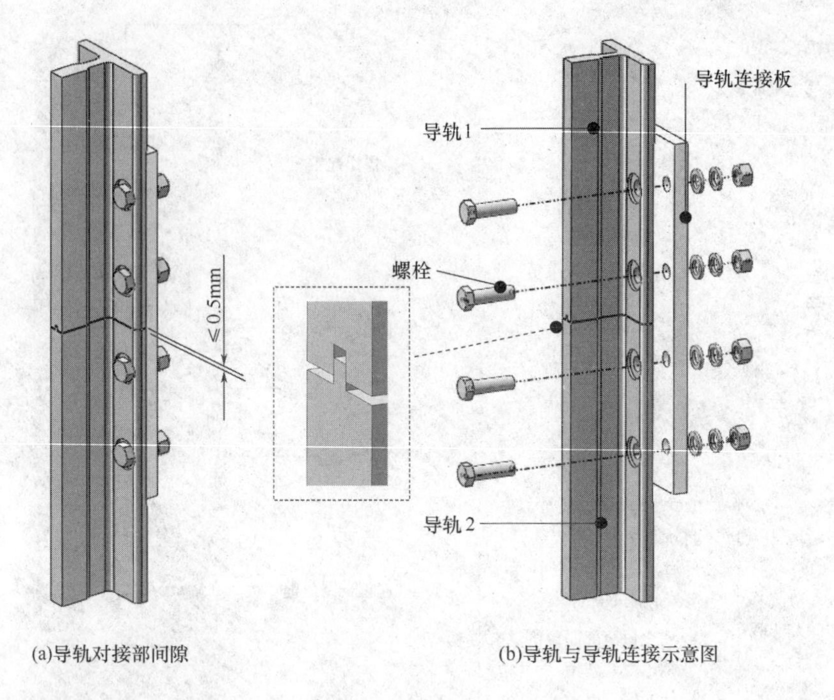

图6-63　导轨对接处安装

（2）安装另一边导轨，安装好后，把电梯开到指定位置，断开急停开关，安装上一档支架，此时不要压紧压导板。

（3）这时电梯往下开，开始细心校正导轨，用校导尺进行校正，需检查导轨的轨距、导轨的平行度、垂直度；垂直段可以用线测法，也可以用红外线测量仪，校正完成后，拧紧所有螺丝（膨胀螺丝、支架连接螺丝、压导板螺丝）。

（4）电梯往上开校正上一档支架，第二根导轨安装校正完毕。

（5）安装高层电梯，校正导轨可以用以下方式：

1）支架安装好后，开始安装第二根导轨，两根导轨接头要留有5～8mm的间隙，用于以后导轨脱接头校正。

2）预留导轨间隙的操作方式是，连接采用12mm的螺丝，拧紧连接螺丝，压紧压导板。其他导轨不需如此操作，只要压紧压导板。

3）此时导轨安装不需精确校正，等到轿厢导轨全部安装好后，再一根一根往下放导轨，开始精确校正。

4）导轨全部安装完成后，将导轨支架点焊。

四、导轨接头修磨

由于导轨存在加工误差，以及运输也会导致导轨轻度变形产生误差，所以电梯导轨全部安装完后，有些接头处有偏差及快口，会导致电梯运行到此处时有晃动感，同时对导靴的靴衬磨损会严重，所以必须对接头处进行修磨，尤其是高速电梯。

（1）用精度为 0.01/300 的刀口尺和塞尺检查导轨接头处台阶。

（2）若接头处台阶超过 0.05mm 时，则用导轨修磨锉刀进行修磨，修磨长度如下，如图 6－64 所示。

①电梯额定速度 > 2.5m/s，修磨段长度≥300mm；

②电梯额定速度 ≤ 2.5m/s，修磨段长度≥200mm。

（3）修磨部位的表面粗糙度

①冷拔级 A 导轨　修磨部位表面粗糙度≤Ra6.3μm；

②机加工 B 导轨　修磨部位表面粗糙度≤Ra3.2μm；

③精加工 BE 导轨　修磨部位表面粗糙度≤Ra1.6μm。

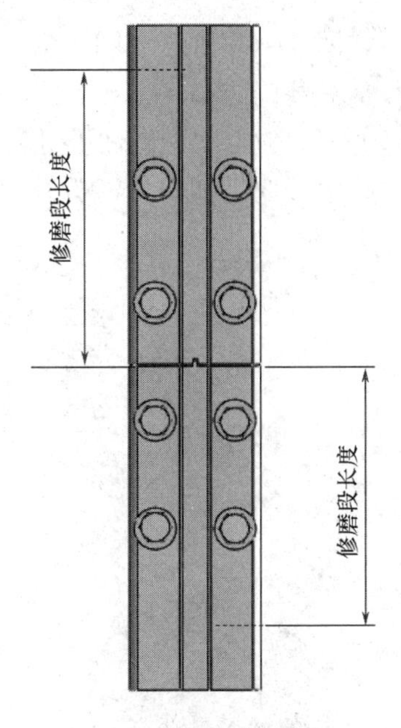

图 6－64　导轨修磨段长度

五、导轨安装注意事项

（1）每次开动电梯时，先下后上，电梯停止后须断开急停开关。

（2）导轨校正好后要用同导轨距相同尺寸的卡尺（自制）测量导轨距。

（3）导轨接头用 600mm 的刀口尺检查。

（4）用校导尺卡导轨时，发现轨距偏小或偏大时，这时校导轨要保证一边按样板线校正，另一边跟着走，一定要保证轨距尺寸上下一样。

（5）导轨校正一定要认真仔细，并且须复查一次。（这点很重要）

思考题：

1. 导轨对接处是如何安装的？对接处的间隙不应大于多少？
2. 导轨校正主要是校正哪几个公差值？
3. 在什么情况下导轨对接处需修磨？导轨的修磨长度是多少？

第十二节　安装层门系统

一、层门系统的组成

层门系统由层门装置、层门板、门套、地坎、地坎支架及护脚板、三角锁组成，如图6-65所示。图示为中分门，厅门安装必须符合安装工艺要求。

常见开门方式有：中分门、中分双折、中分三折、旁开门（分左开和右开），一般情况下中分的开门宽度只能做到开门宽1200mm，所以客梯主要是中分门；中分双折和中分三折开门可以做得很大，故主要用于载货电梯。

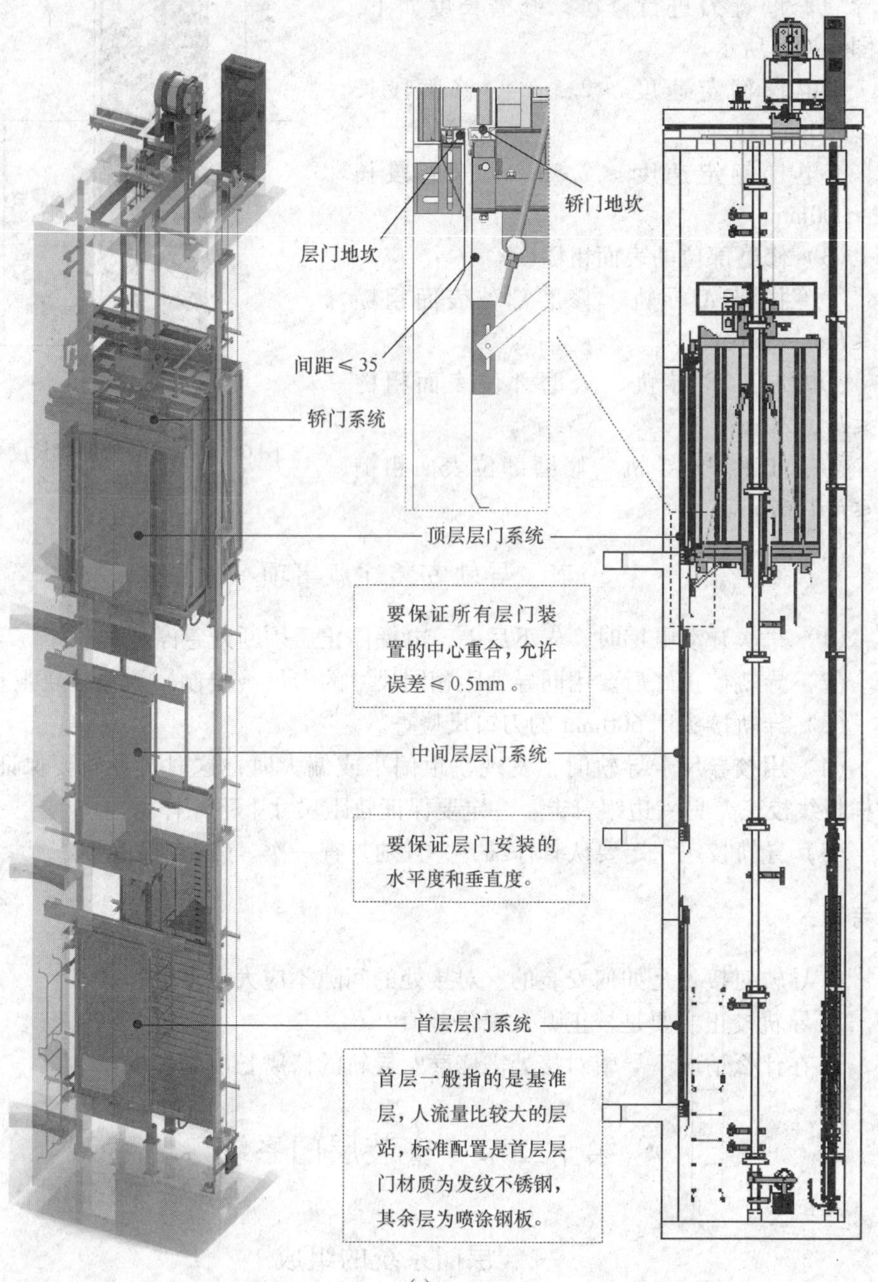

(a)

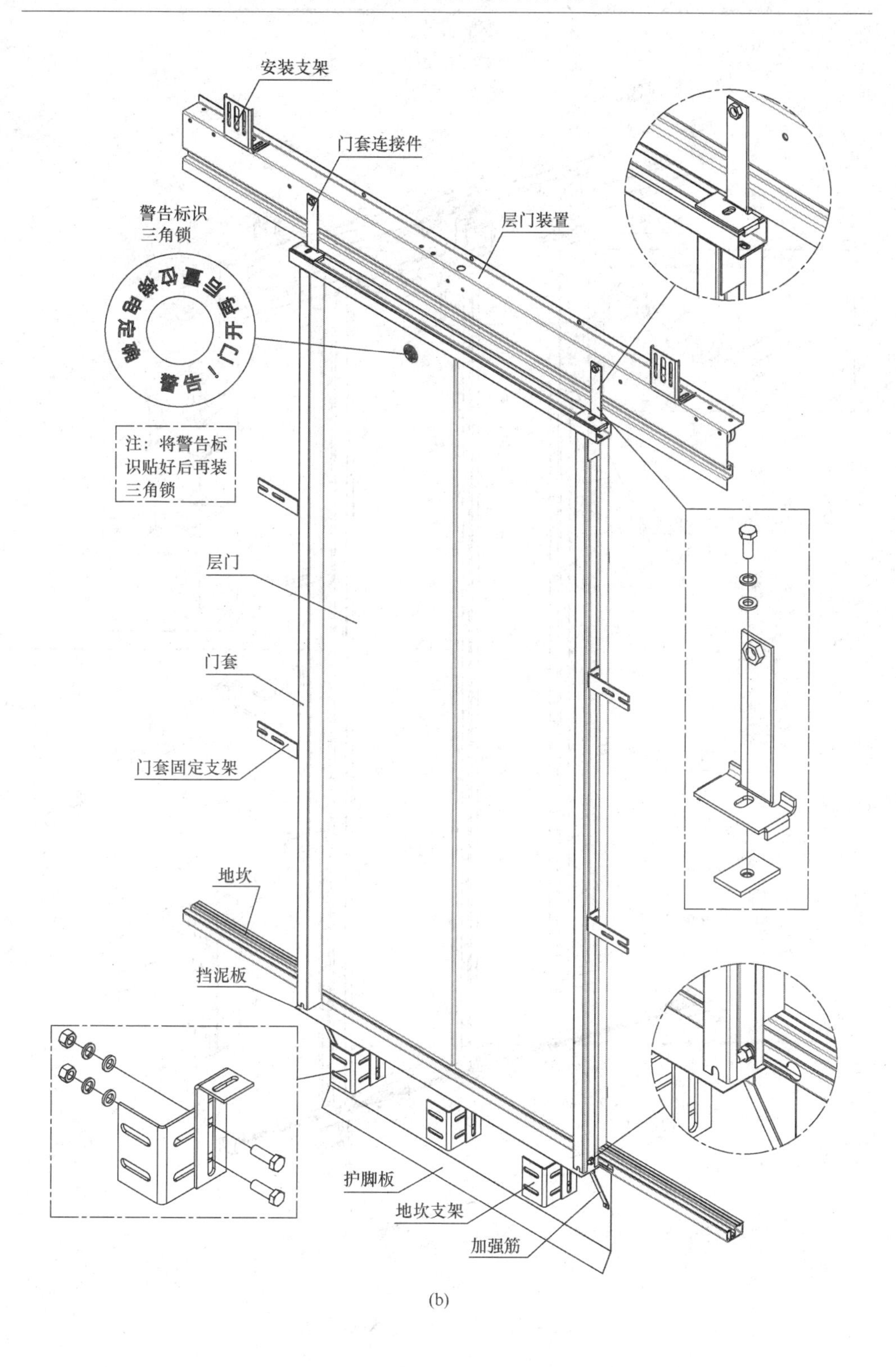

安装支架
门套连接件
警告标识
三角锁
层门装置
警告！门开启前确定轿厢停靠在
注：将警告标识贴好后再装三角锁
层门
门套
门套固定支架
地坎
挡泥板
护脚板
地坎支架
加强筋

(b)

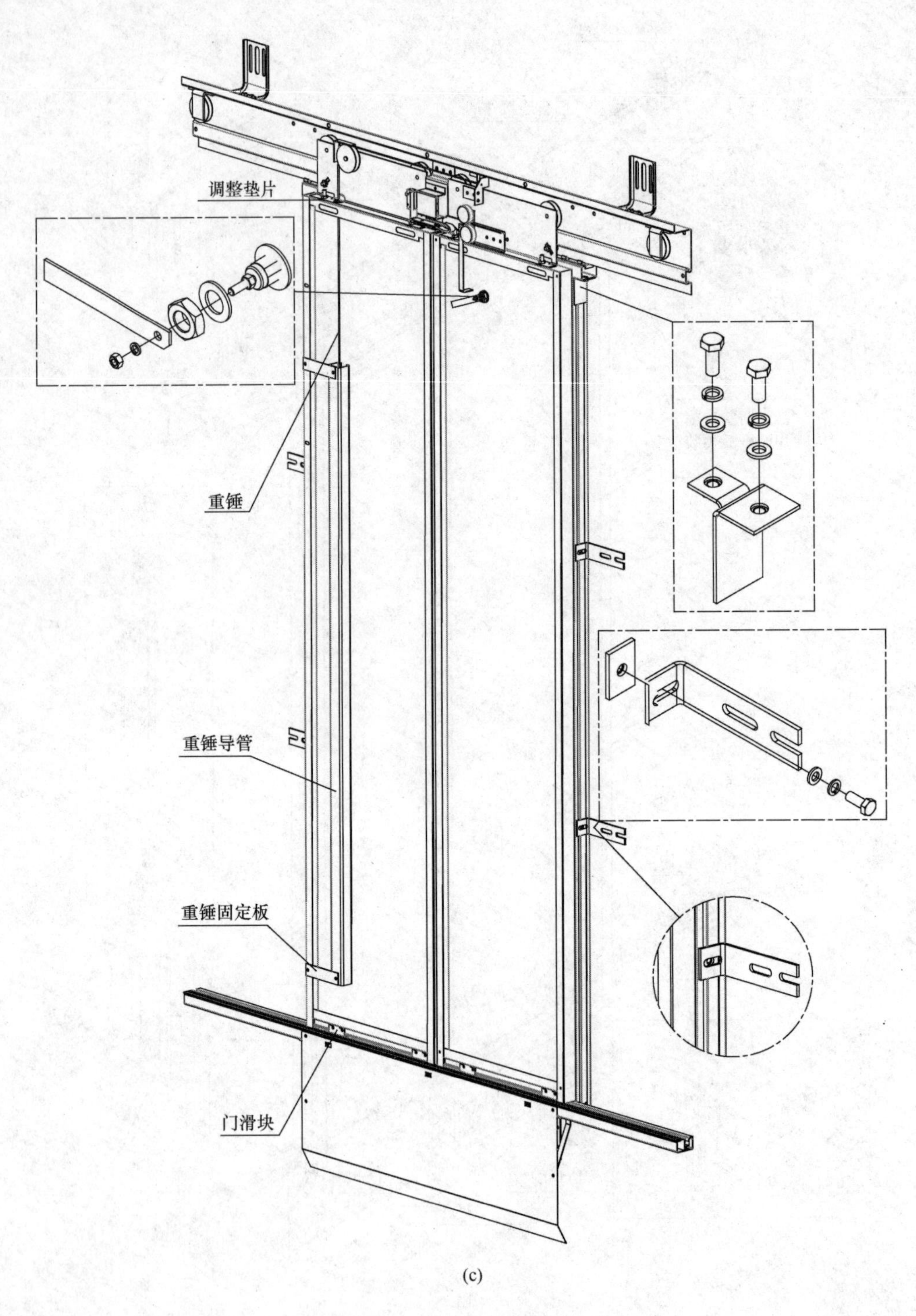

(c)

图 6－65　层门系统总装示意图

二、层门系统的安装方法和步骤

1. 层门地坎安装工装的制作

需 75 ×75 角钢长度 150mm 两根，50 ×50 角钢长度 500mm 两根，40 ×40 角钢长度 200mm 两根，5mm 钢板 30 ×150 两块，采用焊接和连接的方式制作，实际上就是一种工装，如图 6 –66 所示，借助这种工具可以很好、很快地安装层门地坎。

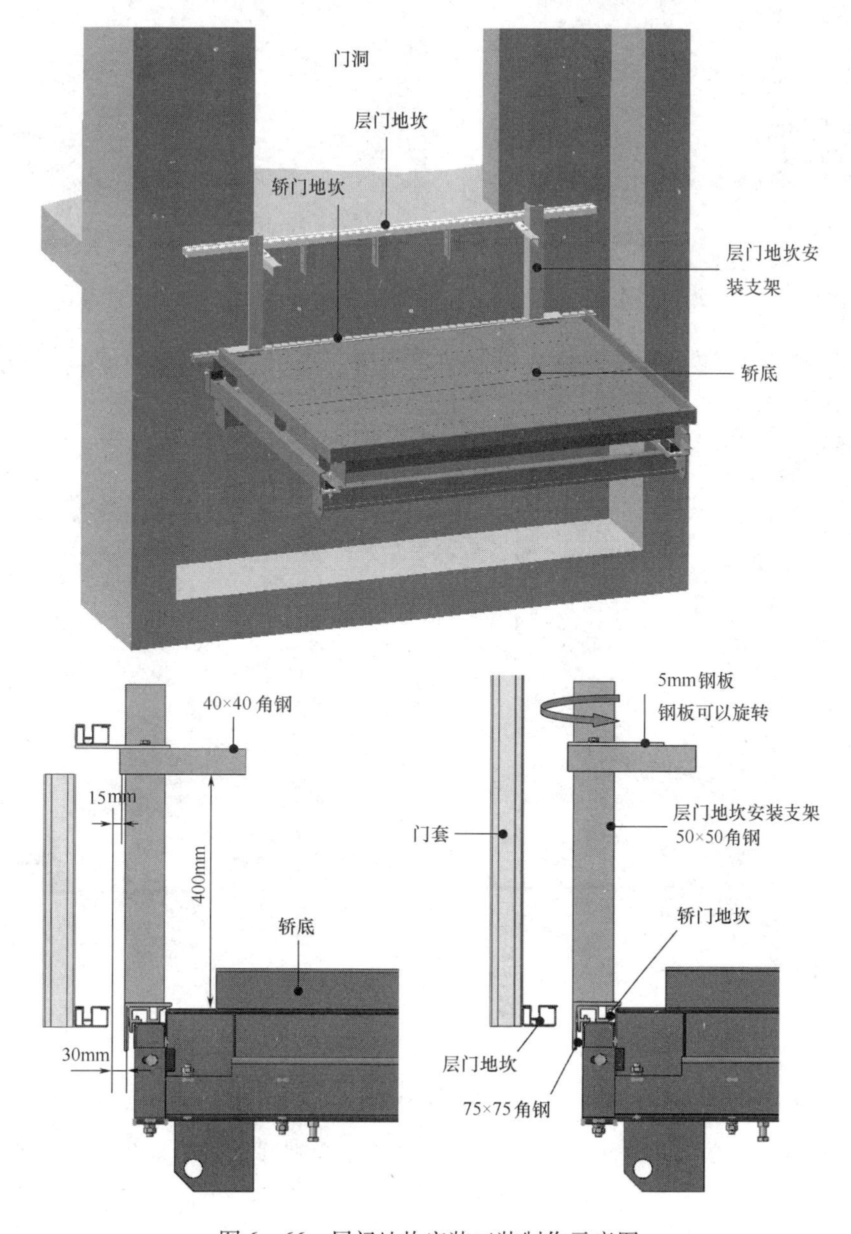

图 6 –66　层门地坎安装工装制作示意图

2. 层门系统安装步骤

（1）定位层门地坎支架的位置，打膨胀螺栓并固定地坎支架，然后安装挡泥板。挡泥板的作用是防止在做地面装修时浇注的混凝土或杂物掉入井道内，如图6－67、图6－68所示。

图6－67　地坎支架固定示意图

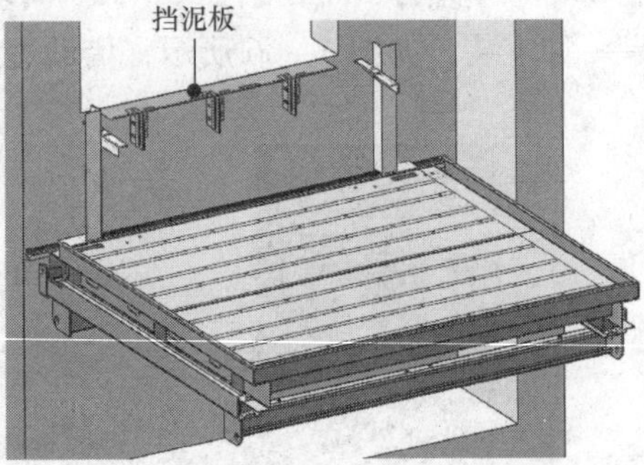

图6－68　挡泥板固定示意图

（2）将层门地坎安装工装与轿厢地坎固定，定位层门地坎位置，然后安装层门地坎，如图6－69所示。

（3）安装门套（含门立柱、门楣及固定支架），如图6－70所示。

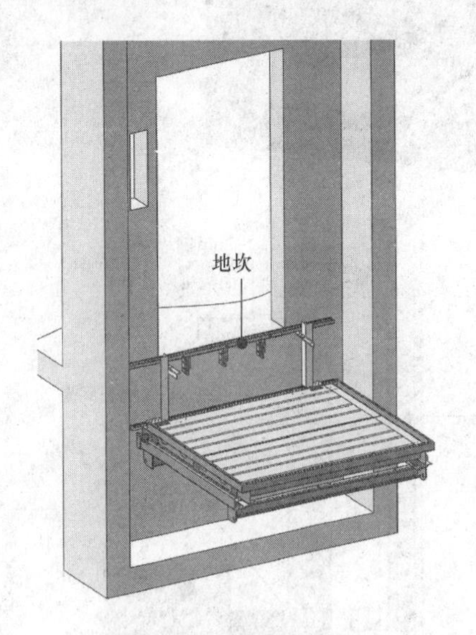

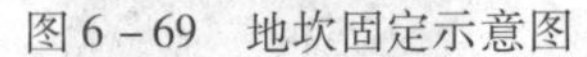

图6－69　地坎固定示意图

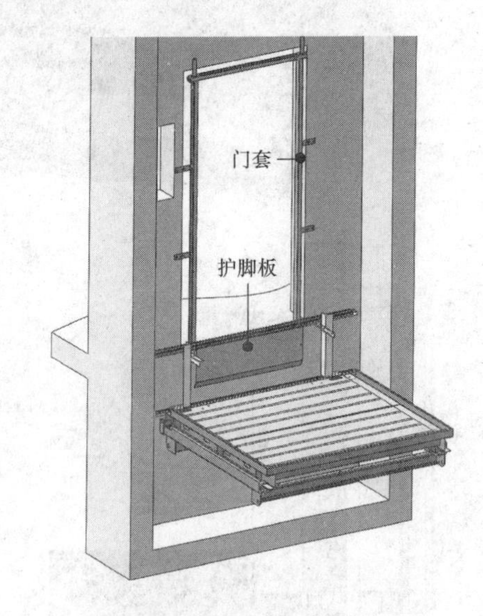

图6－70　门套安装示意图

（4）定位层门装置安装支架位置，打膨胀螺栓固定支架，然后安装层门装置，并定位层门装置的中心位置，调整好位置后将螺栓拧紧，如图6－71所示。

（5）安装层门门板，层门板的封头由于加工误差，可能会造成封头的折弯角不是90°，这时可以通过配置的垫片来调整门板的垂直度（层门装置挂板与层门之间），然后安装门导靴，调整好后将螺栓固定，如图 6－72 所示。

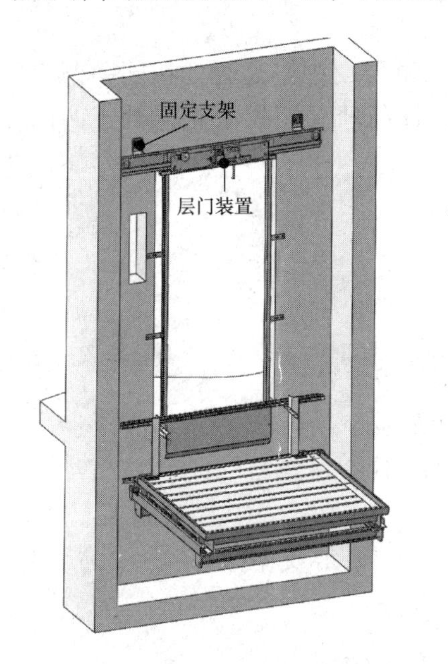

图 6－71　层门装置安装示意图

图 6－72　门板安装示意图

（6）安装重锤及重锤导管、三角锁，如图 6－73 所示。

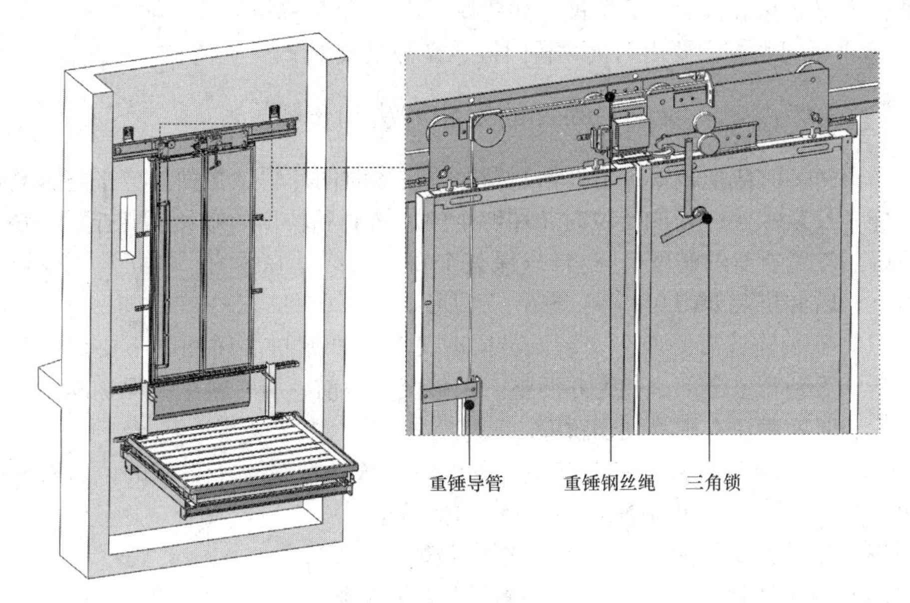

图 6－73　重锤及三角锁安装示意图

3. 层门安装的技术要求

（1）层门关闭后，检查门锁锁钩啮合深度应≥7mm，在此深度条件下门锁安全触点才允许接通；反之，门锁锁钩啮合深度未达到 7mm，门锁触点不允许接通。

（2）每一层层门安装完成后，都要检查测量层门中心是否处在同一条直线上，对出现偏差的层门应及时进行调整，以保证门球（门锁滚轮）处于两门刀中间位置。

思考题：

1. 层门系统由哪些部件组成？
2. 层门地坎安装工装如何制作？
3. 层门关闭后，门锁锁钩啮合深度应大于等于多少？
4. 强调层门中心的重合度的主要目的是什么？
5. 层门护脚板的主要作用是什么？是否可以不装？

第十三节　轿厢及轿门系统安装

一、轿厢及轿门系统的构成

（1）轿厢由轿底、轿顶、吊顶、轿壁、操纵箱（一体式）组成，有时还会有残疾人操纵箱、扶手、后壁镜，如图 6 – 74、图 6 – 75 所示。

（2）轿门系统主要由门机、轿门板、光幕组成。

二、轿厢的安装方法和步骤

轿壁拼装时应把轿壁折边处粘纸撕净，拼接时两片轿壁正面处应平整，高低要一样，拧紧螺丝（轿厢定位时轿厢四个角、轿底和轿顶的螺丝不要拧紧，轿厢定位好后拧紧所有的螺丝）。这样确保整个轿厢始终处在垂直、端正、不变形的状态下，轿厢拼装如图 6 – 76、图 6 – 77 所示。

（1）安装轿壁需要两个安装人员同时工作，开始拼装轿厢时不要把螺丝全部拧紧，等到轿壁全部拼装完并调整。未移交用户前，所有轿壁的保护膜不得撕去。安装时要避免有硬物划伤轿壁。

（2）由于轿厢的尺寸有大有小，所以轿壁板的数量是不一样的，从后轿壁转角处开始安装第一块轿壁，然后安装两侧轿壁。

（3）安装前壁、操纵壁（一体式操纵箱）、门楣。

（4）安装轿顶和吊顶，一体式轿顶是没有吊顶的。

（5）安装直梁卡、轿顶风机，安装照明灯，直梁卡的作用是轿厢限位。

（6）安装操纵箱，操纵箱的样式主要有嵌入式和前壁一体式，嵌入式门楣长度为开门宽，一体式操纵箱门楣长度为轿厢宽，如图 6 – 78（a）（b）所示。

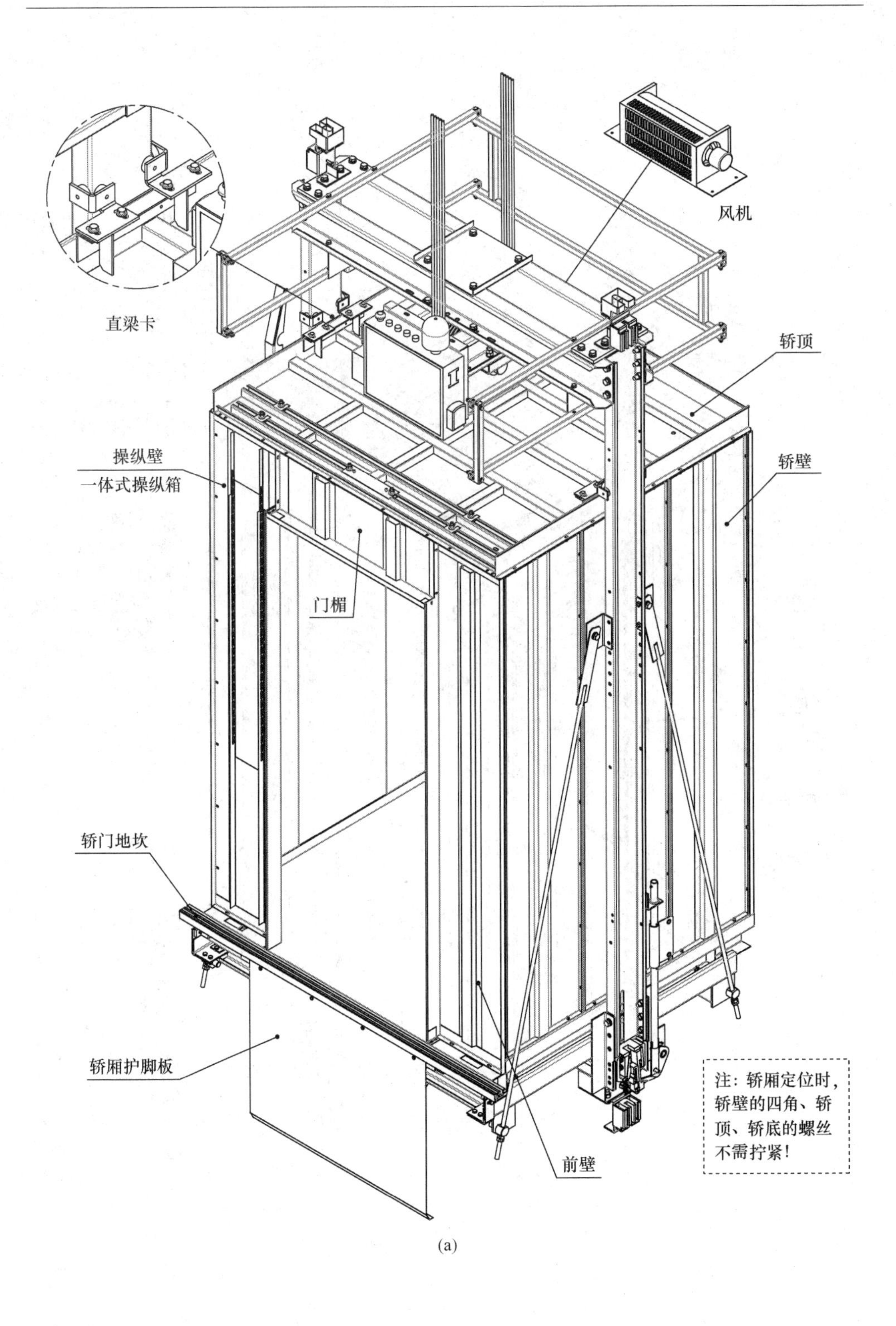
风机
直梁卡
轿顶
操纵壁
一体式操纵箱
轿壁
门楣
轿门地坎
轿厢护脚板
前壁
注：轿厢定位时，轿壁的四角、轿顶、轿底的螺丝不需拧紧！

(a)

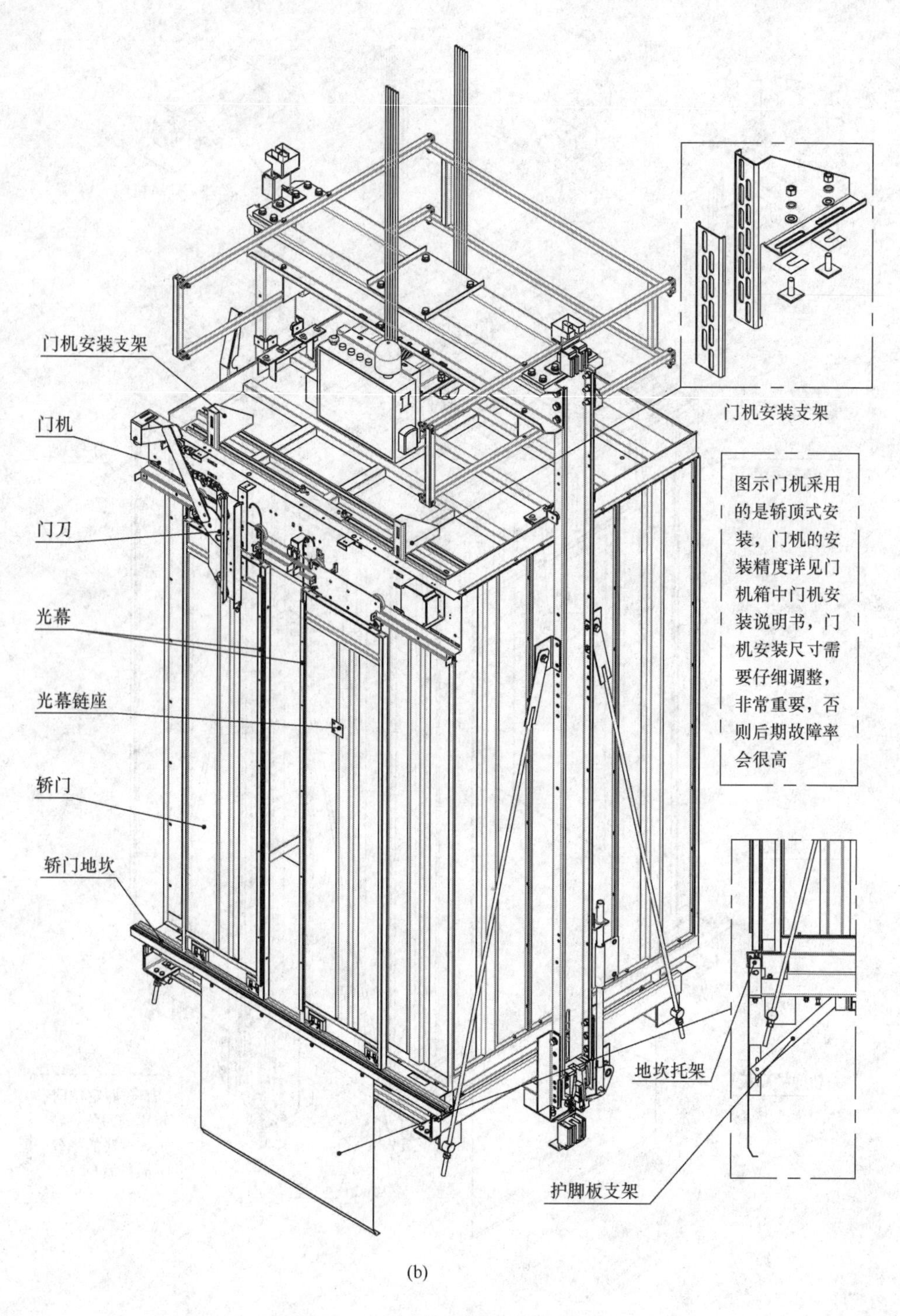

(b)

图 6－74　轿厢及轿门系统的构成

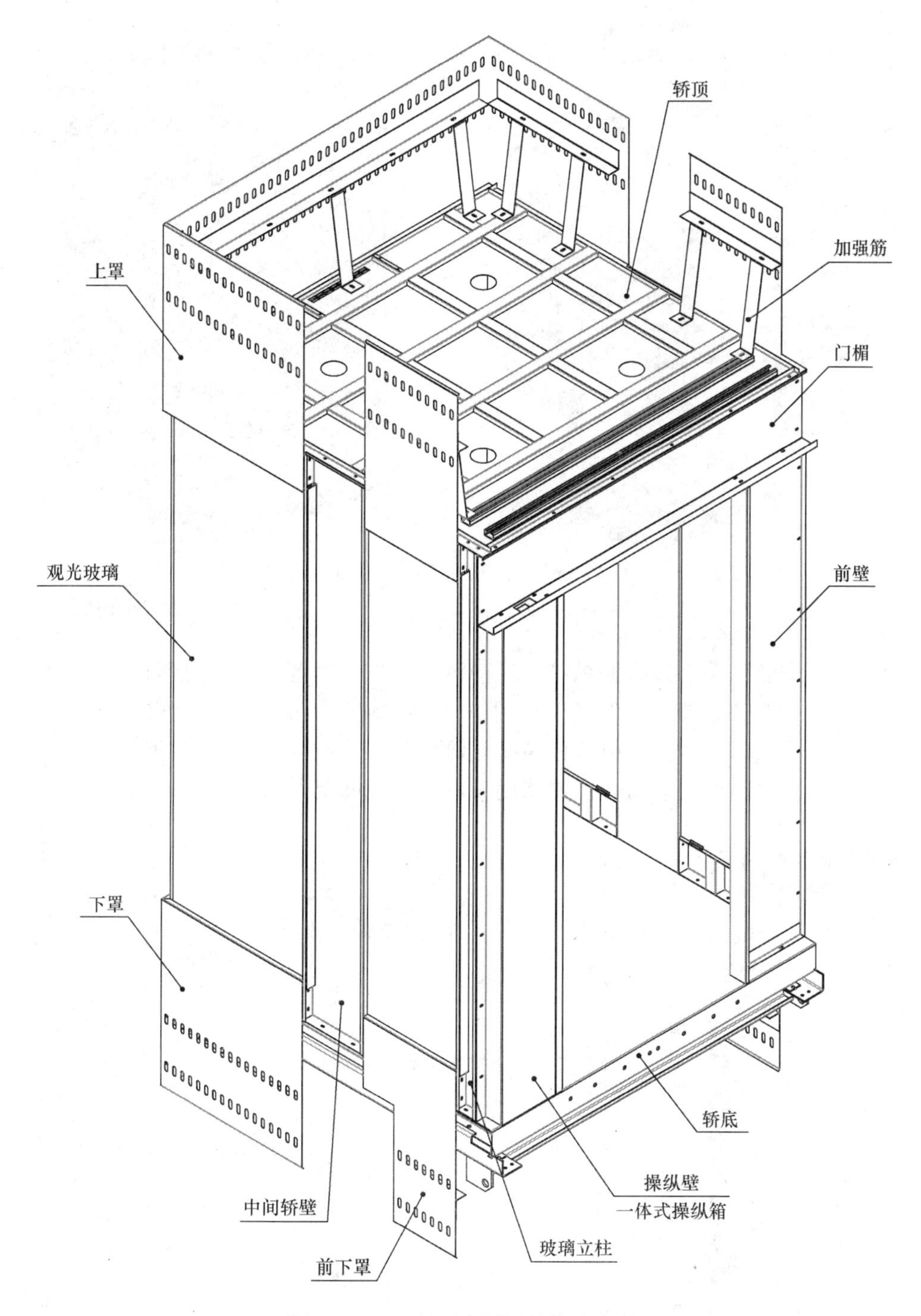

图 6－75　三侧观光轿厢结构示意图

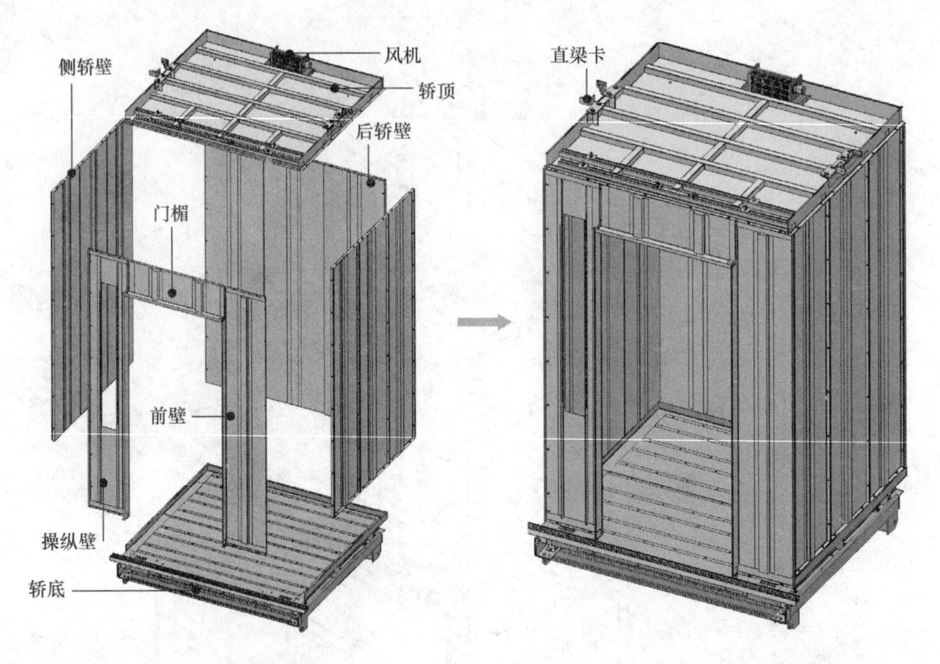

图 6－76　轿厢爆炸视图　　　　图 6－77　拼装后的轿厢

（7）安装扶手、残疾操纵箱、后壁镜（一般有残障功能等选配时有）；残疾人操纵箱一般为挂壁式，需现场打孔，安装高度为最下排按钮离地板高度为 900mm 左右，最上排按钮离地板高度≤1200mm，如图 6－78（c）所示。

（8）观光轿厢安装时，需要采用吸盘来安装玻璃，如图 6－79 所示。

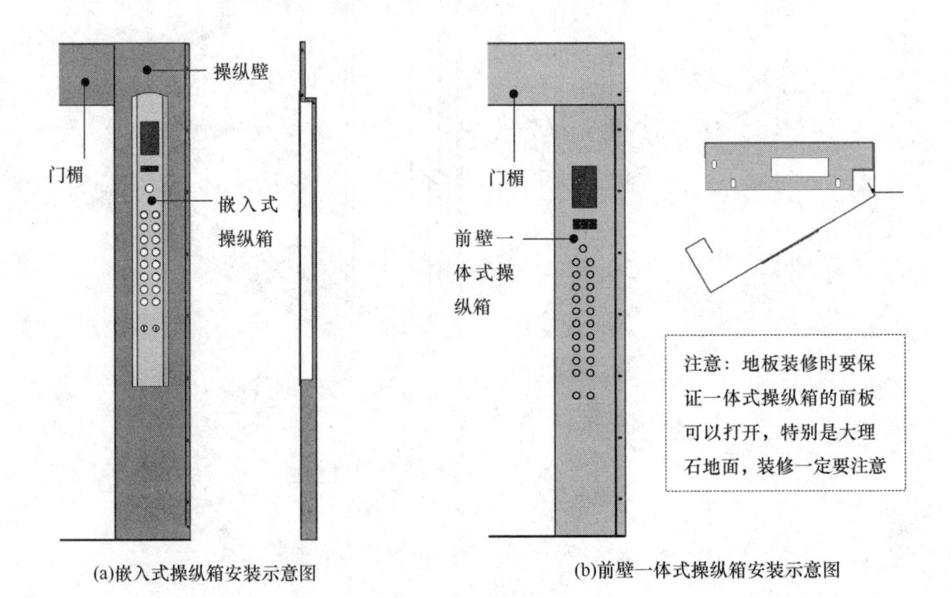

(a)嵌入式操纵箱安装示意图　　(b)前壁一体式操纵箱安装示意图

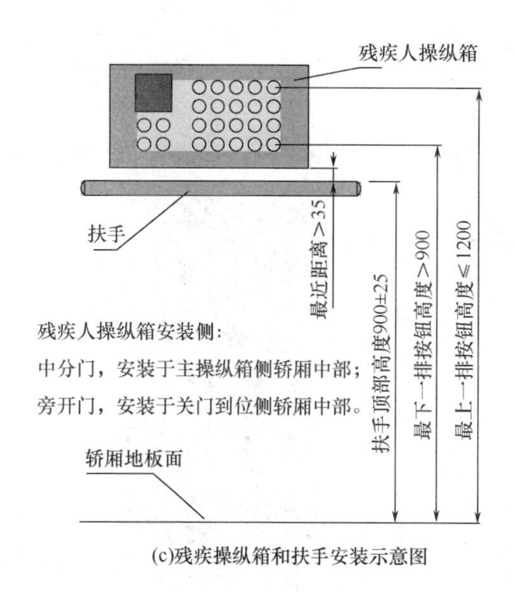

(c)残疾操纵箱和扶手安装示意图

图6－78　操纵箱安装

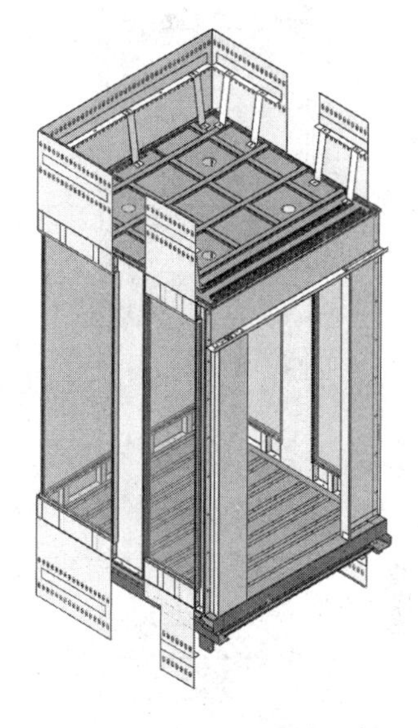

图6－79　观光轿厢安装示意图

三、轿门系统的安装

门机的安装方式有两种：轿顶式安装和立梁式安装。轿顶式安装是将门机直接安装在轿顶上。门机和轿门的作用力直接作用在轿顶前面，会导致轿厢前重，特别是深轿厢会更明显（比如医梯），所以安装时，轿厢的垂直度很重要。轿架安装是将门机的安装臂固定在两侧立梁上，门机挂在安装臂上，这样门机的作用力是作用在轿门上，这种安装方式不会导致轿厢前重问题，如图6－80所示。

轿门系统安装步骤：

（1）先将轿底的地坎支架和地坎固定好，调整好地坎的水平面与装饰地板的高度一致。

（2）先将门机安装支架与门机底板预装好，同时在轿顶上用于安装门机C形槽上装上滑槽螺栓，调整好螺栓的位置，然后将门机吊入轿顶上，并将门机安装于支架与C形槽上的螺栓上，用调整垫片调整门机安装的垂直度，然后拧紧螺栓，如图6－81所示。

（3）将轿门板和门机的挂板连接，然后安装门导靴，通过调整垫片调整门板的高度和垂直度，调整后要保证门板的下沿与地坎的间距在5mm±1mm，如图6－82所示。

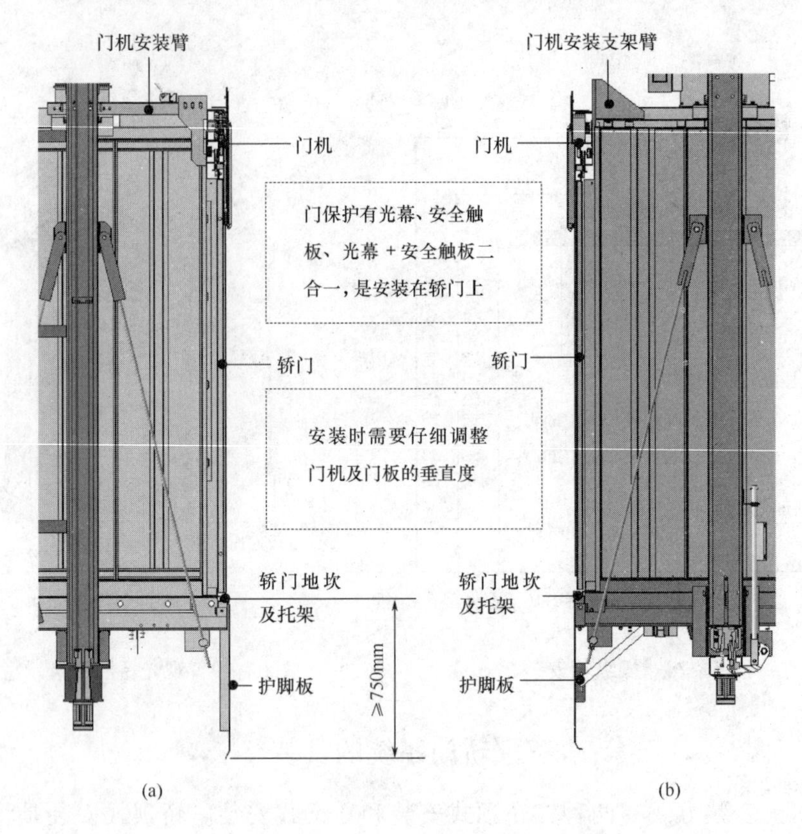

图6-80　门机立梁式和轿顶式安装示意图

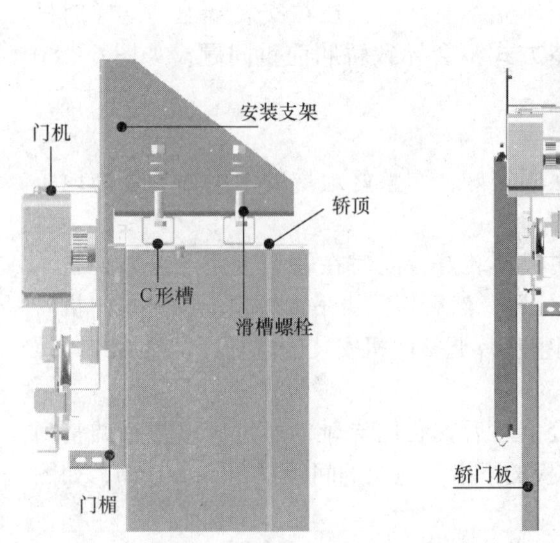

图6-81　门机安装示意图

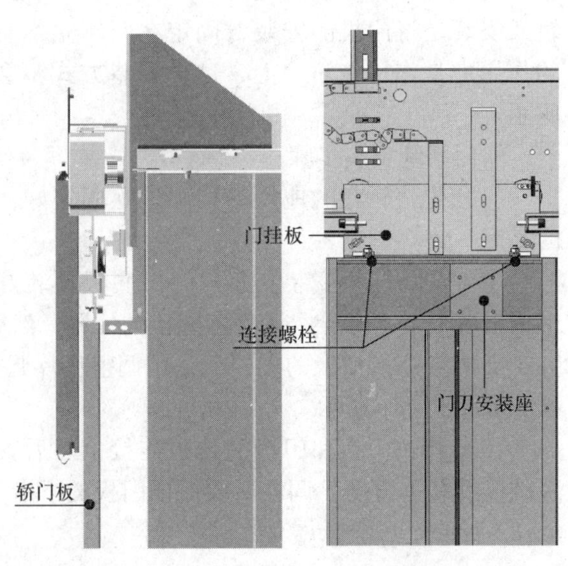

图6-82　轿门板安装示意图

（4）安装门刀及重锤摆臂，门刀通过轿门板上门刀座上的四个孔连接，需要调整门刀的位置，由于每家公司门机的结构不一样，所以此处的安装方式是不一样的，具体可参照门机箱附带的安装调试说明书。需要强调的是门刀位置调整后，要保证门刀与层门的门球的啮合深度在 8mm ± 1mm 左右，如图 6－83 所示。

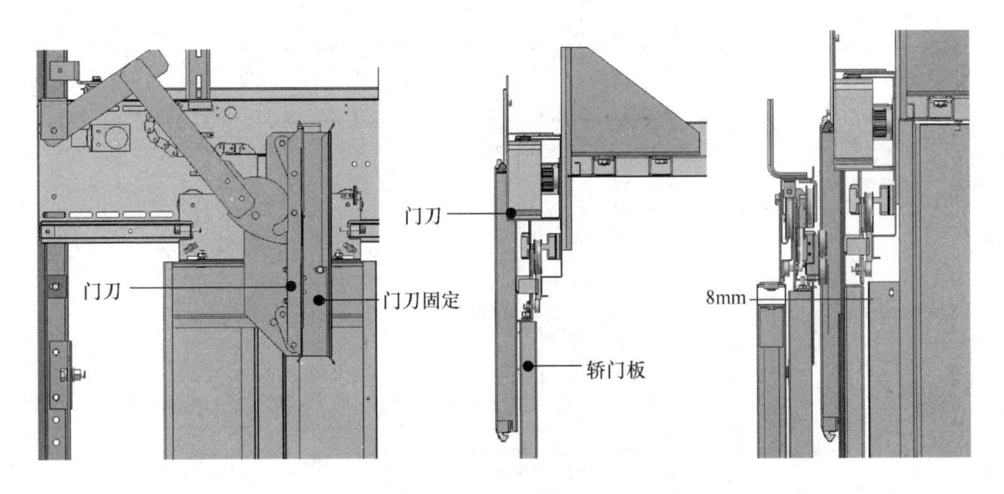

图 6－83　门刀安装示意图

（5）安装光幕和光幕链，光幕链的作用是用于光幕电缆的安装及导向，如图 6－84 所示。安全触板安装比较复杂，如图 6－85 所示。

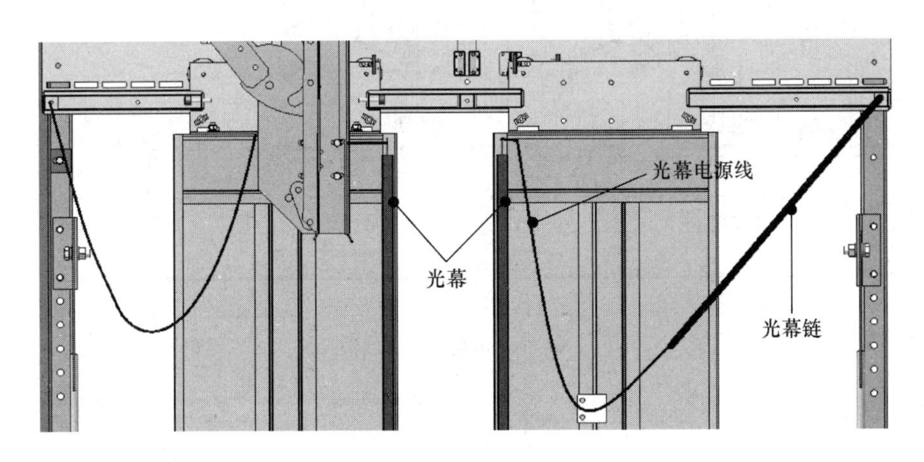

图 6－84　光幕安装示意图

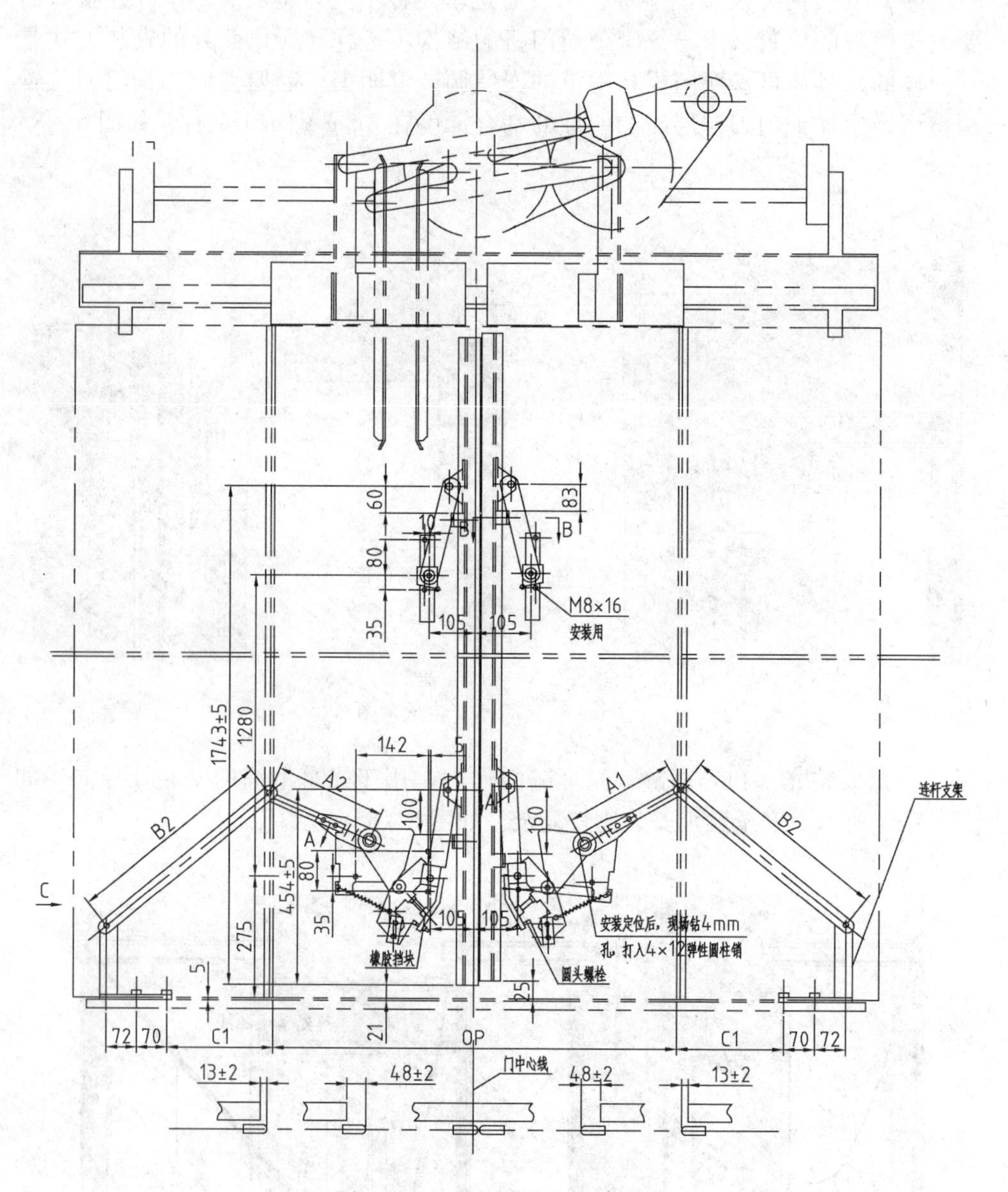

图 6－85　安全触板安装示意图

思考题：

1. 轿厢安装涉及哪些部件？
2. 操纵箱常见的结构形式有哪些？它们的安装有哪些区别？
3. 一般情况下，残疾人操纵箱和扶手安装高度是多少？
4. 轿门系统由哪几部分组成？

5. 门机安装方式有哪几种？

6. 轿门板与地坎之间的间隙应该是多少？门刀与层门门球之间的啮合尺寸是多少？

第十四节　补偿链安装

一、补偿链的作用

对于提升高度较高的电梯，钢丝绳的重量会很重，而且会随着电梯的运动而变化，从而导致轿厢或对重在顶部时曳引力减小；这样就会出现曳引轮打滑现象，所以需要用补偿链来平衡钢丝绳重量，保持恒定的曳引力。一般情况下提升高度超过30m开始配补偿链。重量补偿系统由补偿链、补偿链挂架、补偿链导向装置组成。补偿链安装见图6－87所示。

二、补偿链安装步骤及方法

（1）将电梯轿厢开到最底层，在轿底下面安装补偿链挂架，如图6－86所示。

（2）将补偿链搬到底坑，将补偿链用U形螺栓与轿底补偿链挂架连接，需要注意固定点位置，让补偿链的弯曲半径要≥500mm。轿底补偿链挂架上有很多孔位，可以调节补偿链的弯曲半径，然后固定好二次保护钢丝绳，如图6－86所示。

（3）将轿厢开到顶层，将补偿链处于自然悬挂状态1天左右时间，释放内应力。

（4）安装对重侧补偿链导向装置，固定高度在500～600mm，如图6－86～图6－88所示。

（5）确定补偿链的长度，将补偿链用U形螺栓与对重架下面补偿链挂架连接，补偿链最低点离底坑地面距离在150～200mm，并固定好二次保护钢丝绳，见图6－86所示。

（6）调整补偿链导向装置的位置，让补偿链与导向装置之间距离合适，然后开动轿厢上下行各一次，在底坑下观察补偿链的运动是否顺畅，补偿链是否碰撞对重护板和补偿链导向装置，补偿链是否还存在应力集中导致的扭曲现象，如果没有以上问题，把补偿链导向装置的螺栓拧紧。

对重后置补偿链标准安装方式

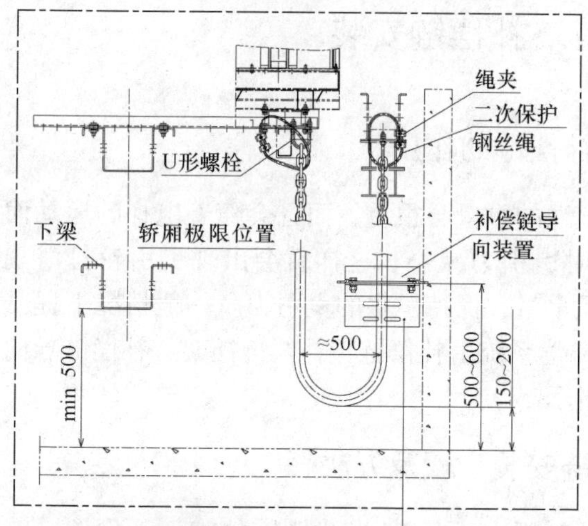

对重侧置补偿链布置

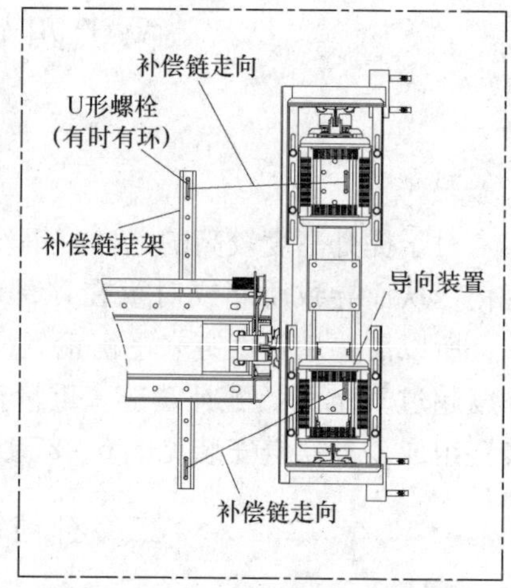

导轨安装补偿链导向装置

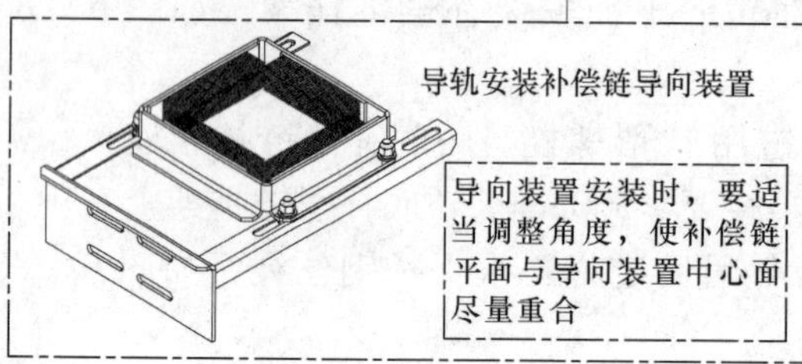

导向装置安装时，要适当调整角度，使补偿链平面与导向装置中心面尽量重合

对重轨距较小时，导向装置安装方式

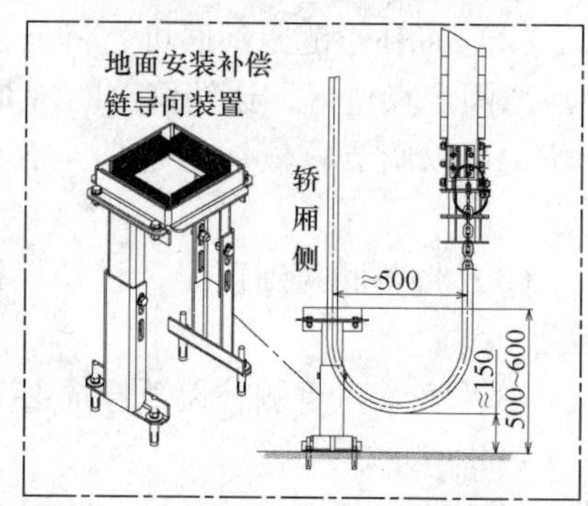

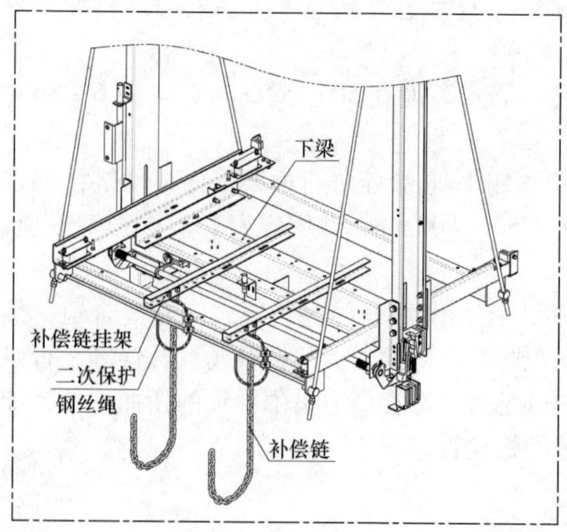

若对重侧有万向节，则暂不安装二次保护钢丝绳，当电梯补偿链旋劲释放掉后（正常运行3~6个月），再将二次保护钢丝绳安装

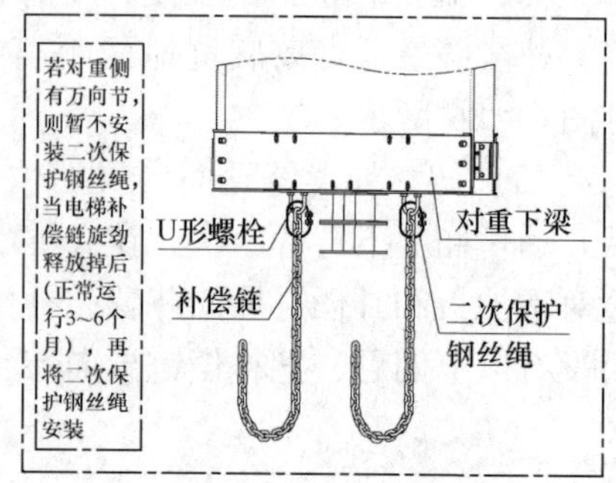

图6－86　补偿链安装示意图

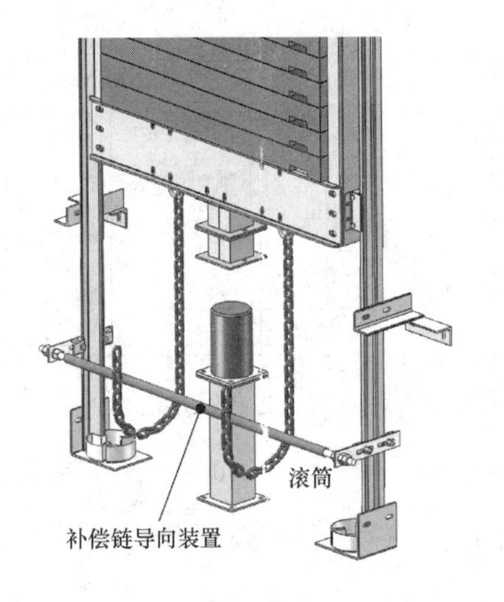

图6－87　滚筒式补偿链导向杆

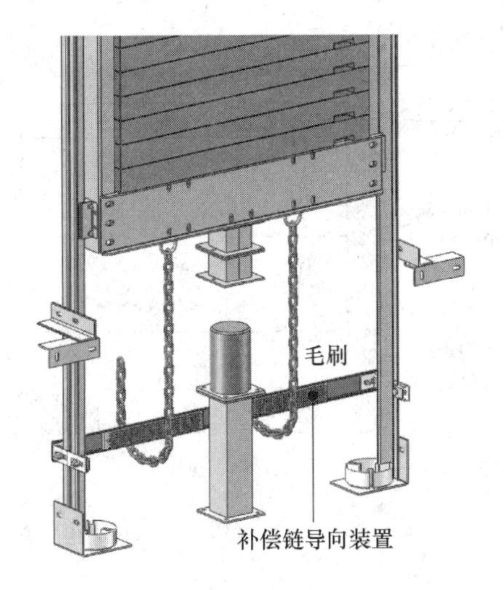

图6－88　毛刷型补偿链导向杆

思考题：

1. 补偿链的作用是什么？
2. 重量补偿系统由哪些部件组成？
3. 补偿链的安装步骤有哪些？安装时需注意哪几个尺寸？
4. 补偿链安装需要注意哪些地方？

第十五节　有脚手架井道设备安装

在第二章第一节电梯安装的基本工艺流程中，已经初步的介绍了有脚手架电梯井道部件的安装工艺，这里不再重复。

对于电梯本身的部件安装而言，不管是有脚手架安装还是无脚手架安装，最终要完成的结果是一样的，部件的安装工艺、技术要求等都是一样的。主要的区别是电梯部件的安装顺序不一样。

有脚手架安装工艺的特点是：先通过搭设脚手架来安装导轨支架及导轨，同时安装层门系统；然后在顶层拼装轿厢部件、在最底层安装对重系统，然后安装钢丝绳、电气电缆等，工艺相对来说比较简单。

本节将重点介绍有脚手架井道设备安装步骤。

1. 搭设脚手架

脚手架搭设和拆除的要求：

（1）搭设脚手架的形式可根据井道设备布局和操作距离等做通盘考虑，可遵循电梯载重量≥3000kg 时采用双井字式，电梯载重＜3000kg 时采用单井字式（图6－89），对重后置和对重侧置脚手架的搭设是不一样的，如图6－90 所示。

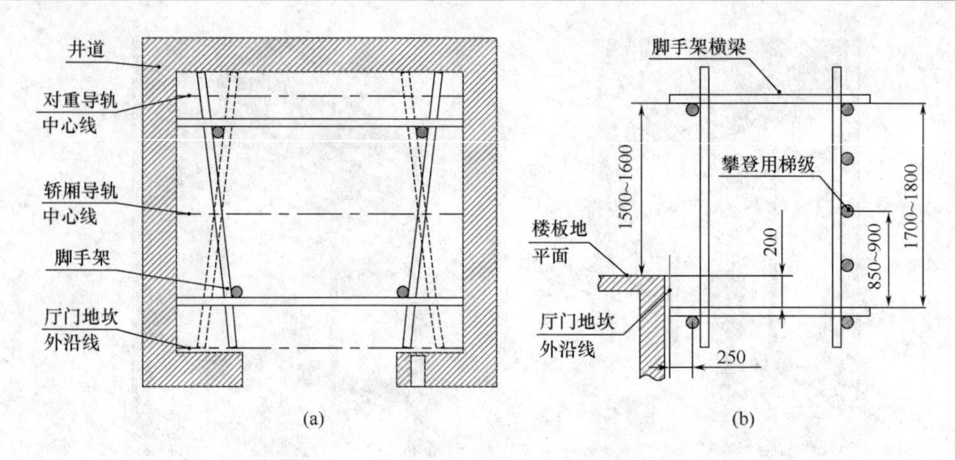

图 6－89　单井字式脚手架

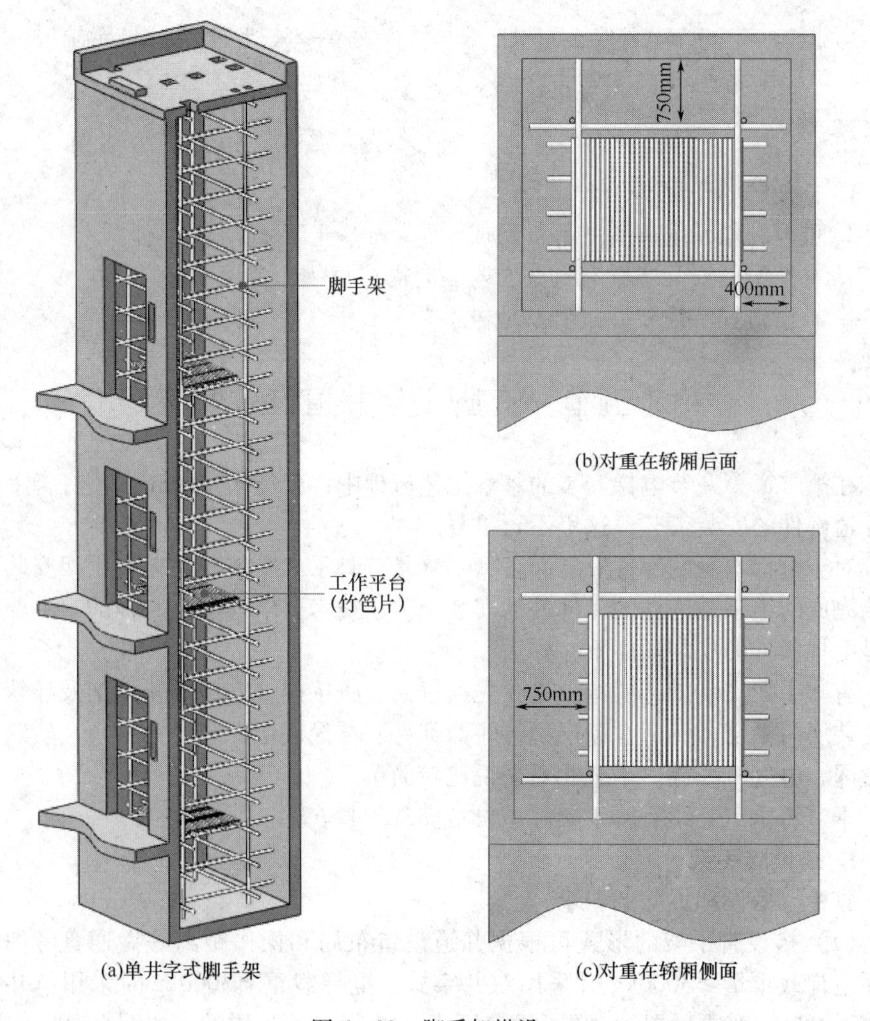

(a)单井字式脚手架　(b)对重在轿厢后面　(c)对重在轿厢侧面

图 6－90　脚手架搭设

（2）搭设脚手架的材料、搭设方式等需符合建筑行业标准和规范。

（3）脚手架搭设完毕，须经安装人员全面仔细的检查，看脚手架是否符合安全要求，对不符合要求的脚手架应进行整改，直至符合安全要求，才能使用。

（4）脚手架拆除的安全要求是按照先绑的后拆，后绑的先拆，按层次由上向下拆除的原则。

2. 制作样板架及放样

具体制作方法和无脚手架是一样的，详见第四章第三节。

3. 安装导轨支架及导轨

导轨支架及导轨的安装方法和技术要求，详见第六章第一节和第七节，需要把所有导轨都安装到位，好处是导轨安装的垂直度会比较容易校正，安装示意如图6－91（a）（b）所示。

4. 安装层门系统

层门系统的组成和安装技术要求详见第六章第十二节，顶层的层门板先不要安装，在顶层还要装轿厢，安装示意如图6－91（c）所示。

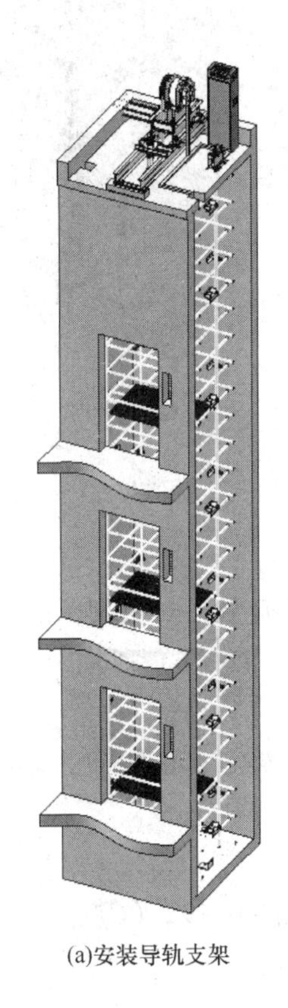

(a)安装导轨支架

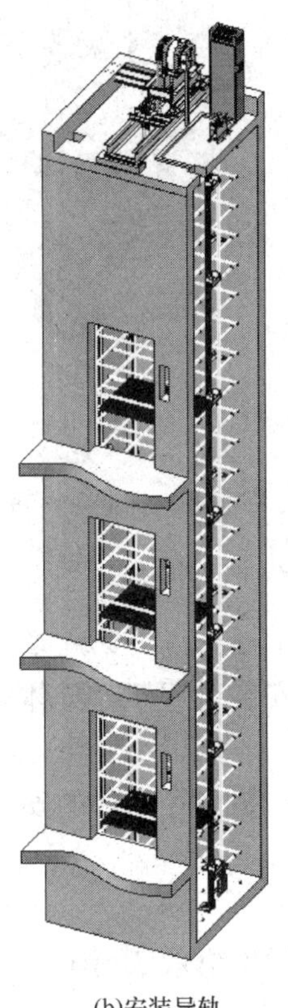

(b)安装导轨

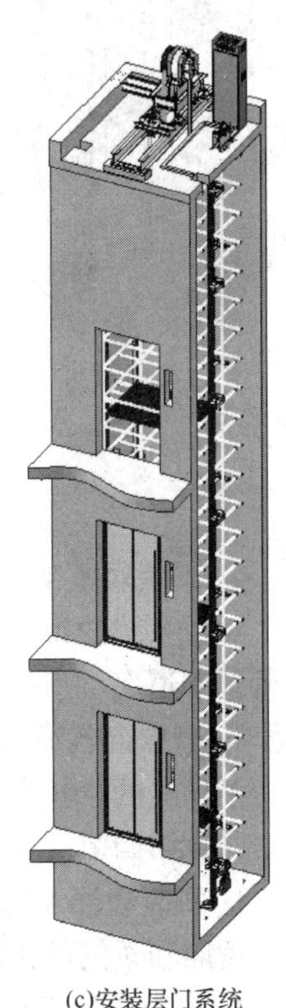

(c)安装层门系统

图6－91　安装导轨支架、导轨和层门系统

5. 安装轿架

轿架系统的组成和安装技术要求详见第六章第二节，需要先把轿厢安装部件吊运到顶层，具体安装如图 6 -92（a）所示。

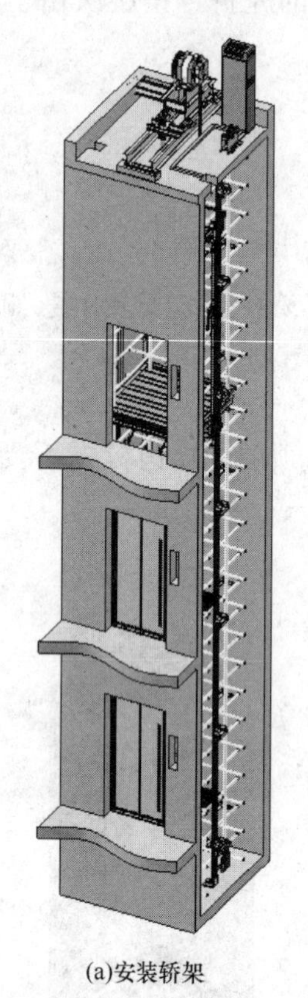
(a)安装轿架

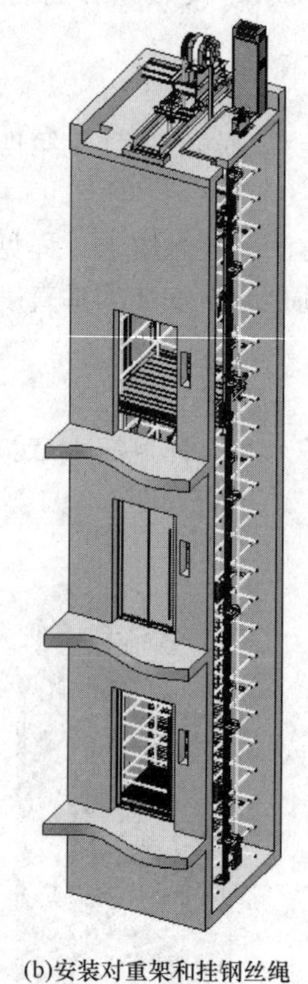
(b)安装对重架和挂钢丝绳

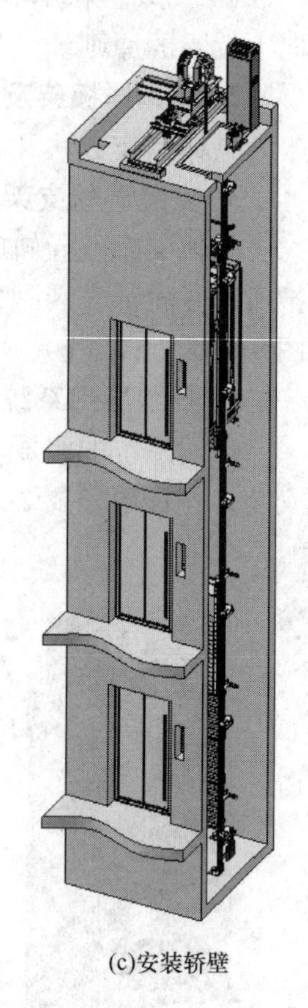
(c)安装轿壁

图 6 -92　安装轿架、对重架、轿壁、挂钢丝绳

6. 安装对重架

对重系统的组成和安装技术要求详见第六章第三节和第五节，对重架需事先搬运到井道底坑里，在最低层安装对重架，具体安装如图 6 -92（b）所示。

7. 悬挂钢丝绳

钢丝绳的悬挂方法、绳头的制作等部件的安装，和无脚架安装是一样的，详见第六章第四节。

8. 拼装轿厢及轿门

轿厢和轿门的拼装方法，详见第六章第十三节，具体见图 6 -92（c）。

9. 安装电气部件和电梯布线

安装方式和无脚手架是一样的，详见第七章第一节和第二节。

10. 慢车调试

调试方法和无脚手架是一样的，详见第六章第十节。

11. 快车调试

调试方法和无脚手架是一样的，详见第七章第三节。

思考题：

1. 有脚手架的安装工艺有什么特点？它主要适用于哪些电梯的安装？
2. 脚手架如何搭建？对重后置和对重侧置时，脚手架有何区别？

第七章　电气设备安装与调试

电梯是一个非常典型的机电一体化产品，是将机械和电气完美结合的一个产物。由于电子技术的更新换代较快，所以电梯的控制系统也发生着非常大的变化，电气部件做得越来越小，功能越来越强。

在安全方面，由于电梯是特种设备，是一种公共服务工具，所以电梯涉及安全的部件很多，有机械安全部件和电气安全部件。根据各安全部件的响应时间原则，电气的动作是优先于机械部件的，所以几乎所有的机械安全部件上都会装电气元器件，出现紧急情况时让电气部件先动作。所以电梯有很多的安全电路，这些安全回路就构成了一个复杂的电气安全回路原理图。它通过控制柜的接触器等元器件来实现，所以把这些元器件的功能原理搞清楚，非常重要。

在功能方面，为了满足人们的使用需求，现在的电梯变得更加智能化、人性化。所有这些功能的实现，都集中到一块复杂的电路板上，由芯片中复杂的程序运算来完成，这也是电梯电气最核心的技术。

在动力和驱动方面，由于永磁同步驱动技术和变频技术的发展逐步成熟，使电梯更加节能、高效，驱动方式也基本上都是 VVVF 变频器驱动。为了实现控制主板和变频器的通讯信息更加高效，现在很多公司将控制主板和变频器合二为一，通常把它称为一体机，便于维护和操作。

在电梯接线方面，为了便于现场的操作方便性，主要的接线基本上都是采用插件式，只需要对应好相应的标识插好接头即可。通过插件的形状不同，还可以设计成防止插错的功能。所以电气的安装变得越来越简单。

本章将简单的介绍电梯的电气基本构造和原理、电气部件的安装及要求、电气线缆的布线以及电梯的快车调试。

第一节　电气部件安装

一、电梯电气基本构造和原理

垂直电梯电气基本构造原理，如图 7－1 所示。

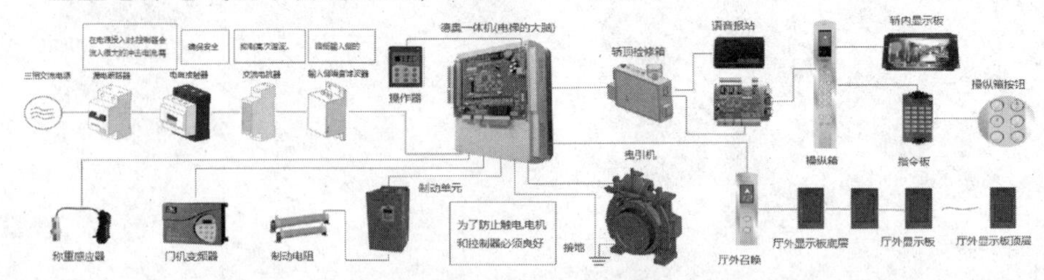

图 7－1　垂直电梯电气基本构造原理

二、电气部件安装

现场需要安装的电气部件主要有：控制柜、轿顶检修箱、底坑检修箱、操纵箱、外呼、平层感应器、终端限位及极限、电源箱（无机房电梯是没有的）、风机、轿厢和井道照明灯、称重装置、五方对讲、消防开关、停电应急救援（选配）、电梯空调等。

1. 称重装置、随行电缆安装

随行电缆、称重装置安装，如图 7－2 所示。

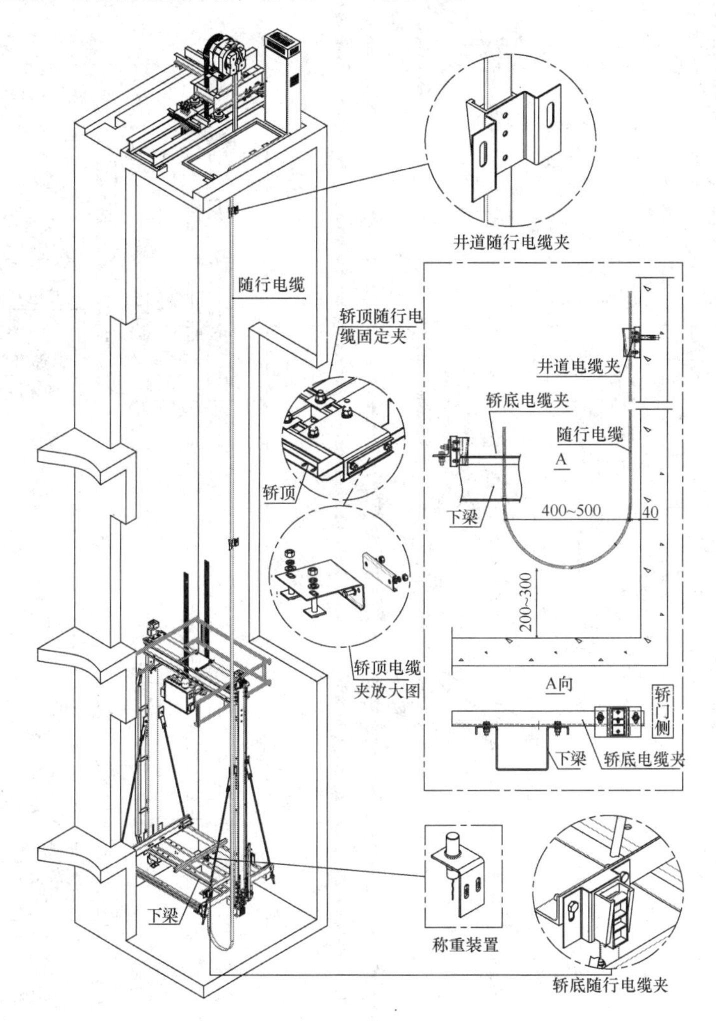

图 7－2 随行电缆、称重装置安装示意图

2. 终端限位开关、平层安装

终端限位、极限开关的主要功能是防止轿厢的冲顶和蹲底，电梯轿厢冲顶或

蹲底之前需要经过减速、限位、极限几级开关来限制轿厢运行，限位开关的数量与速度有关（图 7-3）。速度≤1.0m/s，限位开关数量为 6 个；1.5m/s≤速度≤2.0m/s，限位开关数量为 8 个，2.0m/s＜速度≤2.5m/s，限位开关数量为 10 个。超高速电梯的终端限位采用其他方式。

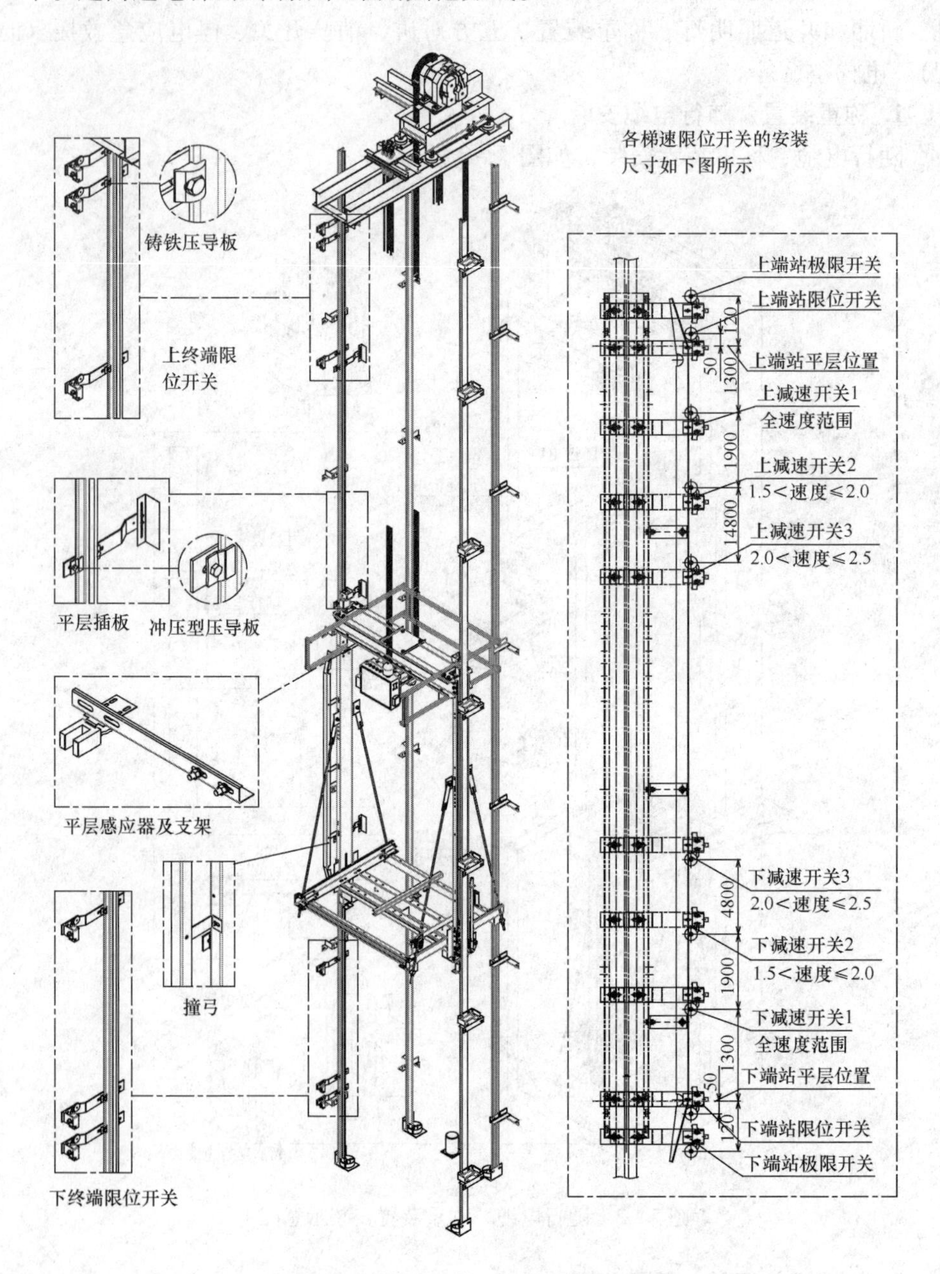

图 7-3　终端限位、极限安装示意图

3. 外呼、底坑电气设备安装

外呼一般分挂壁式和嵌入式，嵌入式外呼需要前期做井道时就预留安装孔（图7－4）。挂壁式只需留一个穿线孔，如果没有预留穿线孔后期打孔也很方便。安装外呼时需要注意：基站层的外呼是带锁的，最底层的外呼按钮的箭头方向是朝上的，顶层的外呼按钮箭头方向是朝下的。对于乘客电梯基站层还必须安装消防盒，货梯不需要消防盒，底坑电气部件安装如图7－5所示。

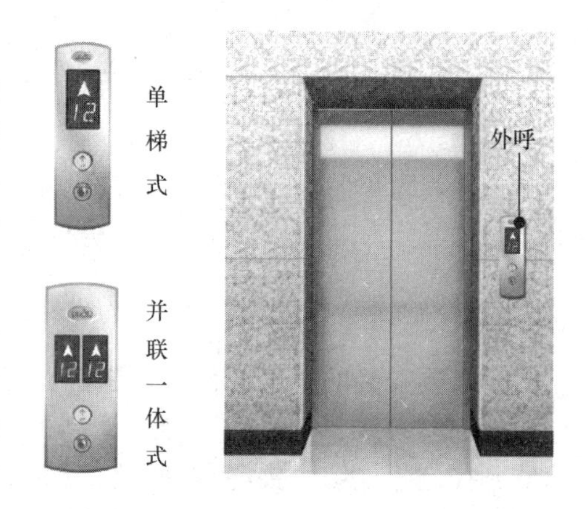

图7－4　外呼安装示意图

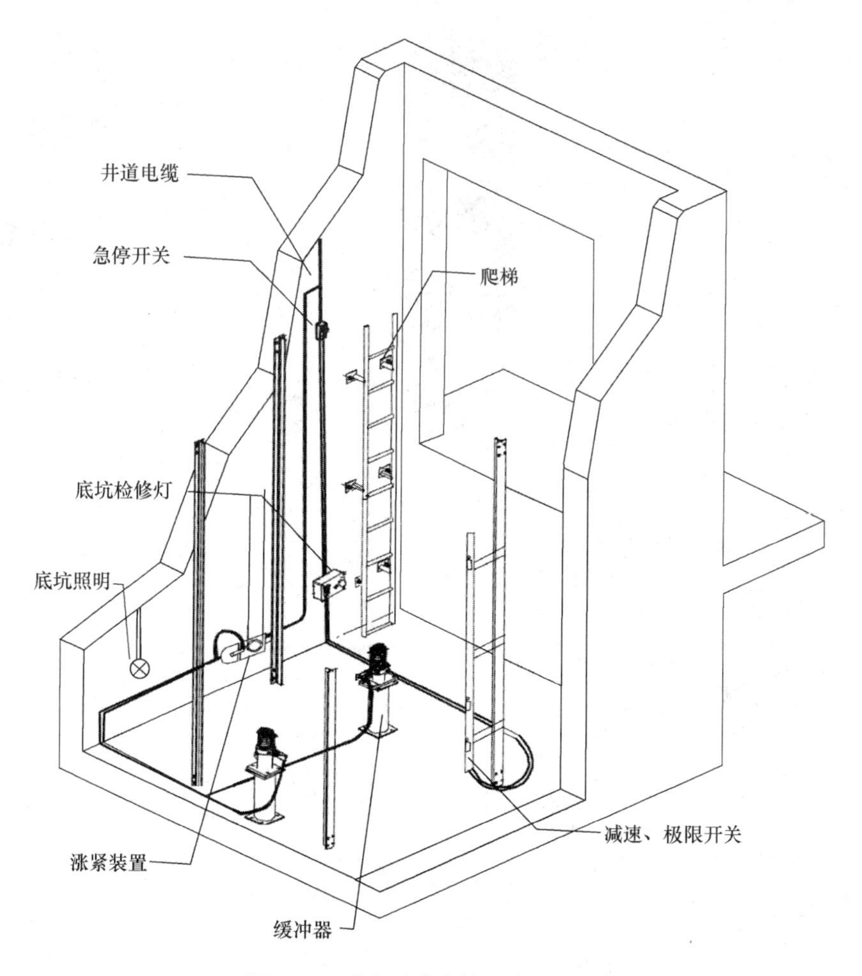

图7－5　底坑电气部件安装示意图

第二节　垂直电梯电气布线

电梯的线缆有很多，除了前面已经讲到的随行电缆外，还有很多其他电缆，这些电缆的布置分为以下几个部分：机房布线、井道布线、轿顶布线，具体如下。

一、机 房 布 线

机房需要安装的电气部件有控制柜、电源箱。主要需布置的电缆有：控制柜到电源箱的动力线、主机编码器到控制柜的编码器线、主机到控制柜的电源线、限速器到控制柜电缆、夹绳器到控制柜电缆（有齿轮主机采用）、随行电缆，如果有并联功能还会有连接两控制的并联线。线缆的布置如图7－6～图7－8所示。

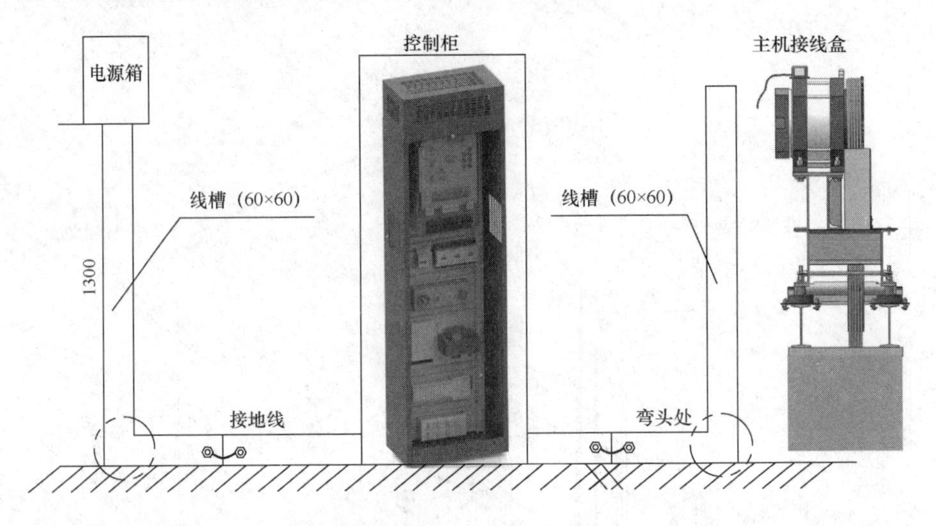

图7－6　机房布线示意图

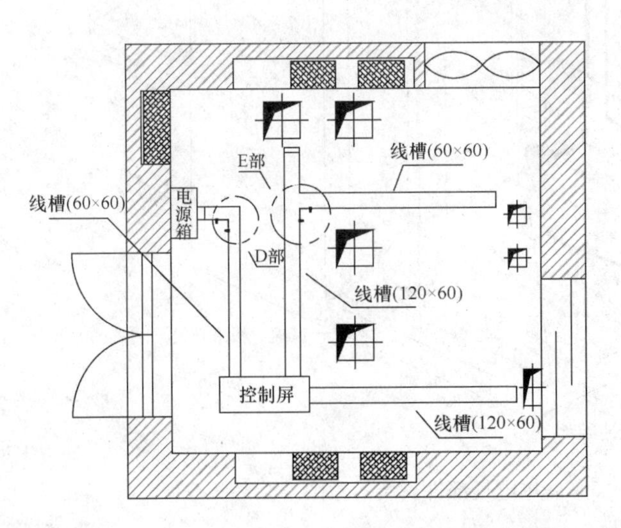

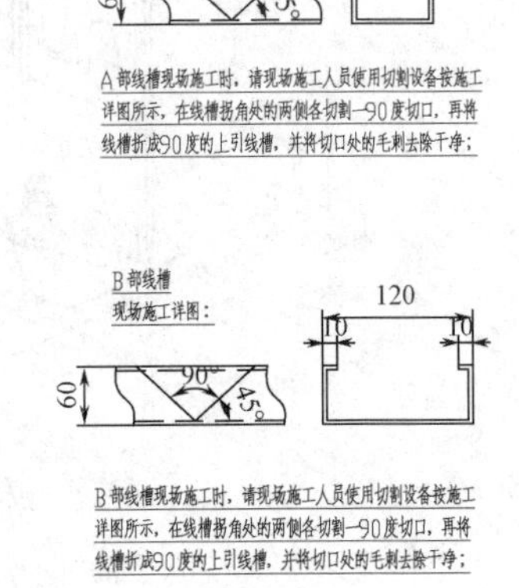

图7－7　机房布线示意图

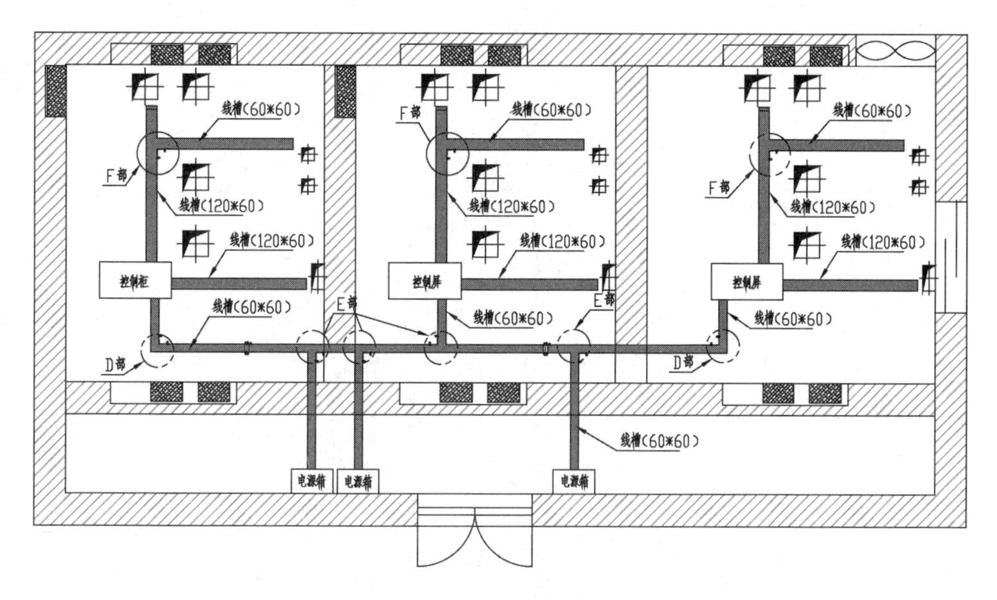

图 7－8　多台梯并联式机房布线示意图

机房布线主要还是要根据现场的实际情况进行，没有固定的要求。首先需要定位的是控制柜和电源箱的位置，但是总的原则是：线路要合理（保证配置的线长度要在合理范围内）、美观。机房内的走线，需要安装线槽，并且线槽的接头处要用接地线连接，强电和弱点不可放在一个线槽里。

二、井道布线

井道内的电缆有很多，除了前面讲到的随行电缆外，主要电缆还有：通讯电缆（用于外呼）、门锁电缆（用于层门门锁的电气开关）、限位减速开关电缆、底坑安全电缆（液压缓冲器电气开关、底坑急停开关、限速器涨紧装置断绳开关）、井道照明电缆。这些电缆都是贯穿整个井道，除了井道照明是接线到电源箱外，其他电缆都是接线到控制柜里面的。这些线缆在井道内需要合理的布置。井道照明电缆需要单独分开走线，离其他井道电缆要有一定距离，如图 7－9 所示。

三、轿顶布线

轿顶布线主要有随行电缆、门机电缆、光幕电缆、操纵箱连线、平层感应器连线、风机及轿厢照明电缆、称重装置电缆、安全钳联动开关电缆，急停开关电缆、门锁电缆等。如果有语音报站和轿厢空调也需要布线。尽量将线沿着人不容易踩到的地方，同时还要美观。如果是贯通门，而且是深轿厢的货梯一定要注意，轿顶检修箱的位置尽量靠近中间，否则有可能会造成光幕线不够长。如图 7－10 所示。

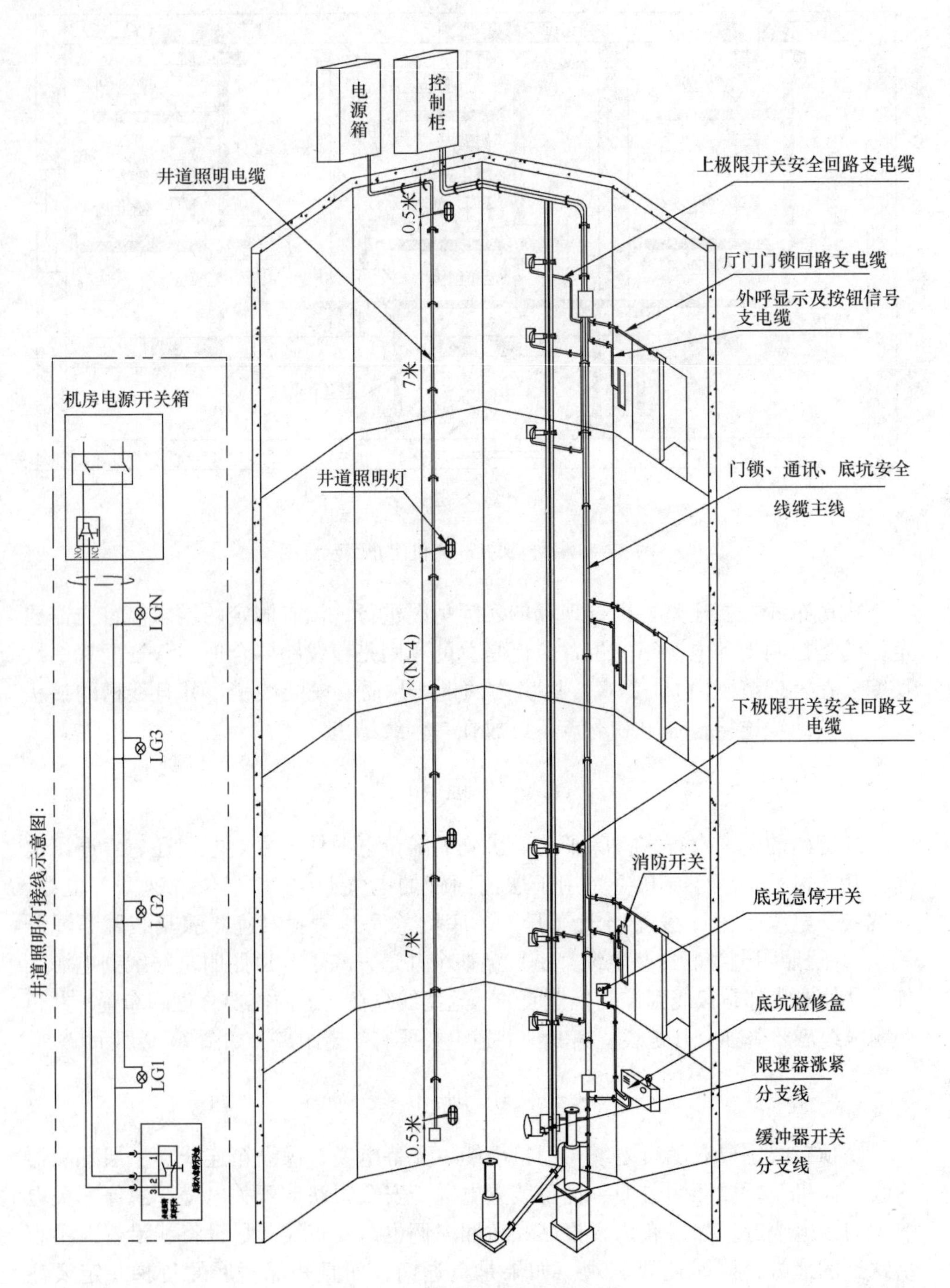

图7－9　井道电缆布线示意图

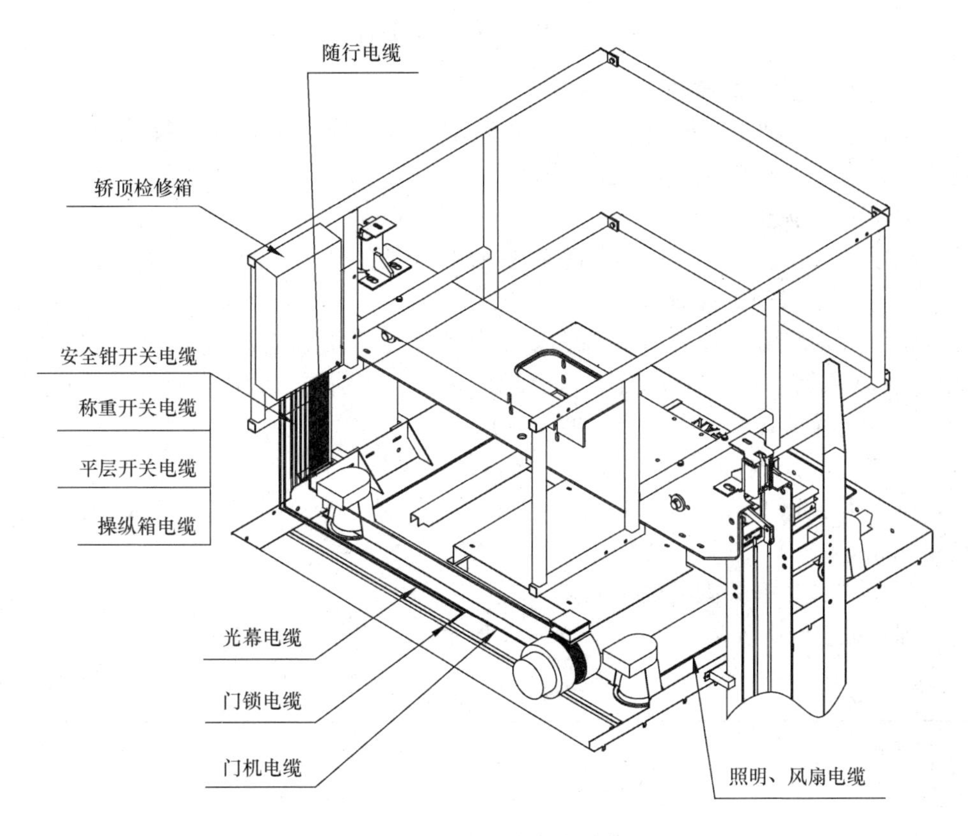

图 7－10　轿顶电缆布线示意图

第三节　快 车 调 试

快车调试必须有专业的调试员操纵，在调试和开快车之前，必须符合表 7－1 内容。这些检查内容非常重要，其中任意 1 项没有达到要求，绝不允许调试快车。

表 7－1　　**快车调试检查表**

序号	检查内容		现场检查描述
1	机房	机房所有设备安装完毕	
2		拆除控制柜所有短接线	
3	轿厢	轿厢所有设备安装完成	
4		轿厢头顶保护已拆除	
5	底坑	底坑设备全部安装完成	
6	井道	井道设备全部安装完成	

一、开车前准备工作

1. 限位开关位置检查

限位开关安装位置检查：轿厢处于端站平层位置后，需保证向端站方向再运行30mm以上，才能使限位开关动作。

2. 极限开关位置检查

极限开关安装在限位开关靠近端站一侧，距限位开关100～150mm之间。

3. 平层信号开关检查

系统可以使用1～3个平层信号。只使用一个平层感应器，对应平层信号功能码选择03（门区信号）；对隔磁板的长度没有特别要求，推荐使用200mm的隔磁板（要保证各层站隔磁板长度一致）。

在使用提前开门功能的情况下，还需添加两个再平层信号，共4个平层开关分别是上平层DZU、门区FL1、门区FL2、下平层DZD，因此加长隔磁板的长度到400mm。

4. 强迫减速开关安装位置检查

强迫减速开关安装位置，如表7－2所示。

表7－2　推荐安装距离

额定梯速 v/（m/s）	0.25	0.4	0.5	0.63	0.75	1	1.5	1.6	1.75	2	2.5	3	3.5	4
一级强迫减速距离/m	0.2	0.2	0.2	0.2	0.4	0.7	1.5	1.7	2.0	2.0	2.0	2.0	2.0	2.0
二级强迫减速距离/m	无	无	无	无	无	无	无	无	无	2.5	4.0	4.0	4.0	4.0
三级强迫减速距离/m	无	无	无	无	无	无	无	无	无	无	无	6	8	11

· 梯速 $v<1$m/s 的电梯，其强减开关实际安装距离建议尽量接近此表的推荐值；

· 梯速 1m/s≤v≤2m/s 的电梯，其强减开关实际安装距离相较于此表的推荐值允许有±0.1m的误差；

· 梯速 2m/s<v≤4m/s 的电梯，其强减开关实际安装距离相较于此表的推荐值允许有±0.3m的误差。

二、井道自学习

1. 需满足的条件

（1）去除门锁、安全、轿顶检修相关短接线。

（2）编码器、平层感应器（包括常开、常闭设置）反馈正常，井道位置开关安装到位。

（3）电梯在最底层，下1级强迫减速开关动作。

（4）电梯在检修状态，并且为距离控制，闭环矢量方式（F0－00＝1，F0－01＝1）。

（5）楼层最高、最低层设置正确（F6－00为最高层，F6－01为最低层）。

（6）系统不处于故障报警状态，如果当前有故障请按红色RES键复位当前故障。

2. 开始井道自学习

在满足上述条件的情况下，将操作器参数F7－26设置为1或者控制板小键盘上参数F－7设为1，开始井道自学习。

注意：2层电梯自学习时限位短接，电梯检修往下开动，脱开底层的隔磁板后再做井道自学习。

三、井道自学习·故障E35处理

1. 运行接触器未吸合即报Err35故障

（1）下一极强迫减速是否有效。

（2）当前楼层F4－01是否为1。

（3）检修开关是否在检修状态并能检修运行。

（4）F0－00是否为闭环矢量控制。

2. 遇到第一个平层位置时报Err35故障

（1）F4－03上行时是否增加，下行减小，如果不是，调整F0－05。

（2）平层感应器常开常闭设定错误。

（3）平层感应器信号有闪动，请检查插板是否安装到位，检查是否有强电干扰。

3. 运行过程中报Err35故障

（1）检查运行是否超时，运行时间超过时间保护F9－02，仍没有收到平层信号。

（2）学到的楼层距离小于50cm立刻报故障。此种情况，应检查这一层的插板安装，或者检查感应器。

（3）最大楼层F6－00设定太小，与实际不符。

4. 运行到顶层报Err35故障

（1）上一级强迫减速有效且到门区时判断，所学习到的楼层数与F6－00、F6－01所设定楼层数是否相等。

（2）学出来的提升高度总高小于50cm时报此故障。

5. 完成井道自学习后，上电时报Err35故障上电检测插板长度为0则报此故障。

四、开关门状态调整

确认电梯是否能够正常开关门，可以借助FU－26/27监控门状态，如图7－11所示。

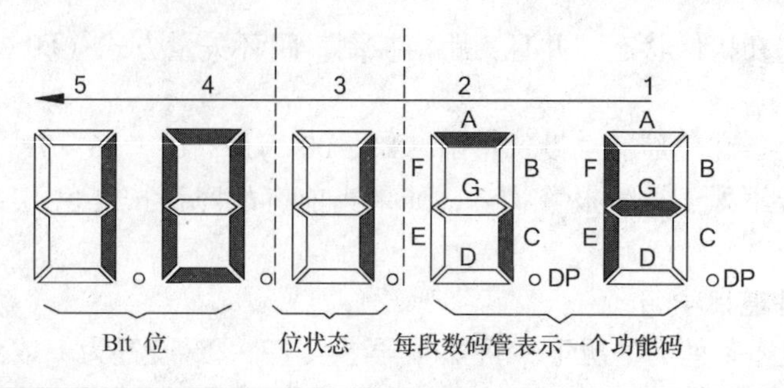

数码管序号	数码管段标记	FU－26 轿厢输入状态		FU－27 轿厢输出状态	
		代码	功能定义	代码	功能定义
1	A	0	门1光幕	0	风扇照明
	B	1	门2光幕	1	门1开门
	C	2	门1开门限位	2	门1关门
	D	3	门2开门限位	3	强迫关门1
	E	4	门1关门到位	4	门2开门
	F	5	门2关门到位	5	门2关门
	G	6	满载输入	6	强迫关门2
	DP	7	超载输入	7	上到站钟
2	A	8	轻载输入	8	下到站钟
	B～DP	9	保留	9	保留

图7－11　监控门状态

五、超满载学习

1. 安装方式

电梯称重装置目前主要使用的是模拟量较多，此称重传感器推荐安装于轿厢底部，但是有时轿底没有减振垫一般安装绳头上，它与轿顶板的接线图如图7－12所示。

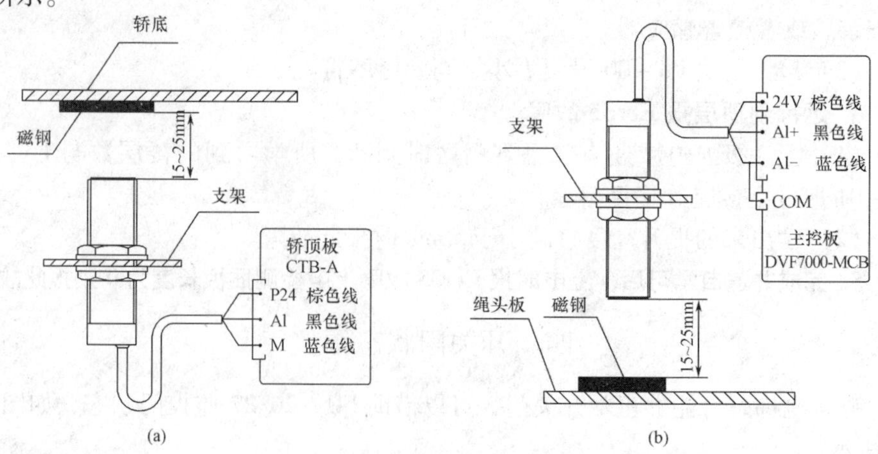

图7－12　称重轿底安装示意图

2. 注意事项

（1）安装位置应尽量靠近轿厢中间位置。

（2）方磁钢有贴纸面为工作面，与传感器端相对。

（3）安装后如没有输出电压，可尝试调换方磁钢极性。

3. 控制板参数调试方法

按照图示安装，注意感应器和磁钢距离为15～25mm，按图示接线，根据接线位置不同设置F5－00＝2（传感器在轿底，线路接至轿顶板）或者F5－00＝3（传感器在机房绳头，线路接至主板）。称重自学习步骤：

①保证F2－11设置为0，清空轿厢，轿厢处于空载状态，输入F8－00的值为0，并按ENTER键输入；

②在轿厢内放入额定载重，设置F8－00的值为100，并按ENTER键确认；

③自学习完成后对应的空载、满载数据将记录在F8－06，F8－07中。

④完成自学后将F2－11设置为1。

六、外召设置

1. 地址设置

与插板一一对应，按顺序从最底楼向上设置，注意以下设置（图7－13）：

①不可重复设置地址；

②地址不可大于F6－00值；

③每个插板对应一个地址。

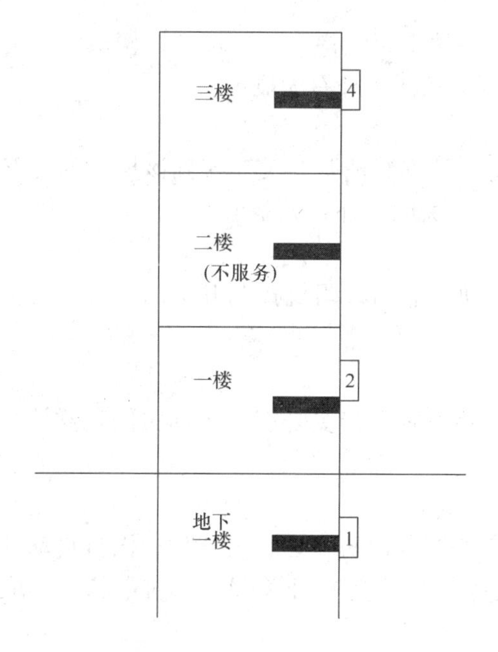

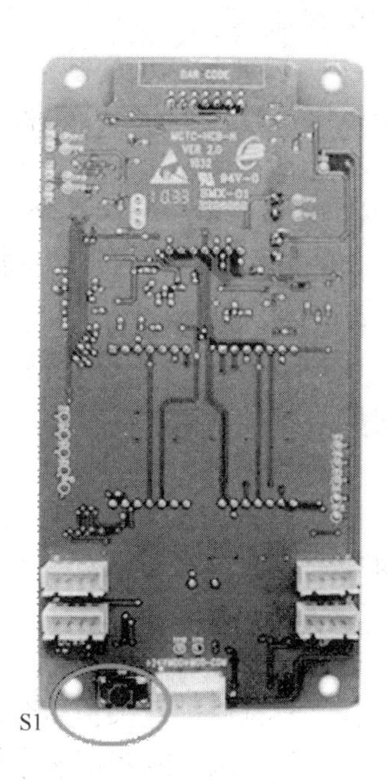

图7－13　地址设置

2. 显示设置

显示设置见表7－3。

表7－3　　显示设置

功能码	名称	设定范围				缺省值
FE－01	楼层1显示	前两位为楼层的十位数显示；后两位为楼层的个位数显示。				1901
FE－02	楼层2显示	代码与显示对应关系如下：				1902
FE－03～09	楼层3～9显示	00：显示“0”	11：显示“B”	22：显示“23”	33：显示“S”	1903～1909
		01：显示“1”	12：显示“C”	23：显示“C”	34：显示“T”	
FE－10	楼层10显示	02：显示“2”	13：显示“H”	24：显示“D”	35：显示“U”	0100
		03：显示“3”	14：显示“L”	25：显示“E”	36：显示“V”	
FE－11	楼层11显示	04：显示“4”	15：显示“M”	26：显示“F”	37：显示“W”	0101
		05：显示“5”	16：显示“P”	27：显示“I”	38：显示“X”	
		06：显示“6”	17：显示“R”	28：显示“J”	39：显示“Y”	
FE－12	楼层12显示	07：显示“7”	18：显示“－”	29：显示“K”	40：显示“Z”	0102
		08：显示“8”	19：无显示	30：显示“N”	41：显示“15”	
FE－13～56	楼层13～40显示	09：显示“9”	20：显示“12”	31：显示“O”	42：显示“17”	0103～0506
		10：显示“A”	21：显示“13”	32：显示“Q”	43：显示“19”	

七、应用功能调试

1. 锁梯

在F6－04设置锁梯基站，在锁梯基站安装锁梯开关连接到该楼层的外召板上；锁梯至基站后关门，轿厢照明、风扇关闭，外召无显示。

2. 消防

在F6－03设置消防基站，在消防基站安装消防开关连接到该楼层的外召板上；消防返基站后开门，轿厢照明、风扇关闭，外召无显示。

3. 司机

在CCB JP21上连接司机开关。司机状态时，司机控制开关门；有外召指令时对应的内召指令会闪亮。

4. 独立运行

通过CCB的JP23控制，进入状态后电梯不接受外召，手动关门。群控时脱离群控系统独立运行。

5. 消防员运行

通过CCB的JP24控制，消防有效并进入消防员运行模式后，没有自动开关门动作，只有通过开关门按钮，点动操作（可选）开关门。这时电梯只响应轿内指令，且每次只能登记一个指令。

第八章　垂直电梯的验收检测

通过前面章节的学习，我们知道电梯的整机必须通过现场安装来完成。那么安装质量要如何才能保证呢？除了前期在过程中对各部件安装的质量控制点进行自检外；在电梯的部件全部安装完成后，电梯公司还需要对整梯进行最后一次厂检；然后才能报请当地质监局进行现场验收和检测。验收的主要依据是国标GB/T 10060—2011《电梯安装验收规范》和GB 50310—2002《电梯工程施工质量验收规范》等有关电梯的专门验收规范要求。

本章主要介绍电梯验收的检验项目、检验要求、检测方法等内容。

第一节　垂直电梯的验收条件

电梯的验收应具备的条件

1. 提交验收的电梯应具备完整的资料和文件

验收电梯的工作条件应符合GB/T 10058—2009《电梯技术条件》的规定。

电梯的制造企业和安装企业都必须提供相应的资料和文件。具体需提供哪些资料和文件，在第一章第三节有详细的介绍，这里不再重复。

2. 安装完毕的电梯环境应符合要求

机房门窗应防风雨、并标有“机房重地，闲人免进”字样。通向机房的通道应通畅、安全，底坑内不能有杂物，积水与油污。机房、井道与底坑均不应有与电梯无关的其他设备。

3. 电梯各安全装置应符合要求

所有安全装置安装齐全、位置正确、功能有效，能可靠地保证电梯安全运行。

4. 电梯验收人员

电梯验收人员必须熟悉所验收的电梯产品和标准规定的检验方法和要求。

5. 验收用器具

验收用检验器具与试验载荷应符合GB/T 10059—2009《电梯试验方法》规定的精度要求，并均在计量检定周期内。

第二节　垂直电梯的验收检测

一、检验项目及检验要求

1. 机房

（1）每台电梯应设有一个切断该电梯主电源的独立电源箱，并且电源箱应符合能上锁等要求。该电源箱的位置应能在机房入口处方便迅速的接近，如几台并联电梯共用同一机房，需要对每台电梯的电源箱做好对应的易于识别的标识。其容主电源容量应能切断电梯正常使用情况下的最大电流，但该开关不应切断下列供电电路：

①轿厢照明和通风；

②机房和滑轮间照明；

③机房内电源插座；

④轿顶和底坑的电源插座；

⑤电梯井道；

⑥报警装置。

（2）每台电梯应配置供电系统断相、错相保护装置，该装置在电梯运行中断相也应起保护作用。

（3）电梯动力与控制线路应分离敷设，从进机房电源起零线应始终分开，接地线的颜色为黄绿双色绝缘电线，除36V以下安全电压外的电气设备金属外壳均应设有易于识别的接地端，且应有良好的接地。接地线应分别直接接地线排柱上，不得互相串联后再接地。

（4）线管、线槽的敷设应平直、整齐、牢固。线槽内导线总面积不大于槽净面积60%；线管内导线总面积不大于管内净面积40%。

（5）控制柜的安装位置应符合：

①在深度方向，控制柜前面的距离要留有不小于700mm的空间；

②在宽度方向，为500mm或控制宽度中取大者。

（6）机房内钢丝绳与楼板孔洞每边均应为20～40mm，通向井道的孔洞四周应筑一高50mm以上的台阶。

（7）曳引机承重梁埋入承重墙内的长度应超过墙厚中心25mm，且不应小于75mm。

（8）在曳引轮、限速器轮上应有与轿厢升降方向相应的标志。制动器手动松闸手柄、盘车手轮要挂在易接近的墙上或挂架上。

（9）对于有齿轮曳引机，齿轮箱里的润滑油的量应与观察窗处的油标齐平。

（10）制动器（抱闸）应动作灵活，用手动松闸手柄松闸时，用盘车轮盘车时应能轻松操作。

（11）限速器绳轮对铅垂线的偏差≤0.5mm，曳引轮、导向轮对铅垂线的偏差在空载或满载工况下均≤2mm。

（12）限速器运转应平稳，出厂时动作的整定封记应完好无拆动痕迹，限速器安装位置正确，底座牢固，当与安全钳联动时无颤抖现象。

（13）停电或电气系统发生故障时，应有轿厢慢速移动措施，如用手动紧急操作装置，应能用松闸扳手松开抱闸，并需用一个持续力去保持其松开状态。或者无机房采用的电动松闸装置。

（14）曳引轮和导向轮的挡绳杆必须调整到位，所有紧固件需全部拧紧，最好用红笔做一下标识。

（15）钢丝绳的绳头组合应固定可靠，绳夹和二次保护钢丝绳必须安装。

2. 井道

（1）每根导轨至少应有两个导轨支架，其间距≤2500mm，特殊情况下，应有措施保证电梯安装满足 GB 7588—2007 规定的弯曲强度要求。

（2）当电梯冲顶时，导靴不应越出导轨。

（3）两列导轨顶面间距（轨距）偏差：轿厢导轨为0～+2mm，对重导轨为0～+3mm。

（4）每列导轨工作面（侧面和顶面）对安装基准线每5m的偏差应不大于下列值：轿厢导轨和设有安全钳对重导轨为0.6mm，不设安全钳的T型对重导轨为1.0mm。

（5）轿厢导轨与设有对重安全钳的对重导轨下端应支承在导轨座或坚硬钢板上。

（6）对重块应可靠紧固，对重返绳轮上挡绳杆装置应调整到位并紧固。

（7）相对运动部件（轿厢与对重）之间间距要≥50mm。

（8）当对重完全压缩缓冲器时，轿顶空间应满足：

①井道的最低部件与固定在轿顶上设备的最高部件的间距（不包括导靴和油杯）与电梯的额定速度 v（单位 m/s）有关，其值应≥（$0.3+0.035v^2$）m。

②轿顶上方应有一个不小于0.5m×0.6m×0.8m的长方体空间（可以任意面朝下放置），钢丝绳中心线距长方体至少一个铅垂线距离不超过0.15m，包括钢丝绳连接装置可包括在这个空间里。

（9）封闭式井道内应设置照明，井道最高与最低0.5m以内各装设一个照明灯外，设置中间的照明灯应满足在轿厢顶面和底坑地面以上1m处的照度至少为50lx。

（10）电缆及支架的安装应满足：

①避免随行电缆与限速器钢丝绳、极限限位开关、平层插板及对重装置有交叉。

②保证随行电缆在运行中不得与电线槽管发生卡阻。

③随行电缆两端应可靠固定。

④轿厢压缩缓冲器后，电缆不得与底坑地面和轿厢底边框接触。

⑤随行电缆不应有打结或扭曲现象。

（11）钢丝绳上必须用油漆划平层标记，建议刷黄色油漆。

（12）导轨支架、压导板、平层插板、限位及极限开关的紧固件必须全部拧紧，特别是膨胀螺栓不能出现松动或被拉出很长的现象。

（13）对于全部采用螺栓连接的导轨支架，在固定后，必须用电焊对每个导轨支架进行点焊。

3. 轿厢

（1）轿顶有返绳轮时，返绳轮应有保护罩和挡绳装置，并且挡绳装置调整到位，返绳轮铅垂线的偏差≤1mm。

（2）曳引钢丝绳不能有断股现象，应符合 GB 8903—2003 规定，曳引钢丝绳表面应清洁不粘有杂物。钢丝绳表面不能随便涂油，钢丝绳本身是含油，如果使用时间较长，可以加专用的钢丝绳油脂。

（3）轿内操纵箱按钮动作应灵活，信号应显示清晰，轿厢超载装置或称重装置应动作可靠。

（4）轿顶用有停止电梯运行的非自动复位的红色急停按钮，位置应在人站在厅外伸手可以按得到。且动作可靠，在轿顶检修接通后，轿内检修开关应失效。

（5）安装在轿架上的撞弓（用于终端限位和极限），相对铅垂线≤3mm。

（6）各种安全保护开关应可靠固定，但不得使用焊接固定，安装后不得因电梯正常运行的碰撞或因钢丝绳、皮带的正常摆动使开关产生位移、损坏和误动作。

（7）轿厢有效面积应符合要求，如表 8－1 ~ 表 8－3 所示。

表 8－1　曳引式电梯额定载重量与轿厢最大有效面积关系表

额定载重量/kg	最大有效面积/m^2	额定载重量/kg	最大有效面积/m^2	额定载重量/kg	最大有效面积/m^2	额定载重量/kg	最大有效面积/m^2
100[1)]	0.37	630	1.66	1125	2.65	2500[3)]	5.00
180[2)]	0.58	675	1.70	1200	2.80		
225	0.70	750	1.90	1250	2.90	3000*	5.80*
300	0.90	800	2.00	1275	2.95	3500*	6.60*
375	1.10	825	2.05	1350	3.10	4000*	7.40*
400	1.17	900	2.20	1425	3.25	4500*	8.20*

续表

额定载重量/kg	最大有效面积/m^2	额定载重量/kg	最大有效面积/m^2	额定载重量/kg	最大有效面积/m^2	额定载重量/kg	最大有效面积/m^2
450	1. 30	975	2. 35	1500	3. 40	5000 *	9. 00 *
525	1. 45	1000	2. 40	1600	3. 56		
600	1. 60	1050	2. 50	2000	4. 20		

注：1）额定载重量超过2500kg时，每增加100kg，面积增加0. 16m^2。对中间载重量，其面积可通过线性插入法确定。

2）带＊为超过2500kg以上时根据规则计算出的数值。

3）乘客电梯最大面积允许增加不大于表列值的5%。汽车电梯面积按不小于200kg/m^2计算。

表8－2　　　　曳引式电梯额定载重量与轿厢最小有效面积关系表

额定载重量/kg	最大有效面积/m^2	额定载重量/kg	最大有效面积/m^2	额定载重量/kg	最大有效面积/m^2	额定载重量/kg	最大有效面积/m^2
75	0. 28	750	1. 73	1500	3. 13		
150	0. 49	825	1. 87				
225	0. 60	900	2. 01	2000 *	3. 90		
300	0. 79	975	2. 15	2500 *	4. 66		
375	0. 98	1050	2. 29	3000 *	3. 36		
450	1. 17	1125	2. 43	4000 *	5. 43		
525	1. 31	1200	2. 57	5000 *	8. 50		
600	1. 45	1275	2. 71				
675	1. 59	1350	2. 85				

注：1）额定载重量超过1500kg时，每增加75kg，面积增加0. 115m^2。对中间载重量，其面积可通过线性插入法确定。

2）带＊为超过1500kg以上时根据规则计算出的数值。

3）国标对载货电梯最小面积没有特定要求，一般参考此表上的值。

表8－3　　　　液压载货电梯额定载重量与轿厢最大有效面积关系表

额定载重量/kg	最大有效面积/m^2	额定载重量/kg	最大有效面积/m^2	额定载重量/kg	最大有效面积/m^2	额定载重量/kg	最大有效面积/m^2
400	1. 68	900	3. 28	1425	4. 62	5000 *	18. 64 *
450	1. 84	975	3. 52	1500	4. 80		
525	2. 08	1000	3. 60	1600	5. 04		
600	2. 32	1050	3. 72	2000 *	6. 64 *		

续表

额定载重量/kg	最大有效面积/m^2	额定载重量/kg	最大有效面积/m^2	额定载重量/kg	最大有效面积/m^2	额定载重量/kg	最大有效面积/m^2
630	2.42	1125	3.90	2500 *	8.64 *		
675	2.56	1200	4.08	3000 *	10.64 *		
750	2080	1250	4.20	3500 *	12.64 *		
800	2.96	1275	4.26	4000 *	14.64 *		
825	3.04	1350	4.44	4500 *	16.64 *		

注：1）额定载重量超过1600kg时，每增加100kg，面积增加0.40m^2。对中间载重量，其面积可通过线性插入法确定。

2）带 * 为超过1600kg以上时根据规则计算出的数值。

4. 层站

（1）层站指示信号及按钮应符合图纸规定，位置正确，指示信号明晰明亮，按钮动作准确无误，消防开关工作可靠。

（2）层门地坎应具有足够的强度，地坎应高出装修地面2～5mm。

（3）层门地坎与轿门地坎水平距离一般为+30mm。

（4）层门门板与门板，门板与门套，门板下端与地坎的间隙应为1～6mm。

（5）门刀与层门地坎，门锁门球与轿厢地坎间隙应为5～10mm。

（6）在关门行程1/3之后，阻止关门的力不超过150N。

（7）层门锁钩、锁臂动作应灵活，在电气安全装置动作之前，锁紧元件的最小啮合长度为7mm。

（8）层门的强度应满足要求，门板的结构需做摆锤试验，会有相应试验合格报告，这也是新国标的强制性要求。

5. 底坑

（1）轿厢在两端站平层位置时，轿厢、对重装置的撞板与缓冲器顶面间的距离，耗能型缓冲器应为150～400mm，蓄能型缓冲器应为200～350mm，新国标对此要求已经降低，一些顶层高和底坑深较小的情况下，可以适当降到100mm左右。

（2）要确保液压缓冲器里面的液压油能通过观察孔可看到。

（3）设在缓冲器上非自动复位的电气开关，功能应可靠。

（4）底坑应设有停止电梯运行的非自动复位的红色急停开关。

（5）当轿厢完全压缩在缓冲器上时，轿厢最低部件与底坑之间的净空间距离≥500mm，且底部应有一个不小于0.5m×0.6m×1.0m的长方体空间，可以任何面朝下放置。

二、整机功能检验

1. 曳引力检查

（1）在电源电压波动不大于2%工况下，用逐渐加载测定轿厢上、下行至与对重同一水平位置时的电流或电压测量法，检验电梯平衡系数应为40%～50%，测量表必须符合电动机供电的频率、电流、电压范围。

（2）电梯在行程上部范围内空载上行及行程下部范围125%额定载荷下行，分别停层三次以上，轿厢应被可靠地制停（下行不考虑平层要求），在125%额定载荷以正常运行速度下行时，切断主机与制动器供电，轿厢应被可靠制动。

（3）当对重完全压在缓冲器上时，空载轿厢不能被曳引绳提升起，曳引轮出现打滑现象。

（4）当轿厢面积不能限制载荷超过额定值时，再需用150%额定载荷做曳引力静载检查，历时10min，钢丝绳无打滑现象。

2. 限速器安全钳联动试验

（1）额定速度大于0.63m/s及轿厢装有两套安全钳时，应采用渐进式安全钳，其余可采用瞬时式安全钳。

（2）限速器与安全钳电气开关在联动试验中动作应可靠，且使曳引机立即制动。

（3）对瞬时式安全钳，轿厢应载有均匀分布的额定载荷，短接限速器和安全钳电气开关。轿内无人，并在机房操作下行检修电梯时，人为让限速器动作，复验或定期检查时，各种安全钳均采用空轿厢在平层或检修速度下试验。对渐进式安全钳，轿厢应载有均匀分布125%的额定载荷，短接限速器与安全钳电气开关，轿内无人。在机房操作平层或检修速度下行，人为让限速器动作。

以上试验轿厢应可靠制动，且在载荷试验后对于原正常位置轿厢底倾斜度不超过5%。

3. 缓冲器

（1）蓄能型缓冲器（常用为聚氨酯）仅适用于额定速度≤1.0m/s，耗能型缓冲器（常用为液压）适用于各种速度的电梯。

（2）对耗能型缓冲器需进行复位试验，即轿厢在空载的情况下以检修速度下降将缓冲器全压缩，从轿厢开始离开缓冲器一瞬间起，直到缓冲器恢复到原状，所需时间不应大于120s。

4. 层门与轿门联动锁试验

（1）在正常运行和轿厢未停止在开锁区域内，层门应不能打开。

（2）如果一个层门和轿门（中间楼层任何一个层门）打开，电梯应不能正常启动或继续正常运行。

5. 上、下极限动作试验

设在井道上、下端的极限位置保护开关，它应在轿厢或对重接触器缓冲器前起作用，并在缓冲器被压缩期间保持其动作状态。

6. 安全开关动作试验

电梯以检修速度上、下运行时，人为动作下列安全开关两次，电梯均应立即停止运行。

①控制柜、轿顶、底坑的急停开关，如果机房有高台或无机房电梯，在主机旁也应有急停开关。需要分别单独试验。

②限速器断绳或松绳开关。

③安全窗开关，用打开安全窗试验（如设有安全窗）。

三、整机性能试验

（1）乘客与医用电梯的机房噪声、轿厢内运行噪声与层、轿门开关过程的噪声应符合 GB/T10058—2009《电梯技术条件》规定要求（表 8－4）。

表 8－4　电梯技术条件

额定速度 v/（m/s）	$v≤2.5$	$2.5≤v≤6.0$
额定运行时机房内平均噪声值（dB）	≤80	≤85
运行中轿厢内最大噪声值（dB）	≤55	≤60
开关门过程最大噪声值（dB）	≤65	≤65

注：无机房电梯的“机房内平均噪声值”是指距离曳引机 1m 处所测得的平均噪声值。

（2）平层精度应符合 GB/T 10058—2009《电梯技术条件》规定要求，±10mm。

（3）整梯其他性能也应符合 GB/T 10058—2009《电梯技术条件》规定要求。

四、无机房电梯附加项目

（1）控制柜的位置，一般放在顶层曳引机安装侧，并且控制柜里面有观察窗和曳引机手动松闸装置，可以看到钢丝绳运行方向。当采用电动松闸和平层指示灯时，控制柜可以放置在其他地方。

（2）必须安装有检修平层安全保护装置，并且此装置上的电气开关需要接线到电气安全回路中。

（3）应设有紧急救援操作和动态试验装置，保证在井道外可以方便操作。

综上所述，此项工作需要具备相应专业能力的人来完成。以上只是列举了一些主要检验和检测内容，具体参阅国标 GB 50310—2002《电梯工程施工质量验收规范》。为便于操作，各电梯公司编制了自己的《电梯安装施工质量标准及安装过程记录》，每个公司的格式和内容可能会不一样，所以具体以电梯公司的文件来执行。这份文件主要是以表格或填空（填写实际测量值）、或打钩选择的方式，细化了电梯在安装施工过程中关键质量控制点的记录。

第九章　垂直电梯的维修和保养

中国是全球电梯制造和电梯保有量排位第一大国，而且已经保持了很多年，2016年中国的电梯保有量会突破400万台。随着中国房地产市场快速发展，电梯的保有量也在快速增加。根据事件发生的概率分析，出现电梯事故或故障的总数量会逐年增加，特别一些老旧电梯数量也在逐年增加。这也是近两年媒体报道的电梯安全事故增多的原因之一。

电梯就像汽车一样，随着使用时间的增加，各部件会出现老化或磨损，为确保电梯长期正常的安全运行，预防事故的发生，保证乘客乘梯的安全，并长期安全可靠地为乘客服务，必须及时对电梯进行维护保养，找出“病症”“对症下药”，真正做到按需保养，预防性保养，必须建立正确的维保制度。为确保维修保养制度的贯彻实施，电梯使用单位必须设有专门管理电梯部门及专业的技术人员，应进行经常性检查、维修保养及安全管理的监督。并委托电梯厂家的维修保养部门或具有地方政府电梯主管部门颁发的电梯维修许可证的单位进行维修保养。

电梯的保养可以简单地用八个字概括：清洁、润滑、检查、调整。

本章将介绍垂直电梯维修保养的未来发展趋势、电梯维修保养的管理、电梯维修保养的检查项目和要求、电梯常见的故障分析与解决、各部件维修保养的方法等内容。

第一节　电梯维修保养的未来发展趋势

一、电梯维修保养的技术发展趋势

由于近十几年来中国电梯行业的高速发展，导致目前电梯的产能严重过剩。也导致了中国电梯市场竞争也更加激烈。电梯制造企业出于各种利益关系考虑，并没有把维修保养单位建到全国各地；所以电梯的维保目前主要还是以各地的代理商或当地的维保公司来维修保养为主。由于目前电梯维保专业技术人员的严重缺乏，导致了电梯的实际维修保养状况并不理想。随着近两年电梯事故的不断发生，并通过媒体的迅速传播，引起了国家相关部门的高度重视，并对国标GB 7588—2003进行了修改并实施，从电梯设计、制造源头提出更严技术要求。在规范方面要求，一是增加了产品一致性核查；二是做好信息公开（型式试验）。在安全方面提出了：①提高了层门强度要求；②增加了轿厢内开门限制装置；③增加了对短接门锁回路行为的监测功能；④增加了防止轿厢意外移动的保护装置；⑤自动扶梯主驱动链保护功能。因此，将会对电梯的维修保养方面也会有提出更严格的要求。比如维修保养单位采取星级评定制度、建立联动式电梯应急救援中心等，国家已经在这些方面开始改革和尝试。将来一定会通过技术手段逐步的来淘汰一些不专业的维保单位，让中国电梯维保市场变得更专业化、更加透明、服务质量更加高效。

随着人们生活水平不断提高，乘电梯人员对电梯的安全也更关注。这就逼着电梯业要不断地进行科技创新，特别是电梯制造企业在科研方面加大了投入。以及目前互联网技术和大数据平台技术的发展。一种新的电梯维修保养工具已经诞生，即电梯物联网技术或叫无线远程监控技术。

电梯物联网技术，可以说是为电梯维修保养的未来开辟了一条新的道路。目前电梯的维修保养基本上都是按时间来定期维修保养，比如一个月两次小保养，三个月一次大保养等。由于电梯的使用环境恶劣程度不同、使用频率不同，采用统一的这种按时保养计划并不科学。采用电梯物联网技术后，将来电梯的维修保养可能会按需维修保养。通过电梯的物联网中心对全国各地的所有电梯的进行实时的数据采集分析并记录，然后通过系统自动生成每台电梯需保养的项目清单并进行报警提示，在电梯部件出现故障前就把它换掉或维修好，避免出现问题时才去维保。电梯物联网技术的原理，如图 9－1 所示。

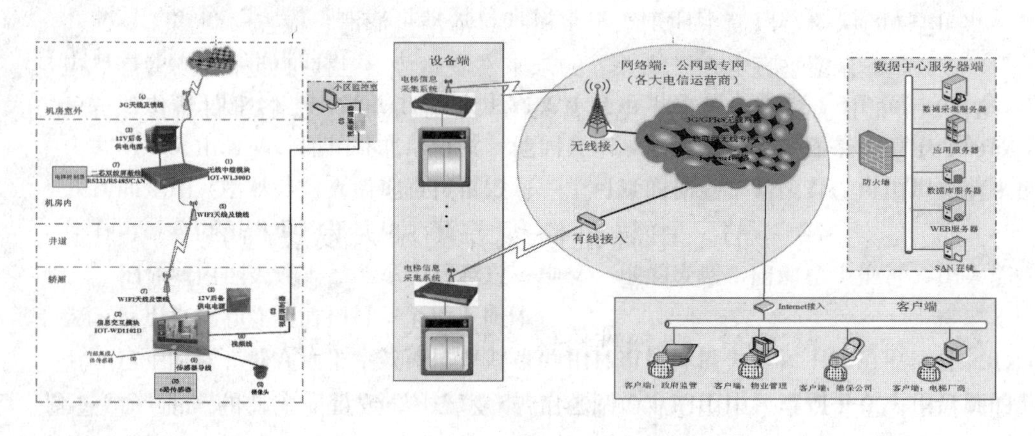

图 9－1　电梯物联网技术原理示意图

二、电梯维修保养的管理发展趋势

由于电梯物联网的技术还不是特别完善，也没有得到普遍的推广，而且还有将近 400 万台的保有量。所以目前的维修保养主要还是按时和按次维修保养。各环节必须靠人来控制，这就存在许多不可控的人为因素，给电梯维修保养的管理带来了很大的困难和挑战。

根据电梯的分布情况，平均一个人的维修保养电梯台量在20台左右。每人具体维保的台量没有固定的说法，但有一个原则可以参考，就是出现电梯关人时，在30min以内必须赶到。如果一个维修保养单位有1000台电梯，需要大概50个维修保养人员。由于这50个维修保养人员的工作是无法跟踪和监督的。为了能有效地管控和监督，目前的普遍的做法是，管理者编制一个维修保养计划表，分配每个人负责哪些区域，然后责任到人。并编制一份用户签字确认表，维修保养人员到现场维修保养结束后让用户签字确认，但是会出现签字找不到人，或出现假签字现场。同时维修保养的质量也无法监督，管理者只能通过抽查来检查维修保养结果。

综上所述，维修保养的质量主要还是依靠员工的责任心，这显然是不够的。基于目前的现状和需求、也基于现在信息技术的发展，大数据平台的应用和智能手机的普及，现在有公司开发一种软件，可以把终端APP装到每个人的手机上。这样所有人的维修保养计划、每天行踪、现场维护后的效果图片都会实时传到软件数据平台上。管理者就可以一目了然，随时可以查看任何一个人的工作情况或任何一台梯的维修保养质量，这是一款非常不错的工具。估计在今后会得到很好的推广。

第二节　垂直电梯维修保养细则

一、总的原则

（1）为确保电梯安全运行，必须建立正确的维修保养制度，对电梯进行经常性的管理维护和检查，使用单位应设专职人员负责，委托有资格的专门检修和保养电梯的单位维修保养。

（2）进行维修保养和检查的专职人员，应有实际工作经验和熟悉维修、保养要求。

（3）维修人员应每周对电梯的主要安全设施和电气控制部分进行一次检查。

①使用三个月后，维修人员应对其较重要的机械电气设备进行细致的检查、调整和维修保养。

②当使用一年后，应组织有关人员进行一次技术检验，详细检查所有机械、电气、安全设施的情况，主要零部件的磨损程度，以及修配换装磨损超过允许值的和损坏的零部件。

③一般应三至五年中进行一次全面的拆卸清洗检查。

④使用单位应根据电梯新旧程度，使用频繁程度确定大修期限。

（4）当设专人驾驶电梯时，应由高度责任心，爱护设备，并熟悉掌握电梯使用特性的专职司机负责驾驶电梯。

（5）发现电梯有故障应立即停止使用，待修复并经仔细检查后方可使用。

（6）在层门附近，层站的自然或人工照明，在地面上应至少为50lx，以便使用者在打开层门进入轿厢时，即使轿厢照明发生故障，也能看清他的前面。

（7）若电梯停止使用超过一周．必须先进行仔细检查和试运行后，方可使用。

（8）电梯的故障，检查的经过，维修的过程，维修人员应在电梯履历表中作详细记录。

（9）电梯正常工作条件和电源电压，必须符合电梯技术资料中的规定。

（10）电气设备的一切金属外壳，必须采取可靠的保护性接地。

（11）机房内应设有灭火设施。

二、安全操作规程

（1）每日开始工作前，将电梯上下行驶数次，无异常现象后方可使用。

（2）电梯行驶中轿厢的载重量应不超过额定载重量。

（3）乘客电梯不允许经常作为载货电梯使用。

（4）不允许装运易燃，易爆的危险物品。

（5）当电梯使用中发生如下故障时，司机或管理人员应立即通知维修人员，停用检修后方可使用。

①层、轿门全关闭后、电梯未能正常行驶时；

②运行速度显著变化时；

③轿、层门关闭前，电梯自行行驶时；

④行驶方向与选定方向相反时；

⑤发觉有异常噪声，较大振动和冲击时；

⑥当轿厢在额定载重下，如有超越端站位置而继续运行时；

⑦安全钳误动作时；

⑧接触到电梯的任何金属部分有麻电现象时；

⑨发觉电气部件因过热而发出焦热的气味时。

（6）电梯使用完毕停用时，司机或管理人员应将轿厢停在基站将厅外的锁梯开关断开，并确认层门自动关闭。

（7）发生紧急事故时司机应采取下列措施：

①当已发觉电梯失控而安全钳尚未起作用时，司机应保持镇静，并严肃告诫乘客切勿企图跳出轿厢，并作好承受因轿厢急停而产生冲击的思想准备。

②电梯行驶中突然发生停梯事故，司机应立即揿按警铃按钮，并通知维修人员，设法使乘客安全退出轿厢。

③在机房用手轮盘车，使电梯短程升降时，必须先将主电源断开，方可在机房用手轮盘车，使电梯短程升降，盘车前，应使用专用工具手动松闸。在进行这

一工作时，必须由二人以上同时操作，随时注意手动盘车与手动打开制动器之间的配合，以确保安全。

三、紧急情况后的处理

1. 当电梯发生严重的冲顶或蹲底后

轿厢内的乘客应保持冷静，千万不可自行扒开轿门、厅门跳出轿厢，这是非常危险的。正确的操作应是：利用轿厢内的通讯设备与外界取得联系，速派专业维修人员设法将乘客安全脱离电梯轿厢，然后对该梯进行全面检修，寻找故障原因，必须将故障原因查明并排除后，方可使用。

2. 当发生地震后

微震和轻震对电梯的破坏不大，可是轿厢或对重的导靴有可能脱出导轨，或一部分电线切断，此时开动电梯就可能引起意想不到的事故。因此地震时应停用电梯。

3. 发生火灾时

根据火灾轻重程度不同，对设有可作消防员专用的电梯，将乘客运送到安全层站。

①通知司机或管理人员尽快在安全楼层停车，把乘客运送到安全层站。

②轿厢开到安全的楼层，在乘客确定完全撤出了后切断电源。

③把各层厅门关闭，防止向其他楼层延烧。

在发生上述三种情况后，电梯须经过有关人员严格检查，整修鉴定后方可使用。

四、维修保养及细则

1. 维修保养注意事项

维保人员上岗前必须经过公司的安全培训，并通过考核后才允许上岗，非维修保养人员不得擅自进行维修作业，电梯采用电脑控制系统，维修保养时应谨慎小心，如图 9－2 所示。

（1）电梯维修和保养时，应遵守下列规定：

1）不得乘客或载货，各层门处悬挂检修停用的指示牌，在维修层必须设置“安全防护栏”提醒用户；

2）应断开相应位置的开关；

①在机房应将电源总开关断开，必须上锁并挂上警示标牌，钥匙由上锁人保管；

②在轿顶时，应将检修开关拨到检修运行状态；

③在底坑应将底坑检修箱急停开关断开或同时将限速器张紧装置安全开关断开。

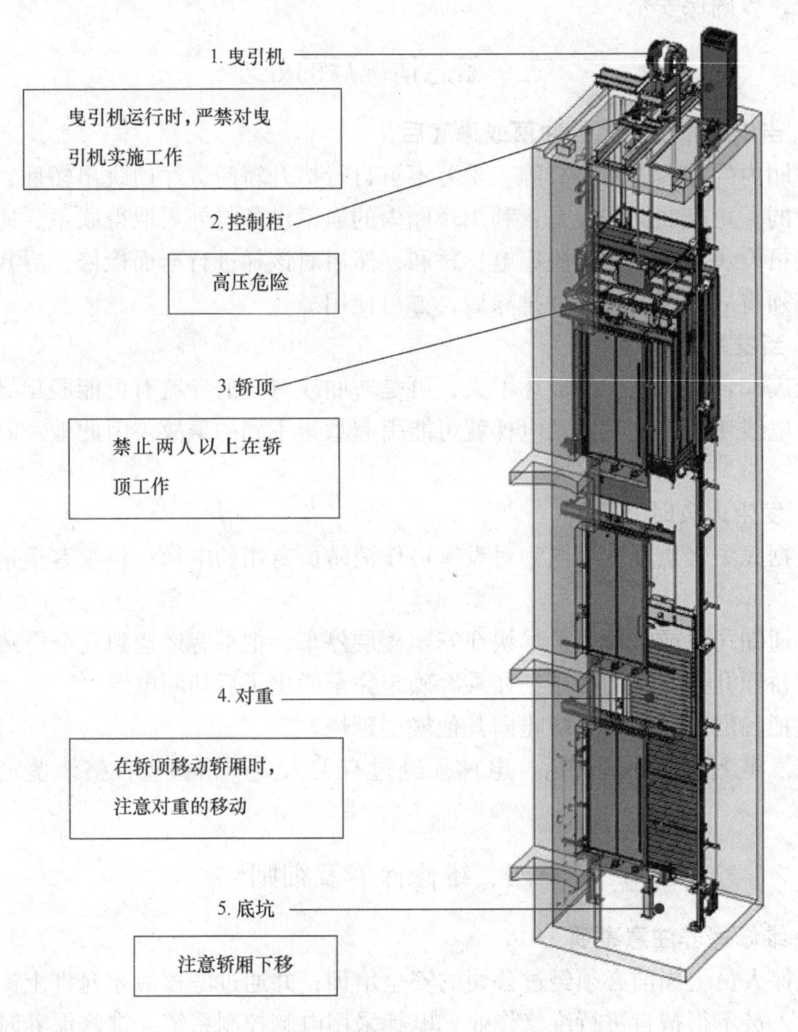

图 9－2　电梯维保安全注意事项示意图

3）两位工作人员保持良好的口头联络是非常必要的，一人指导一人工作，严禁两人以上同时在井道工作；

4）操作时如需司机配合进行，司机要精神集中，严格服从维修人员的指令；

5）严禁维修人员站在井道外探身到井道内或在轿厢顶或在轿厢地坎处轿厢内外各站一只脚来进行较长时间的检修工作；

6）严禁维修人员拉、吊井道电缆线，以防电缆线被拉断；

7）维修保养时，禁止使用手摇式兆欧表，应使用电池式高压兆欧表，500V，内阻 200kΩ 以上；

8）当门打开时工作人员严禁离开工作区域，如果确实需要离开，必须确保门关闭并锁上；

9）工作结束后，检查是否有工具遗留。

（2）着装要求　维保人员在工作时必须穿戴公司统一的工作服、工作鞋和工作帽，禁止佩戴金属手表、首饰及将钥匙挂在身上。

（3）安全警告　严禁在口袋里放任何工具，以防止工具跌落。

（4）保养前和保养结束后的工作

1）前期工作

①维保人员应提早与使用单位沟通，确定停梯时间（如有必要，要求使用单位公告通知业主）。

②到达目的地后，应先向用户问好，如果是第一次与用户见面，还应该进行自我介绍。

③向用户咨询电梯使用的信息，包括噪声、舒适感、平层度和开关门的情况，并向用户询问有何要求。

④告知用户电梯需要保养的时间（如果保养超过预定时间，需先征得用户的同意）。

2）保养结束后工作

①填写保养记录；

②通知用户电梯已经保养完毕，对之前用户所反映的问题和要求作出答复，如果没有异议，请用户在保养报告上签字；

③归还向用户借的工具或证件；

④离开时与用户约定好下次保养的时间并向用户表示感谢。

（5）须注意的问题

1）注意自己的言语和举止，这代表你所在公司的形象；

2）保持整洁的外观是非常重要的，避免弄脏用户的地板、墙面和其他设备；

3）不去任何与电梯无关的场所，如果确实需要去的，首先征得用户的同意。

2. 垂直电梯维保工艺

垂直电梯主要需保养的部件，如图9－3所示。

（1）门系统的保养　门系统（包括门机、层门装置、轿门、层门、门刀及安全装置）的故障占了电梯的大部分，也是电梯中比较常见的故障，因此做好对门系统的保养就显得尤为重要。保养门机时务必切断电源。现在普遍使用的门机都是变频门机，常用的变频门机又有异步和同步之分，而且不同厂家生产的门机结构也不相同，如表9－1案例按目前市场上比较常见的一款变频异步中分式门机讲解。

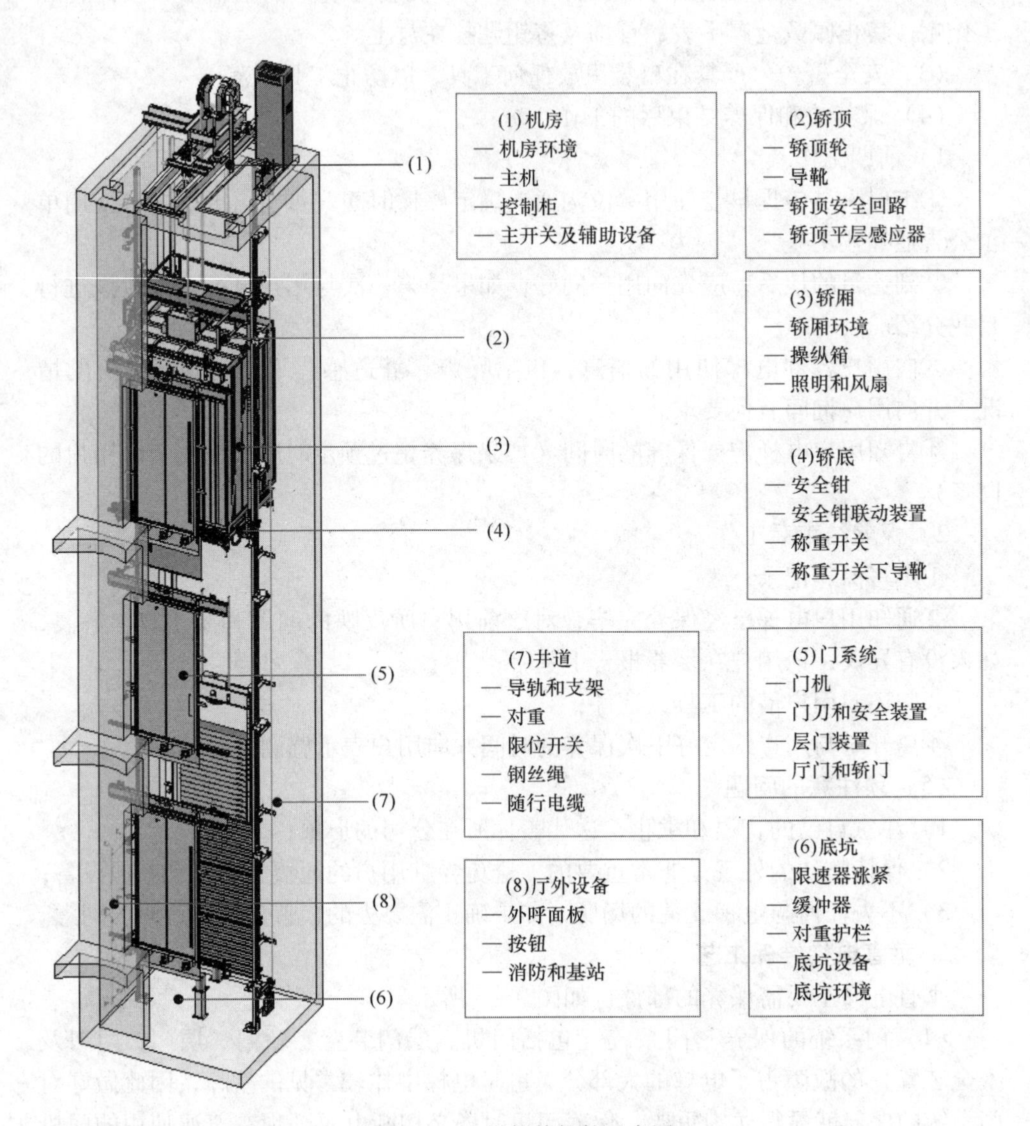

图 9-3　电梯保养部件示意图

表 9 – 1　　变频异步中分式门机保养

序号	保养项目	保养要求	备注
01	变频门机	1. 观察该门机变频器保护盒上的插件图，整理电缆线布线，检查门机电缆是否松紧 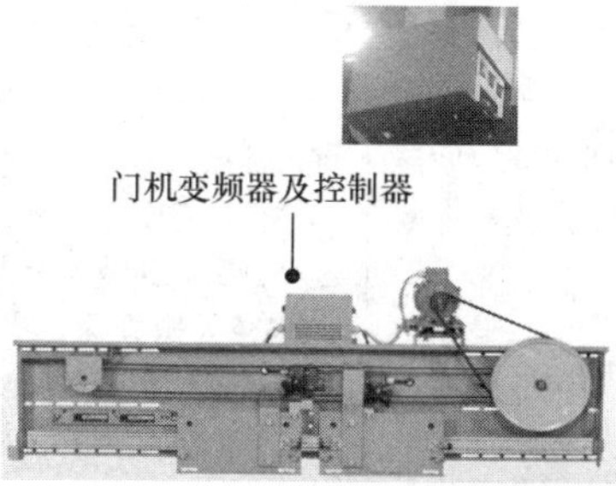 门机变频器及控制器	1. 到达现场后，与用户取得联系 2. 在基站、轿厢和工作层设置防护栏 3. 按正确的程序进入轿顶  1）危险能源 – 220V 电压； 2）断电后等待至少 1min 的电容放电时间
		2. 检查皮带松紧情况，标准是皮带自然下垂最低点与皮带平面一般为 5 ~ 10mm，否则调整皮带左端的皮带涨紧装置 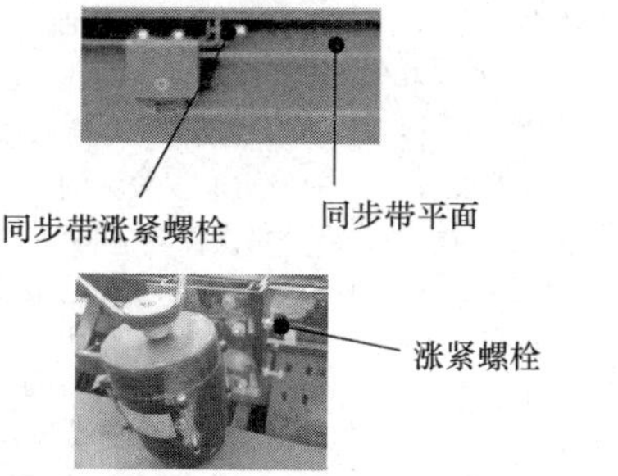 同步带涨紧螺栓 同步带平面 涨紧螺栓	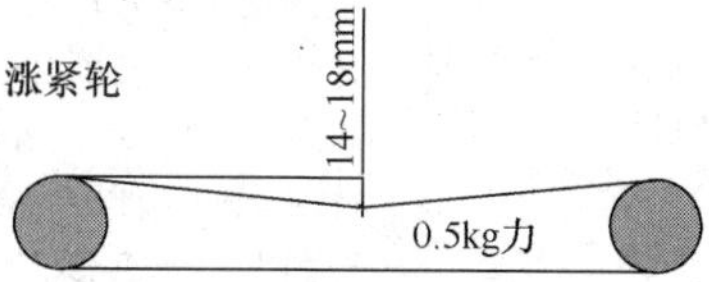 涨紧轮 14~18mm 0.5kg力 同步带的测量和调整 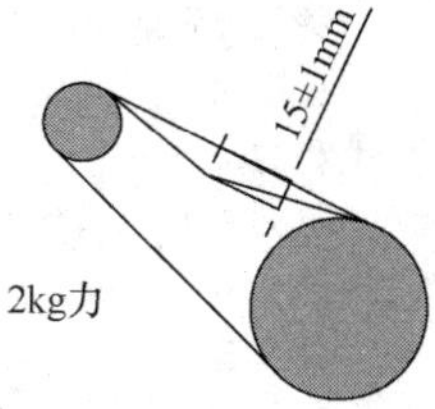 15±1mm 2kg力 电机皮带的测量和调整
		3. 检查轿门锁（若有）、双稳态开关、限位开关是否能正常工作，确保触点接触充分，在保养过程中要注意各种固定螺栓的松紧 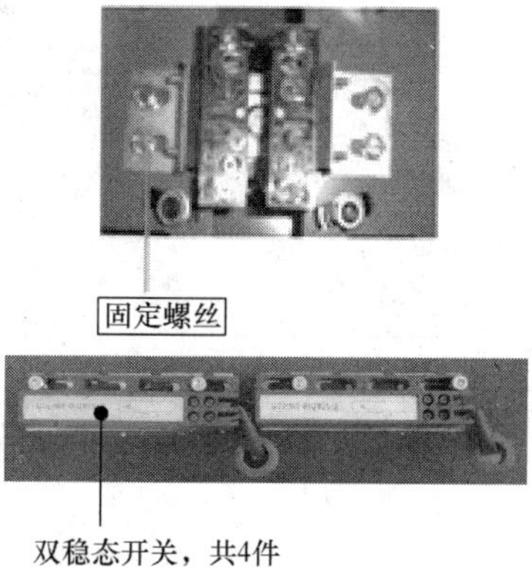 固定螺丝 双稳态开关，共4件	注意顶针不能太松或太紧，可通过松开两侧的固定螺栓进行调整 太松会使门锁回路不通 太紧会顶坏触点，使触点失去弹性 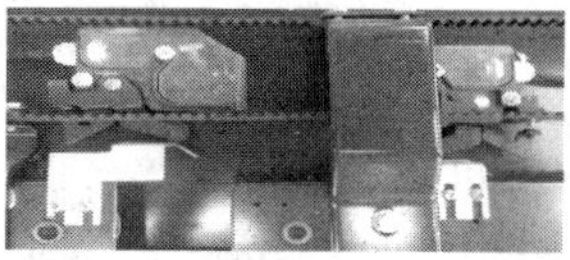 限位开关

续表

序号	保养项目	保养要求	备注
01	变频门机	4. 用毛刷和抹布清洁门机各部件的灰层和油污，紧固连接处的螺栓	
		5. 如果开关门动作仍有不足，或者想改变曲线，通过操作器来改变参数，下面介绍几个参数以通过调整曲线和门的宽度对门的曲线的平滑度进行改进，提高门的舒适感 曲线参数 ——开始打开速度/开始打开距离 一次门运行的开始和结束点对噪音来说是最关键的两个点，调整这两个参数可以使启动平稳并在开门时降低噪声 ——停止关闭速度/停止打开速度 若门的运动接近一次运动的结束，也会产生和上面相似的问题 ——打开停止点/关闭停止点 停止点是测自减速开关开始到完全打开/关闭位置的距离值，接近一个停止点时，速度曲线降低到停止速度，以便将门平稳的带入最终的打开/关闭位置。若这个点太靠近门运动的结束点，门边会以高速与极限碰撞，则必须增大停止点的距离，若该点离门运动的结束点太远，则爬行距离增大，增加了关闭打开的时间。使用强迫关门速度参数，可对强迫关门操作的速度进行调整，一方面，改速度在任何情况下都应将门关到完全闭合位置，另一方面，该速度不应超过乘客承受的扭矩极限	重要参数 1. 关门力矩参数设置在“150”左右，过小会引起保持力矩大小被拉开 2. 乘客灵敏度保护参数设置在“60%”左右，过小会引起反复重开门 具体的调试参数详见门机变频器的调试手册 注意： 1）如果同步带侧面严重拉毛或齿面缺损，须立即更换，如果同步运行有啮合噪声，可在同步带上加凡士林，以起到润滑作用 2）检查门锁安全触点是否能可靠工作，对触点磨损较大的应及时更换 3）每次保养应将门机导轨清洁干净，使门移动轻便灵活，运行无跳动，经常检查连接螺栓并紧固 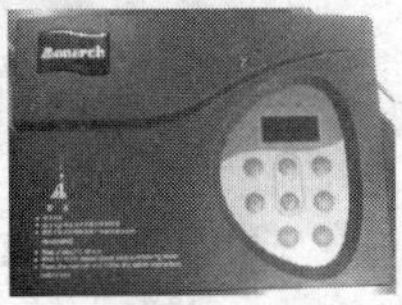
02	门刀	电梯的门刀是必不可少的一种电梯部件，电梯每次开关门时，都是门刀带动厅门运行，对门刀的保养和调整要求也很高，调整不当，门刀滚轮与提刀块就会发生撞击声，下面介绍门刀的保养： 1. 用抹布清洁门刀，紧固门刀座上的定位螺栓，联动处加油润滑	联动处加油润滑  定位螺栓 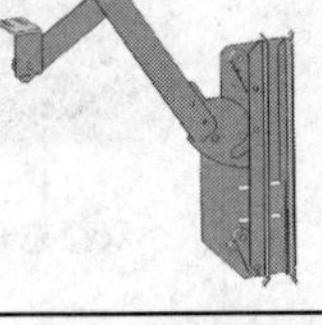 门刀

续表

序号	保养项目	保养要求	备注
02	门刀	2. 用线锤测量轿厢门刀的垂直度，其允许误差≤0.5mm，如果门刀度垂直不够，就要进行轿厢门刀校正	调整方法 1. 前后方向可在轿厢门刀与铰链之间插入垫片，与在轿门门刀与活动门刀之间插入垫片 2. 左右方向拧松轿厢门刀的安装螺栓，重新定位门刀
		3. 检查门刀与厅门地坎的间隙5～10mm，检查门刀刀片与门锁滚轮两边的间隙为5～10mm	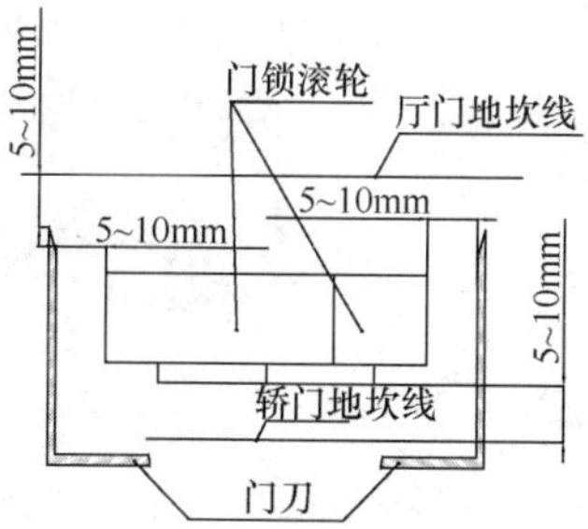
		4. 同时确保门刀刚插入厅门胶皮轮时两侧间隙保持在5～10mm	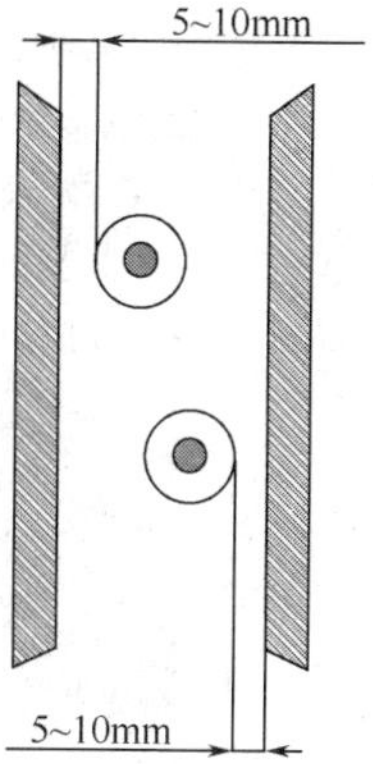
03	安全装置	电梯的门安全保护装置一般有光幕或安全触板或光幕＋安全触板二合一，由于光幕是最常使用的，如下主要介绍关幕的保养 光幕的保养比较简单，主要用软布清洁光幕的外部，用手挡住射极光束，来检查光幕是否能正常工作，同时检查光幕的接线头及固定螺丝是否有松动等现象	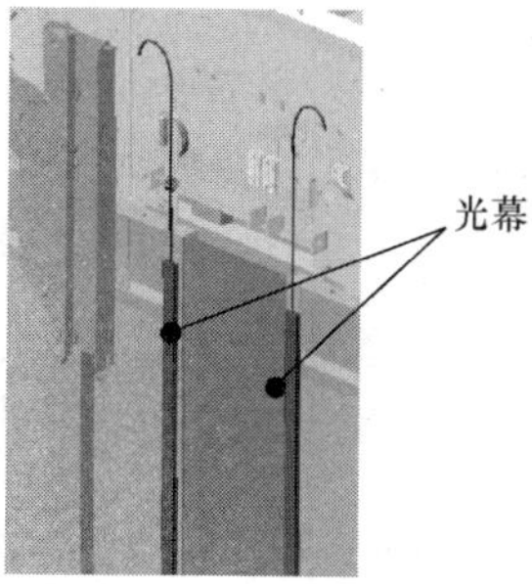

续表

<table>
<tr><th>序号</th><th>保养项目</th><th>保养要求</th><th>备注</th></tr>
<tr><td rowspan="3">04</td><td rowspan="3">厅门和轿门</td><td>厅门
1. 将电梯开到一个合适的位置使人可以清洁层门装置上的垃圾，杂物；用扳手紧固层门装置固定螺栓，检查厅门钢丝绳是否生锈，灵活；上述检查的螺栓如松动，必须紧固，钢丝绳若生锈，可以用毛刷沾上机油润滑 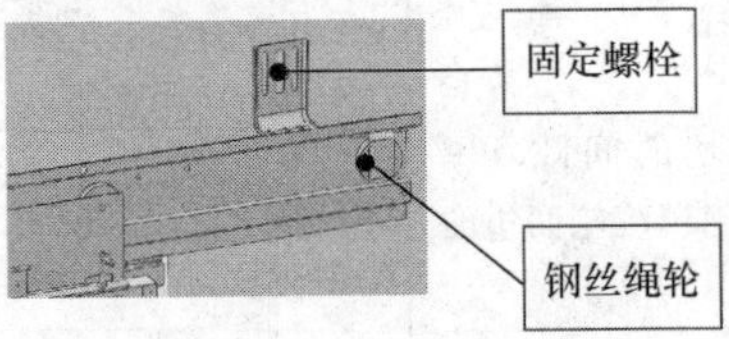
固定螺栓
钢丝绳轮</td><td> 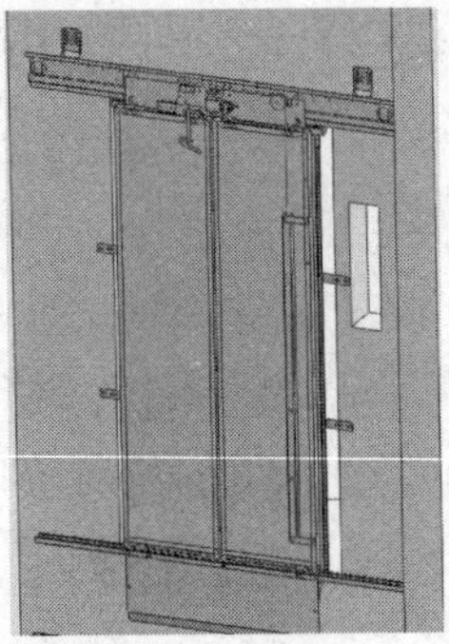若厅门钢丝绳轮为塑料的，保养时注意轮子有裂缝就需更换</td></tr>
<tr><td>2. 检查钢丝绳固定螺栓上的螺母是否松动，观察钢丝绳是否生锈，是否磨损严重或有断丝现象，如有则必须更换钢丝绳，调节钢丝绳，如果太脏，可用棉布沾机油擦干净 
两边螺母都要紧固</td><td>厅门钢丝绳太紧会增加关门的阻力，导致门关闭反应迟钝，且不利于钢丝绳轮，钢丝绳太松会使厅门开关门时产生噪声</td></tr>
<tr><td>3. 清除门导轨上的污物，特别注意门吊板滚轮运转的两边末端 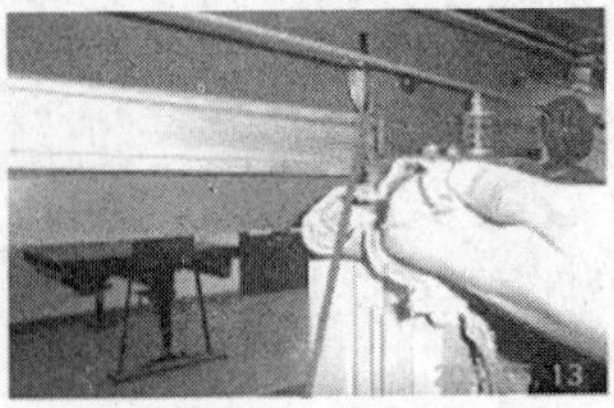</td><td>注意：
任何情况下不要使用砂纸，因为会在导轨和滚轮上留下砂屑和残渣</td></tr>
</table>

续表

序号	保养项目	保养要求	备注
04	厅门和轿门	4. 毛巾沾上酒精清洁门锁接触面，同相同的毛巾清洁门锁触点；检查触点上是否有明显的凹陷，如有此现象，更换触点，再对被动门触点和接触面进行清洁	用百洁布清洁门锁触点会破坏触点表面氧化物，从而缩短触点使用寿命 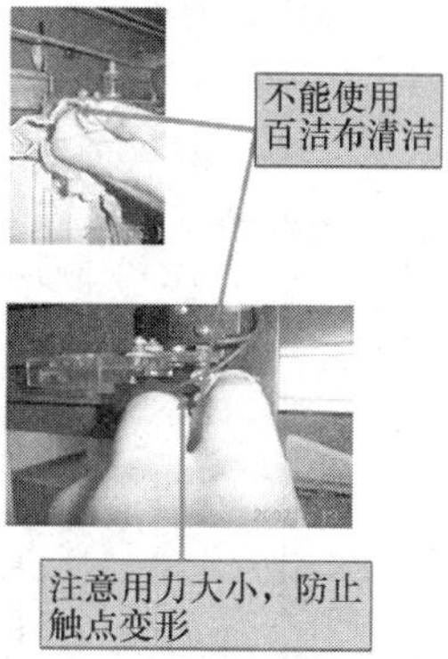
		5. 厅门锁的锁钩，锁臂及动接点动作灵活，确保锁钩和锁舌留有 2mm 的活动间隙，啮合深度至少为 7mm 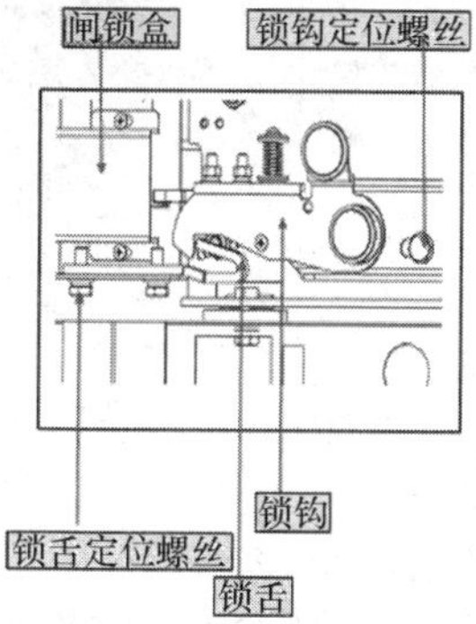	注意确保此间隙 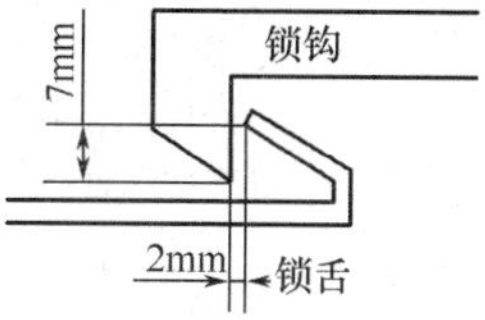 注意检查门锁触点的位置，确保触点位于短触片的中央
		6. 可通过调节锁舌定位螺栓和锁钩定位螺栓来调整锁钩和锁舌的位置。调整完毕后，用手扳动厅门的两侧，确保厅门最大间隙不大于 30mm，且被动门锁不被断开 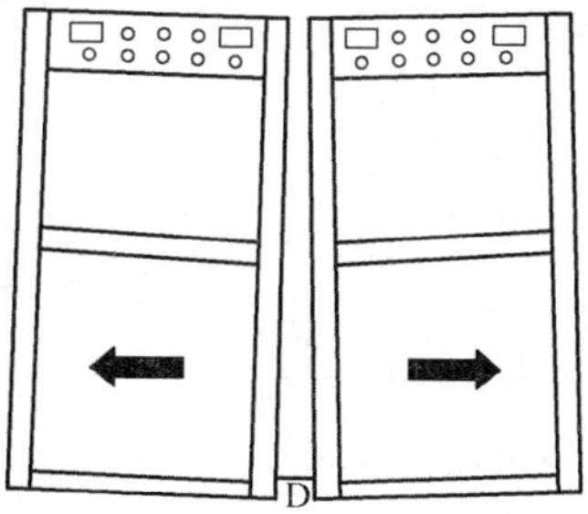	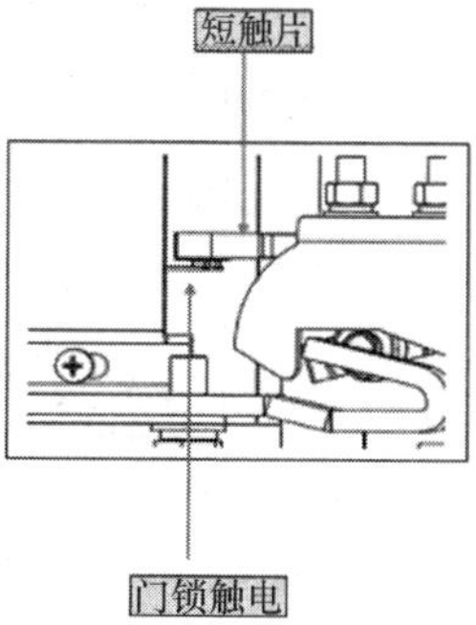 验证被动门锁 两人配合，一人轿顶检修下行，另一人在轿顶上用手按图示扳动厅门，电梯继续运行则被动门锁为被断开

续表

序号	保养项目	保养要求	备注
04	厅门和轿门	7. 检查偏向轮固定螺栓松紧与导轨距离，其距离原则为小于0.5mm 8. 调节厅门挂板与厅门间的2个垂直度调节螺栓，使两扇门的垂直度误差在1mm内，且厅门与厅门地坎的间隙在4～6mm，门闭合后不呈A型或V型，确保厅门之间的间隙应不大于3mm，厅门与门框的间隙应保持在4～6mm 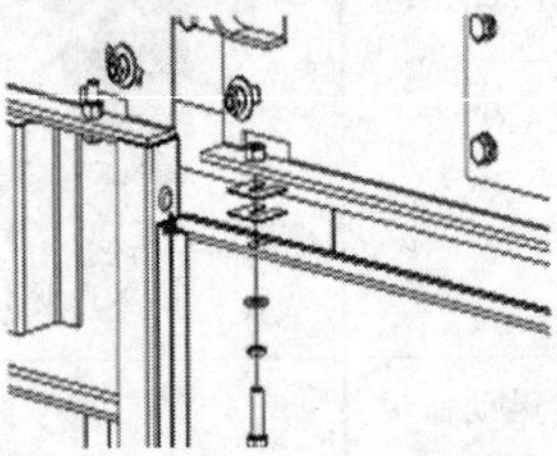	  固定螺栓
		9. 紧固三角锁螺母，确保转动灵活，从厅门外将三角钥匙插入锁孔，检查连锁是否正常工作，如果工作不太正常，通过移动摆杆来调节	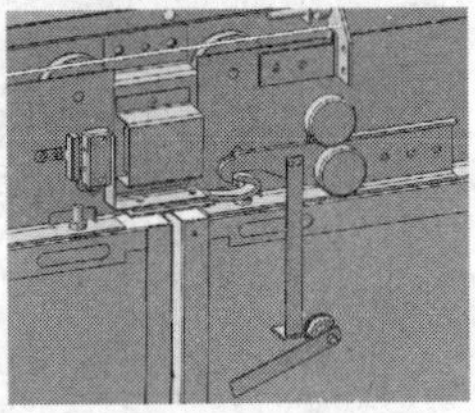
		10. 检查厅门滑块的松紧和磨损状况，如有一边的磨损超过1.6mm就换掉，紧固松开的螺栓，需要时可以加上防止滑动的垫片，检查门滚轮与轿厢地坎之间的距离，标准为5～8mm 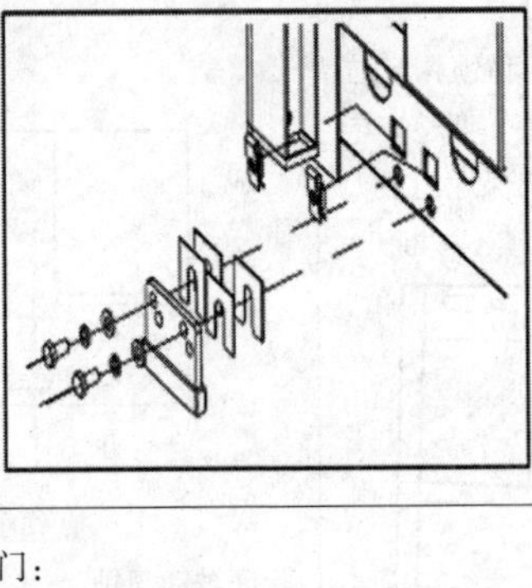	测量厅门滚轮与轿门地坎之间距离 由其中一人在轿厢，电梯检修上行，运行到门滚轮位置，测量门滚轮与轿门地坎之间的距离
		轿门： 轿门的保养和厅门的保养在要求上相差不大，具体的保养可参照厅门的保养步骤	

1）轿厢门和自动门机构检查与调整

①对驱动轿厢门的电动机轴承应定期加注锂基润滑脂，每年润滑一次。

②传动皮带及链条张力的调整，在使用过程中传动皮带及链条如出现伸长现象引起张力降低而打滑，可以调节电动机的底座调节螺钉使皮带及链条至适当涨紧。

③安全触板及光幕的动作应灵敏可靠，安全触板碰撞力不大于5N。

④电梯因中途停电或电气系统发生故障而停止运行时，在轿厢内能用手将门拨开，其拨门力应在200～300N范围内。

⑤在轿厢门完全关闭，安全开关闭合后，电梯方能行驶。

⑥门导轨每周擦拭一次，涂抹少量机油，使门移动轻便灵活，运行时无跳动、噪声，吊门滚轮外圆直径磨损3mm时应予更换。经常检查连接螺栓并紧固。

⑦变频门机采用交流变压变频（VVVF）控制技术对门电机进行调速，速度曲线可以通过改变参数来设定与调整。设定和改变各功能参数的操作步骤，参照随机技术资料。

⑧清除各部位灰尘、污垢，门头路轨进行打磨除垢处理。

⑨检查安全门档及微动开关、门夹刀、光电眼、门安全闸锁开关的动作是否正常（安全门档被压下2.5～3.0mm微动开关接点应动作）。

⑩检查及清理门电动机。

⑪运行时检查各部位有无异常声响及门电动机温升情况。

2）层门机械电气联锁装置检查

①层门与机械电气联锁装置：每月检查一次导电片与触头有无虚接和假接现象。触头的簧片压力能否自动复位，铆接焊接及胶合处有无松动现象，锁钩、臂及各滚轮应能灵活转动，每年应清洗一次。

②层门

a. 每月检查一次吊门滚轮，如发现磨损与损坏即时更换，当吊门滚轮外圆直径磨损1mm时应予以更换。并检查连接螺栓有无松动现象，每周应清洗一次门导轨。

b. 层门外面不允许用手把层门拨开。

c. 调整吊门滚轮的偏心挡轮使与导轨底端面间隙为0.5mm。

d. 清除导轨地坎槽及各部位灰尘、污垢。

e. 检查门钢丝绳松紧和磨损情况，钢丝绳重锤及各活动部位是否正常（包括间隙、动作距离等）。

f. 清理电气接点，使接点接触良好，动作正常，检查门球和转动部位以及锁扣定位是否正常，并加以调整。

g. 检查门脚定位滑块磨损情况并加以更换，各螺丝是否松脱，外门上下是否一致。

（2）机房部件保养

机房的保养内容主要有：机房环境、曳引机、限速器、控制柜、机房电源箱及辅助开关（表9－2）。

表9－2　机房的保养

序号	保养项目	保养要求	备注
01	机房环境 	机房出入口应保持清洁整洁，不能堆积杂物，请务必清除干净，以保证进出机房的畅通 保证机房内有良好的通风和照明，清除地板上的灰尘 建议用户机房内设置温度计和灭火器，机房温度常年应保持在5～40℃。否则可能会影响机器的运行	  机房重地 闲人莫入
02	曳引机 （永磁同步）	永磁同步曳引机分内转子和外转子的结构，在制动器方面也各有很大区别，目前主要有块式制动器、碟刹制动器、鼓式制动器等 曳引机的保养主要是对其运行状况进行观察，是否发热严重，是否有异响，主要是听和看，对于整体的卫生清洁是每次必须的内容之一 1. 清洁曳引机上的污垢、灰尘 2. 机房检修下行将电梯开到合适位置，使导向轮（如有）的加油嘴朝上以便对导向轮加油 3. 检查导向轮内黄油是否足够，如果不够的话就要用黄油枪对轮子实施加油 4. 保证曳引轮轮槽的清洁，严禁在轮槽中加润滑油，检查曳引轮轮槽是否有磨损，每根磨损是否一致，差距达到钢丝绳直径的1/10以上影响使用时应更换。当曳引绳与轮槽底的间隙≤1mm或带切口半圆轮槽磨损至切口深度≤2mm，应更换曳引轮 执行正确的挂牌上锁程序切断主电源开关！	 内转子结构  外转子结构 鼓式制动器  碟式制动器  块式制动器

续表

序号	保养项目	保养要求	备注
02	曳引机（永磁同步）	5. 检查主机的绝缘是否符合要求，要求阻值大于0.5MΩ。打开接线盒测量各相序间的线圈阻值，同时对接线盒内的螺丝进行紧固	接线盒
		6. 编码器 （1）该编码器为正余弦脉冲编码器，因电机是永磁电机，因此，编码器需定位，在保养过程中，要保证编码器位置不动，否则编码器需重新定位 （2）确保连接编码器的插件里线头没有松动甚至脱落，确保导线金属软管单边接地 （3）清洁编码器外壳 （4）待主机正常运行，观察主机运转是否平稳，有无振动现象、发出的声音是否正常	编码器
		7. 制动器 由于无齿轮曳引机的自锁功能，因此，电梯的制动器功能要求非常稳定，一旦产生溜车，危险非常大。若员工在保养曳引机时发现曳引机制动器有异常时，请通知相关技术人员，切勿去调整制动器 注意：制动时两侧制动块应紧密均匀地与工作面贴合，松闸时两侧制动块应同时离开制动轮工作表面 需要专业技术人员维修！	此处缝隙即为抱闸间隙 制动器间隙小于等于0.7mm可以通过螺栓来调节 严禁保养人员自行调节，务必通知相关技术人员！

1）有齿轮曳引机检查

①减速器（有齿轮主机）

a. 蜗轮副或齿轮副经长期使用后，由于磨损使齿侧间隙增大，或由于轴承磨损使电梯换向时产生较大的冲击及噪声，则可更换中心距离调整垫片。轴承盖处调整垫片厚度或更换轴承，以减少冲击噪声。

b. 应保持减速器内润滑油清洁和润滑性能良好，否则应及时进行调换。经常检查油面高度，使保持在油标规定的范围内，润滑油推荐采用：国产曳引机：如 17CT 曳引机应使用兰炼 34 号电梯专用齿轮油（或等同品）；宁波欣达曳引机应使用兰炼飞天 460 号齿轮油（或等同品）。

c. 箱盖，窥视孔盖和轴承盖等应与箱体连接紧密；不应漏油，蜗杆轴伸出端采用橡胶油封密封，此处允许产生少量润滑性渗油。

d. 在一般情况下，应每年更换一次减速器润滑油．对新安装的电梯在半年内应经常检查减速器润滑油有否杂质，如发现杂质应立即更换。

e. 在正常工作条件下运转时，其机件和轴承的温度应不高于 80℃。

f. 检查运行情况有无异常声响，停车时有无振动，如滚动轴承产生不均匀噪声或撞击声应及时予以更换。

g. 箱体与底座，底座与承重梁间的螺栓应保持紧固无松动现象。

h. 检查时如需拆卸零件，必须将轿厢在顶部用钢丝绳吊起，并使安全钳夹住导轨，对重在底坑用木楞撑住，将曳引钢丝绳从曳引轮上卸下。

②制动器

a. 制动时闸瓦应紧密地贴合在制动轮的工作表面上，当松闸时两侧闸瓦同时离开制动轮表面，其间隙应不大于 0. 7mm。

b. 动作应灵活可靠，线圈温升应不超过 60℃。

c. 线圈的接头应无松动现象。外部绝缘良好。

d. 各转动部位应灵活，可用机油润滑（注油时如溅到制动轮的工作表面上应擦干净）。

e. 保持闸瓦制动衬工作表面的清洁，不应混进油腻或油漆。固定制动衬的螺钉头必须沉入制动衬表面，不允许与制动轮接触，制动衬磨损过甚使螺钉头露出或磨损量超过制动衬厚度的四分之一时，应及时更换，刹车时应无异响。

f. 在确保安全可靠的前提下，调节制动弹簧力，来满足平层准确度和舒适感。

g. 制动器须进行手动松闸时，可采用手动松闸专用工具（附件）进行。

h. 检查刹车装置外观、支架连杆、刹瓦、刹鼓有无变形、松脱、裂纹等异常情况。

③曳引电动机

a. 电动机之连接应保持紧固，滚动轴承应用锂基润滑脂填入，轴承温度应不高于 80℃。

b. 由于轴承磨损，使定子与转子间空气间隙沿圆周方向分布不均匀而产生噪声时，则应更换轴承。

c. 清除各部位的灰尘，检查电动机外壳是否完好。

d. 检查电动机底脚固定螺栓，轴连接器螺栓及电动机上其他部位螺栓是否松动。

e. 检查接线是否松脱或接触不良，软管及接头是否松脱、断离。

f. 电动机定子线圈是否有打火现象。

g. 有无异常响声及异常振动。

④曳引轮

a. 由于曳引绳张力不匀，造成各绳槽磨损量不一致，则测量各曳引绳直径顶端至曳引轮轮缘的距离差，如超过1.5mm时，应就地重车或更换曳引轮。

b. 为避免曳引绳与曳引轮产生严重滑移现象，需防止绳在绳槽内落底，当曳引绳与槽底的间隙小于1mm时，绳槽应重车或更换曳引轮。重车时，应注意切口下面的轮缘厚度不小于相应钢丝绳直径。

c. 检查曳引轮垂直偏差不大于2mm。

2）限速器检查

①限速器的动作应灵活可靠，观察其活动是否良好，对滚动轴承应每年进行检查加注锂基润滑脂。

②保持限速器涨紧装置正常工作，检查其各种安全开关工作的可靠性。

③当限速器绳索伸长到超出规定范围而切断控制电路时，应将绳索截短。

④当限速器钢丝绳磨损严重时，应更换钢丝绳。其更换要求与曳引钢丝绳相同。

⑤检查限速轮、轮槽、轴套及轴的磨损情况，离心抛头能否转动自如。

⑥检查夹绳刹铁是否在位置正中。

⑦模拟限速试验（夹绳试验每年一次）。

当电梯正常运行时，仔细观察限速器，是否有不正常的现象，检查轴承的噪声和限速器中积存的润滑脂，用刀片和抹布清洁整个限速器中积存的润滑脂、油污和脏物，特别注意绳轮，必须清除所有的沉淀物以便限速器运转顺畅（图9－4）。

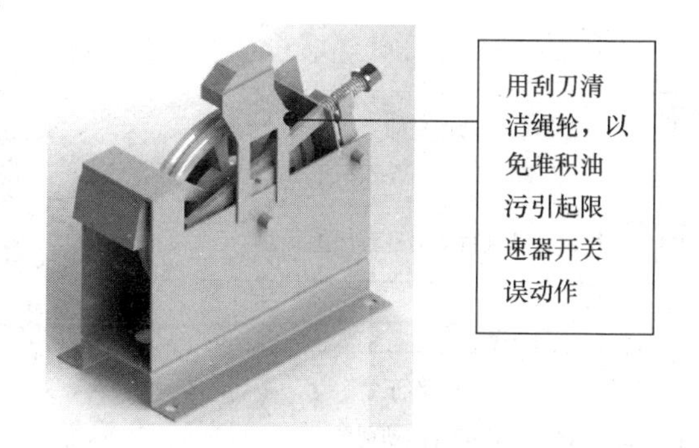

图9－4　清洁限速器

3）控制系统的维护保养

①机械电气系统调整及保养

②有启动冲击时，制动器不完全松闸，或者即使松闸制动瓦歪斜，制动瓦与轮鼓间有摩擦，则容易引起冲击，故应确认之。确认各导靴的安装位置等。

③运行中有振动时，确认在运行中有否制动器与轮鼓相摩擦，钢丝绳拉伸等不良现象。有时往往由于导轨的接头高低引起振动，不应将之与电气系统所引起

的振动相混淆。

④平层状态不良时，应作以下检查：

a. 当该电梯采用绝对平层系统时，检查机房（或轿顶）安装的绝对值编码器 AWG－05（用于 1.6m/s 以上的电梯）与井道齿形带的连接是否良好，如连接位置变动后，应对轿厢位置参数进行修正或重新写入参数到 BP 控制器。具体操作按随机技术资料。

b. 当该电梯采用磁开关井道信号时，应检查磁开关与磁钢的相对距离。磁开关应与磁钢正对，且距离保持在 8～10mm，磁钢安装具体位置可参照随机技术资料。当电梯上行正常减速平层但在某几层平层过高时，可将相应楼层上平层磁钢放低，反之升高磁钢。电梯下行时，可移动下平层磁钢以调整平层。

c. 当该电梯采用永磁感应器与隔磁板时，应检查永磁感应器与隔磁板的相对位置。隔磁板插入时，两边与感应器的距离应相等，顶部距感应器凹槽底部距离保持在 10mm ± 2mm。具体方法可参照随机安装手册。当电梯正常减速平层但在某几层平层过高或过低时，可调高或调低相应楼层的平层隔磁板。

⑤控制器和变频器显示的参数代码请参照随机技术资料。

⑥在服务保养时应清除各控制柜内外灰尘；检查所有接线座，接线端接线有无松脱，焊接点有无脱落，接触是否良好，拧紧各部位螺丝。

（3）轿顶部件保养

轿顶需保养的设备有轿顶轮、导靴、轿顶安全回路、平层感应，这些部件的保养比较简单，主要是清洁卫生、部件的功能和紧固件的检查（图 9－5）。轿顶轮的要求可参照机房导向轮保养。

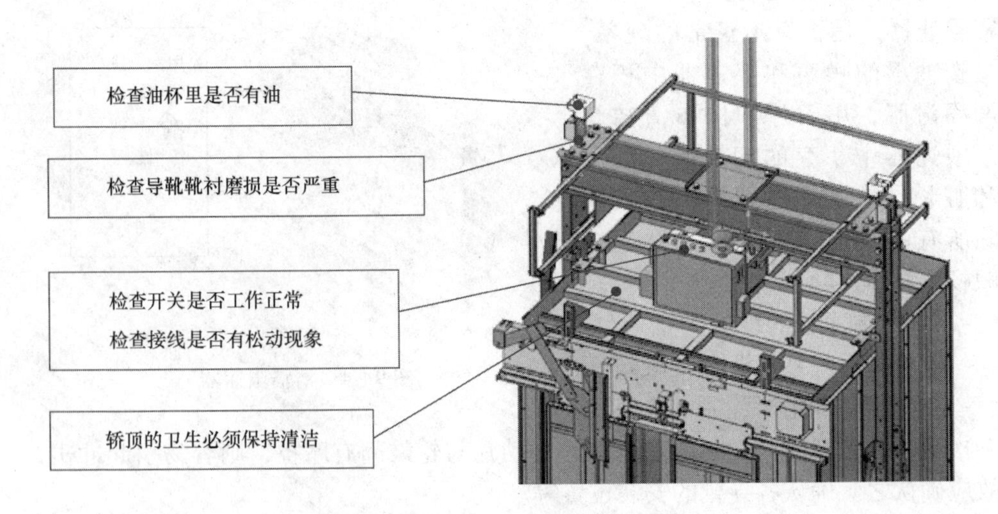

图 9－5　轿顶部件

（4）其他部件的保养

1）安全钳及联动装置检查

①传动拉杆配合转动处每二个月涂一次机械润滑油，钳口滚动或滑动部位涂锂基润滑脂润滑防锈，使其动作灵活可靠。

②安全钳楔块与导轨工作面间隙一般为3mm，各间隙应相似。

③各活动部位有无松脱。

④停机后用手拨动动作杆，检查动作是否正常，检查后应使各结构恢复正常并测量各部位间隙是否正常。

2）导轨、导轨支架和导靴检查

①对自动润滑装置每周应添加一次润滑油可采用100号（精制矿物油）。

②检查滑动导靴的衬垫磨损情况，当衬垫工作面磨损量达1mm时应予更换，防止导靴和导轨之间间隙过大，使轿厢运行时产生晃动。

③由于长时期使用或导靴润滑不良等造成导轨面毛糙及安全钳制动时造成表面损伤时，必须将导轨修光后再进行使用。

④导轨装置每年应详细检查一次，主要检查有无变形、弯曲及导轨距。检修人员可站在轿顶上以慢速从上向下进行检查并顺序拧紧全部压板螺栓、接头和支架的螺栓。检查焊接部位有无脱焊现象。

⑤清洗导轨并适当加油。

3）称量装置检查调整和数据写入

称量装置安装在轿厢架下梁上与轿厢底板之间，因轿厢长期压缩在称量橡胶上和橡胶老化变形等原因，要经常清理并检查动作是否正常，每年应做一次称量装置调整和数据写入。如发现因老化发生裂缝时应更换称量橡胶块。

请按下列步骤调整和写入数据：

①在电梯空载时，上下调节传感器使其显示（LO）。若闪烁显示（LH）请将传感器向远距磁铁方向移动；若显示（LL）请将传感器贴近磁铁方向移动。

在本装置显示（LO）时紧固装置。

②自学习空载工作参数：

“①”项工作完成后，同时按动（▲）和（▼）键，系统开始自学习空载工作参数。等闪烁显示（PL）5s时后，自学习空载工作参数完毕，其后系统将自动进入自学习额载工作参数，预备状态，显示（PH）。

③自学习额载工作参数：

“②”项工作完成后，将电梯置于额载后，按动（▼）系统开始自学习额载工作参数，等闪烁显示（PH）后，自学习工作参数完毕，系统自动进入正常工作状态。

④系统正常工作约2min，自动进入省电工作模式，此时系统显示点闪烁。退出此模式中需按动（▲）或（▼）即可。

4）缓冲器检查

①液压缓冲器用油：凝固点应在－10℃以下，液压油类型推荐采用；加德士HD68低凝液压油。油面高度应保持在最低油位以上。

②每二个月检查液压缓冲器的油位及泄漏情况，补充注油，所有螺栓应紧固，柱塞外露出的表面应用汽油清洗，并涂抹防锈油（也可以用缓冲器油）。

③柱塞复位试验每年应进行一次，缓冲器以低速压到全压缩位置，从开始放开一瞬间起计算，到柱塞回复到自由高度位置止，所需时间应小于90s。

5）曳引钢丝绳检查

①应经常检查调整各曳引绳之张力均匀，误差应小于平均值的0.5%。

②检查曳引绳如发现下列情况之一时，应予以更换：

a. 断丝在各绳股之间均布时，在一个拧距的最大断丝数超过32根；

b. 断丝集中在1或2个绳股中，在一个拧距内的最大断丝数超过16根；

c. 曳引绳表面的钢丝有较大磨损或锈蚀；

d. 曳引绳严重磨损后其直径小于原直径90%。

③检查主缆绳的长度（对重底至液压缓冲器面之间距离不得小于150mm）。

6）补偿装置检查

①补偿绳的伸长量超过允许的调节量时，则应加以截短。

②补偿链在运行中产生噪声时，应检查其消音绳是否折断。

7）随行电缆

①检查井道中有无与电缆接触的异物，电缆外皮有无磨损。

②电缆有无扭曲或偏向一边，运动中有无摇摆或拖地现象。

③机停最底层时电缆距井底地面60mm以上。

8）对重装置

①清扫对重装置并检查各部位螺丝有无松脱。

②检查对重绳轮轮槽磨损情况，加注适量润滑油脂。

③对重压板固定扣有无紧固，对重架底调整块螺栓是否紧固。

9）井道清扫

①清理井道中影响机器运行性能的各部位垃圾，包括门头盖上面的垃圾、井道坑底垃圾、油污和积水等。

②清除井道中有可能碰撞轿厢、对重的凸出的障碍物等。

10）各类线管、线槽和接线箱与接线情况

①检查轿厢的按钮箱、轿厢电缆接线厢、中间接线箱和各种控制箱接线座接线的松紧，（包括电源线、电源开关的接点、电动机接线的接触松紧）并清扫接线座，检查各线座是否锈蚀和缺线号牌。

②检查机房、轿厢顶、轿厢底及井道各线管、线槽、箱体是否松脱缺盖等。

11）电梯润滑点

电梯各机构的润滑部位要定期润滑，这对保证电梯正常运行和延长电梯使用寿命有着重要意义，长期停止工作后的电梯，在开始使用的两个星期内，对于应进行润滑的轴承，在加油润滑时，应利用新油将陈油全部挤出，并润滑二次以上，同时应注意下述几点：

①润滑前应清除油盖、油塞或油嘴等上面的污垢，以免污垢落入机构内部；

②用油脂枪压注润滑剂时，应压注到各部件的零件接合处挤出润滑剂为止；

③电梯润滑及其他用油可参照表9－3。

表9－3　　电梯润滑油

<table>
<tr><th>序号</th><th colspan="2">润滑部件</th><th>润滑方法</th><th>润滑剂型号</th><th>加油期</th><th>备注</th></tr>
<tr><td rowspan="4">1</td><td rowspan="4">曳引机</td><td>减速箱箱体</td><td>打开减速箱上部油窗盖进行加油</td><td>兰炼油320齿轮油（或同等品）</td><td>保持油位油质</td><td>每年清洗换油一次，发现杂质应立即更换</td></tr>
<tr><td>电动机轴承</td><td>两端轴承处，打开盖子加油</td><td>50#机油</td><td>12个月</td><td></td></tr>
<tr><td rowspan="2">制动器</td><td>制动器销轴滴加</td><td>机油</td><td>2个月</td><td rowspan="2">工作表面干净</td></tr>
<tr><td>电磁铁可动铁心与铜套之间</td><td>石墨粉</td><td>12个月</td></tr>
<tr><td>2</td><td colspan="2">限速器及涨紧轮</td><td>滚动轴承处加注</td><td>锂基润滑脂</td><td>2个月</td><td></td></tr>
<tr><td rowspan="3">3</td><td rowspan="3">导轨导靴</td><td>固定滑动导靴</td><td>涂于导轨工作面</td><td>钙基润滑脂</td><td>2个月</td><td></td></tr>
<tr><td>弹性滑动导靴</td><td>添加于油杯</td><td>HJ－40机械油</td><td>2个月</td><td></td></tr>
<tr><td>滚轮式导靴</td><td>导轨面不允许有润滑剂，轴承挤加</td><td>钙基润滑脂</td><td>6个月</td><td></td></tr>
<tr><td>4</td><td colspan="2">对重轮、导向轮、复绕轮、轿顶轮或轿底轮</td><td>油杯应挤加装满</td><td>钙基润滑脂</td><td>1个月</td><td></td></tr>
<tr><td rowspan="2">5</td><td rowspan="2">安全钳</td><td>安全嘴</td><td>滚动，滑动处涂抹</td><td>锂基润滑脂</td><td>2个月</td><td></td></tr>
<tr><td>提拉机构</td><td>配合转动处涂抹</td><td>机械润滑油</td><td>2个月</td><td></td></tr>
<tr><td rowspan="2">6</td><td rowspan="2">轿门装置</td><td>驱动电机</td><td>轴承处挤加</td><td>锂基润滑脂</td><td>6个月</td><td></td></tr>
<tr><td>自动开关门传动机构</td><td>各种滚动轴承、轴销</td><td>钙基润滑脂、机油</td><td>3个月</td><td></td></tr>
</table>

续表

序号	润滑部件	润滑方法	润滑剂型号	加油期	备注
7	液压缓冲器	根据油位添加	HD68 加德士低凝液压油	3 个月	外露面应干净，涂适量防锈油，每年换油一次
8	限位、极限开关	转动和摩擦部分	钙基润滑脂	3 个月	

12）紧急救援操作说明

①确定统一指挥，监督操作人员。

②切断主电源，确认厅门、轿门是否关妥，通知轿厢内人员不要靠近轿门，注意避免被货物碰伤、砸伤。

③机房人员与其他救援人员保持良好联系，操作前先通知相关人员，得到应答后方可操作。

④机房必须四人操作，至少两人盘车，一人松开抱闸，一人监护，并注意平层标记。

⑤电梯轿厢移动至平层位置后，将刹车恢复到制动状态。

⑥确认制动无误，放开盘车手轮。

⑦通知相关人员操作完毕，打开厅轿门，实施放人（卸货）。

13）现场安全检查报告

具体的操作需要细化成详细的指标和条款，如表 9－4 所示。

表 9－4　　现场安全检查报告

基本信息

用户名称		用户地址			
合同编号		型号规格		用户设备编号	
出厂日期		技检（新安装）合格日期		年检日期	

设备信息

额定负载		额定速度		曳引机型号		曳引比		制动器型号	
限速器型号	□轿厢	□对重		安全钳型号	□轿厢	□对重			
厅门型号		轿门型号		轿门安全系统					

不符合项□无□有

□制动器 □厅门 □安全回路 □井道减速监控 □安全钳和限速器 □夹绳器 □轿内通讯 □关门保护

续表

检查项目

序号	检查内容	检查要求/标准	选项	完成情况	
				是	否
1	制动器测试	有机房有齿轮电梯：	□		
		1. 目测检查抱闸装置		□	□
		2. 检查制动磁铁间隙，如为制动电机，检查联动机构的动作状况		□	□
		3. 尝试手动旋转手轮，而轿厢保持不动，简单检查制动力		□	□
		4. 检查制动力是否足够：空轿厢检修速度上行时，通过急停按钮使电梯急停，电梯必须在1s内停止运行		□	□
		有机房无齿轮电梯：			
		1. 目测检查抱闸装置	□	□	□
		2. 检查制动磁铁间隙		□	□
		3. 检查急停时的轿厢滑行距离：空轿厢以额定速度上行，通过急停按钮使电梯急停，电梯必须在2s内停止运行		□	□
		无机房电梯（无齿轮）：			
		1. 目测检查抱闸装置：	□	□	□
		2. 根据制造商指南执行抱闸测试		□	□
		液压电梯：			
		通过如下步骤检查制动阀的密封性：关闭主阀门开关，等候3～5min，检查压力计的压力	□	□	□
2	厅门检查	1. 机械检查：在机械锁闭合之后，轿厢方可移动。检查啮合尺寸		□	□
		2. 电气检查：电梯检修运行，在轿顶打开每层厅门检查电梯应立即停止运行。（最底层厅门，须在楼层处检查）		□	□
		3. 目测检查每层厅门滑块		□	□
		4. 如为自动门，检查厅门的自复位功能		□	□
		5. 在厅外打开自动门（例如使用三角钥匙），厅门应可自行关闭上锁		□	□
3	安全回路	动作任一紧急开关，如底坑、轿厢、机房电梯应无法启动		□	□
4	井道减速监控装置	根据维保指南，目测检查、清洁	□	□	□

续表

序号	检查内容	检查要求/标准	选项	完成情况	
				是	否
5	安全钳和限速器	电力驱动电梯或者配备限速器的有绳式液压电梯： 目测检查，检查是否所有部件可动		□	□
6	夹绳器	电力驱动有机房有齿轮电梯： 目测检查，检查是否所有部件可动	□	□	□
7	轿内通讯装置	检查连接和通讯功能		□	□
8	关门保护系统	检查门光幕/光电和关门力限制器（如有）		□	□

不符合项记录及跟踪

编号	问题描述	完成日期	完成人	备注

填表说明

1. 如实填写检查表和不符合项跟踪表或缺陷表，把表上交给安全质量部。
2. 由维保人员填写，安全质量部负责审核。
3. 表中“选项”列内有“□”项目。如有时，在“□”内打“√”。
4. （如有）整改要求：不符合项和缺陷项 1 周内完成，由安全质量部负责二次审核。

检查确认

维保人：________ 签名：________ 日期：________

维保经理：________ 签名：________

审核人：________ 签名：________ 日期：________

二次确认

审核人：________ 签名：________ 日期：________

第三节　垂直电梯的典型系统故障分析

一、典型系统故障分析

1. 电流故障

<table>
<tr><th>故障描述</th><th>故障原因</th><th>处理方法</th></tr>
<tr><td>加速过电流</td><td rowspan="3">1. 主回路输出接地或短路
2. 电机是否进行了参数调谐
3. 负载太大
4. 旋转编码器信号不正确
5. 旋转编码器干扰大</td><td rowspan="3">1. 检查控制器输出侧，运行接触器是否正常，检查封星接触器是否造成控制器输出短路
2. 检查动力线是否有表破损，是否有对地短路的可能性，连线是否牢固，检查电机内部是否短路或搭地
3. 检查电机是否与铭牌相符，重新进行电机参数自学习
4. 检查抱闸故障前是否持续张开，检查是否有机械上的卡死
5. 检查平衡系数是否正确
6. 检查编码器相关接线是否正确可靠
7. 检查编码器没每转脉冲数设定是否正确，检查编码器信号是否受干扰，屏蔽层是否单独接地
8. 检查编码器安装是否可靠，旋转轴是否与电机轴连接牢固，高速运行中是否平稳</td></tr>
<tr><td>减速过电流</td></tr>
<tr><td>恒速过电流</td></tr>
</table>

2. 电压故障

<table>
<tr><th>故障描述</th><th>故障原因</th><th>处理方法</th></tr>
<tr><td>加速过电压</td><td rowspan="3">1. 输入电压过高
2. 制动电阻选择偏大
3. 制动单元异常
4. 加速曲线太陡</td><td rowspan="3">1. 检查输入电压，波动是否在 ±7% 范围内
2. 观察母线电压是否正常，运行中是否上升太快
3. 检查平衡系数，是否在 0.4 ~ 0.5 范围内
4. 选择合适制动电阻，是否阻值过大
5. 检查制动电阻线是否有破损，是否有搭地现场，接线是否牢固</td></tr>
<tr><td>减速过电压</td></tr>
<tr><td>恒速过电压</td></tr>
</table>

3. 驱动器故障

<table>
<tr><th>故障描述</th><th>故障原因</th><th>处理方法</th></tr>
<tr><td>驱动器过载</td><td>1. 抱闸回路异常
2. 负载过大
3. 编码器反馈信号是否正常
4. 电机参数是否正确
5. 检查电机动力线</td><td>1. 检查抱闸回路，供电电源
2. 减小负载
3. 检查编码器反馈信号机设定是否正确，同步电机编码器初始角度是否正确
4. 检查电机相关参数，并调谐
5. 检查电机相关动力线</td></tr>
</table>

续表

故障描述	故障原因	处理方法
输入侧缺相	1. 输入电源不对称 2. 驱动控制板异常	检查输入侧三相电源是否平衡，电源电压是否正确，调整输入电源
输出侧缺相	1. 主回路输出接地线松动 2. 电机损坏	1. 检查连线 2. 检查输出侧运行接触器是否正常 3. 排除电机故障

4. 编码器故障

故障描述	故障原因	处理方法
电机调谐故障	1. 电机无法正常运转 2. 参数调谐超时 3. 同步编码器异常	1. 正确输入电机参数 2. 检查电机引线，及输出侧接触器是否缺相 3. 检查编码器接线，确认每转脉冲数设置正确 4. 不带载调谐时，检查抱闸是否打开 5. 同步机带载时，是否没有完成调谐即松开了检修运行按钮
速度反馈错误故障	1. 编码器型号是否匹配 2. 编码器连线错误 3. 低速时电流持续很大	1. 同步机编码器类型设定是否正确 2. 检查编码器个相信号接线 3. 在停机状态下报，请确认 SIN/Con 编码器 C、D 信号，以及 UVW 编码器 U、V、W 信号是否断线 4. 检查运行中是否有机械上的卡死 5. 检查运行中抱闸是否已打开

5. 平层故障

故障描述	故障原因	处理方法
平层信号异常	平层位置偏差过大	1. 检查平层、平层感应器是否工作正常 2. 检查平层插板安装的垂直度与深度 3. 检查主控制板平层信号输入点 4. 检查钢丝绳是否存在打滑现象
封星接触器反馈异常	同步机封星接触器反馈异常	1. 检查封星接触器反馈触点与主控制板参数设定是否一致（常开，常闭） 2. 检查主控板输出端指示灯与接触器动作是否一致 3. 检查接触器动作后，主控板对应反馈输入点动作是否正确 4. 检查封星接触器线圈电路

6. 异常故障

故障描述	故障原因	处理方法
电梯位置异常	1. 电梯自动运行时间过长 2. 电梯返平层时运行时间过长 3. 返平层时上下限位动作 4. 钢丝绳打滑	1. 检查返平层时，上下限位是否误动作 2. 检查平层信号线连接是否可靠，是否有可能搭地，或者与其他信号短接 3. 楼层间距是否较大导致返平层时间过长 4. 检查打滑判断时间设置是否合理（大于全程快车运行时间 45s） 5. 检查编码器回路，是否存在信号丢失
电梯速度异常	1. 运行时，检测速度超过规定的保护上限值 2. 自溜梯时速度超过限定 3. 应急运行时速度超过限定或者超过时间限定任未平层	1. 确认编码器使用是否正确 2. 检查电机铭牌参数设定 3. 重新进行电机调谐 4. 确认是否在高速运行中检修信号动作 5. 查看应急电源容量是否匹配 6. 应急运行速度设定是否正确

7. 井道自学习故障

故障描述	故障原因	处理方法
井道自学习数据异常	1. 启动时不在最低层 2. 连续运行超过 45s 无平层信号输入 3. 楼层间隔太小 4. 测量过程的最大层站数与设定值不一致 5. 楼层脉冲记录异常 6. 电梯自学习时系统不是检修状态	1. 下一级强迫减速是否有效 2. 电梯是否处在最低层，当前楼层是否为 1 3. 检修开关是否在检修状态并能检修运行 4. 是否为闭环矢量控制 5. 编码器脉冲上行时是否增加，下行时减小 6. 平层感应器常开、常闭设定错误 7. 平层感应器信号有闪动，需检查平层插板是否安装到位，检查是否有强电干扰 8. 检查运行是否超时，运行时间超过时间保护，任没有收到平层信号 9. 最大楼层设定太小，与实际不符，上一级强迫减速有效且到门区时判断，所学习到的楼层数与设定楼层不符

8. 接触器故障

故障描述	故障原因	处理方法
运行接触器反馈异常	1. 在电梯启动时，接触器反馈有效，此时运行接触器并为输出 2. 启动过程中，输出运行信号，收不到运行反馈 3. 运行反馈信号复选时，两个反馈状态不一致	1. 检查接触器反馈触点动作是否正常 2. 确认反馈触点信号特征（常开、常闭） 3. 检查电梯一体化控制器的输出线 U、V、W 是否连接正常 4. 检查运行接触器线圈控制回路是否正常
抱闸接触器反馈异常	1. 抱闸输出与反馈信号不一致 2. 抱闸反馈信复选时两个反馈状态不一致	1. 检查抱闸线圈及反馈触点是否正确 2. 确认反馈触点信号特征（常开、常闭） 3. 检查运行接触器线圈控制回路是否正常
电机过热故障	电机过热继电器输入有效且持续一定时间	1. 检查热保护继电器是否正常 2. 检查电机是否使用正确，电机是否损坏 3. 改善电机的散热条件

9. 安全、门锁、限位故障

故障描述	故障原因	处理方法
安全回路断开	安全回路信号断开	1. 检查安全回路各开关，查看其状态 2. 检查外部供电是否正确 3. 检查安全回路接触器动作是否正确 4. 检查安全反馈点信号特征（常开、常闭）
运行中门锁断开	电梯运行过程中，门锁反馈无效	1. 检查厅、轿门门锁是否连接正常 2. 检查门锁接触器动作是否正常 3. 检查门锁接触器反馈点信号特征（常开、常闭） 4. 检查外围供电是否正常
上限位信号异常	电梯向上运行过程中，上限位信号动作	1. 检查上限位信号特征（常开、常闭） 2. 检查上限位开关是否接触正常 3. 限位开关安装偏低，正常运行至端站也会动作
下限位信号异常	电梯向下运行过程中，上限位信号动作	1. 检查下限位信号特征（常开、常闭） 2. 检查下限位开关是否接触正常 3. 限位开关安装偏高，正常运行至端站也会动作

10. 通讯故障

故障描述	故障原因	处理方法
外呼通讯故障	与外呼 Modbus 通讯持续一定时间收不到正确数据	1. 检查通讯线缆连接 2. 检查一体化控制器的 24V 电源是否正常 3. 检查外呼控制板地址设定是否重复 4. 检查是否存在强电干扰通讯
门锁故障	自运行状态下，门锁相关信号异常	1. 检查门锁回路动作是否正常 2. 检查门锁接触器反馈触点动作是否正常 3. 检查在门锁信号有效的情况下系统收到了开门到位信号 4. 厅、轿门锁信号分开检测时，厅、轿门锁状态不一致
换层停靠故障	电梯在自运行时本层开门不到位	检查该楼层开门到位信号

11. 其他故障

故障描述	故障原因	处理方法
强迫减速开关异常	1. 强迫减速信号异常 2. 强迫减速安装距离不对	1. 检查上、下 1 级减速开关接触正常 2. 确认上、下 1 级减速信号特征（常开、常闭） 3. 确认强迫减速安装距离满足此梯速下的减速要求
再平层异常	1. 再平层运行速度超过 0.1m/s 2. 再平层运行不在平层区域 3. 运行中封门反馈异常	1. 检查封门继电器原边、副边线路 2. 检查封门反馈功能是否选择、信号是否正常 3. 确认旋转编码器使用是否正确
CAN 通讯故障	与轿顶板 CAN 通讯持续一定时间收不到正确数据	1. 检查通讯线缆连接 2. 检查轿顶控制板供电 3. 检查一体化控制器 24V 电源是否正常 4. 检查是否存在强电干扰通讯

二、电梯关人应急救援程序

如果电梯发生困人事故，必须由专业持证受训人员进行此项操作。电梯维修员应如下方法处理：

（1）切断主电源开关，防止电梯意外启动，但须保留轿厢照明。在切断主电源之前，与业主沟通，在基站放置维修护栏，电梯停止对外使用。

（2）通过机房对讲装置安慰乘客，确认乘客数量及轿厢位置。

（3）当电梯停止在距某平层位置约 ±600mm 范围时，维修人员可以在该平层的厅门外使用专用的厅门机械三角钥匙打开厅门，并用手拉开轿厢门，然后协助乘客安全撤离轿厢并确认乘客数量。

（4）当电梯未停在上述位置时，则必须用机械方法移动轿厢后救人，步骤如下：

①轿门应保持关闭，如轿门已被拉开，则要叫乘客把轿门手动关上，利用电梯内对讲电话，通知乘客轿厢将会移动，要求乘客静待轿厢内，不要乱动。

②在曳引机装上盘车装置。

③两人配合进行松闸救援，松闸之前，负责松闸的人员需要与负责盘车的人员进行交流，确认按照一松一紧的口令进行松闸（得到松的口令的时候，进行盘车，紧的口令的时候，把持盘车手轮停止盘车），得到负责盘车的人员确认后，进行盘车救援操作。

④一人把持盘车装置，防止电梯在机械松抱闸时意外或过快移动，然后另一人采用机械方法一松一动抱闸，当抱闸松开时，另一人用力转动盘车装置，使轿厢向正确方向移动。

⑤按正确方向使轿厢断续地缓慢移动到平层 ±15mm 位置上。

⑥使松闸装置恢复正常，然后在厅门对应轿门外机械打开轿厢门，应协助乘客撤出轿厢，同时再次安慰乘客及确认乘客数量。

（5）检查所有其他的层门应可靠关闭，主电源开关仍然应关断。

（6）检查困人原因，排除后试运行并经确认无故障后交付使用。

注意：当按上述方法和步骤操作发现异常情况时，应立即停止救援并及时通知相关人员做出处理。轿厢移动时谨防坠落和挤压。

三、典型案例分析

出现故障时仔细了解故障现场情况，有助于我们方便判断：

①电梯所在楼层？②是否平层？高低多少？③电梯里面负载多少？④上行或下行？⑤控制柜主板灯状态？接触器吸合？……

1. 电梯不开门

检查开门信号是否输出？

①有开门信号，检查门机控制器是否接收到开门信号？也可以人为给个开门信号看门机是否打开？如给开门信号门还是不开，则再检查门是否有卡阻？是否门锁钩侧隙太小？门机控制器参数是否正确？门机相关线路是否有问题？

②无开门信号，检查其他，如开门到位、关门接触器常闭点，井道信息等，也要检查电梯状态信息（如消防）。

2. 电梯不关门

检查关门信号是否输出？

①有关门信号，检查门机控制器是否接收到关门信号？也可以人为给个关门信号看门机是否关？如给关门信号门还是不关，则再检查门是否有卡阻？门机控制器参数是否正确？门机相关线路是否有问题？

②无关门信号，检查电梯状态信息，如超满载、光幕、关门按钮、外呼按钮、关门到位信号、开门接触器常闭点。

3. 电梯运行急停

①门锁接触不良；

②门刀碰门球或者轿厢地坎碰门球；

③安全回路接触不良；

④井道信息丢失；

⑤变频器故障（如过电流、过电压等），也可能有干扰变频器故障点（无机房）；

⑥电源故障（如主开关线松动，相序误动作，双路供电）；

⑦随行电缆故障；

⑧干扰故障；

⑨钢丝绳打滑……。

4. 电梯冲顶或蹲底

①检查井道信息（距离、接线等）；

②检查变频器参数（编码器线连接是否可靠）；

③检查制动电阻；

④抱闸检查（制动力、合闸是否有延迟）；

⑤钢丝绳、曳引轮（摩擦力）；

⑥平衡系数；

⑦接触器触点检查……。

5. 电梯关门后无法启动

①门锁检查、接触器检查；

②关门到位检查；

③抱闸开关检查；

④主板状态检查；

⑤变频器检查（方向、多段速是否输入）；

⑥相关线路检查……。

四、具体案例分析

1. 安全回路故障

故障现象：电梯处于停止状态，所有信号不能登记，快慢车均无法运行，首先怀疑是否安全回路故障。

故障可能原因：

①输入电源错相或缺相引起相序继电器动作；

②电梯超速引起限速器开关动作；

③电梯冲顶或蹲底引起极限开关动作；

④底坑断绳开关动作，可能是限速器绳跳出或超长；

⑤安全钳动作，可能是限速器超速动作、限速器失油误动作、底坑绳轮失油或有异物卷入误动作、安全钳锲块间隙太小等；

⑥可能有的急停开关被按下；

⑦如果各开关都正常，应检查开关触点接触是否良好，接线是否有松动等。

2. 门锁回路故障

故障现场：在全部门关闭的状态下，到控制柜观察安全反馈信号正常，但是主板上门锁反馈点错误或门锁接触器（如果有）处于释放状态，则可判断为门锁回路断开。

维修方法：

由于目前大多数电梯在门锁断开时快车慢车均不能运行，所以门锁故障虽然容易判断，却很难找出是哪层门故障。

①首先应重点怀疑电梯停止层的门锁是否故障；

②询问是否有三角钥匙打开过层门，在层门外用三角钥匙重新开关一下厅门；

③确保在检修状态下，在控制分别短接轿门锁和厅门锁，分出是厅门部分还是轿门部分故障；

④如是厅门部分故障，确保检修状态下，用专用短接线临时短接厅门锁回路，以检修速度运行电梯，逐层检查每层厅门连锁接触情况。

注意：在修复门锁回路故障后，一定要先取掉门锁短接线，方能将电梯恢复到快车状态。

3. 平层故障

故障现象：轿厢平层准确度误差过大。

可能原因：

①轿厢超负荷运行，引起平层误差；

②制动器调整不当，制动器未完全打开；

③平层感应器与隔磁板位置尺寸发生变化；

④制动器力矩调整不当。

4. 开门故障

故障现象：电梯到达平层位置，不能开门。

可能原因：

①开关门电路空气开关跳闸或熔断器溶体熔断，导致无电源；

②在速度控制方式，开关门限位开关接点接触不良或损坏，导致系统报故障；

③开门继电器损坏或其控制电路有故障；

④门电机传动带脱落或断裂；

⑤门电机动力线虚接或脱落；

⑥电梯处在消防员运行状态（到站需要手动开门）。

5. 关门故障

故障现象：按关门按钮不能自动关门。

可能原因：

①开关门电路空气开关跳闸或熔断器溶体熔断，导致无电源；

②关门继电器损坏或其控制电路有故障；

③关门限位开关的接点接触不良或损坏，导致系统报故障；

④安全触板或光幕未复位或开关损坏；

⑤电梯处于超载、司机、独立、基站消防等状态。

五、电梯故障的排除思路和方法

当电梯控制电路发生故障时，首先要问、看、听、闻，做到心中有数。

所谓问，就是询问操作者或报告故障的人员故障发生时的现象，查询在故障发生前是否做过任何调整或更换元件的工作。

所谓看，就是观察每一个零件是否正常工作，看控制电梯的各种信号指示是否正常，看电气元件外观颜色是否改变等。

所谓听，就是听电路工作时是否有异声。

所谓闻，就是闻电路元件是否有异常气味。

完成上述工作后，便可采用下列方法查找电气控制电路的故障。

1. 程序检查法

电梯是按一定程序运行的，每次运行都要经过选层、定向、关门、启动、运行、换速、平层、开门的循环过程，其中每一步称作一个工作环节，实现每一个工作环节，都有一个对应的控制电路。

程序检查法就是确认故障具体出现在哪个控制环节上，这样排除故障的方向变明确了，有针对性地对排除故障很重要。这种方法不仅适用于有触点的电气控制装置，也适用于无触点控制系统，如PC控制系统或单片机控制系统。

2. 静态电阻测量法

静态电阻测量法是在断电情况下，用万用表电阻挡测量电路的电阻值是否正常。

因为任何一个电子元件都是由一个PN结构成的，它的正反电阻值是不同的，任何一个电子元件也都有一定阻值，连接着电气元件的线路或开关。

电阻值不是等于零就是无穷大，因而测量它们的电阻大小是否符合规定要求便可以判断好坏，检查一个电子电路有无故障也可用这个方法，而且比较安全。

3. 电位测量法

上述方法无法确定故障部位时，可在通电情况下测量各个电子或电气元件器件两端电位。

因为在正常工作情况下，电流闭环电路上各点电位是一定的，所谓各点电位是指电路元件上各个点对地的电位不同的，而且有一定大小的要求，电流是从高电位流向低电位，顺电流方向测量电子电气元件上的电位大小应符合这个规律。

通过用万用表测量控制电路上有关点的电位是否符合规定值，就可判断故障所在点，然后再判断是什么原因引起电流值变化的，是电源不正确，还是电路有断路，还是元件损坏造成的。

4. 短路法

控制环节电路都是由开关或继电器、接触器触点组合而成的，当怀疑某些触点有故障时，可以用导线把该触点短接，此时通电若故障消失，则说明判断正确，说明该电气元件已坏。

但是要牢记，当作完故障点试验后应立即拆除短接线，不允许用短接线代替开关或触点。

短路法主要用来查找电气逻辑关系电路的断点，当然有时测量电子电路故障也可用此法。

5. 断路法

控制电路还可能出现一些特殊故障，如电梯在没有内选或外呼指示时就停层等。这说明电路中某些触点被短接了。

查找这类故障的最好办法是断路法，就是把怀疑产生故障的触点断开，如果故障消失了，说明判断正常。

断路法主要用于“与”逻辑关系的故障点。

6. 替代法

根据上述方法，发现故障处于某点或某块电路板。

此时可把认为有问题的元件或电路板取下，用新的或确认无故障的元件或电路板代替，如果故障消失则认为判断正确，反之则需要继续查找。

往往维修人员对易损的元器件或重要的电路板都备有备用件，一旦有故障马上换上一块就解决了问题，故障件带回再慢慢查找修复，这也是一种快速排除故障的方法。

7. 经验排除法

为了能够做到迅速排故障，除了不断总结自己的实践经验，还要不断学习别人的实践经验。

电梯的故障形成是有一定规律的，有的经验是用血汗和教训换来的，我们更应重视，这些经验可以使我们快速排除故障，减少事故和损失。当然，严格来说应该杜绝电梯事故，这是我们维修人员应有的责任。

学习国内外同行维修和排除故障的经验，可以提高电梯安装维修人员的技术水平，提高电梯行业的服务质量和信誉度。

综上所述，电气控制系统有时故障比较复杂，目前国内在用电梯许多采用微机控制，软硬件交叉在一起，遇到故障首先思想不要紧张，排除故障时坚持先易后难、先外后内、综合考虑，有所联想。电梯运行中比较多的故障时由开关接点接触不良引起的，所以判断故障时应该根据故障及控制柜指示灯显示的情况，先对外部线路、电源部件进行检查，即先检查门触点、安全回路、交直电源等，只要熟悉电路，通过以上方法很快即可解决问题。

参考文献

[1]全国电梯标准化技术委员会. GB 7588—2003 电梯制造与安装安全规范[S]. 北京:中国标准出版社,2003.

[2]全国电梯标准化技术委员会. GB/T 10058—2009 电梯技术条件[S]. 北京:中国标准出版社,2009.

[3]全国电梯标准化技术委员会. GB/T 10059—2009 电梯试验方法[S]. 北京:中国标准出版社,2009.

[4]全国电梯标准化技术委员会. GB/T 10060—2011 电梯安装验收规范[S]. 北京:中国标准出版社,2011.

[5]中华人民共和国建设部. GB 50310—2002 电梯工程施工质量验收规范[S]. 北京:中国建筑工业出版社,2002.

[6]中华人民共和国国家质量监督检验检疫总局. TSG T5001 电梯监督检验与定期检验规则 - 曳引与强制驱动电梯[S]. 北京:新华出版社,2009.

[7]中华人民共和国国家质量监督检验检疫总局. TSG T5001 电梯使用管理与维护保养规则[S]. 北京:新华出版社,2009.

[8]上海市电梯行业协会. 电梯安装技术[M]. 北京:中国纺织出版社,2013.

[9]蒋黎明. 电梯安装施工管理与建筑工程基础[M]. 苏州:苏州大学出版社,2013.

[10]叶安丽. 电梯控制技术[M]. 北京:机械工业出版社,2007.

[11]陈荣秋,马士华. 生产运作管理[M]. 北京:机械工业出版社,2006.